INDUSTRIAL SAFETY

산업안전개론

김병진 · 장호면 · 강성화

지금 우리사회는 모든 분야에서 선진사회로 도약을 하고 있습니다. 그러나 산업현장에서는 아직도 끼임(협착) · 떨어짐(추락) · 넘어짐(전도) 등 반복형 재해와 화재 · 폭발 등 중대산업사고, 유해화학물질로 인한 직업병 문제 등으로 하루에 약 5명, 일 년이면 1,800여 명의 근로자가 귀중한 목숨을 잃고 있으며 연간 약 9만여명의 재해자와 연간 17조원의 경제적 손실을 초래하고 있습니다.

산업재해를 줄이지 않고는 선진사회가 될 수 없습니다. 그러므로 각 기업체에서 안전관리자의 역할은 커질 수밖에 없는 상황이고 산업안전은 더욱 더 강조될 수밖에 없는 상황입니다.

산업안전은 안전관리론, 인간공학, 기계, 전기, 화학, 건설 등의 여러 과목으로 구성되어 있어 공학부분 전체를 이해해야 하는 과목입니다.

오랫동안 정리한 자료를 다듬어 출간하였지만, 그럼에도 미흡한 부분이 많을 것입니다. 이에 대해서는 독자 여러분의 애정 어린 충고를 겸허히 수용해 계속 보완해나갈 것을 약속드립니다.

저 자 일동

Contents

PART 01

안전관리론

INTRODUCTION to INDUSTRIAL SAFETY

CHAPTER 01 PART 01 안전관리론

안전보건관리 개요

SECTION 1 안전과 생산

1 안전과 위험의 개념

1) 안전관리(안전경영, Safety Management)

기업의 지속가능한 경영과 생산성 향상을 위하여 재해로부터의 손실(Loss)을 최소화하기 위한 활동으로 사고(Accident)를 사전에 예방하기 위한 예방대책의 추진, 재해의 원인규명 및 재발방지 대책수립 등 인간의 생명과 재산을 보호하기 위한 계획적이고 체계적인 관리를 말한다. 안전관리의 성패는 사업주와 최고 경영자의 안전의식에 좌우된다.

2) 용어의 정의

(1) 사건(Incident)

위험요인이 사고로 발전되었거나 사고로 이어질 뻔했던 원하지 않는 사상(Event)으로서 인적 · 물적 손실인 상해 · 질병 및 재산적 손실뿐만 아니라 인적 · 물적 손실이 발생되지 않는 아차사고를 포함하여 말한다.

(2) 사고(Accident)

불안전한 행동과 불안전한 상태가 원인이 되어 재산상의 손실을 가져오는 사건

(3) 산업재해

근로자가 업무에 관계되는 건설물 · 설비 · 원재료 · 가스 · 증기 · 분진 등에 의하거나 작업 또는 그 밖의 업무로 인하여 사망 또는 부상하거나 질병에 걸리는 것을 말한다.

(4) 위험(Hazard)

직 · 간접적으로 인적, 물적, 환경적 피해를 입히는 원인이 될 수 있는 실제 또는 잠재된 상태

(5) 위험성(Risk)

유해·위험요인이 부상 또는 질병으로 이어질 수 있는 가능성(빈도)과 중대성(강도)을 조합한 것을 의미한다.(위험성=발생빈도×발생강도)

(6) 위험성 평가(Risk Assessment)

유해·위험요인을 파악하고 해당 유해·위험요인에 의한 부상 또는 질병의 발생 가능성(빈도)과 중대성(강도)을 추정·결정하고 감소대책을 수립하여 실행하는 일련의 과정을 말한다.

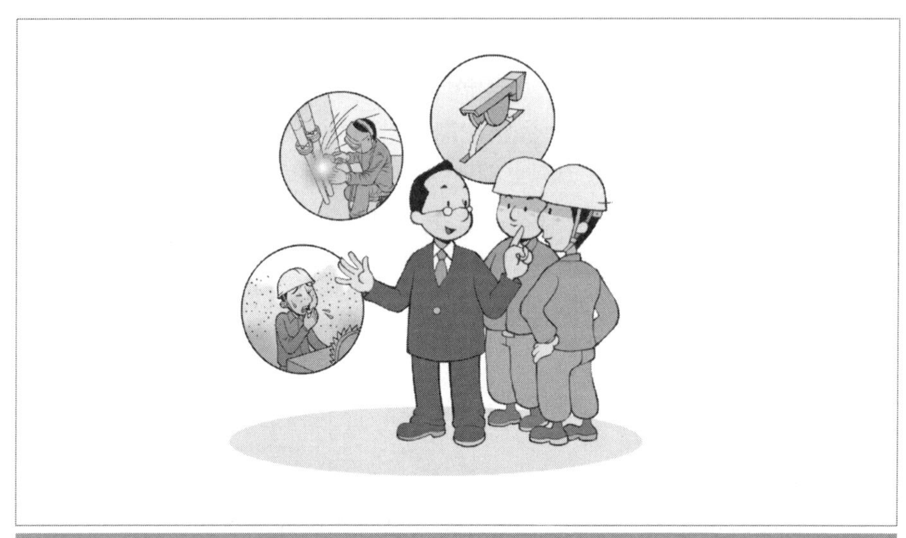

위험성 평가

(7) 아차사고(Near Miss)

무(無) 인명상해(인적 피해)·무 재산손실(물적 피해) 사고

(8) 업무상 질병(산업재해보상보험법 시행령 제34조)

① 근로자가 업무수행 과정에서 유해·위험요인을 취급하거나 유해·위험요인에 노출된 경력이 있을 것

② 유해·위험요인을 취급하거나 유해·위험요인에 노출되는 업무시간, 그 업무에 종사한 기간 및 업무환경 등에 비추어 볼 때 근로자의 질병을 유발할 수 있다고 인정될 것

③ 근로자가 유해·위험요인에 노출되거나 유해·위험요인을 취급한 것이 원인이 되어 그 질병이 발생하였다고 의학적으로 인정될 것

(9) 중대재해

산업재해 중 사망 등 재해의 정도가 심한 것으로서 다음에 정하는 재해 중 하나 이상에 해당되는 재해를 말한다.

① 사망자가 1명 이상 발생한 재해
② 3개월 이상의 요양이 필요한 부상자가 동시에 2명 이상 발생한 재해
③ 부상자 또는 직업성 질병자가 동시에 10명 이상 발생한 재해

(10) 안전 · 보건진단

산업재해를 예방하기 위하여 잠재적 위험성을 발견하고 그 개선대책을 수립할 목적으로 고용노동부장관이 지정하는 자가 하는 조사 · 평가를 말한다.

(11) 작업환경측정

작업환경 실태를 파악하기 위하여 해당 근로자 또는 작업장에 대하여 사업주가 측정계획을 수립한 후 시료(試料)를 채취하고 분석 · 평가하는 것을 말한다.

2 안전보건관리 제이론

1) 산업재해 발생모델

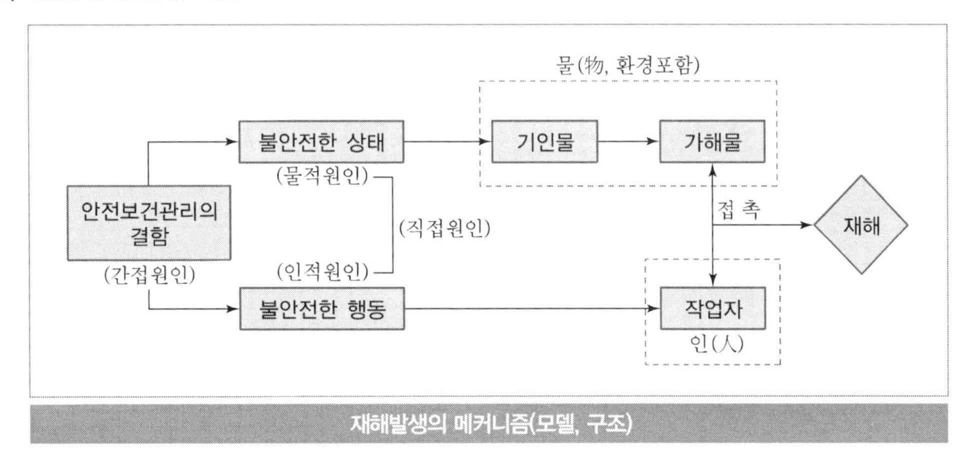

재해발생의 메커니즘(모델, 구조)

(1) 불안전한 행동

작업자의 부주의, 실수, 착오, 안전조치 미이행 등

(2) 불안전한 상태

기계 · 설비 결함, 방호장치 결함, 작업환경 결함 등

CheckPoint

다음 중 불안전한 행동에 해당되지 않는 것은?

① 안전장치를 해지한다.
② 작업장소의 공간이 부족하다. (✔)
③ 보호구를 착용하지 않고 작업한다.
④ 적재, 청소 등 정리 정돈을 하지 않는다.

2) 재해발생의 메커니즘

(1) 하인리히(H. W. Heinrich)의 도미노 이론(사고발생의 연쇄성)

1단계 : 사회적 환경 및 유전적 요소(기초원인)
2단계 : 개인의 결함(간접원인)
3단계 : 불안전한 행동 및 불안전한 상태(직접원인) ⇒ 제거(효과적임)
4단계 : 사고
5단계 : 재해

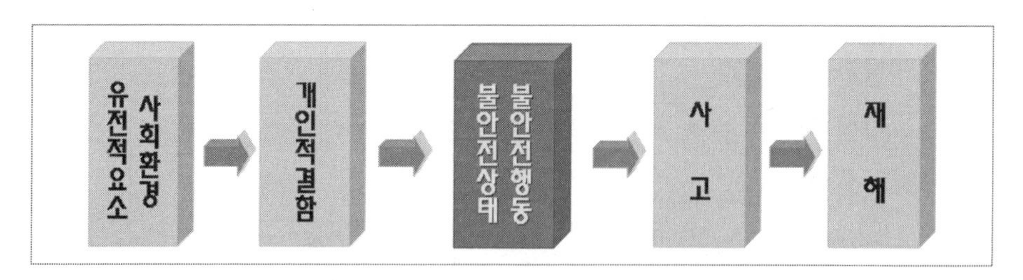

제3단계 요인인 불안전한 행동과 불안전한 상태의 중추적 요인을 제거하면 사고와 재해로 이어지지 않는다.

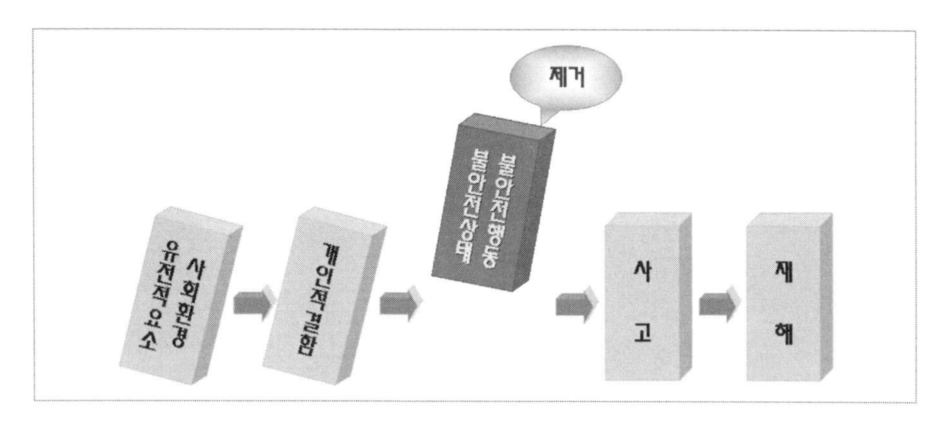

(2) 버드(Frank Bird)의 신도미노이론

1단계 : 통제의 부족(관리소홀), 재해발생의 근원적 요인
2단계 : 기본원인(기원), 개인적 또는 과업과 관련된 요인
3단계 : 직접원인(징후), 불안전한 행동 및 불안전한 상태
4단계 : 사고(접촉)
5단계 : 상해(손해)

CheckPoint

버드(Bird)의 재해발생에 관한 연쇄이론 중 직접적인 원인은 제 몇 단계에 해당하는가?
➡ 3단계

3) 재해구성비율

(1) 하인리히의 법칙

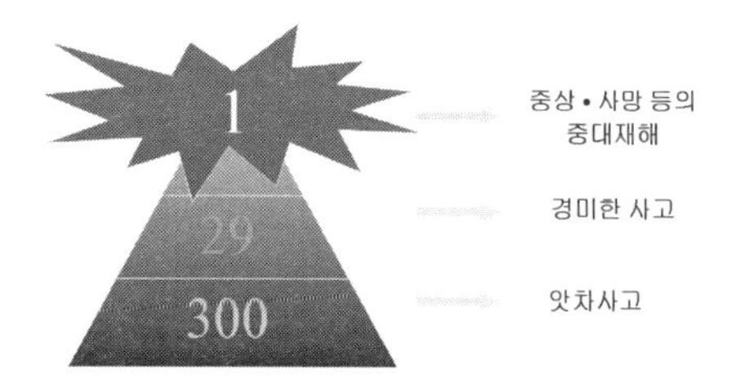

1 : 29 : 300
① 1 : 중상 또는 사망
② 29 : 경상
③ 300 : 무상해사고
330회의 사고 가운데 중상 또는
사망 1회, 경상 29회, 무상해사고 300회의 비율로 사고가 발생

- 미국의 안전기사 하인리히가 50,000여 건의 사고조사 기록을 분석하여 발표한 것으로 사망사고가 발생하기 전에 이미 수많은 경상과 무상해 사고가 존재하고 있다는 이론임(사고는 결코 우연에 의해 발생하지 않는다는 것을 설명하는 안전관리의 가장 대표적인 이론)

(2) 버드의 법칙

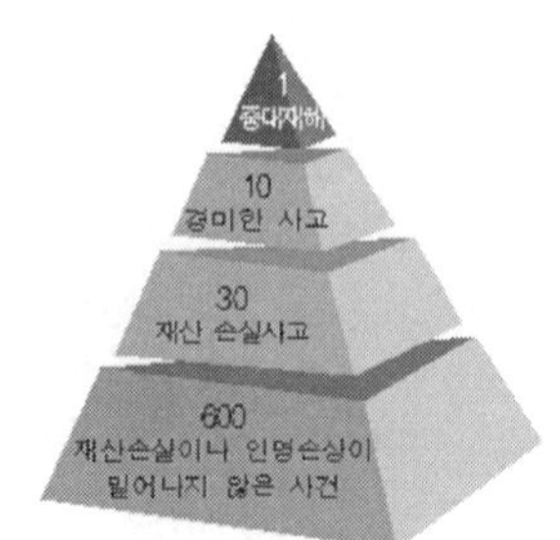

1 : 10 : 30 : 600

① 1 : 중상 또는 폐질

② 10 : 경상(인적, 물적 상해)

③ 30 : 무상해사고(물적 손실 발생)

④ 600 : 무상해, 무사고 고장(위험순간)

 CheckPoint

Bird의 재해분포에 따르면, 10건의 경상(물적 또는 인적상해)사고가 발생하였을 때 무상해, 무사고(위험순간)는 몇 건이 발생하는가?

➡ 600건

(3) 아담스의 이론

① 관리구조 ② 작전적 에러

③ 전술적 에러(불안전행동, 불안전동작)

④ 사고 ⑤ 상해, 손해

(4) 웨버의 이론

① 유전과 환경 ② 인간의 실수

③ 불안전한 행동+불안전한 상태

④ 사고 ⑤ 상해

4) 재해예방의 4원칙

하인리히는 재해를 예방하기 위한 "재해예방 4원칙"이란 예방이론을 제시하였다. 사고는 손실우연의 법칙에 의하여 반복적으로 발생할 수 있으므로 사고발생 자체를 예방해야 한다고 주장하였다.

(1) 손실우연의 원칙

재해손실은 사고발생시 사고대상의 조건에 따라 달라지므로, 한 사고의 결과로서 생긴 재해손실은 우연성에 의해서 결정된다.

(2) 원인계기의 원칙

재해발생은 반드시 원인이 있음

(3) 예방가능의 원칙

재해는 원칙적으로 원인만 제거하면 예방이 가능하다.

(4) 대책선정의 원칙

재해예방을 위한 가능한 안전대책은 반드시 존재한다.

다음 중 재해예방의 4원칙에 대한 설명으로 잘못된 것은?

① 사고의 발생과 그 원인과의 관계는 필연적이다.
② 손실과 사고와의 관계는 필연적이다.
③ 재해를 예방하기 위한 대책은 반드시 존재한다.
④ 모든 인재는 예방이 가능하다.

5) 사고예방대책의 기본원리 5단계(사고예방원리 : 하인리히)

(1) 1단계 : 조직(안전관리조직)

① 경영층의 안전목표 설정
② 안전관리 조직(안전관리자 선임 등)
③ 안전활동 및 계획수립

(2) 2단계 : 사실의 발견(현상파악)

① 사고 및 안전활동의 기록 검토
② 작업분석
③ 안전점검
④ 사고조사
⑤ 각종 안전회의 및 토의
⑥ 근로자의 건의 및 애로 조사

(3) 3단계 : 분석 · 평가(원인규명)

① 사고조사 결과의 분석
② 불안전상태, 불안전행동 분석
③ 작업공정, 작업형태 분석
④ 교육 및 훈련의 분석
⑤ 안전수칙 및 안전기준 분석

(4) 4단계 : 시정책의 선정

① 기술의 개선
② 인사조정
③ 교육 및 훈련 개선
④ 안전규정 및 수칙의 개선
⑤ 이행의 감독과 제재강화

CheckPoint

하인리히의 사고방지 기본원리 5단계 중 시정방법의 선정단계에 있어서 필요한 조치가 아닌 것은?

① 기술교육 및 훈련의 개선
② 안전행정의 개선
③ 안전점검 및 사고조사
④ 인사조정 및 감독체제의 강화

(5) 5단계 : 시정책의 적용

① 목표 설정
② 3E(기술, 교육, 관리)의 적용

6) 재해원인과 대책을 위한 기법

(1) 4M 분석기법

① 인간(Man) : 잘못된 사용, 오조작, 착오, 실수, 불안심리
② 기계(Machine) : 설계 · 제작 착오, 재료 피로 · 열화, 고장, 배치 · 공사 착오
③ 작업매체(Media) : 작업정보 부족 · 부적절, 작업환경 불량
④ 관리(Management) : 안전조직 미비, 교육 · 훈련 부족, 계획 불량, 잘못된 지시

항목	위험요인
Man (인간)	• 미숙련자 등 작업자 특성에 의한 불안전 행동 • 작업자세, 작업동작의 결함 • 작업방법의 부적절 등 • 휴먼에러(Human Error) • 개인 보호구 미착용
Machine (기계)	• 기계 · 설비 구조상의 결함 • 위험 방호장치의 불량 • 위험기계의 본질안전 설계의 부족 • 비상시 또는 비정상 작업 시 안전연동장치 및 경고장치의 결함 • 사용 유틸리티(전기, 압축공기 및 물)의 결함 • 설비를 이용한 운반수단의 결함 등
Media (작업매체)	• 작업공간(작업장 상태 및 구조)의 불량 • 가스, 증기, 분진, 흄 및 미스트 발생 • 산소결핍, 병원체, 방사선, 유해광선, 고온, 저온, 초음파, 소음, 진동, 이상기압 등 • 취급 화학물질에 대한 중독 등 • 작업에 대한 안전보건 정보의 부적절
Management (관리)	• 관리조직의 결함 • 규정, 매뉴얼의 미작성 • 안전관리계획의 미흡 • 교육 · 훈련의 부족 • 부하에 대한 감독 · 지도의 결여 • 안전수칙 및 각종 표지판 미게시 • 건강검진 및 사후관리 미흡 • 고혈압 예방 등 건강관리 프로그램 운영 미흡

산업재해 4개 재해의 기본원인(4M) 중 작업정보에 해당되는 것은?

➡ 작업매체(Media)

(2) 3E 기법(하비, Harvey)

① 관리적 측면(Enforcement)

안전관리조직 정비 및 적정인원 배치, 적합한 기준설정 및 각종 수칙의 준수 등

② 기술적 측면(Engineering)
안전설계(안전기준)의 선정, 작업행정의 개선 및 환경설비의 개선

③ 교육적 측면(Education)
안전지식 교육 및 안전교육 실시, 안전훈련 및 경험훈련 실시

(3) TOP 이론(콤페스, P. C. Compes)

① T(Technology) : 기술적 사항으로 불안전한 상태를 지칭
② O(Organization) : 조직적 사항으로 불안전한 조직을 지칭
③ P(Person) : 인적사항으로 불안전한 행동을 지칭

3 생산성과 경제적 안전도

안전관리란 생산성의 향상과 손실(Loss)의 최소화를 위하여 행하는 것으로 비능률적 요소인사고가 발생하지 않는 상태를 유지하기 위한 활동으로 생산성 측면에서는 다음과 같은 효과를 가져온다.

1) 근로자의 사기진작
2) 생산성 향상
3) 사회적 신뢰성 유지 및 확보
4) 비용절감(손실감소)
5) 이윤증대

4 안전의 가치

인간존중의 이념을 바탕으로 사고를 예방함으로써 근로자의 의욕에 큰 영향을 미치게 되며 생산능력의 향상을 가져오게 된다. 즉, 안전한 작업방법을 시행함으로써 근로자를 보호함은 물론 기업을 효율적으로 운영할 수 있다.

1) 인간존중(안전제일 이념)
2) 사회복지
3) 생산성 향상 및 품질향상(안전태도 개선과 안전동기 부여)
4) 기업의 경제적 손실예방(재해로 인한 재산 및 인적 손실예방)

5 제조물 책임과 안전

1) 제조물 책임(Product Liability)의 정의

제조물 책임(PL)이란 제조, 유통, 판매된 제품의 결함으로 인해 발생한 사고에 의해 소비자나 사용자 또는 제3자에게 신체장애나 재산상의 피해를 줄 경우 그 제품을 제조·판매한 자가 법률상 손해배상책임을 지도록 하는 것을 말한다.

단순한 산업구조에서는 제조자와 소비자 사이의 계약관계만을 가지고 책임관계가 성립되었지만, 복잡한 산업구조와 대량생산/대량소비시대에 이르러 판매, 유통단계까지의 책임을 요구하게 되었다. 또한, 소비자의 입증부담을 덜어주기 위해 과실에서 결함으로 입증대상이 변경되게 되었으며, 결함만으로도 손해배상의 책임을 지게하는 단계까지 발전했다.

2) 제조물 책임법(PL법)의 3가지 기본 법리

(1) 과실책임(Negligence)

주의의무 위반과 같이 소비자에 대한 보호의무를 불이행한 경우 피해자에게 손해배상을 해야 할 의무

(2) 보증책임(Breach of Warranty)

제조자가 제품의 품질에 대하여 명시적, 묵시적 보증을 한 후에 제품의 내용이 사실과 명백히 다른 경우 소비자에게 책임을 짐

(3) 엄격책임(Strict Liability)

제조자가 자사제품이 더 이상 점검되어지지 않고 사용될 것을 알면서 제품을 시장에 유통시킬 때 그 제품이 인체에 상해를 줄 수 있는 결함이 있는 것으로 입증되는 경우 제조자는 과실유무에 상관없이 불법행위법상의 엄격책임이 있음

3) 결함

"결함"이란 제품의 안전성이 결여된 것을 의미하는데, "제품의 특성", "예견되는 사용형태", "인도된 시기" 등을 고려하여 결함의 유무를 결정한다.

(1) 설계상의 결함

제조업자가 합리적인 대체설계를 채용하였더라면 피해나 위험을 줄이거나 피할 수 있었음에도 대체 설계를 채용하지 아니하여 해당 제조물이 안전하지 못하게 된 경우

(2) 제조상의 결함

제조업자가 제조물에 대한 제조, 가공상의 주의 의무 이행 여부에 불구하고 제조물이 의도한 설계와 다르게 제조, 가공됨으로써 안전하지 못하게 된 경우

(3) 경고 표시상의 결함

제조업자가 합리적인 설명, 지시, 경고, 기다의 표시를 하였더라면 해당 제조물에 의하여 발생될 수 있는 피해나 위험을 줄이거나 피할 수 있었음에도 이를 하지 아니한 경우

SECTION 2 안전보건관리 체제 및 운용

1 안전보건관리조직

1) 안전보건조직의 목적

기업 내에서 안전관리조직을 구성하는 목적은 근로자의 안전과 설비의 안전을 확보하여 생산합리화를 기하는 데 있다.

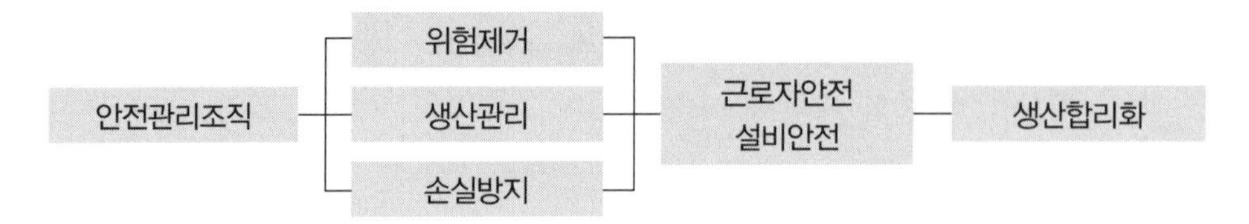

(1) 안전관리조직의 3대 기능

① 위험제거기능
② 생산관리기능
③ 손실방지기능

위험을 제어(Control)하는 여러 방안 중 가장 우선적으로 고려되어야 하는 사항?
➡ 위험요소의 제거를 위하여 노력하는 것

2) 라인(LINE)형 조직

소규모기업에 적합한 조직으로서 안전관리에 관한 계획에서부터 실시에 이르기까지 모든 안전업무를 생산라인을 통하여 수직적으로 이루어지도록 편성된 조직

안전 관리의 조직형태 중에서 경영자(수뇌부)의 지휘와 명령이 위에서 아래로 하나의 계통이 되어 잘 전달되며 소규모 기업에 적합한 조직은?
➡ 라인형 조직

(1) 규모

소규모(100명 이하)

(2) 장점

① 안전에 관한 지시 및 명령계통이 철저함
② 안전대책의 실시가 신속
③ 명령과 보고가 상하관계 뿐으로 간단 명료함

(3) 단점

① 안전에 대한 지식 및 기술축적이 어려움
② 안전에 대한 정보수집 및 신기술 개발이 미흡
③ 라인에 과중한 책임을 지우기 쉽다.

(4) 구성도

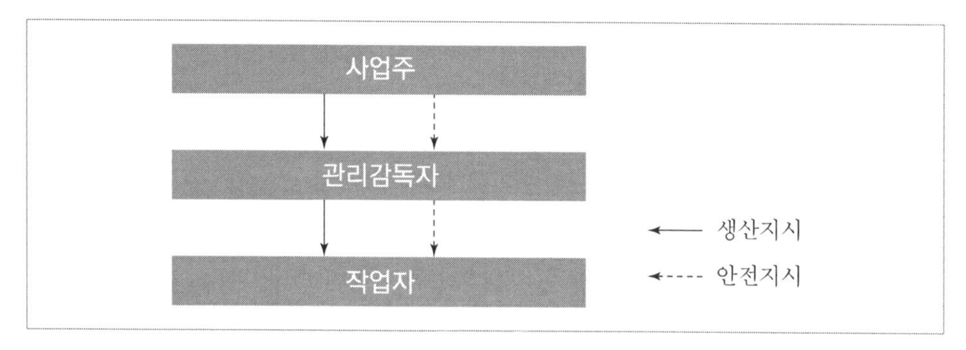

3) 스태프(STAFF)형 조직

중소규모 사업장에 적합한 조직으로서 안전업무를 관장하는 참모(STAFF)를 두고 안전관리에 관한 계획 조정 · 조사 · 검토 · 보고 등의 업무와 현장에 대한 기술지원을 담당하도록 편성된 조직

(1) 규모

중규모(100~1,000명 이하)

(2) 장점

① 사업장 특성에 맞는 전문적인 기술연구가 가능하다.
② 경영자에게 조언과 자문역할을 할 수 있다.
③ 안전정보 수집이 빠르다.

(3) 단점

① 안전지시나 명령이 작업자에게까지 신속 정확하게 전달되지 못함
② 생산부분은 안전에 대한 책임과 권한이 없음
③ 권한다툼이나 조정 때문에 시간과 노력이 소모됨

(4) 구성도

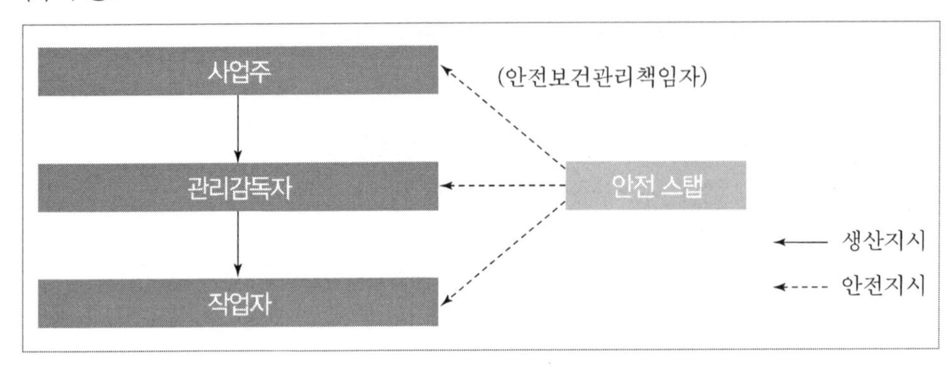

4) 라인 · 스태프(LINE－STAFF)형 조직(직계참모조직)

대규모 사업장에 적합한 조직으로서 라인형과 스태프형의 장점만을 채택한 형태이며 안전업무를 전담하는 스태프를 두고 생산라인의 각 계층에서도 각 부서장으로 하여금 안전업무를 수행하도록 하여 스태프에서 안전에 관한사항이 결정되면 라인을 통하여 실천하도록 편성된 조직

(1) 규모

대규모(1,000명 이상)

(2) 장점

① 안전에 대한 기술 및 경험축적이 용이하다.
② 사업장에 맞는 독자적인 안전개선책을 강구할 수 있다.
③ 안전지시나 안전대책이 신속하고 정확하게 하달될 수 있다.

(3) 단점

명령계통과 조언의 권고적 참여가 혼동되기 쉽다.

(4) 구성도

라인－스태프형은 라인과 스태프형의 장점을 절충 조정한 유형으로 라인과 스태프가 협조를 이루어 나갈 수 있고 라인에게는 생산과 안전보건에 관한 책임을 동시에 지우므로 안전보건업무와 생산업무가 균형을 유지할 수 있는 이상적인 조직

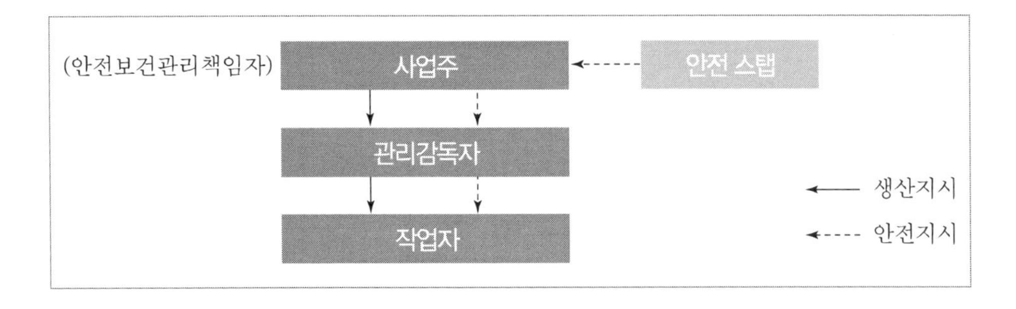

2 산업안전보건위원회(노사협의체) 등의 법적체제 및 운용방법

1) 산업안전보건위원회 설치대상

| 산업안전보건위원회를 설치·운영해야 할 사업의 종류 및 규모 |

사업의 종류	규모
1. 토사석 광업 2. 목재 및 나무제품 제조업;가구제외 3. 화학물질 및 화학제품 제조업;의약품 제외(세제, 화장품 및 광택제 제조업과 화학섬유 제조업은 제외한다) 4. 비금속 광물제품 제조업 5. 1차 금속 제조업 6. 금속가공제품 제조업;기계 및 가구 제외 7. 자동차 및 트레일러 제조업 8. 기타 기계 및 장비 제조업(사무용 기계 및 장비 제조업은 제외한다) 9. 기타 운송장비 제조업(전투용 차량 제조업은 제외한다)	상시 근로자 50명 이상
10. 농업 11. 어업 12. 소프트웨어 개발 및 공급업 13. 컴퓨터 프로그래밍, 시스템 통합 및 관리업 14. 정보서비스업 15. 금융 및 보험업 16. 임대업;부동산 제외 17. 전문, 과학 및 기술 서비스업(연구개발업은 제외한다) 18. 사업지원 서비스업 19. 사회복지 서비스업	상시 근로자 300명 이상
20. 건설업	공사금액 120억원 이상(「건설산업기본법 시행령」 별표 1에 따른 토목공사업에 해당하는 공사의 경우에는 150억원 이상)
21. 제1호부터 제20호까지의 사업을 제외한 사업	상시 근로자 100명 이상

2) 구성

(1) 근로자 위원

① 근로자대표
② 근로자대표가 지명하는 1명 이상의 명예산업안전감독관
③ 근로자대표가 지명하는 9명 이내의 해당 사업장의 근로자

(2) 사용자 위원

① 해당 사업의 대표자
② 안전관리자
③ 보건관리자
④ 산업보건의
⑤ 해당 사업의 대표자가 지명하는 9명 이내의 해당 사업장 부서의 장

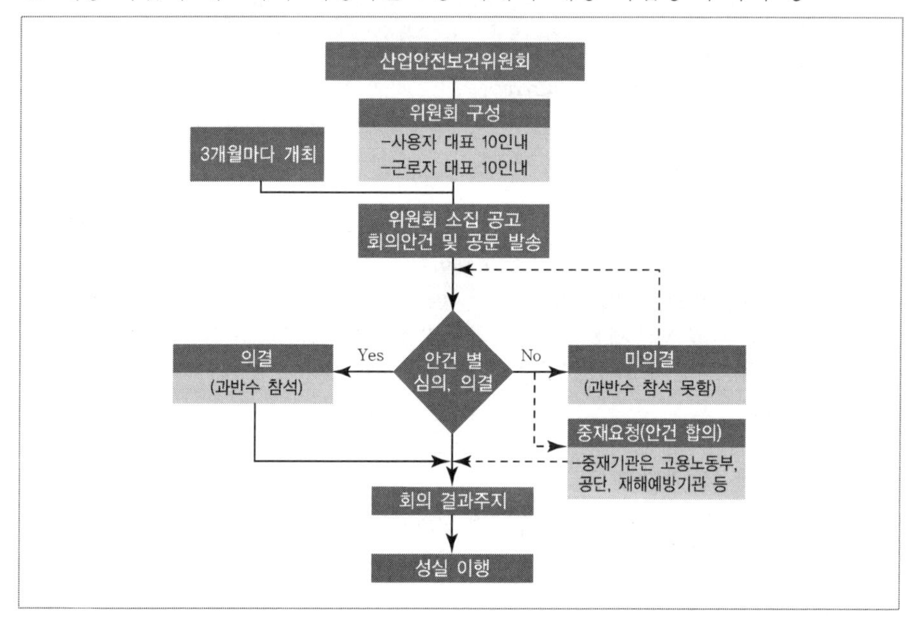

3) 회의결과 등의 주지

(1) 사내방송이나 사내보
(2) 게시 또는 자체 정례조회
(3) 그 밖의 적절한 방법

3 안전보건경영시스템

안전보건경영시스템이란 사업주가 자율적으로 자사의 산업재해 예방을 위해 안전보건 체제를 구축하고 정기적으로 유해·위험 정도를 평가하여 잠재 유해·위험 요인을 지속적으로 개선하는 등 산업재해예방을 위한 조치사항을 체계적으로 관리하는 제반활동을 말한다.

4 안전보건관리규정

※ 안전보건관리규정 작성대상 : 상시 근로자 100명 이상을 사용하는 사업

1) 작성내용

(1) 안전·보건관리조직과 그 직무에 관한 사항
(2) 안전·보건교육에 관한 사항
(3) 작업장 안전관리에 관한 사항
(4) 작업장 보건관리에 관한 사항
(5) 사고조사 및 대책수립에 관한 사항
(6) 그 밖에 안전·보건에 관한 사항

2) 작성 시의 유의사항

(1) 규정된 기준은 법정기준을 상회하도록 할 것
(2) 관리자층의 직무와 권한, 근로자에게 강제 또는 요청한 부분을 명확히 할 것
(3) 관계법령의 제·개정에 따라 즉시 개정되도록 라인 활용이 쉬운 규정이 되도록 할 것
(4) 작성 또는 개정시에는 현장의 의견을 충분히 반영할 것
(5) 규정의 내용은 정상시는 물론 이상시, 사고시, 재해발생시의 조치와 기준에 관해서도 규정할 것

3) 안전보건관리규정의 작성·변경 절차

사업주는 안전보건관리규정을 작성하거나 변경할 때에는 산업안전보건위원회의 심의·의결을 거쳐야 한다. 다만, 산업안전보건위원회가 설치되어 있지 아니한 사업장의 경우에는 근로자대표의 동의를 얻어야 한다.

5 안전보건관리계획

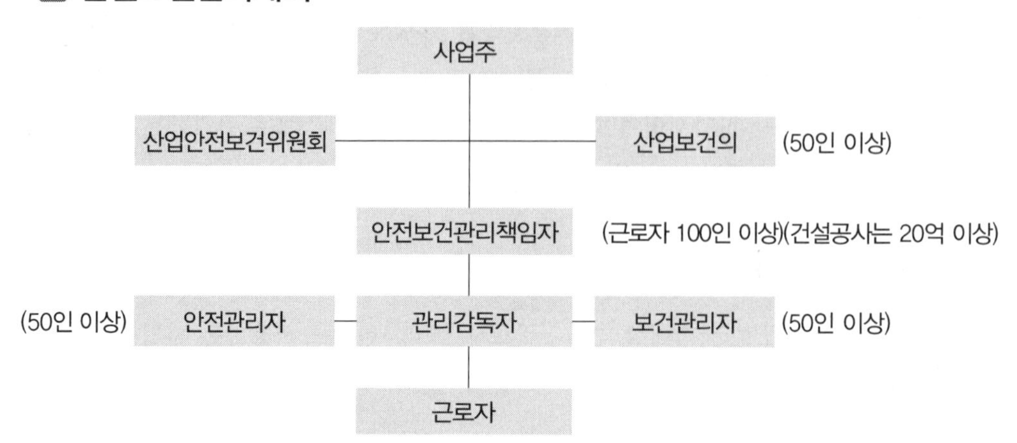

※ 안전(보건)관리자 전담자 선임
– 300인 이상(건설업 120억 이상, 토목공사업 150억 이상)

1) 안전관리조직의 구성요건

(1) 생산관리조직의 관리감독자를 안전관리조직에 포함
(2) 사업주 및 안전관리책임자의 자문에 필요한 스태프 기능 수행
(3) 안전관리활동을 심의, 의견청취 수렴하기 위한 안전관리위원회를 둠
(4) 안전관계자에 대한 권한부여 및 시설, 장비, 예산 지원

2) 안전관리자의 직무

(1) 안전관리자의 업무 등

① 법 제24조제1항에 따른 산업안전보건위원회(이하 "산업안전보건위원회"라 한다) 또는 법 제75조제1항에 따른 안전 및 보건에 관한 노사협의체(이하 "노사협의체"라 한다)에서 심의 · 의결한 업무와 해당 사업장의 법 제25조제1항에 따른 안전보건관리규정(이하 "안전보건관리규정"이라 한다) 및 취업규칙에서 정한 업무
② 법 제36조에 따른 위험성평가에 관한 보좌 및 지도 · 조언
③ 법 제84조제1항에 따른 안전인증대상기계등(이하 "안전인증대상기계등"이라 한다)과 법 제89조제1항 각 호 외의 부분 본문에 따른 자율안전확인대상기계등(이하 "자율안전확인대상기계등"이라 한다) 구입 시 적격품의 선정에 관한 보좌 및 지도 · 조언
④ 해당 사업장 안전교육계획의 수립 및 안전교육 실시에 관한 보좌 및 지도 · 조언
⑤ 사업장 순회점검, 지도 및 조치 건의

⑥ 산업재해 발생의 원인 조사 · 분석 및 재발 방지를 위한 기술적 보좌 및 지도 · 조언
⑦ 산업재해에 관한 통계의 유지 · 관리 · 분석을 위한 보좌 및 지도 · 조언
⑧ 법 또는 법에 따른 명령으로 정한 안전에 관한 사항의 이행에 관한 보좌 및 지도 · 조언
⑨ 업무 수행 내용의 기록 · 유지
⑩ 그 밖에 안전에 관한 사항으로서 고용노동부장관이 정하는 사항

산업안전보건법상 안전관리자의 직무에 해당하는 것은?
➡ 해당 사업장 안전교육계획의 수립 및 실시에 관한 보좌 및 지도 · 조언

□ 안전관리자 등의 증원 · 교체임명 명령

지방고용노동관서의 장은 다음 각 호의 어느 하나에 해당하는 사유가 발생한 경우에는 사업주에게 안전관리자 · 보건관리자 또는 안전보건관리담당자를 정수이상으로 증원하게 하거나 교체하여 임명할 것을 명할 수 있다. 다만, 제4호에 해당하는 경우로서 직업성질병자 발생 당시 사업장에서 해당 화학적 인자를 사용하지 아니하는 경우에는 그러하지 아니하다.

1. 해당 사업장의 연간재해율이 같은 업종의 평균재해율의 2배 이상인 경우
2. 중대재해가 연간 2건 이상 발생한 경우. 다만, 해당 사업장의 전년도 사망만인율이 같은 업종의 평균 사망만인율 이하인 경우는 제외한다.
3. 관리자가 질병이나 그 밖의 사유로 3개월 이상 직무를 수행할 수 없게 된 경우
4. 별표 22 제1호에 따른 화학적 인자로 인한 직업성질병자가 연간 3명 이상 발생한 경우. 이 경우 직업성질병자 발생일은 「산업재해보상보험법 시행규칙」 제21조제1항에 따른 요양급여의 결정일로 한다.

(2) 안전보건관리책임자의 업무

① 사업장의 산업재해 예방계획의 수립에 관한 사항
② 제25조 및 제26조에 따른 안전보건관리규정의 작성 및 변경에 관한 사항
③ 제29조에 따른 안전보건교육에 관한 사항
④ 작업환경측정 등 작업환경의 점검 및 개선에 관한 사항
⑤ 제129조부터 제132조까지에 따른 근로자의 건강진단 등 건강관리에 관한 사항
⑥ 산업재해의 원인 조사 및 재발 방지대책 수립에 관한 사항
⑦ 산업재해에 관한 통계의 기록 및 유지에 관한 사항
⑧ 안전장치 및 보호구 구입 시 적격품 여부 확인에 관한 사항
⑨ 그 밖에 근로자의 유해 · 위험 방지조치에 관한 사항으로서 고용노동부령으로 정하는 사항

(3) 관리감독자의 업무내용

① 사업장 내 법 제16조제1항에 따른 관리감독자(이하 "관리감독자"라 한다)가 지휘 · 감독하는 작업(이하 이 조에서 "해당작업"이라 한다)과 관련된 기계 · 기구 또는 설비의 안전 · 보건 점검 및 이상 유무의 확인

② 관리감독자에게 소속된 근로자의 작업복 · 보호구 및 방호장치의 점검과 그 착용 · 사용에 관한 교육 · 지도

③ 해당작업에서 발생한 산업재해에 관한 보고 및 이에 대한 응급조치

④ 해당작업의 작업장 정리 · 정돈 및 통로 확보에 대한 확인 · 감독

⑤ 사업장의 다음 각 목의 어느 하나에 해당하는 사람의 지도 · 조언에 대한 협조

㉠ 법 제17조제1항에 따른 안전관리자(이하 "안전관리자"라 한다) 또는 같은 조 제5항에 따라 안전관리자의 업무를 같은 항에 따른 안전관리전문기관(이하 "안전관리전문기관"이라 한다)에 위탁한 사업장의 경우에는 그 안전관리전문기관의 해당 사업장 담당자

㉡ 법 제18조제1항에 따른 보건관리자(이하 "보건관리자"라 한다) 또는 같은 조 제5항에 따라 보건관리자의 업무를 같은 항에 따른 보건관리전문기관(이하 "보건관리전문기관"이라 한다)에 위탁한 사업장의 경우에는 그 보건관리전문기관의 해당 사업장 담당자

㉢ 법 제19조제1항에 따른 안전보건관리담당자(이하 "안전보건관리담당자"라 한다) 또는 같은 조 제4항에 따라 안전보건관리담당자의 업무를 안전관리전문기관 또는 보건관리전문기관에 위탁한 사업장의 경우에는 그 안전관리전문기관 또는 보건관리전문기관의 해당 사업장 담당자

㉣ 법 제22조제1항에 따른 산업보건의(이하 "산업보건의"라 한다)

⑥ 법 제36조에 따라 실시되는 위험성평가에 관한 다음 각 목의 업무

㉠ 유해 · 위험요인의 파악에 대한 참여

㉡ 개선조치의 시행에 대한 참여

⑦ 그 밖에 해당작업의 안전 및 보건에 관한 사항으로서 고용노동부령으로 정하는 사항

(4) 산업보건의의 직무

① 법 제134조에 따른 건강진단 결과의 검토 및 그 결과에 따른 작업 배치, 작업 전환 또는 근로시간의 단축 등 근로자의 건강보호 조치

② 근로자의 건강장해의 원인 조사와 재발 방지를 위한 의학적 조치

③ 그 밖에 근로자의 건강 유지 및 증진을 위하여 필요한 의학적 조치에 관하여 고용노동부장관이 정하는 사항

(5) 선임대상 및 교육

구 분	선임신고	신규교육	보수교육
대 상	• 안전관리자 • 보건관리자 • 산업보건의	• 안전보건관리책임자 • 안전관리자 • 보건관리자 • 산업보건의	• 안전보건관리책임자 • 안전관리자 • 보건관리자 • 산업보건의 • 재해예방 전문기관 종사자
기 간	선임일로부터 14일 이내	선임일로부터 3개월 이내 (단, 보건관리자가 의사인 경우는 1년)	신규교육을 이수한 후 매 2년이 되는 날을 기준으로 전후 3개월 사이
기 관	해당 지방고용노동관서	공단, 민간지정교육기관	

3) 도급과 관련된 사항

도급(都給)이란 당사자의 일방이 어느 일을 완성할 것을 약정하고 상대방이 그 일의 결과에 대하여 이에 보수를 지급할 것을 약정하는 것을 말하는데 일을 완성할 것을 약정한 자를 수급인, 완성한 일에 대해서 보수를 지급하기로 약정한 자를 도급인이라고 한다.

(1) 도급사업 시의 안전보건조치

같은 장소에서 행하여지는 사업으로서 대통령령으로 정하는 사업의 사업주는 그가 사용하는 근로자와 그의 수급인이 사용하는 근로자가 같은 장소에서 작업을 할 때에 생기는 산업재해를 예방하기 위한 조치를 하여야 한다.

① 안전보건에 관한 협의체의 구성 및 운영
② 작업장의 순회점검 등 안전보건 관리
③ 수급인이 근로자에게 하는 안전보건교육에 대한 지도와 지원
④ 작업환경측정
⑤ 다음 각 목의 어느 하나의 경우에 대비한 경보의 운영과 수급인 및 수급인의 근로자에 대한 경보운영 사항의 통보
 ㉠ 작업장소에서 발파작업을 하는 경우
 ㉡ 작업장소에서 화재가 발생하거나 토석 붕괴사고가 발생하는 경우

(2) 안전보건총괄책임자 지정대상 사업

수급인에게 고용된 근로자를 포함한 상시 근로자가 100명(선박 및 보트 건조업, 1차 금속 제조업 및 토사석 광업의 경우에는 50명) 이상인 사업 및 수급인의 공사금액을 포함한 해당 공사의 총공사금액이 20억원 이상인 건설업을 말한다.

(3) 안전보건총괄책임자의 직무

① 법 제36조에 따른 위험성평가의 실시에 관한 사항
② 법 제51조 및 제54조에 따른 작업의 중지
③ 법 제64조에 따른 도급 시 산업재해 예방조치
④ 법 제72조제1항에 따른 산업안전보건관리비의 관계수급인 간의 사용에 관한 협의 · 조정 및 그 집행의 감독
⑤ 안전인증대상기계등과 자율안전확인대상기계등의 사용 여부 확인

6 안전보건 개선계획

1) 안전보건 개선계획서에 포함되어야 할 내용

(1) 시설
(2) 안전보건관리 체제
(3) 안전보건교육
(4) 산업재해예방 및 작업환경의 개선을 위하여 필요한 사항

2) 안전 · 보건진단을 받아 안전보건개선계획을 수립 · 제출하도록 명할 수 있는 사업장

(1) 산업재해율이 같은 업종의 규모별 평균 산업재해율보다 높은 사업장 중 중대재해(사업주가 안전 · 보건조치의무를 이행하지 아니하여 발생한 중대재해만 해당한다)발생 사업장
(2) 산업재해율이 같은 업종 평균 산업재해발생률의 2배 이상인 사업장
(3) 직업병에 걸린 사람이 연간 2명 이상(상시근로자 1천명 이상 사업장의 경우 3명 이상) 발생한 사업장
(4) 작업환경 불량, 화재 · 폭발 또는 누출사고 등으로 사회적 물의를 일으킨 사업장
(5) 제1호부터 제4호까지의 규정에 준하는 사업장으로서 고용노동부장관이 정하는 사업장

7 유해 · 위험방지계획서

1) 유해위험방지계획서를 제출하여야 할 사업의 종류

전기 계약용량이 300킬로와트(kW) 이상인 다음의 업종으로서 제품생산 공정과 직접적으로 관련된 건설물 · 기계 · 기구 및 설비 등 일체를 설치 · 이전하거나 그 주요구조부를 변경하는 경우

① 금속가공제품(기계 및 가구는 제외) 제조업
② 비금속 광물제품 제조업
③ 기타 기계 및 장비제조업
④ 자동차 및 트레일러 제조업
⑤ 식료품 제조업
⑥ 고무제품 및 플라스틱제품 제조업
⑦ 목재 및 나무제품 제조업
⑧ 기타 제품 제조업
⑨ 1차 금속 제조업
⑩ 가구 제조업
⑪ 화학물질 및 화학제품 제조업
⑫ 반도체 제조업
⑬ 전자부품 제조업
㉠ 제출처 및 제출수량 : 한국산업안전보건공단에 2부 제출
㉡ 제출시기 : 작업시작 15일 전
㉢ 제출서류 : 건축물 각 층 평면도, 기계・설비의 개요를 나타내는 서류, 기계설비 배치도면, 원재료 및 제품의 취급・제조 등의 작업방법의 개요, 그 밖에 고용노동부장관이 정하는 도면 및 서류

2) 유해위험방지계획서를 제출하여야 할 기계・기구 및 설비

① 금속이나 그 밖의 광물의 용해로
② 화학설비
③ 건조설비
④ 가스집합용접장치
⑤ 허가대상・관리대상 유해물질 및 분진작업 관련 설비(국소배기장치)
㉠ 제출처 및 제출수량 : 한국산업안전보건공단에 2부 제출
㉡ 제출시기 : 작업시작 15일 전
㉢ 제출서류 : 설치장소의 개요를 나타내는 서류, 설비의 도면, 그 밖에 고용노동부장관이 정하는 도면 및 서류

3) 유해위험방지계획서를 제출하여야 할 건설공사

(1) 지상높이가 31미터 이상인 건축물 또는 인공구조물, 연면적 3만제곱미터 이상인 건축물 또는 연면적 5천제곱미터 이상의 문화 및 집회시설(전시장 및 동물원・

식물원은 제외한다), 판매시설, 운수시설(고속철도의 역사 및 집배송시설은 제외한다), 종교시설, 의료시설 중 종합병원, 숙박시설 중 관광숙박시설, 지하도상가 또는 냉동 · 냉장창고시설의 건설 · 개조 또는 해체

(2) 연면적 5천제곱미터 이상의 냉동 · 냉장창고시설의 설비공사 및 단열공사
(3) 최대 지간길이가 50미터 이상인 교량건설 등 공사
(4) 터널 건설 등의 공사
(5) 다목적 댐, 발전용 댐 및 저수용량 2천만톤 이상의 용수 전용 댐, 지방상수도 전용 댐 건설 등의 공사
(6) 깊이 10미터 이상인 굴착공사

- 제출처 및 제출수량 : 한국산업안전보건공단에 2부 제출
- 제출시기 : 공사 착공 전
- 제출서류 : 공사개요 및 안전보건관리계획, 작업 공사 종류별 유해·위험방지계획

4) 유해위험방지계획서 확인사항

유해 · 위험방지계획서를 제출한 사업주는 해당 건설물 · 기계 · 기구 및 설비의 시운전단계에서 다음 사항에 관하여 한국산업안전보건공단의 확인을 받아야 한다.

(1) 유해 · 위험방지계획서의 내용과 실제공사 내용이 부합하는지 여부
(2) 유해 · 위험방지계획서 변경내용의 적정성
(3) 추가적인 유해 · 위험요인의 존재 여부

CHAPTER 02

PART 01 안전관리론

재해 및 안전점검

SECTION 1 재해조사

1 재해조사의 목적

1) 목적

(1) 동종재해의 재발방지
(2) 유사재해의 재발방지
(3) 재해원인의 규명 및 예방자료 수집

Check Point

다음 중 재해조사의 목적에 해당되지 않는 것은?

① 재해발생 원인 및 결함 규명
② 재해관련 책임자 문책 (정답)
③ 재해예방 자료수집
④ 동종 및 유사재해 재발방지

2) 재해조사에서 방지대책까지의 순서(재해사례연구)

(1) 1단계

사실의 확인(① 사람 ② 물건 ③ 관리 ④ 재해발생까지의 경과)

(2) 2단계

직접원인과 문제점의 확인

(3) 3단계

근본 문제점의 결정

(4) 4단계

대책의 수립

① 동종재해의 재발방지
② 유사재해의 재발방지
③ 재해원인의 규명 및 예방자료 수집

3) 사례연구 시 파악하여야 할 상해의 종류

(1) 상해의 부위
(2) 상해의 종류
(3) 상해의 성질

2 재해조사 시 유의사항

1) 사실을 수집한다.
2) 객관적인 입장에서 공정하게 조사하며 조사는 2인 이상이 한다.
3) 책임추궁보다는 재발방지를 우선으로 한다.
4) 조사는 신속하게 행하고 긴급 조치하여 2차 재해의 방지를 도모한다.
5) 피해자에 대한 구급조치를 우선한다.
6) 사람, 기계 설비 등의 재해요인을 모두 도출한다.

3 재해발생 시 조치사항

1) 긴급처리

(1) 재해발생기계의 정지 및 피해확산 방지
(2) 재해자의 구조 및 응급조치(가장 먼저 해야 할 일)
(3) 관계자에게 통보
(4) 2차 재해방지
(5) 현장보존

2) 재해조사

누가, 언제, 어디서, 어떤 작업을 하고 있을 때, 어떤 환경에서, 불안전 행동이나 상태는 없었는지 등에 대한 조사 실시

3) 원인강구

인간(Man), 기계(Machine), 작업매체(Media), 관리(Management) 측면에서의 원인분석

4) 대책수립

유사한 재해를 예방하기 위한 3E 대책수립

－3E : 기술적(Engineering), 교육적(Education), 관리적(Enforcement)

5) 대책실시계획

6) 실시

7) 평가

재해발생 시 조치할 사항?

▶ 긴급처리－재해조사－원인강구－대책수립－대책실시계획－실시－평가

4 재해발생의 원인분석 및 조사기법

1) 사고발생의 연쇄성(하인리히의 도미노 이론)

사고의 원인이 어떻게 연쇄반응(Accident Sequence)을 일으키는가를 설명하기 위해 흔히 도미노(Domino)를 세워놓고 어느 한쪽 끝을 쓰러뜨리면 연쇄적, 순차적으로 쓰러지는 현상을 비유. 도미노 골패가 연쇄적으로 넘어지려고 할 때 불안전한 행동이나 상태를 제거함으로써 연쇄성을 끊어 사고를 예방하게 된다. 하인리히는 사고의 발생과정을 다음과 같이 5단계로 정의했다.

(1) 사회적 환경 및 유전적 요소(기초원인)
(2) 개인의 결함 : 간접원인
(3) 불안전한 행동 및 불안전한 상태(직접원인) ⇒ 제거(효과적임)
(4) 사고
(5) 재해

2) 최신 도미노 이론(버드의 관리모델)

프랭크 버드 주니어(Frank Bird Jr.)는 하인리히와 같이 연쇄반응의 개별요인이라 할 수 있는 5개의 골패로 상징되는 손실요인이 연쇄적으로 반응되어 손실을 일으키는 것으로 보았는데 이를 다음과 같이 정리했다.

(1) 통제의 부족(관리) : 관리의 소홀, 전문기능 결함
(2) 기본원인(기원) : 개인적 또는 과업과 관련된 요인
(3) 직접원인(징후) : 불안전한 행동 및 불안전한 상태

(4) 사고(접촉)
(5) 상해(손해, 손실)

CheckPoint

버드 관리모델에서 재해발생의 근원적 원인은 무엇인가?
▶ 관리의 소홀

3) 애드워드 애덤스의 사고연쇄반응 이론

세인트루이스 석유회사의 손실방지 담당 중역인 애드워드 애덤스(Edward Adams)는 사고의 직접원인을 불안전한 행동의 특성에 달려 있는 것으로 보고 전술적 에러(Tactical error)와 작전적 에러로 구분하여 설명하였다.

(1) 관리구조
(2) 작전적 에러 : 관리자의 의사결정이 그릇되거나 행동을 안함
(3) 전술적 에러 : 불안전 행동, 불안전 동작
(4) 사고 : 상해의 발생, 아차사고(Near Miss), 무상해사고
(5) 상해, 손해 : 대인, 대물

4) 재해예방의 4원칙

(1) 손실우연의 원칙 : 재해손실은 사고발생시 사고대상의 조건에 따라 달라지므로 한 사고의 결과로서 생긴 재해손실은 우연성에 의해서 결정
(2) 원인계기의 원칙 : 재해발생은 반드시 원인이 있음
(3) 예방가능의 원칙 : 재해는 원칙적으로 원인만 제거하면 예방이 가능
(4) 대책선정의 원칙 : 재해예방을 위한 가능한 안전대책은 반드시 존재

5 재해구성비율

1) 하인리히의 법칙

1 : 29 : 300

330회의 사고 가운데 중상 또는 사망 1회, 경상 29회, 무상해사고 300회의 비율로 사고가 발생

2) 버드의 법칙

1 : 10 : 30 : 600

(1) 1 : 중상 또는 폐질

(2) 10 : 경상(인적, 물적 상해)

(3) 30 : 무상해사고(물적 손실 발생)

(4) 600 : 무상해, 무사고 고장(위험순간)

6 산업재해 발생과정

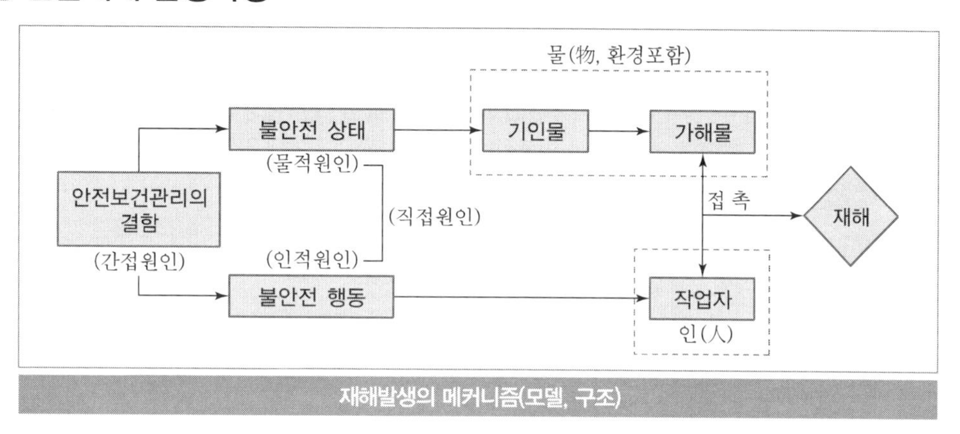

재해발생의 메커니즘(모델, 구조)

7 산업재해 용어(KOSHA GUIDE)

추락(떨어짐)	사람이 인력(중력)에 의하여 건축물, 구조물, 가설물, 수목, 사다리 등의 높은 장소에서 떨어지는 것
전도(넘어짐) · 전복	사람이 거의 평면 또는 경사면, 층계 등에서 구르거나 넘어짐 또는 미끄러진 경우와 물체가 전도 · 전복된 경우
붕괴 · 무너짐	토사, 적재물, 구조물, 건축물, 가설물 등이 전체적으로 허물어져 내리거나 또는 주요 부분이 꺾어져 무너지는 경우
충돌(부딪힘) · 접촉	재해자 자신의 움직임 · 동작으로 인하여 기인물에 접촉 또는 부딪히거나, 물체가 고정부에서 이탈하지 않은 상태로 움직임(규칙, 불규칙) 등에 의하여 접촉 · 충돌한 경우
낙하(떨어짐) · 비래	구조물, 기계 등에 고정되어 있던 물체가 중력, 원심력, 관성력 등에 의하여 고정부에서 이탈하거나 또는 설비 등으로부터 물질이 분출되어 사람을 가해하는 경우

협착(끼임) · 감김	두 물체 사이의 움직임에 의하여 일어난 것으로 직선 운동하는 물체 사이의 협착, 회전부와 고정체 사이의 끼임, 롤러 등 회전체 사이에 물리거나 또는 회전체 · 돌기부 등에 감긴 경우
압박 · 진동	재해자가 물체의 취급과정에서 신체 특정부위에 과도한 힘이 편중 · 집중 · 눌려진 경우나 마찰접촉 또는 진동 등으로 신체에 부담을 주는 경우
신체 반작용	물체의 취급과 관련 없이 일시적이고 급격한 행위 · 동작, 균형 상실에 따른 반사적 행위 또는 놀람, 정신적 충격, 스트레스 등
부자연스런 자세	물체의 취급과 관련 없이 작업환경 또는 설비의 부적절한 설계 또는 배치로 작업자가 특정한 자세 · 동작을 장시간 취하여 신체의 일부에 부담을 주는 경우
과도한 힘 · 동작	물체의 취급과 관련하여 근육의 힘을 많이 사용하는 경우로서 밀기, 당기기, 지탱하기, 들어올리기, 돌리기, 잡기, 운반하기 등과 같은 행위 · 동작
반복적 동작	물체의 취급과 관련하여 근육의 힘을 많이 사용하지 않는 경우로서 지속적 또는 반복적인 업무 수행으로 신체의 일부에 부담을 주는 행위 · 동작
이상온도 노출 · 접촉	고 · 저온 환경 또는 물체에 노출 · 접촉된 경우
이상기압 노출	고 · 저기압 등의 환경에 노출된 경우
소음 노출	폭발음을 제외한 일시적 · 장기적인 소음에 노출된 경우
유해 · 위험물질 노출 · 접촉	유해 · 위험물질에 노출 · 접촉 또는 흡입하였거나 독성 동물에 쏘이거나 물린 경우
유해광선 노출	전리 또는 비전리 방사선에 노출된 경우
산소결핍 · 질식	유해물질과 관련 없이 산소가 부족한 상태 · 환경에 노출되었거나 이물질 등에 의하여 기도가 막혀 호흡기능이 불충분한 경우
화재	가연물에 점화원이 가해져 의도적으로 불이 일어난 경우(방화 포함)
폭발	건축물, 용기 내 또는 대기 중에서 물질의 화학적, 물리적 변화가 급격히 진행되어 열, 폭음, 폭발압이 동반하여 발생하는 경우
전류 접촉	전기 설비의 충전부 등에 신체의 일부가 직접 접촉하거나 유도 전류의 통전으로 근육의 수축, 호흡곤란, 심실세동 등이 발생한 경우 또는 특별고압 등에 접근함에 따라 발생한 섬락 접촉, 합선 · 혼촉 등으로 인하여 발생한 아크에 접촉된 경우
폭력 행위	의도적인 또는 의도가 불분명한 위험행위(마약, 정신질환 등)로 자신 또는 타인에게 상해를 입힌 폭력 · 폭행을 말하며, 협박 · 언어 · 성폭력 및 동물에 의한 상해 등도 포함

SECTION 2 산재분류 및 통계분석

1 재해율의 종류 및 계산

1) 재해율

임금근로자수 100명당 발생하는 재해자수의 비율

$$재해율 = \frac{재해자수}{임금근로자수} \times 100$$

※ 임금근로자수란 통계청의 경제활동인구조사상 임금근로자수를 말한다. 다만, 건설업 근로자수는 통계청 건설업조사 피고용자수의 경제활동인구조사 건설업 근로자수에 대한 최근 5년 평균 배수를 산출하여 경제활동인구조사 건설업 임금근로자수에 곱하여 산출한다.

2) 사망만인율

임금근로자수 10,000명당 발생하는 사망자수의 비율

3) 연천인율(年千人率)

1년간 발생하는 임금근로자 1,000명당 재해자수

$$연천인율 = \frac{재해자수}{연평균근로자수} \times 1,000$$

$$연천인율 = 도수율(빈도율) \times 2.4$$

연천인율 45인 사업장의 빈도율은 얼마인가?

➡ 빈도율(도수율) $= \frac{연천인율}{2.4} = \frac{45}{2.4} = 18.75$

4) 도수율(빈도율)(F.R ; Frequency Rate of Injury)

- 근로자 100만 명이 1시간 작업시 발생하는 재해건수
- 근로자 1명이 100만 시간 작업시 발생하는 재해건수

$$도수율 = \frac{재해발생건수}{연근로시간수} \times 1,000,000$$

연근로시간수＝실근로자수×근로자 1인당 연간 근로시간수

여기서, 1년 : 300일, 2,400시간
1월 : 25일, 200시간
1일 : 8시간

1,000명이 일하고 있는 사업장에서 1주 48시간씩 52주를 일하고, 1년간에 80건의 재해가 발생했다고 한다. 질병 등 다른 이유로 인하여 근로자는 총 노동시간의 3%를 결근했다면 이때의 재해 도수율은?

➡ $도수율 = \frac{재해건수}{연근로시간수} \times 10^6 = \frac{80}{1,000 \times 48 \times 52 \times 0.97} \times 10^6 = 33.04$

5) 강도율(S.R ; Severity Rate of Injury)

연근로시간 1,000시간당 재해로 인해서 잃어버린 근로손실일수

$$강도율 = \frac{근로손실일수}{연근로시간수} \times 1,000$$

- 근로손실일수

① 사망 및 영구 전노동 불능(장애등급 1~3급) : 7,500일

② 영구 일부노동 불능(4~14등급)

등급	4	5	6	7	8	9	10	11	12	13	14
일수	5500	4000	3000	2200	1500	1000	600	400	200	100	50

③ 일시 전노동 불능(의사의 진단에 따라 일정기간 노동에 종사할 수 없는 상해)

$휴직일수 \times \frac{300}{365}$

A현장의 2015년도 재해건수는 24건, 의사진단에 의한 휴업 총일수는 3,650일이었다. 도수율과 강도율을 각각 구하면?(단, 1인당 1일 8시간, 300일 근무하며 평균근로자 수는 500명이었음)

➡ $도수율 = \frac{재해건수}{연근로시간\ 수} \times 10^6 = \frac{24}{500 \times 8 \times 300} \times 10^6 = 20$

$강도율 = \frac{근로손실일수}{연근로시간\ 수} \times 1{,}000 = \frac{3{,}650 \times 300/365}{500 \times 8 \times 300} \times 1{,}000 = 2.5$

6) 평균강도율

재해 1건당 평균 근로손실일수

$$평균강도율 = \frac{강도율}{도수율} \times 1{,}000$$

7) 환산강도율

근로자가 입사하여 퇴직할 때까지 잃을 수 있는 근로손실일수를 말함

$$환산강도율 = 강도율 \times 100$$

8) 환산도수율

근로자가 입사하여 퇴직할 때까지(40년=10만 시간) 당할 수 있는 재해건수를 말함

$$환산도수율 = \frac{도수율}{10}$$

도수율이 24.5이고 강도율이 2.15의 사업장이 있다. 한 사람의 근로자가 입사하여 퇴직할 때까지는 며칠 간의 근로손실일수를 가져올 수 있는가?

➡ 환산 강도율 = 강도율 × 100 = 2.15 × 100 = 215일

재해율을 산출하고자 할 때 근로자 1인의 평생근로 가능시간을 얼마로 계산하는가?(단, 일일 8시간, 1개월 25일 근무, 평생근로연수를 40년으로 보고, 평생잔업시간을 4,000시간으로 본다)

➡ 연간근로시간 = 12개월 × 25일/개월 × 8시간/일 = 2,400시간/년

평생근로시간 = (연근로시간 × 40년) + 평생잔업시간 = (2,400 × 40년) + 4,000 = 100,000

9) 종합재해지수(F.S.I ; Frequency Severity Indicator)

재해 빈도의 다수와 상해 정도의 강약을 종합

$$\text{종합재해지수(FSI)} = \sqrt{\text{도수율}(FR) \times \text{강도율}(SR)}$$

10) 세이프티스코어(Safe T. Score)

(1) 의미

과거와 현재의 안전성적을 비교, 평가하는 방법으로 단위가 없으며 계산결과가 (+)이면 나쁜 기록이, (-)이면 과거에 비해 좋은 기록으로 봄

(2) 공식

$$\text{Safe T. Score} = \frac{\text{도수율(현재)} - \text{도수율(과거)}}{\sqrt{\dfrac{\text{도수율(과거)}}{\text{총 근로시간수}} \times 1{,}000{,}000}}$$

(3) 평가방법

① +2.0 이상인 경우 : 과거보다 심각하게 나쁘다.

② +2.0 ~ -2.0인 경우 : 심각한 차이가 없음

③ -2.0 이하 : 과거보다 좋다.

2 재해손실비의 종류 및 계산

업무상 재해로서 인적재해를 수반하는 재해에 의해 생기는 비용으로 재해가 발생하지 않았다면 발생하지 않아도 되는 직·간접 비용

1) 하인리히 방식

$$\text{총 재해코스트} = \text{직접비} + \text{간접비}$$

(1) 직접비

법령으로 정한 피해자에게 지급되는 산재보험비

① 휴업보상비　② 장해보상비
③ 요양보상비　④ 유족보상비　⑤ 장의비, 간병비

Check Point

다음 재해코스트 산출에서 직접비에 해당되지 않는 것은?

① 장례비 및 치료비 ② 요양비 및 휴업보상비
③ 기계기구 손실 수리비 및 손실 시간비 ④ 장해 보상비

하인리히의 재해코스트 평가방식에서 재해손실 금액 중 직접손비가 아닌 것은?

① 산재보상비용 ② 입원비용
③ 간호비용 ④ 생산손실비용

(2) 간접비

재산손실, 생산중단 등으로 기업이 입은 손실

① 인적손실 : 본인 및 제 3자에 관한 것을 포함한 시간손실
② 물적손실 : 기계, 공구, 재료, 시설의 복구에 소비된 시간손실 및 재산손실
③ 생산손실 : 생산감소, 생산중단, 판매감소 등에 의한 손실
④ 특수손실
⑤ 기타손실

(3) 직접비 : 간접비＝1 : 4

※ 우리나라의 재해손실비용은 「경제적 손실 추정액」이라 칭하며 하인리히 방식으로 산정한다.

Check Point

하인리히의 재해 손실비용 산정에 있어서 1 : 4의 비율은 각각 무엇을 의미하는가?

▶ 직접손실비와 간접손실비의 비율

2) 시몬즈 방식

총 재해비용＝산재보험비용＋비보험비용

비보험비용＝휴업상해건수×A＋통원상해건수×B＋응급조치건수×C＋무상해상고건수×D

A, B, C, D는 장해정도별에 의한 비보험비용의 평균치

시몬즈(Simonds)방식 중 비보험 코스트에 해당되지 않는 상해 건수는?

① 영구 전노동 불능 상해 건수
② 영구 부분노동 불능 상해 건수
③ 일시 전노동 불능 상해 건수
④ 일시 부분노동 불능 상해 건수

3) 버드의 방식

총 재해비용=보험비(1)+비보험비(5~50)+비보험 기타비용(1~3)

(1) 보험비 : 의료, 보상금
(2) 비보험 재산비용 : 건물손실, 기구 및 장비손실, 조업중단 및 지연
(3) 비보험 기타비용 : 조사시간, 교육 등

4) 콤패스 방식

총 재해비용=공동비용비+개별비용비

(1) 공동비용 : 보험료, 안전보건팀 유지비용
(2) 개별비용 : 작업손실비용, 수리비, 치료비 등

3 재해통계 분류방법

1) 상해정도별 구분

(1) 사망
(2) 영구 전노동 불능 상해(신체장애 등급 1~3등급)
(3) 영구 일부노동 불능 상해(신체장애 등급 4~14등급)
(4) 일시 전노동 불능 상해 : 장해가 남지 않는 휴업상해
(5) 일시 일부노동 불능 상해 : 일시 근무 중에 업무를 떠나 치료를 받는 정도의 상해
(6) 구급처치상해 : 응급처치 후 정상작업을 할 수 있는 정도의 상해

국제노동기구(ILO)의 산업재해 정도구분에서 부상 결과 근로자가 신체장해등급 제12급 판정을 받았다고 하면 이는 어느 정도의 부상을 의미하는가?

▶ 영구 일부노동 불능 상해

2) 통계적 분류

(1) 사망 : 노동손실일수 7,500일

(2) 중상해 : 부상으로 8일 이상 노동손실을 가져온 상해

(3) 경상해 : 부상으로 1일 이상 7일 이하의 노동손실을 가져온 상해

(4) 경미상해 : 8시간 이하의 휴무 또는 작업에 종사하면서 치료를 받는 상해(통원치료)

3) 상해의 종류

(1) 골절 : 뼈에 금이 가거나 부러진 상해

(2) 동상 : 저온물 접촉으로 생긴 동상상해

(3) 부종 : 국부의 혈액순환 이상으로 몸이 퉁퉁 부어오르는 상해

(4) 중독, 질식 : 음식, 약물, 가스 등에 의해 중독이나 질식된 상태

(5) 찰과상 : 스치거나 문질러서 벗겨진 상태

(6) 창상 : 창, 칼 등에 베인 상처

(7) 청력장해 : 청력이 감퇴 또는 난청이 된 상태

(8) 시력장해 : 시력이 감퇴 또는 실명이 된 상태

(9) 화상 : 화재 또는 고온물 접촉으로 인한 상해

4 재해사례 분석절차

1) 재해통계 목적 및 역할

(1) 재해원인을 분석하고 위험한 작업 및 여건을 도출

(2) 합리적이고 경제적인 재해예방 정책방향 설정

(3) 재해실태를 파악하여 예방활동에 필요한 기초자료 및 지표 제공

(4) 재해예방사업 추진실적을 평가하는 측정 수단

2) 재해의 통계적 원인분석 방법

(1) 파레토도 : 분류 항목을 큰 순서대로 도표화한 분석법
(2) 특성요인도 : 특성과 요인관계를 도표로 하여 어골상으로 세분화한 분석법(원인과 결과를 연계하여 상호관계를 파악)
(3) 클로즈(Close)분석도 : 데이터(Data)를 집계하고 표로 표시하여 요인별 결과 내역을 교차한 클로즈 그림을 작성하여 분석하는 방법
(4) 관리도 : 재해발생 건수 등의 추이를 파악하여 목표관리를 행하는 데 필요한 월별 재해발생수를 그래프화하여 관리선을 설정 관리하는 방법

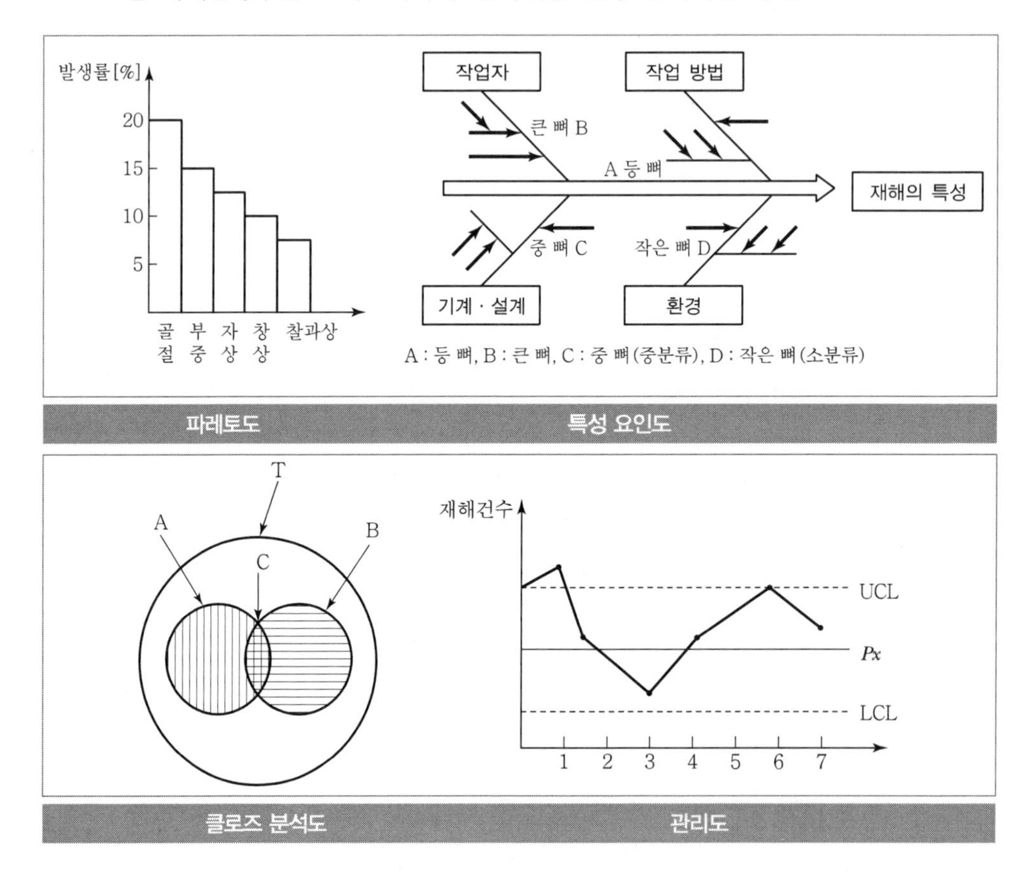

파레토도 특성 요인도

클로즈 분석도 관리도

3) 재해통계 작성 시 유의할 점

(1) 활용목적을 수행할 수 있도록 충분한 내용이 포함되어야 한다.
(2) 재해통계는 구체적으로 표시되고 그 내용은 용이하게 이해되며 이용할 수 있을 것
(3) 재해통계는 항목 내용 등 재해요소가 정확히 파악될 수 있도록 예방대책이 수립될 것
(4) 재해통계는 정량적으로 정확하게 수치적으로 표시되어야 한다.

4) 재해발생 원인의 구분

(1) 기술적 원인

① 건물, 기계장치의 설계불량
② 구조, 재료의 부적합
③ 생산방법의 부적합
④ 점검, 정비, 보존불량

(2) 교육적 원인

① 안전지식의 부족
② 안전수칙의 오해
③ 경험, 훈련의 미숙
④ 작업방법의 교육 불충분
⑤ 유해 · 위험작업의 교육 불충분

(3) 관리적 원인

① 안전관리조직의 결함
② 안전수칙 미제정
③ 작업준비 불충분
④ 인원배치 부적당
⑤ 작업지시 부적당

(4) 정신적 원인

① 안전의식의 부족
② 주의력의 부족
③ 방심 및 공상
④ 개성적 결함 요소 : 도전적인 마음, 과도한 집착, 다혈질 및 인내심 부족
⑤ 판단력 부족 또는 그릇된 판단

(5) 신체적 원인

① 피로
② 시력 및 청각기능의 이상
③ 근육운동의 부적합
④ 육체적 능력 초과

5 산업재해

1) 산업재해의 정의

근로자가 업무에 관계되는 건설물, 설비, 원재료, 가스, 증기, 분진 등에 의하거나 작업 또는 그 밖의 업무로 인하여 사망 또는 부상하거나 질병에 걸리는 것(산업안전보건법 제2조)

2) 조사보고서 제출

사업주는 산업재해로 사망자가 발생하거나 3일 이상의 요양이 필요한 부상을 입거나 질병에 걸린 사람이 발생한 경우에는 해당 산업재해가 발생한 날부터 1개월 이내에 산업재해조사표를 작성하여 관할 지방고용노동청장 또는 지청장에게 제출해야 함

3) 사업주는 산업재해가 발생한 때에는 고용노동부령이 정하는 바에 따라 재해발생원인 등을 기록하여야 하며 이를 3년간 보존하여야 함

[산업재해 기록 · 보존해야 할 사항]

① 사업장의 개요 및 근로자의 인적사항
② 재해발생의 일시 및 장소
③ 재해발생의 원인 및 과정
④ 재해 재발방지 계획

■ 산업안전보건법 시행규칙 [별지 제1호서식]

산업재해 조사표

※ 뒤쪽의 작성방법을 읽고 작성해 주시기 바라며, [ ]에는 해당하는 곳에 √ 표시를 합니다. (앞쪽)

Ⅰ. 사업장 정보	①산재관리번호 (사업개시번호)			사업자등록번호		
	②사업장명			③근로자 수		
	④업종			소재지	(-)	
	⑤재해자가 사내 수급인 소속인 경우(건설업 제외)	원도급인 사업장명		⑥재해자가 파견근로자인 경우	파견사업주 사업장명	
		사업장 산재관리번호 (사업개시번호)			사업장 산재관리번호 (사업개시번호)	
	건설업만 작성	⑦원수급 사업장명		공사현장 명		
		⑧원수급 사업장 산재관리번호(사업개시번호)				
		⑨공사종류		공정률	%	공사금액 백만원

※ 아래 항목은 재해자별로 각각 작성하되, 같은 재해로 재해자가 여러 명이 발생한 경우에는 별도 서식에 추가로 적습니다.

Ⅱ. 재해 정보	성명		주민등록번호 (외국인등록번호)		성별	[ ]남 [ ]여
	국적	[ ]내국인 [ ]외국인 [국적: ⑩체류자격:]			⑪직업	
	입사일	년 월 일	⑫같은 종류업무 근속기간			년 월
	⑬고용형태	[ ]상용 [ ]임시 [ ]일용 [ ]무급가족종사자 [ ]자영업자 [ ]그 밖의 사항 [ ]				
	⑭근무형태	[ ]정상 [ ]2교대 [ ]3교대 [ ]4교대 [ ]시간제 [ ]그 밖의 사항 [ ]				
	⑮상해종류(질병명)		⑯상해부위 (질병부위)		⑰휴업예상 일수	휴업 [ ]일
					사망 여부	[ ] 사망

Ⅲ. 재해발생 개요 및 원인	⑱ 재해 발생 개요	발생일시	[ ]년 [ ]월 [ ]일 [ ]요일 [ ]시 [ ]분
		발생장소	
		재해관련 작업유형	
		재해발생 당시 상황	
	⑲재해발생원인		
Ⅳ. ⑳재발 방지 계획			

작성일 년 월 일 작성자 성명 작 성 자 전화번호

사업주 (서명 또는 인)

근로자대표(재해자) (서명 또는 인)

( )지방고용노동청장(지청장) 귀하

재해 분류자 기입란 (사업장에서는 작성하지 않습니다)	발생형태	□□□	기인물	□□□□□
	작업지역공정	□□□	작업내용	□□□

210mm×297mm[백상지(80g/㎡) 또는 중질지(80g/㎡)]

6 중대재해

1) 중대재해의 정의

(1) 사망자가 1명 이상 발생한 재해
(2) 3개월 이상의 요양이 필요한 부상자가 동시에 2명 이상 발생한 재해
(3) 부상자 또는 직업성 질병자가 동시에 10명 이상 발생한 재해

2) 발생시 보고사항

사업주는 중대재해가 발생한 사실을 알게 된 경우에는 지체없이 다음 사항을 관할 지방고용노동관서의 장에게 전화·팩스 또는 그 밖의 적절한 방법으로 보고하여야 한다. 다만, 천재지변 등 부득이한 사유가 발생한 경우에는 그 사유가 소멸된 때부터 지체없이 보고하여야 한다.
(1) 발생개요 및 피해상황
(2) 조치 및 전망
(3) 그 밖의 중요한 사항

7 산업재해의 직접원인

1) 불안전한 행동(인적 원인, 전체 재해발생원인의 88%정도)

사고를 가져오게 한 작업자 자신의 행동에 대한 불안전한 요소

(1) 불안전한 행동의 예

① 위험장소 접근
② 안전장치의 기능 제거
③ 복장·보호구의 잘못된 사용
④ 기계·기구의 잘못된 사용
⑤ 운전 중인 기계장치의 점검
⑥ 불안전한 속도 조작
⑦ 위험물 취급 부주의
⑧ 불안전한 상태 방치
⑨ 불안전한 자세나 동작
⑩ 감독 및 연락 불충분

(2) 불안전한 행동을 일으키는 내적요인과 외적요인의 발생형태 및 대책

① 내적요인
- ㉠ 소질적 조건 : 적성배치
- ㉡ 의식의 우회 : 상담
- ㉢ 경험 및 미경험 : 교육

② 외적요인
- ㉠ 작업 및 환경조건 불량 : 환경정비
- ㉡ 작업순서의 부적당 : 작업순서정비

③ 적성 배치에 있어서 고려되어야 할 기본사항
- ㉠ 적성검사를 실시하여 개인의 능력을 파악한다.
- ㉡ 직무평가를 통하여 자격수준을 정한다.
- ㉢ 인사관리의 기준원칙을 고수한다.

사고의 직접 원인 중 인적요인에 해당하지 않는 것은?

① 불안전한 속도 조작　② 안전장치의 기능 제거
③ 운전 중 기계장치의 고장 (✓)　④ 불안전한 인양 및 운반

2) 불안전한 상태(물적 원인, 전체 재해발생원인의 10%정도)

직접 상해를 가져오게 한 사고에 직접관계가 있는 위험한 물리적 조건 또는 환경

(1) 불안전한 상태의 예

① 물(物) 자체 결함
② 안전방호장치의 결함
③ 복장・보호구의 결함
④ 물의 배치 및 작업장소 결함
⑤ 작업환경의 결함
⑥ 생산공정의 결함
⑦ 경계표시・설비의 결함

8 사고의 본질적 특성

1) 사고의 시간성
2) 우연성 중의 법칙성
3) 필연성 중의 우연성
4) 사고의 재현 불가능성

9 재해(사고) 발생 시의 유형(모델)

1) 단순자극형(집중형)

상호자극에 의하여 순간적으로 재해가 발생하는 유형으로 재해가 일어난 장소나 그 시점에 일시적으로 요인이 집중

2) 연쇄형(사슬형)

하나의 사고요인이 또 다른 요인을 발생시키면서 재해를 발생시키는 유형이다. 단순 연쇄형과 복합 연쇄형이 있다.

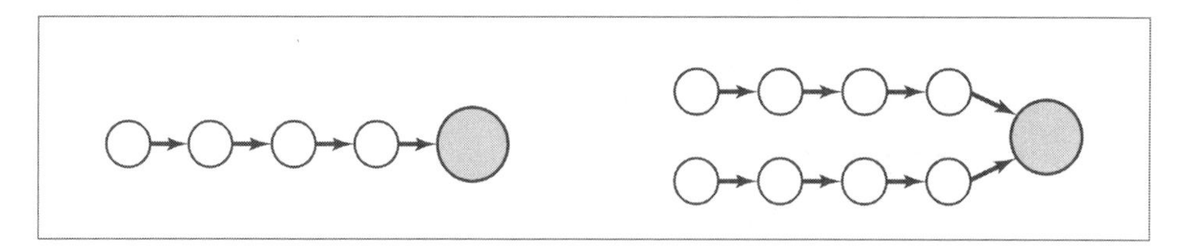

3) 복합형

단순 자극형과 연쇄형의 복합적인 발생유형이다. 일반적으로 대부분의 산업재해는 재해원인들이 복잡하게 결합되어 있는 복합형이다. 연쇄형의 경우에는 원인들 중에 하나를 제거하면 재해가 일어나지 않는다. 그러나 단순 자극형이나 복합형은 하나를 제거하더라도 재해가 일어나지 않는다는 보장이 없으므로, 도미노 이론은 적용되지 않는다. 이런 요인들은 부속적인 요인들에 불과하다. 따라서 재해조사에 있어서는 가능한 한 모든 요인들을 파악하도록 해야 한다.

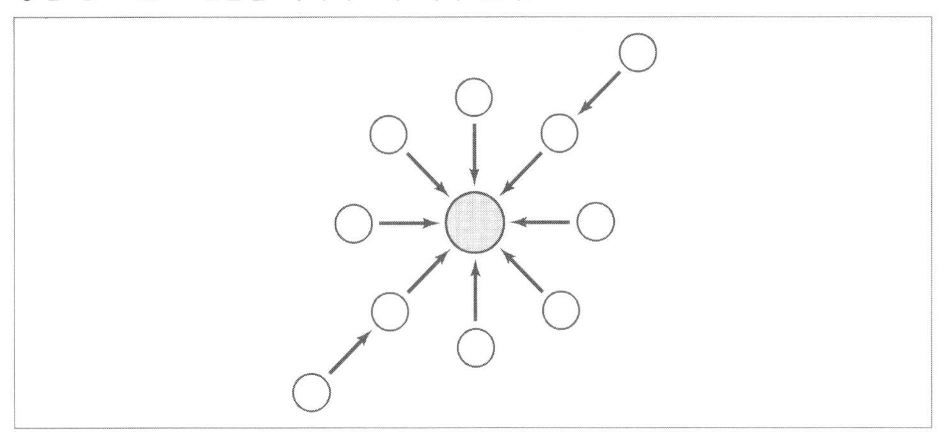

SECTION 3 안전점검 · 검사 · 인증 및 진단

1 안전점검의 정의, 목적, 종류

1) 정의

안전점검은 설비의 불안전상태나 인간의 불안전행동으로부터 일어나는 결함을 발견하여 안전대책을 세우기 위한 활동을 말한다.

2) 안전점검의 목적

(1) 기기 및 설비의 결함이나 불안전한 상태의 제거로 사전에 안전성을 확보하기 위함이다.
(2) 기기 및 설비의 안전상태 유지 및 본래의 성능을 유지하기 위함이다.
(3) 재해 방지를 위하여 그 재해 요인의 대책과 실시를 계획적으로 하기 위함이다.

3) 종류

(1) 일상점검(수시점검) : 작업 전·중·후 수시로 실시하는 점검
(2) 정기점검 : 정해진 기간에 정기적으로 실시하는 점검
(3) 특별점검 : 기계 기구의 신설 및 변경 시 고장, 수리 등에 의해 부정기적으로 실시하는 점검, 안전강조기간에 실시하는 점검 등
(4) 임시점검 : 이상 발견 시 또는 재해발생시 임시로 실시하는 점검

2 안전점검표(체크리스트)의 작성

1) 안전점검표(체크리스트)에 포함되어야 할 사항

(1) 점검대상
(2) 점검부분(점검개소)
(3) 점검항목(점검내용 : 마모, 균열, 부식, 파손, 변형 등)
(4) 점검주기 또는 기간(점검시기)
(5) 점검방법(육안점검, 기능점검, 기기점검, 정밀점검)
(6) 판정기준(법령에 의한 기준 등)
(7) 조치사항(점검결과에 따른 결과의 시정)

2) 안전점검표(체크리스트) 작성시 유의사항

(1) 위험성이 높은 순이나 긴급을 요하는 순으로 작성할 것
(2) 정기적으로 검토하여 재해예방에 실효성이 있는 내용일 것
(3) 내용은 이해하기 쉽고 표현이 구체적일 것

■ 작업 시작 전 점검사항

| 작업 시작 전 점검사항 |

작업의 종류	점검내용
1. 프레스등을 사용하여 작업을 할 때(제2편제1장제3절)	가. 클러치 및 브레이크의 기능 나. 크랭크축 · 플라이휠 · 슬라이드 · 연결봉 및 연결 나사의 풀림 여부 다. 1행정 1정지기구 · 급정지장치 및 비상정지장치의 기능 라. 슬라이드 또는 칼날에 의한 위험방지 기구의 기능 마. 프레스의 금형 및 고정볼트 상태 바. 방호장치의 기능 사. 전단기(剪斷機)의 칼날 및 테이블의 상태
2. 로봇의 작동 범위에서 그 로봇에 관하여 교시 등(로봇의 동력원을 차단하고 하는 것은 제외한다)의 작업을 할 때(제2편제1장제13절)	가. 외부 전선의 피복 또는 외장의 손상 유무 나. 매니퓰레이터(Manipulator) 작동의 이상 유무 다. 제동장치 및 비상정지장치의 기능
3. 공기압축기를 가동할 때(제2편제1장제7절)	가. 공기저장 압력용기의 외관 상태 나. 드레인밸브(Drain valve)의 조작 및 배수 다. 압력방출장치의 기능 라. 언로드밸브(Unloading valve)의 기능 마. 윤활유의 상태 바. 회전부의 덮개 또는 울 사. 그 밖의 연결 부위의 이상 유무
4. 크레인을 사용하여 작업을 하는 때(제2편제1장제9절제2관)	가. 권과방지장치 · 브레이크 · 클러치 및 운전장치의 기능 나. 주행로의 상측 및 트롤리(Trolley)가 횡행하는 레일의 상태 다. 와이어로프가 통하고 있는 곳의 상태
5. 이동식 크레인을 사용하여 작업을 할 때(제2편제1장제9절제3관)	가. 권과방지장치나 그 밖의 경보장치의 기능 나. 브레이크 · 클러치 및 조정장치의 기능 다. 와이어로프가 통하고 있는 곳 및 작업장소의 지반상태
6. 리프트를 사용하여 작업을 할 때(제2편제1장제9절제4관)	가. 방호장치 · 브레이크 및 클러치의 기능 나. 와이어로프가 통하고 있는 곳의 상태
7. 곤돌라를 사용하여 작업을 할 때(제2편제1장제9절제5관)	가. 방호장치 · 브레이크의 기능 나. 와이어로프 · 슬링와이어(Sling wire) 등의 상태
8. 양중기의 와이어로프 · 달기체인 · 섬유로프 · 섬유벨트 또는 훅 · 샤클 · 링 등의 철구(이하 "와이어로프등"이라 한다)를 사용하여 고리걸이작업을 할 때(제2편제1장제9절제7관)	와이어로프등의 이상 유무

9. 지게차를 사용하여 작업을 하는 때(제2편제1장제10절제2관)	가. 제동장치 및 조종장치 기능의 이상 유무 나. 하역장치 및 유압장치 기능의 이상 유무 다. 바퀴의 이상 유무 라. 전조등 · 후미등 · 방향지시기 및 경보장치 기능의 이상 유무
10. 구내운반차를 사용하여 작업을 할 때(제2편제1장제10절제3관)	가. 제동장치 및 조종장치 기능의 이상 유무 나. 하역장치 및 유압장치 기능의 이상 유무 다. 바퀴의 이상 유무 라. 전조등 · 후미등 · 방향지시기 및 경음기 기능의 이상 유무 마. 충전장치를 포함한 홀더 등의 결합상태의 이상 유무
11. 고소작업대를 사용하여 작업을 할 때(제2편제1장제10절제4관)	가. 비상정지장치 및 비상하강 방지장치 기능의 이상 유무 나. 과부하 방지장치의 작동 유무(와이어로프 또는 체인구동방식의 경우) 다. 아웃트리거 또는 바퀴의 이상 유무 라. 작업면의 기울기 또는 요철 유무 마. 활선작업용 장치의 경우 홈 · 균열 · 파손 등 그 밖의 손상 유무
12. 화물자동차를 사용하는 작업을 하게 할 때(제2편제1장제10절제5관)	가. 제동장치 및 조종장치의 기능 나. 하역장치 및 유압장치의 기능 다. 바퀴의 이상 유무
13. 컨베이어등을 사용하여 작업을 할 때(제2편제1장제11절)	가. 원동기 및 풀리(Pulley) 기능의 이상 유무 나. 이탈 등의 방지장치 기능의 이상 유무 다. 비상정지장치 기능의 이상 유무 라. 원동기 · 회전축 · 기어 및 풀리 등의 덮개 또는 울 등의 이상 유무
14. 차량계 건설기계를 사용하여 작업을 할 때(제2편제1장제12절제1관)	브레이크 및 클러치 등의 기능
15. 이동식 방폭구조(防爆構造) 전기기계 · 기구를 사용할 때(제2편제3장제1절)	전선 및 접속부 상태
16. 근로자가 반복하여 계속적으로 중량물을 취급하는 작업을 할 때(제2편제5장)	가. 중량물 취급의 올바른 자세 및 복장 나. 위험물이 날아 흩어짐에 따른 보호구의 착용 다. 카바이드 · 생석회(산화칼슘) 등과 같이 온도상승이나 습기에 의하여 위험성이 존재하는 중량물의 취급방법 라. 그 밖에 하역운반기계등의 적절한 사용방법
17. 양화장치를 사용하여 화물을 싣고 내리는 작업을 할 때(제2편제6장제2절)	가. 양화장치(揚貨裝置)의 작동상태 나. 양화장치에 제한하중을 초과하는 하중을 실었는지 여부
18. 슬링 등을 사용하여 작업을 할 때(제2편제6장제2절)	가. 훅이 붙어 있는 슬링 · 와이어슬링 등이 매달린 상태 나. 슬링 · 와이어슬링 등의 상태(작업 시작 전 및 작업 중 수시로 점검)

3 안전검사 및 안전인증

1) 안전인증대상 기계 · 기구

(1) 안전인증대상기계 · 기구

① 프레스
② 전단기 및 절곡기
③ 크레인
④ 리프트
⑤ 압력용기
⑥ 롤러기
⑦ 사출성형기(射出成形機)
⑧ 고소(高所) 작업대
⑨ 곤돌라

(2) 안전인증대상 방호장치

① 프레스 및 전단기 방호장치
② 양중기용(揚重機用) 과부하 방지장치
③ 보일러 압력방출용 안전밸브
④ 압력용기 압력방출용 안전밸브
⑤ 압력용기 압력방출용 파열판
⑥ 절연용 방호구 및 활선작업용(活線作業用) 기구
⑦ 방폭구조(防爆構造) 전기기계 · 기구 및 부품
⑧ 추락 · 낙하 및 붕괴 등의 위험 방지 및 보호에 필요한 가설기자재로서 고용노동부장관이 정하여 고시하는 것
⑨ 충돌 · 협착 등의 위험 방지에 필요한 산업용 로봇 방호장치로서 고용노동부장관이 정하여 고시하는 것

(3) 안전인증대상 보호구

① 추락 및 감전 위험방지용 안전모
② 안전화
③ 안전장갑
④ 방진마스크
⑤ 방독마스크
⑥ 송기마스크
⑦ 전동식 호흡보호구
⑧ 보호복
⑨ 안전대
⑩ 차광(遮光) 및 비산물(飛散物) 위험방지용 보안경
⑪ 용접용 보안면
⑫ 방음용 귀마개 또는 귀덮개

2) 자율안전확인의 신고

(1) 자율안전확인대상 기계 · 기구

① 연삭기 또는 연마기(휴대용은 제외한다)
② 산업용 로봇
③ 혼합기
④ 파쇄기 또는 분쇄기
⑤ 식품가공용 기계(파쇄 · 절단 · 혼합 · 제면기만 해당한다)
⑥ 컨베이어
⑦ 자동차 정비용 리프트
⑧ 공작기계(선반, 드릴기, 평삭 · 형삭기, 밀링만 해당한다)
⑨ 고정형 목재가공용 기계(둥근톱, 대패, 루타기, 띠톱, 모떼기 기계만 해당한다)
⑩ 인쇄기

(2) 자율안전확인대상 기계 · 기구의 방호장치

① 아세틸렌 용접장치용 또는 가스집합 용접장치용 안전기
② 교류 아크용접기용 자동전격방지기
③ 롤러기 급정지장치
④ 연삭기(研削機) 덮개
⑤ 목재 가공용 둥근톱 반발 예방장치와 날 접촉 예방장치
⑥ 동력식 수동대패용 칼날 접촉 방지장치
⑦ 추락 · 낙하 및 붕괴 등의 위험 방지 및 보호에 필요한 가설기자재(제74조제1항제2호아목의 가설기자재는 제외한다)로서 고용노동부장관이 정하여 고시하는 것

(3) 자율안전확인대상 보호구

① 안전모(추락 및 감전 위험방지용 안전모 제외)
② 보안경(차광 및 비산물 위험방지용 보안경 제외)
③ 보안면(용접용 보안면 제외)

3) 안전검사

(1) 안전검사 대상 유해 · 위험기계 등

① 프레스
② 전단기

③ 크레인(정격하중이 2톤 미만인 것은 제외한다)

④ 리프트

⑤ 압력용기

⑥ 곤돌라

⑦ 국소배기장치(이동식은 제외한다)

⑧ 원심기(산업용만 해당한다)

⑨ 롤러기(밀폐형 구조는 제외한다)

⑩ 사출성형기[형 체결력(型 締結力) 294킬로뉴턴(kN) 미만은 제외한다]

⑪ 고소작업대(「자동차관리법」 제3조제3호 또는 제4호에 따른 화물자동차 또는 특수자동차에 탑재한 고소작업대로 한정한다)

⑫ 컨베이어

⑬ 산업용 로봇

(2) 안전검사의 주기 및 합격표시 · 표시방법

안전검사대상 유해 · 위험기계 등의 검사 주기는 다음과 같다.

① 크레인, 리프트 및 곤돌라 : 사업장에 설치가 끝난 날부터 3년 이내에 최초 안전검사를 실시하되, 그 이후부터 2년마다(건설현장에서 사용하는 것은 최초로 설치한 날부터 6개월마다)

② 그 밖의 유해 · 위험기계 등 : 사업장에 설치가 끝난 날부터 3년 이내에 최초 안전검사를 실시하되, 그 이후부터 2년마다(공정안전보고서를 제출하여 확인을 받은 압력용기는 4년마다)

(3) 안전검사의 신청

① 안전검사를 받아야 하는 자는 안전검사 신청서를 검사 주기 만료일 30일 전에 안전검사 업무를 위탁받은 기관(이하 "안전검사기관"이라 한다)에 제출(전자문서에 의한 제출을 포함한다)하여야 한다.

② 안전검사 신청을 받은 안전검사기관은 30일 이내에 해당 기계 · 기구 및 설비별로 안전검사를 하여야 한다.

③ 안전검사기관은 안전검사 결과 검사기준에 적합한 경우에는 해당 사업주에게 유해하거나 위험한 기계 · 기구 · 설비로서 대통령령으로 정하는 것에 직접 부착 가능한 안전검사 합격표시를 발급하고, 부적합한 경우에는 해당 사업주에게 안전검사 불합격통지서에 그 사유를 밝혀 발급하여야 한다.

4 안전 · 보건진단

1) 종류

(1) 안전진단

(2) 보건진단

(3) 종합진단(안전진단과 보건진단을 동시에 진행하는 것)

2) 대상사업장

(1) 산업재해율이 같은 업종 평균 산업재해율의 2배 이상인 사업장

(2) 사업주가 필요한 안전조치 또는 보건조치를 이행하지 아니하여 중대재해가 발생한 사업장

(3) 직업성 질병자가 연간 2명 이상(상시근로자 1천명 이상 사업장의 경우 3명 이상) 발생한 사업장

CHAPTER 03 PART 01 안전관리론

무재해 운동 및 보호구

SECTION 1 무재해 운동 등 안전활동 기법

1 무재해의 정의(산업재해)

무재해 운동 시행사업장에서 근로자가 업무로 인하여 사망 또는 4일 이상의 요양을 요하는 부상 또는 질병에 걸리지 않는 것을 말한다.

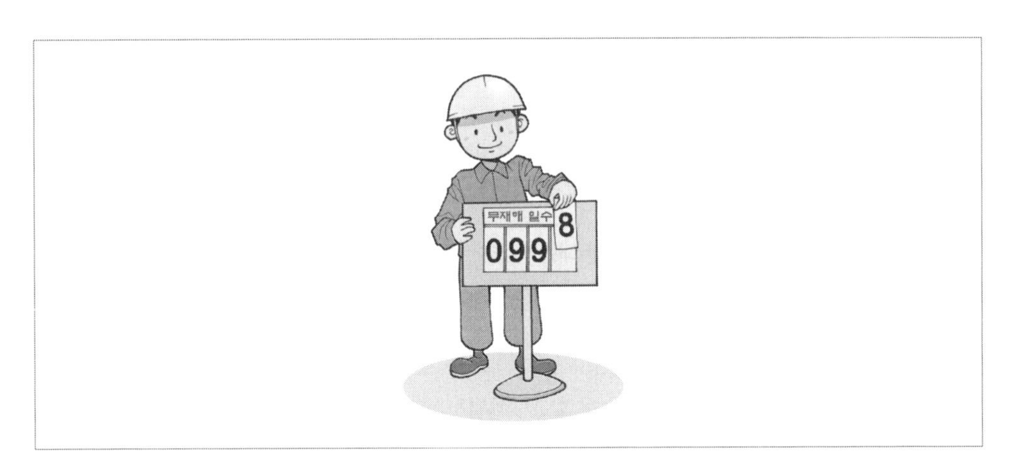

2 무재해 운동의 목적

1) 회사의 손실방지와 생산성 향상으로 기업에 경제적 이익발생
2) 자율적인 문제해결 능력으로서의 생산, 품질의 향상 능력을 제고
3) 전원참가 운동으로 밝고 명랑한 직장 풍토를 조성
4) 노사 간 화합분위기 조성으로 노사 신뢰도가 향상

3 무재해 운동 이론

1) 무재해 운동의 3원칙

(1) 무의 원칙 : 모든 잠재위험요인을 사전에 발견 · 파악 · 해결함으로써 근원적으로 산업재해를 없앤다.

(2) 참여의 원칙(참가의 원칙) : 작업에 따르는 잠재적인 위험요인을 발견 · 해결하기 위하여 전원이 협력하여 문제해결 운동을 실천한다.

(3) 안전제일의 원칙(선취의 원칙) : 직장의 위험요인을 행동하기 전에 발견 · 파악 · 해결하여 재해를 예방한다.

CheckPoint

다음 중 무재해 운동의 이념에서 "안전제일의 원칙(선취의 원칙)"을 가장 적절하게 설명한 것은?

① 사고의 잠재요인을 사후에 파악하는 것
② 근로자 전원이 일체감을 조성하여 참여하는 것
③ 위험요소를 사전에 발견, 파악하여 재해를 예방하거나 방지하는 것
④ 관리감독자 또는 경영층에서의 자발적 참여로 안전활동을 촉진하는 것

다음 중 무재해 운동의 이념 3원칙에 대한 설명이 아닌 것은?

① 직장의 위험요인을 행동하기 전에 발견 · 파악 · 해결하여 재해를 예방한다.
② 안전보건은 최고경영자의 무재해 및 무질병에 대한 확고한 경영자세로 시작된다.
③ 모든 잠재위험요인을 사전에 발견 · 파악 · 해결함으로써 근원적으로 산업재해를 없앤다.
④ 작업에 따르는 잠재적인 위험요인을 발견 · 해결하기 위하여 전원이 협력하여 문제해결 운동을 실천한다.

2) 무재해 운동의 3기둥(3요소)

(1) 직장의 자율활동의 활성화

일하는 한 사람 한 사람이 안전보건을 자신의 문제이며 동시에 같은 동료의 문제로 진지하게 받아들여 직장의 팀 멤버와의 협동노력으로 자주적으로 추진해 가는 것이 필요하다.

(2) 라인(관리감독자)화의 철저

안전보건을 추진하는 데는 관리감독자(Line)들이 생산활동 속에 안전보건을 접목시켜 실천하는 것이 꼭 필요하다.

(3) 최고경영자의 안전경영철학

안전보건은 최고경영자의 "무재해, 무질병"에 대한 확고한 경영자세로부터 시작된다. "일하는 한사람 한사람이 중요하다"라는 최고 경영자의 인간존중의 결의로 무재해 운동은 출발한다.

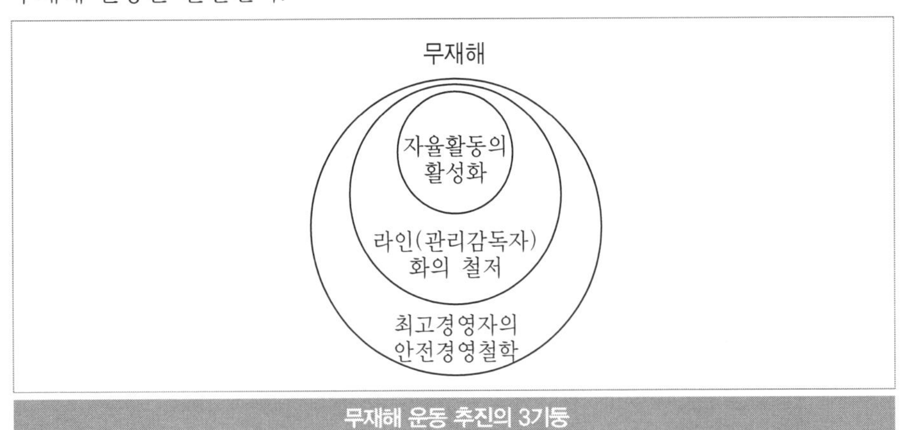

무재해 운동 추진의 3기둥

무재해 운동을 추진하고 정착하기 위해서 선결되어야 할 것은?

▶ 인간존중의 본심에 우러나오는 경영자의 자세, 방침

3) 무재해 운동 실천의 3원칙

(1) 팀미팅기법

(2) 선취기법

(3) 문제해결기법

4 무재해 소집단 활동

1) 지적확인

작업의 정확성이나 안전을 확인하기 위해 눈, 손, 입 그리고 귀를 이용하여 작업 시작 전에 뇌를 자극시켜 안전을 확보하기 위한 기법으로 작업을 안전하게 오조작 없이 작업공정의 요소요소에서 자신의 행동을 「…, 좋아!」하고 대상을 지적하여 큰소리로 확인하는 것

2) 터치앤콜(Touch and Call)

피부를 맞대고 같이 소리치는 것으로 전원이 스킨십(Skinship)을 느끼도록 하는 것. 팀의 일체감, 연대감을 조성할 수 있고 동시에 대뇌 구피질에 좋은 이미지를 불어넣어 안전행동을 하도록 하는 것

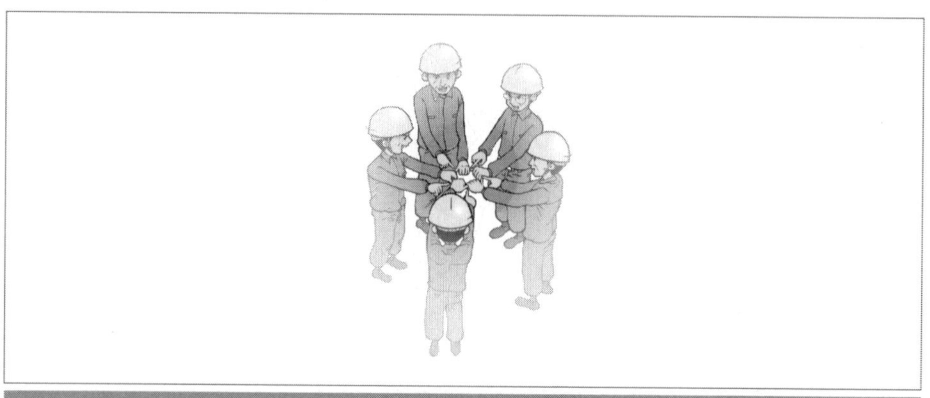

터치앤콜

3) 원포인트 위험예지훈련

위험예지훈련 4라운드 중 2R, 3R, 4R를 모두 원포인트로 요약하여 실시하는 기법으로 2~3분이면 실시가 가능한 현장 활동용 기법

4) 브레인스토밍(Brain Storming)

소집단 활동의 하나로서 수명의 멤버가 마음을 터놓고 편안한 분위기 속에서 공상, 연상의 연쇄반응을 일으키면서 자유분방하게 아이디어를 대량으로 발언하여 나가는 발상법(오스본에 의해 창안)

① 비판금지 : "좋다, 나쁘다" 등의 비평을 하지 않는다.
② 자유분방 : 자유로운 분위기에서 발표한다.
③ 대량발언 : 무엇이든지 좋으니 많이 발언한다.
④ 수정발언 : 자유자재로 변하는 아이디어를 개발한다.(타인 의견의 수정발언)

브레인스토밍

Check Point

브레인스토밍 미팅기법의 4원칙에 해당되지 않는 것은?

① 수정발언 ② 자유분방
③ 요점발언 ④ 비판금지

5) TBM(Tool Box Meeting) 위험예지훈련

작업 개시 전, 종료 후 같은 작업원 5~6명이 리더를 중심으로 둘러앉아(또는 서서) 3~5분에 걸쳐 작업 중 발생할 수 있는 위험을 예측하고 사전에 점검하여 대책을 수립하는 등 단시간 내에 의논하는 문제해결 기법

(1) TBM 실시요령

① 작업 시작 전, 중식 후, 작업종료 후 짧은 시간을 활용하여 실시한다.
② 때와 장소에 구애받지 않고 같은 작업자 5~7인 정도가 모여서 공구나 기계 앞에서 행한다.
③ 일방적인 명령이나 지시가 아니라 잠재위험에 대해 같이 생각하고 해결
④ TBM의 특징은 모두가 "이렇게 하자", "이렇게 한다"라고 합의하고 실행

(2) TBM의 내용

① 작업 시작 전(실시순서 5단계)

도입	직장체조, 무재해기 게양, 목표제안
점검 및 정비	건강상태, 복장 및 보호구 점검, 자재 및 공구확인
작업지시	작업내용 및 안전사항 전달
위험예측	당일 작업에 대한 위험예측, 위험예지훈련
확인	위험에 대한 대책과 팀목표 확인

② 작업종료시

㉠ 실시사항의 적절성 확인 : 작업 시작 전 TBM에서 결정된 사항의 적절성 확인

㉡ 검토 및 보고 : 그날 작업의 위험요인 도출, 대책 등 검토 및 보고

㉢ 문제 제기 : 그날의 작업에 대한 문제 제기

6) 롤플레잉(Role Playing)

작업 전 5분간 미팅의 시나리오를 작성하여 그 시나리오를 보고 멤버들이 연기함으로써 체험학습을 시키는 것

5 위험예지훈련 및 진행방법

1) 위험예지훈련의 종류

(1) 감수성 훈련 : 위험요인을 발견하는 훈련

(2) 단시간 미팅훈련 : 단시간 미팅을 통해 대책을 수립하는 훈련

(3) 문제해결 훈련 : 작업 시작 전 문제를 제거하는 훈련

(4) 집중력 훈련

2) 위험예지훈련의 추진을 위한 문제해결 4단계(4 라운드)

(1) 1 라운드 : 현상파악(사실의 파악) - 어떤 위험이 잠재하고 있는가?

(2) 2 라운드 : 본질추구(원인조사) - 이것이 위험의 포인트다.

(3) 3 라운드 : 대책수립(대책을 세운다) - 당신이라면 어떻게 하겠는가?

(4) 4 라운드 : 목표설정(행동계획 작성) - 우리들은 이렇게 하자!

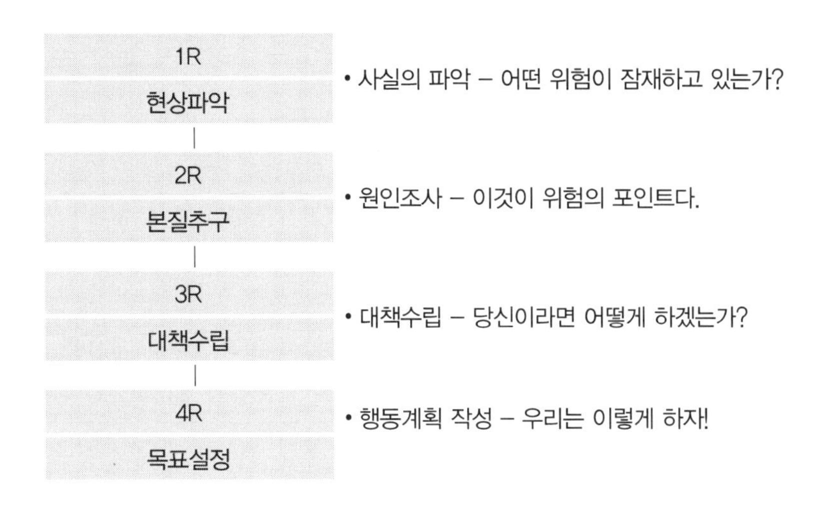

문제해결 4라운드

6 위험예지훈련의 3가지 효용

1) 위험에 대한 감수성 향상

2) 작업행동의 요소요소에서 집중력 증대

3) 문제(위험)해결의 의욕(하고자 하는 생각)증대

SECTION 2 보호구 및 안전보건표지

1 보호구의 개요

1) 산업재해 예방을 위해 작업자 개인이 착용하고 작업하는 것으로서 유해·위험상황에 따라 발생할 수 있는 재해를 예방하거나 그 유해·위험의 영향이나 재해의 정도를 감소시키기 위한 것
2) 보호구에 완전히 의존하여 기계·기구 설비의 보완이나 작업환경 개선을 소홀히 해서는 안 되며, 보호구는 어디까지나 보조수단으로 사용함을 원칙으로 해야 한다.

1) 보호구가 갖추어야 할 구비요건

(1) 착용이 간편할 것
(2) 작업에 방해를 주지 않을 것
(3) 유해·위험요소에 대한 방호가 확실할 것
(4) 재료의 품질이 우수할 것
(5) 외관상 보기가 좋을 것
(6) 구조 및 표면가공이 우수할 것

다음 중 보호구가 갖추어야 할 구비요건과 거리가 먼 것은?

① 착용이 간편한 것
② 작업에 방해가 되지 않을 것
③ 금속재료는 내식성이 아닐 것
④ 유해, 위험 요소에 대한 방호가 완전할 것

2) 보호구 선정시 유의사항

(1) 사용목적에 적합할 것
(2) 안전인증(자율안전확인신고)을 받고 성능이 보장될 것
(3) 작업에 방해가 되지 않을 것
(4) 착용이 쉽고 크기 등이 사용자에게 편리할 것

2 보호구의 종류

1) 안전인증 대상 보호구

(1) 추락 및 감전 위험방지용 안전모
(2) 안전화
(3) 안전장갑
(4) 방진마스크
(5) 방독마스크
(6) 송기마스크
(7) 전동식 호흡보호구
(8) 보호복
(9) 안전대
(10) 차광(遮光) 및 비산물(飛散物) 위험방지용 보안경
(11) 용접용 보안면
(12) 방음용 귀마개 또는 귀덮개

2) 자율 안전확인 대상 보호구

(1) 안전모(추락 및 감전 위험방지용 안전모 제외)
(2) 보안경(차광 및 비산물 위험방지용 보안경 제외)
(3) 보안면(용접용 보안면 제외)

3) 안전인증의 표시

안전인증, 자율안전확인신고 표시

4) 자율안전확인 제품표시의 붙임

자율안전확인 제품에는 산업안전보건법에 따른 표시 외에 다음 각 목의 사항을 표시한다.

(1) 형식 또는 모델명

(2) 규격 또는 등급 등

(3) 제조자명

(4) 제조번호 및 제조연월

3 보호구의 성능기준 및 시험방법

1) 안전모

(1) 안전모의 구조

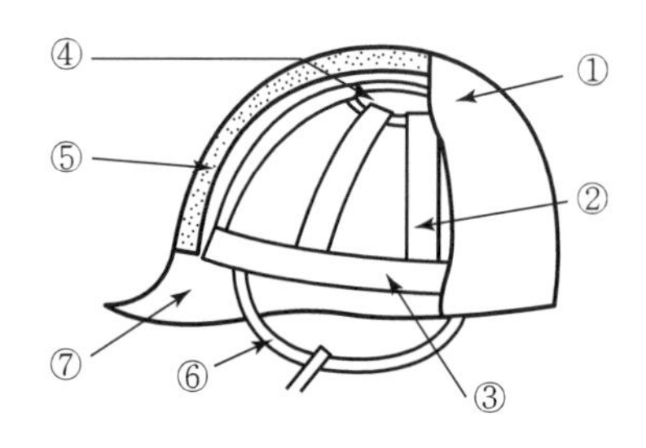

번호	명칭	
①	모체	
②	착장체	머리받침끈
③		머리고정대
④		머리받침고리
⑤	충격흡수재	
⑥	턱끈	
⑦	챙(차양)	

(2) 안전인증대상 안전모의 종류 및 사용구분

종류(기호)	사용구분	비고
AB	물체의 낙하 또는 비래 및 추락에 의한 위험을 방지 또는 경감시키기 위한 것	
AE	물체의 낙하 또는 비래에 의한 위험을 방지 또는 경감하고, 머리부위 감전에 의한 위험을 방지하기 위한 것	내전압성(주1)
ABE	물체의 낙하 또는 비래 및 추락에 의한 위험을 방지 또는 경감하고, 머리부위 감전에 의한 위험을 방지하기 위한 것	내전압성

(주1) 내전압성이란 7,000V 이하의 전압에 견디는 것을 말한다.

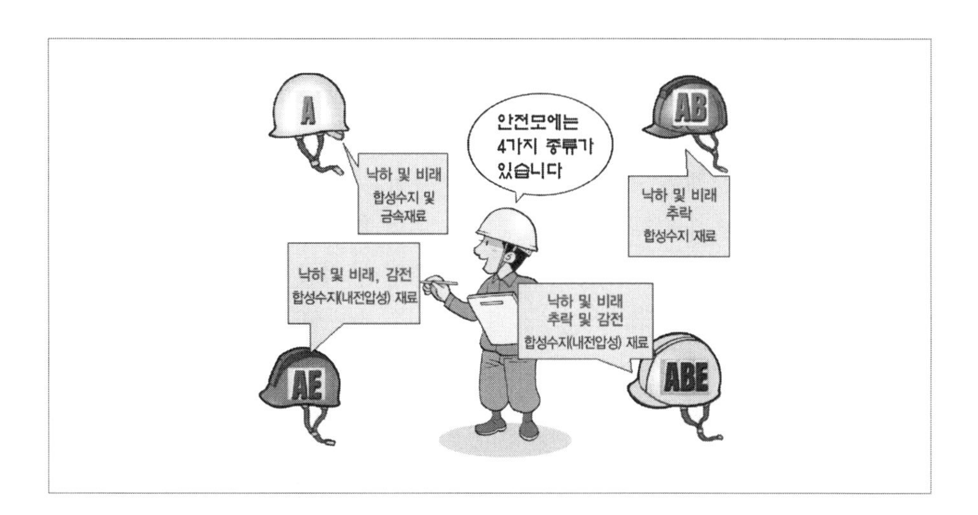

안전모의 종류 중 안전인증 대상이 아닌 것은?

✔ A형 ② AB형 ③ AE형 ④ ABE형

(3) 안전모의 구비조건

① 일반구조

㉠ 안전모는 모체, 착장체(머리고정대, 머리받침고리, 머리받침끈) 및 턱끈을 가질 것

㉡ 착장체의 머리고정대는 착용자의 머리부위에 적합하도록 조절할 수 있을 것

㉢ 착장체의 구조는 착용자의 머리에 균등한 힘이 분배되도록 할 것

㉣ 모체, 착장체 등 안전모의 부품은 착용자에게 상해를 줄 수 있는 날카로운 모서리 등이 없을 것

㉤ 턱끈은 사용 중 탈락되지 않도록 확실히 고정되는 구조일 것

㉥ 안전모의 착용높이는 85mm 이상이고 외부수직거리는 80mm 미만일 것

㉦ 안전모의 내부수직거리는 25mm 이상 50mm 미만일 것

㉧ 안전모의 수평간격은 5mm 이상일 것

㉨ 머리받침끈이 섬유인 경우에는 각각의 폭은 15mm 이상이어야 하며, 교차되는 끈의 폭의 합은 72mm 이상일 것

㉩ 턱끈의 폭은 10mm 이상일 것

㉪ 안전모의 모체, 착장체를 포함한 질량은 440g을 초과하지 않을 것

② AB종 안전모는 일반구조 조건에 적합해야 하고 충격흡수재를 가져야 하며, 리벳(Rivet) 등 기타 돌출부가 모체의 표면에서 5mm 이상 돌출되지 않아야 한다.
③ AE종 안전모는 일반구조 조건에 적합해야 하고 금속제의 부품을 사용하지 않고, 착장체는 모체의 내외면을 관통하는 구멍을 뚫지 않고 붙일 수 있는 구조로서 모체의 내외면을 관통하는 구멍 핀홀 등이 없어야 한다.
④ ABE종 안전모는 상기 ②, ③의 조건에 적합해야 한다.

(4) 안전인증 대상 안전모의 성능시험방법

항목	시험성능기준
내관통성	AE, ABE종 안전모는 관통거리가 9.5mm 이하이고, AB종 안전모는 관통거리가 11.1mm 이하이어야 한다.
충격흡수성	최고전달충격력이 4,450N을 초과해서는 안 되며, 모체와 착장체의 기능이 상실되지 않아야 한다.
내전압성	AE, ABE종 안전모는 교류 20kV에서 1분간 절연파괴 없이 견뎌야 하고, 이때 누설되는 충전전류는 10mA 이하이어야 한다.
내 수 성	AE, ABE종 안전모는 질량증가율이 1% 미만이어야 한다.
난 연 성	모체가 불꽃을 내며 5초 이상 연소되지 않아야 한다.
턱끈풀림	150N 이상 250N 이하에서 턱끈이 풀려야 한다.

(5) 자율안전확인신고 대상 안전모의 성능시험방법

항목	시험성능기준
내관통성	안전모의 관통거리가 11.1mm 이하이어야 한다.
충격흡수성	최고전달충격력이 4,450N을 초과해서는 안 되며, 모체와 착장체의 기능이 상실되지 않아야 한다.
난 연 성	모체가 불꽃을 내며 5초 이상 연소되지 않아야 한다.
턱끈풀림	150N 이상 250N 이하에서 턱끈이 풀려야 한다.

2) 안전화

(1) 안전화의 명칭

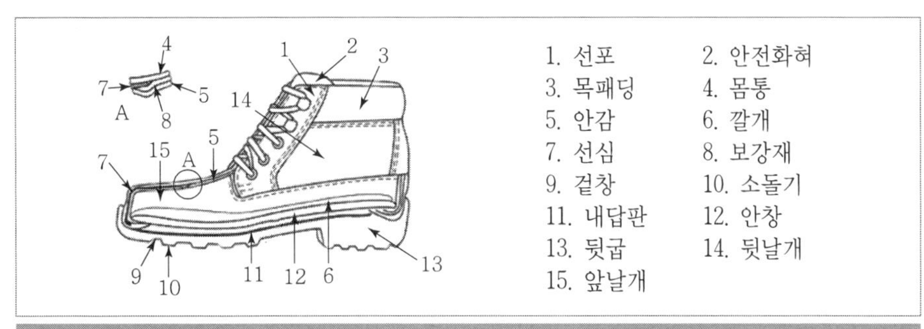

가죽제 안전화 각 부분의 명칭

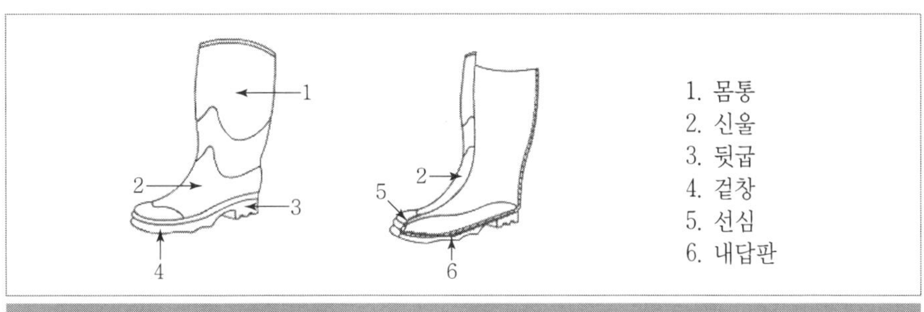

고무제 안전화 각 부분의 명칭

(2) 안전화의 종류

종류	성능구분
가죽제 안전화	물체의 낙하, 충격 또는 날카로운 물체에 의한 찔림 위험으로부터 발을 보호하기 위한 것 성능시험 : 내답발성, 내압박성, 내충격성, 박리저항, 내부식성, 내유성 시험 등
고무제 안전화	물체의 낙하, 충격 또는 날카로운 물체에 의한 찔림 위험으로부터 발을 보호하고 내수성 또는 내화학성을 겸한 것 성능시험 : 압박, 충격, 침수
정전기 안전화	물체의 낙하, 충격 또는 날카로운 물체에 의한 찔림 위험으로부터 발을 보호하고 정전기의 인체대전을 방지하기 위한 것
발등 안전화	물체의 낙하, 충격 또는 날카로운 물체에 의한 찔림 위험으로부터 발 및 발등을 보호하기 위한 것
절 연 화	물체의 낙하, 충격 또는 날카로운 물체에 의한 찔림 위험으로부터 발을 보호하고 저압의 전기에 의한 감전을 방지하기 위한 것
절연장화	고압에 의한 감전을 방지 및 방수를 겸한 것
화학물질용 안전화	물체의 낙하, 충격 또는 날카로운 물체에 의한 찔림 위험으로부터 발을 보호하고 화학물질로부터 유해위험을 방지하기 위한 것

(3) 안전화의 등급

등급	사용장소
중작업용	광업, 건설업 및 철광업 등에서 원료취급, 가공, 강재취급 및 강재 운반, 건설업 등에서 중량물 운반작업, 가공대상물의 중량이 큰 물체를 취급하는 작업장으로서 날카로운 물체에 의해 찔릴 우려가 있는 장소
보통 작업용	기계공업, 금속가공업, 운반, 건축업 등 공구 가공품을 손으로 취급하는 작업 및 차량 사업장, 기계 등을 운전조작하는 일반작업장으로서 날카로운 물체에 의해 찔릴 우려가 있는 장소
경작업용	금속 선별, 전기제품 조립, 화학제품 선별, 반응장치 운전, 식품 가공업 등 비교적 경량의 물체를 취급하는 작업장으로서 날카로운 물체에 의해 찔릴 우려가 있는 장소

(4) 안전화의 몸통 높이에 따른 구분

단위 : mm

몸통 높이(h)		
단화	중단화	장화
113 미만	113 이상	178 이상

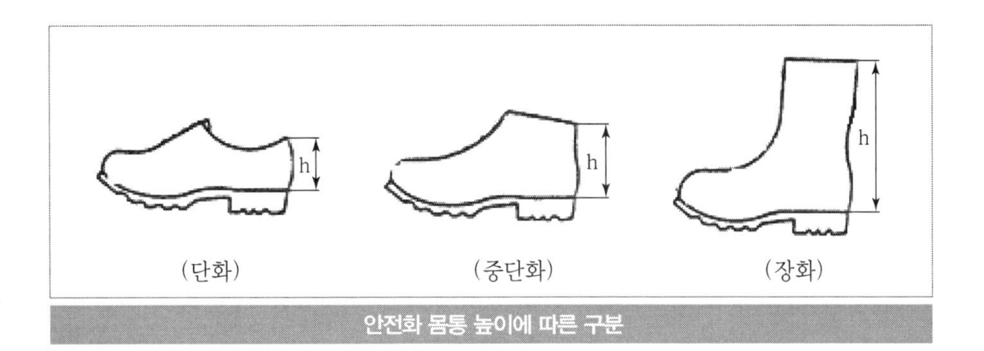

안전화 몸통 높이에 따른 구분

(5) 가죽제 발보호안전화의 일반구조

① 착용감이 좋고 작업에 편리할 것
② 견고하며 마무리가 확실하고 형상은 균형이 있을 것
③ 선심의 내측은 헝겊 등으로 싸고 후단부의 내측은 보강할 것
④ 발가락 끝부분에 선심을 넣어 압박 및 충격으로부터 발가락을 보호할 것

3) 내전압용 절연장갑

(1) 일반구조

① 절연장갑은 고무로 제조하여야 하며 핀 홀(Pin Hole), 균열, 기포 등의 물리적 인 변형이 없어야 한다.
② 여러 색상의 층들로 제조된 합성 절연장갑이 마모되는 경우에는 그 아래의 다른 색상의 층이 나타나야 한다.

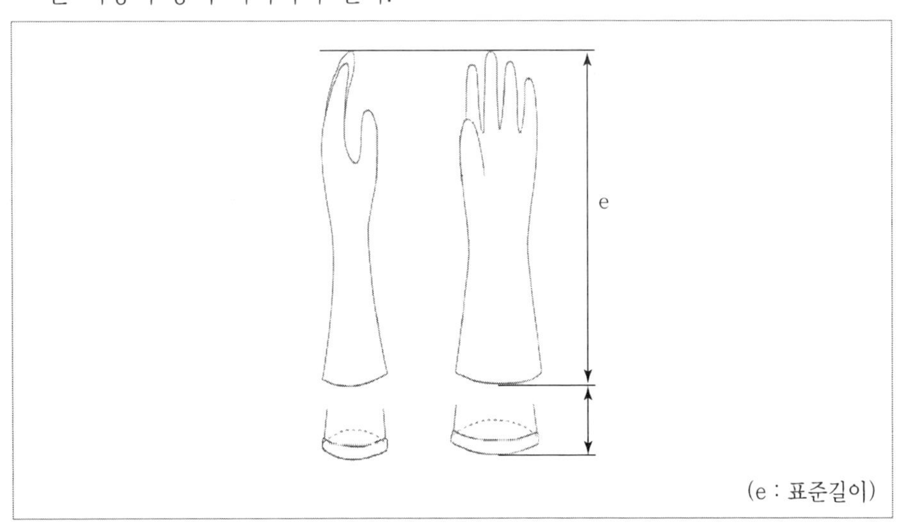

(2) 절연장갑의 등급 및 색상

등급	최대사용전압		비고
	교류(V, 실효값)	직류(V)	
00	500	750	갈색
0	1,000	1,500	빨간색
1	7,500	11,250	흰색
2	17,000	25,500	노란색
3	26,500	39,750	녹색
4	36,000	54,000	등색

(3) 고무의 최대 두께

등급	두께(mm)	비고
00	0.50 이하	
0	1.00 이하	
1	1.50 이하	
2	2.30 이하	
3	2.90 이하	
4	3.60 이하	

(4) 절연내력

<table>
<tr><th colspan="3" rowspan="2">최소내전압 시험
(실효치, kV)</th><th>00 등급</th><th>0 등급</th><th>1 등급</th><th>2 등급</th><th>3 등급</th><th>4 등급</th></tr>
<tr><th>5</th><th>10</th><th>20</th><th>30</th><th>30</th><th>40</th></tr>
<tr><td rowspan="5">누설전류
시험
(실효값
mA)</td><td colspan="2">시험전압
(실효치, kV)</td><td>2.5</td><td>5</td><td>10</td><td>20</td><td>30</td><td>40</td></tr>
<tr><td rowspan="4">표준
길이
mm</td><td>460</td><td>미적용</td><td>18 이하</td><td>18 이하</td><td>18 이하</td><td>18 이하</td><td>18 이하</td></tr>
<tr><td>410</td><td>미적용</td><td>16 이하</td><td>16 이하</td><td>16 이하</td><td>16 이하</td><td>16 이하</td></tr>
<tr><td>360</td><td>14 이하</td><td>14 이하</td><td>14 이하</td><td>14 이하</td><td>14 이하</td><td>미적용</td></tr>
<tr><td>270</td><td>12 이하</td><td>12 이하</td><td>미적용</td><td>미적용</td><td>미적용</td><td>미적용</td></tr>
</table>

4) 화학물질용 안전장갑

(1) 일반구조 및 재료

① 안전장갑에 사용되는 재료와 부품은 착용자에게 해로운 영향을 주지 않아야 한다.

② 안전장갑은 착용 및 조작이 용이하고, 착용상태에서 작업을 행하는 데 지장이 없어야 한다.

③ 안전장갑은 육안을 통해 확인한 결과 찢어진 곳, 터진 곳, 구멍난 곳이 없어야 한다.

(2) 안전인증 유기화합물용 안전장갑에는 안전인증의 표시에 따른 표시 외에 다음 내용을 추가로 표시해야 한다.

① 안전장갑의 치수
② 보관 · 사용 및 세척상의 주의사항
③ 안전장갑을 표시하는 화학물질 보호성능표시 및 제품 사용에 대한 설명

화학물질 보호성능 표시

5) 방진마스크

(1) 방진마스크의 등급 및 사용장소

등급	특급	1급	2급
사용장소	• 베릴륨 등과 같이 독성이 강한 물질들을 함유한 분진 등 발생장소 • 석면 취급장소	• 특급마스크 착용장소를 제외한 분진 등 발생장소 • 금속흄 등과 같이 열적으로 생기는 분진 등 발생장소 • 기계적으로 생기는 분진 등 발생장소(규소 등과 같이 2급 방진마스크를 착용하여도 무방한 경우는 제외한다)	• 특급 및 1급 마스크 착용장소를 제외한 분진 등 발생장소
	배기밸브가 없는 안면부 여과식 마스크는 특급 및 1급 장소에 사용해서는 안 된다.		

안면부 여과식의 방진마스크는 등급이 몇 종류나 되는가?

3등급(특급, 1급, 2급)

① 여과재 분진 등 포집효율

형태 및 등급		염화나트륨(NaCl) 및 파라핀 오일(Paraffin oil) 시험(%)
분리식	특 급	99.95 이상
	1 급	94.0 이상
	2 급	80.0 이상
안면부 여과식	특 급	99.0 이상
	1 급	94.0 이상
	2 급	80.0 이상

(2) 안면부 누설율

형태 및 등급		누설률(%)
분리식	전면형	0.05 이하
	반면형	5 이하
안면부 여과식	특 급	5 이하
	1 급	11 이하
	2 급	25 이하

(3) 전면형 방진마스크의 항목별 유효시야

형태		시야(%)	
		유효시야	겹침시야
전동식	1 안식	70 이상	80 이상
	2 안식	70 이상	20 이상

전면형 방진마스크의 항목별 성능기준에서 유효시야는 몇 % 이상이어야 하는가?

70%

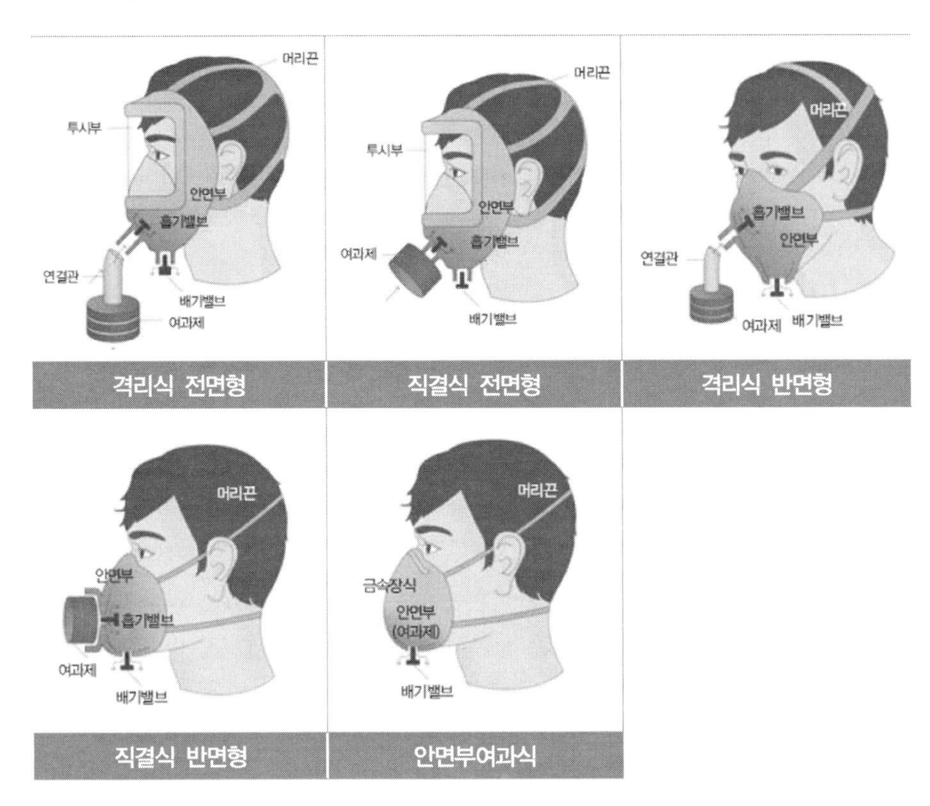

(4) 방진마스크의 형태별 구조분류

형태	분리식		안면부 여과식
	격리식	직결식	
구조분류	안면부, 여과재, 연결관, 흡기밸브, 배기밸브 및 머리끈으로 구성되며 여과재에 의해 분진 등이 제거된 깨끗한 공기를 연결관으로 통하여 흡기밸브로 흡입되고 체내의 공기는 배기밸브를 통하여 외기 중으로 배출하게 되는 것으로 부품을 자유롭게 교환할 수 있는 것을 말한다.	안면부, 여과재, 흡기밸브, 배기밸브 및 머리끈으로 구성되며 여과재에 의해 분진 등이 제거된 깨끗한 공기가 흡기밸브를 통하여 흡입되고 체내의 공기는 배기밸브를 통하여 외기중으로 배출하게 되는 것으로 부품을 자유롭게 교환할 수 있는 것을 말한다.	여과재로 된 안면부와 머리끈으로 구성되며 여과재인 안면부에 의해 분진 등을 여과한 깨끗한 공기가 흡입되고 체내의 공기는 여과재인 안면부를 통해 외기 중으로 배기되는 것으로(배기밸브가 있는 것은 배기밸브를 통하여 배출)부품이 교환될 수 없는 것을 말한다.

(5) 방진마스크의 일반구조 조건

① 착용 시 이상한 압박감이나 고통을 수지 않을 것

② 전면형은 호흡 시에 투시부가 흐려지지 않을 것

③ 분리식 마스크에 있어서는 여과재, 흡기밸브, 배기밸브 및 머리끈을 쉽게 교환할 수 있고 착용자 자신이 안면과 분리식 마스크의 안면부와의 밀착성 여부를 수시로 확인할 수 있어야 할 것
④ 안면부 여과식 마스크는 여과재로 된 안면부가 사용기간 중 심하게 변형되지 않을 것
⑤ 안면부 여과식 마스크는 여과재를 안면에 밀착시킬 수 있어야 할 것

(6) 방진마스크의 재료 조건

① 안면에 밀착하는 부분은 피부에 장해를 주지 않을 것
② 여과재는 여과성능이 우수하고 인체에 장해를 주지 않을 것
③ 방진마스크에 사용하는 금속부품은 내식성을 갖거나 부식방지를 위한 조치가 되어 있을 것
④ 전면형의 경우 사용할 때 충격을 받을 수 있는 부품은 충격 시에 마찰 스파크를 발생되어 가연성의 가스혼합물을 점화시킬 수 있는 알루미늄, 마그네슘, 티타늄 또는 이의 합금을 사용하지 않을 것
⑤ 반면형의 경우 사용할 때 충격을 받을 수 있는 부품은 충격시에 마찰 스파크를 발생되어 가연성의 가스혼합물을 점화시킬 수 있는 알루미늄, 마그네슘, 티타늄 또는 이의 합금을 최소한 사용할 것

(7) 방진마스크 선정기준(구비조건)

① 분진포집효율(여과효율)이 좋을 것
② 흡기, 배기저항이 낮을 것
③ 사용적이 적을 것
④ 중량이 가벼울 것
⑤ 시야가 넓을 것
⑥ 안면밀착성이 좋을 것

방진마스크를 선택할 때의 일반적인 유의사항에 관한 설명 중 틀린 것은?

① 중량이 가벼울수록 좋다.
② 흡기저항이 큰 것일수록 좋다. (✓)
③ 안면에의 밀착성이 좋아야 한다.
④ 손질하기가 간편할수록 좋다.

6) 방독마스크

(1) 방독마스크의 종류

종류	시험가스
유기화합물용	시클로헥산(C_6H_{12})
할로겐용	염소가스 또는 증기(Cl_2)
황화수소용	황화수소가스(H_2S)
시안화수소용	시안화수소가스(HCN)
아황산용	아황산가스(SO_2)
암모니아용	암모니아가스(NH_3)

(2) 방독마스크의 등급

등급	사용 장소
고농도	가스 또는 증기의 농도가 100분의 2(암모니아에 있어서는 100분의 3) 이하의 대기 중에서 사용하는 것
중농도	가스 또는 증기의 농도가 100분의 1(암모니아에 있어서는 100분의 1.5)이하의 대기 중에서 사용하는 것
저농도 및 최저농도	가스 또는 증기의 농도가 100분의 0.1 이하의 대기 중에서 사용하는 것으로서 긴급용이 아닌 것

비고 : 방독마스크는 산소농도가 18% 이상인 장소에서 사용하여야 하고, 고농도와 중농도에서 사용하는 방독마스크는 전면형(격리식, 직결식)을 사용해야 한다.

(3) 방독마스크의 형태 및 구조

형태		구조
격리식	전면형	정화통, 연결관, 흡기밸브, 안면부, 배기밸브 및 머리끈으로 구성되고, 정화통에 의해 가스 또는 증기를 여과한 청정공기를 연결관을 통하여 흡입하고 배기는 배기밸브를 통하여 외기 중으로 배출하는 것으로 안면부 전체를 덮는 구조
	반면형	정화통, 연결관, 흡기밸브, 안면부, 배기밸브 및 머리끈으로 구성되고, 정화통에 의해 가스 또는 증기를 여과한 청정공기를 연결관을 통하여 흡입하고 배기는 배기밸브를 통하여 외기 중으로 배출하는 것으로 코 및 입부분을 덮는 구조
직결식	전면형	정화통, 흡기밸브, 안면부, 배기밸브 및 머리끈으로 구성되고, 정화통에 의해 가스 또는 증기를 여과한 청정공기를 흡기밸브를 통하여 흡입하고 배기는 배기밸브를 통하여 외기 중으로 배출하는 것으로 정화통이 직접 연결된 상태로 안면부 전체를 덮는 구조
	반면형	정화통, 흡기밸브, 안면부, 배기밸브 및 머리끈으로 구성되고, 정화통에 의해 가스 또는 증기를 여과한 청정공기를 흡기밸브를 통하여 흡입하고 배기는 배기밸브를 통하여 외기 중으로 배출하는 것으로 안면부와 정화통이 직접 연결된 상태로 코 및 입부분을 덮는 구조

(4) 방독마스크의 일반구조 조건

① 착용 시 이상한 압박감이나 고통을 주지 않을 것
② 착용자의 얼굴과 방독마스크의 내면 사이의 공간이 너무 크지 않을 것
③ 전면형은 호흡 시에 투시부가 흐려지지 않을 것
④ 격리식 및 직결식 방독마스크에 있어서는 정화통·흡기밸브·배기밸브 및 머리끈을 쉽게 교환할 수 있고, 착용자 자신이 스스로 안면과 방독마스크 안면부와의 밀착성 여부를 수시로 확인할 수 있을 것

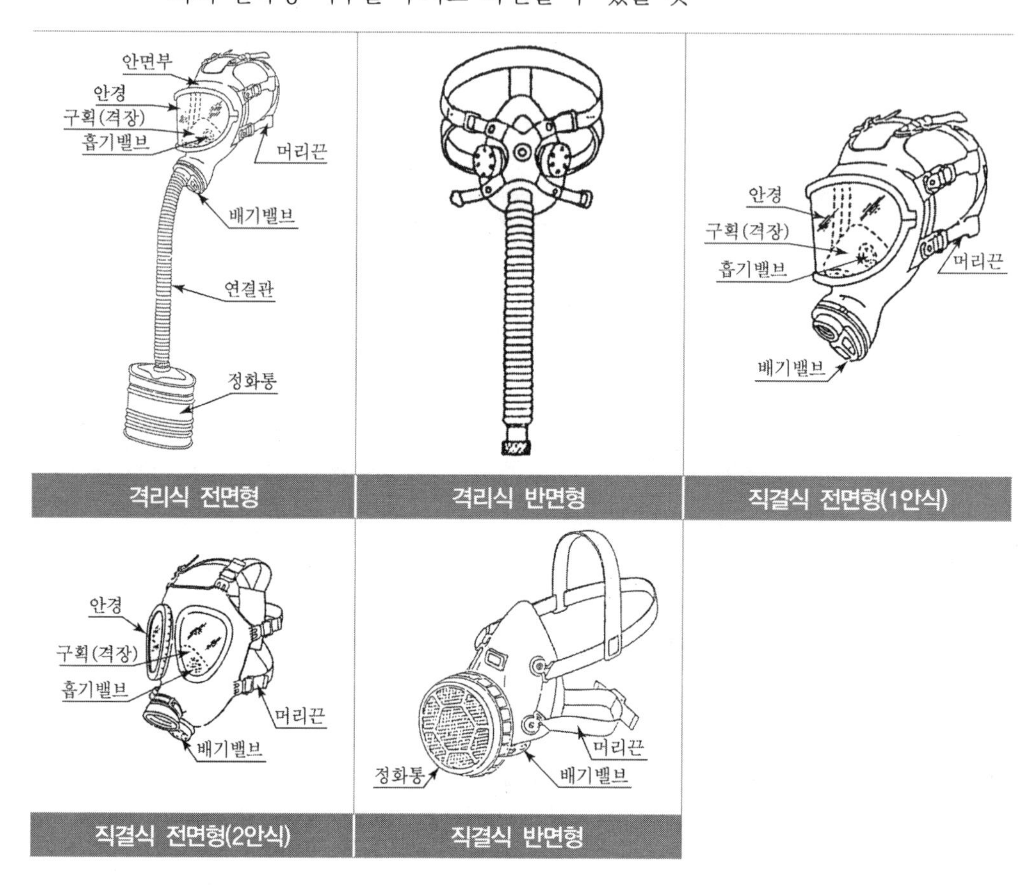

(5) 방독마스크의 재료조건

① 안면에 밀착하는 부분은 피부에 장해를 주지 않을 것
② 흡착제는 흡착성능이 우수하고 인체에 장해를 주지 않을 것
③ 방독마스크에 사용하는 금속부품은 부식되지 않을 것
④ 방독마스크를 사용할 때 충격을 받을 수 있는 부품은 충격 시에 마찰 스파크가 발생되어 가연성의 가스혼합물을 점화시킬 수 있는 알루미늄, 마그네슘, 티타늄 또는 이의 합금으로 만들지 말 것

(6) 방독마스크 표시사항

안전인증 방독마스크에는 다음 각목의 내용을 표시해야 한다.

① 파과곡선도

② 사용시간 기록카드

③ 정화통의 외부측면의 표시색

종류	표시 색
유기화합물용 정화통	갈색
할로겐용 정화통	회색
황화수소용 정화통	
시안화수소용 정화통	
아황산용 정화통	노랑색
암모니아용(유기가스) 정화통	녹색
복합용 및 겸용의 정화통	복합용의 경우 : 해당가스 모두 표시(2층 분리) 겸용의 경우 : 백색과 해당가스 모두 표시(2층 분리)

④ 사용상의 주의사항

(7) 방독마스크 성능시험 방법

① 기밀시험

② 안면부 흡기저항시험

형태 및 등급		유량(ℓ/min)	차압(Pa)
격리식 및 직결식	전면형	160	250 이하
		30	50 이하
		95	150 이하
	반면형	160	200 이하
		30	50 이하
		95	130 이하

③ 안면부 배기저항시험

형태	유량(ℓ/min)	차압(Pa)
격리식 및 직결식	160	300 이하

7) 송기마스크

(1) 송기마스크의 종류 및 등급

종류	등급		구분
호스 마스크	폐력흡인형		안면부
	송풍기형	전 동	안면부, 페이스실드, 후드
		수 동	안면부
에어라인마스크	일정유량형		안면부, 페이스실드, 후드
	디맨드형		안면부
	압력디맨드형		안면부
복합식 에어라인마스크	디맨드형		안면부
	압력디맨드형		안면부

공기 중 산소농도가 부족하고, 공기 중에 미립자상 물질이 부유하는 장소에서 사용하기에 가장 적절한 보호구는?

➡ 송기마스크

(2) 송기마스크의 종류에 따른 형상 및 사용범위

종류	등급	형상 및 사용범위
호스 마스크	폐력 흡인형	호스의 끝을 신선한 공기 중에 고정시키고 호스, 안면부를 통하여 착용자가 자신의 폐력으로 공기를 흡입하는 구조로서, 호스는 원칙적으로 안지름 19mm 이상, 길이 10m 이하이어야 한다.
	송풍기형	전동 또는 수동의 송풍기를 신선한 공기 중에 고정시키고 호스, 안면부 등을 통하여 송기하는 구조로서, 송기풍량의 조절을 위한 유량조절 장치(수동 송풍기를 사용하는 경우는 공기조절 주머니도 가능) 및 송풍기에는 교환이 가능한 필터를 구비하여야 하며, 안면부를 통해 송기하는 것은 송풍기가 사고로 정지된 경우에도 착용자가 자기 폐력으로 호흡할 수 있는 것이어야 한다.
에어 라인 마스크	일정 유량형	압축 공기관, 고압 공기용기 및 공기압축기 등으로부터 중압호스, 안면부 등을 통하여 압축공기를 착용자에게 송기하는 구조로서, 중간에 송기 풍량을 조절하기 위한 유량조절장치를 갖추고 압축공기 중의 분진, 기름미스트 등을 여과하기 위한 여과장치를 구비한 것이어야 한다.

	디맨드형 및 압력 디맨드형	일정 유량형과 같은 구조로서 공급밸브를 갖추고 착용자의 호흡량에 따라 안면부 내로 송기하는 것이어야 한다.
복합식 에어라인 마스크	디맨드형 및 압력 디맨드형	보통의 상태에서는 디맨드형 또는 압력디맨드형으로 사용할 수 있으며, 급기의 중단 등 긴급 시 또는 작업상 필요시에는 보유한 고압공기용기에서 급기를 받아 공기호흡기로서 사용할 수 있는 구조로서, 고압공기 용기 및 폐지밸브는 KS P 8155(공기 호흡기)의 규정에 의한 것이어야 한다.

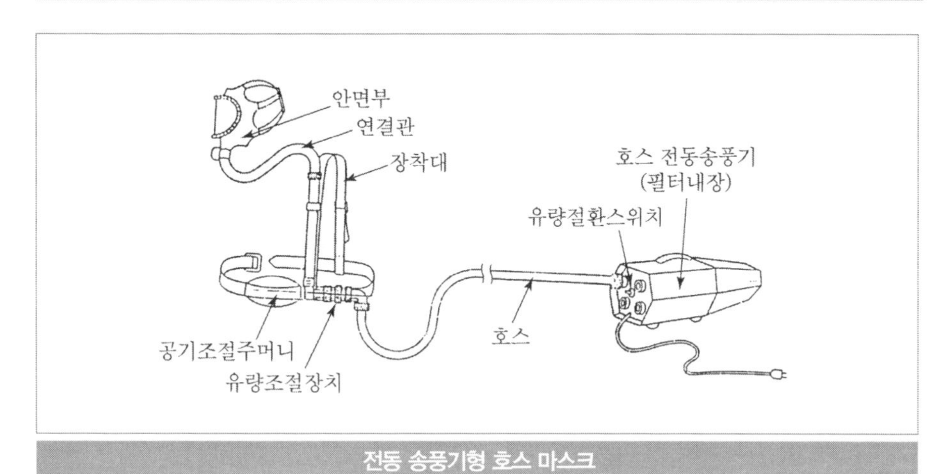

전동 송풍기형 호스 마스크

8) 전동식 호흡보호구

(1) 전동식 호흡보호구의 분류

분류	사용구분
전동식 방진마스크	분진 등이 호흡기를 통하여 체내에 유입되는 것을 방지하기 위하여 고효율 여과재를 전동장치에 부착하여 사용하는 것
전동식 방독마스크	유해물질 및 분진 등이 호흡기를 통하여 체내에 유입되는 것을 방지하기 위하여 고효율 정화통 및 여과재를 전동장치에 부착하여 사용하는 것
전동식 후드 및 전동식보안면	유해물질 및 분진 등이 호흡기를 통하여 체내에 유입되는 것을 방지하기 위하여 고효율 정화통 및 여과재를 전동장치에 부착하여 사용함과 동시에 머리, 안면부, 목, 어깨부분까지 보호하기 위해 사용하는 것

(2) 전동식 방진마스크의 형태 및 구조

형태	구조
전동식 전면형	전동기, 여과재, 호흡호스, 안면부, 흡기밸브, 배기밸브 및 머리끈으로 구성되며 허리 또는 어깨에 부착한 전동기의 구동에 의해 분진 등이 여과된 깨끗한 공기가 호흡호스를 통하여 흡기밸브로 공급하고 호흡에 의한 공기 및 여분의 공기는 배기밸브를 통하여 외기 중으로 배출하게 되는 것으로 안면부 전체를 덮는 구조
전동식 반면형	전동기, 여과재, 호흡호스, 안면부, 흡기밸브, 배기밸브 및 머리끈으로 구성되며 허리 또는 어깨에 부착한 전동기의 구동에 의해 분진 등이 여과된 깨끗한 공기가 호흡호스를 통하여 흡기밸브로 공급하고 호흡에 의한 공기 및 여분의 공기는 배기밸브를 통하여 외기 중으로 배출하게 되는 것으로 코 및 입 부분을 덮는 구조
사용조건	산소농도 18% 이상인 장소에서 사용해야 한다.

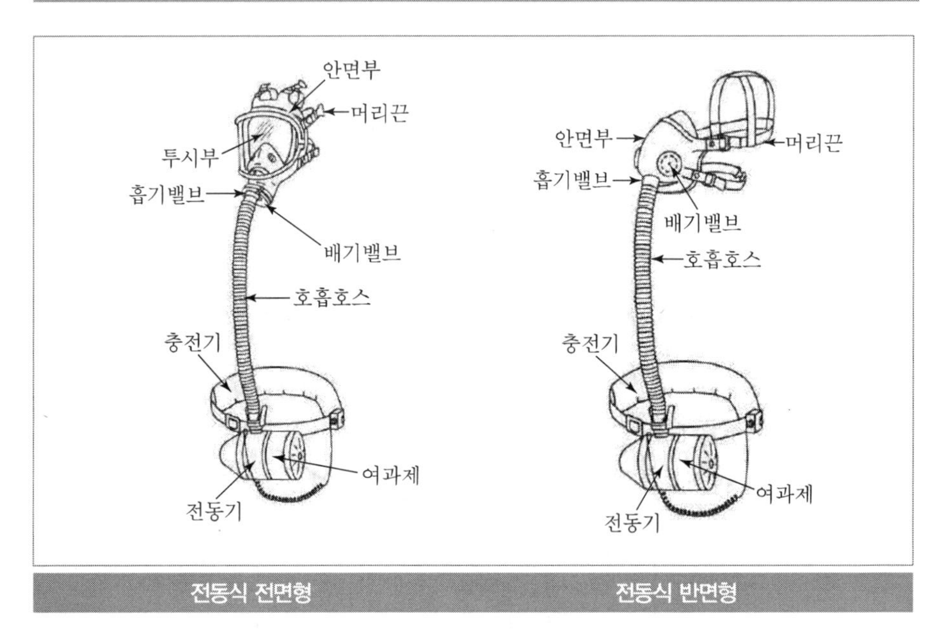

전동식 전면형 / 전동식 반면형

9) 보호복

(1) 방열복의 종류 및 질량

종류	착용 부위	질량(kg)
방열상의	상체	3.0 이하
방열하의	하체	2.0 이하
방열일체복	몸체(상 · 하체)	4.3 이하
방열장갑	손	0.5 이하
방열두건	머리	2.0 이하

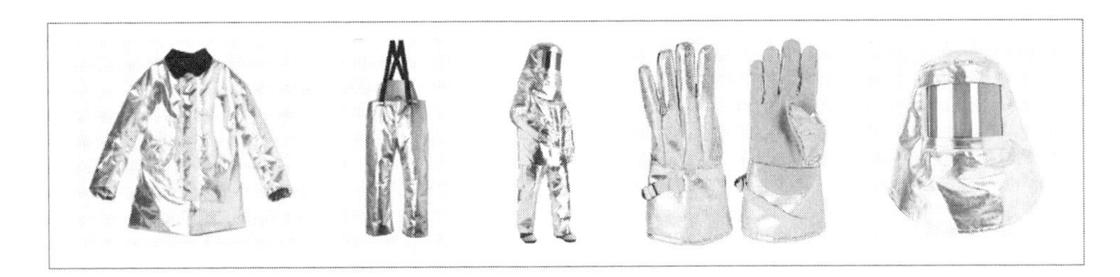

(2) 부품별 용도 및 성능기준

부품별	용도	성능 기준	적용대상
내열 원단	겉감용 및 방열장갑의 등감용	• 질량 : 500g/m² 이하 • 두께 : 0.70mm 이하	방열상의 · 방열하의 · 방열일체복 · 방열장갑 · 방열두건
	안감	• 질량 : 330g/m² 이하	〃
내열 펠트	누빔 중간층용	• 두께 : 0.1mm 이하 • 질량 : 300g/m² 이하	〃
면포	안감용	• 고급면	〃
안면 렌즈	안면 보호용	• 재질 : 폴리카보네이트 또는 이와 동등 이상의 성능이 있는 것에 산화동이나 알루미늄 또는 이와 동등 이상의 것을 증착하거나 도금필름을 접착한 것 • 두께 : 3.0mm 이상	방열두건

10) 안전대

(1) 안전대의 종류

| 안전인증 대상 안전대의 종류 |

종류	사용구분
벨트식(B식) 안전그네식(H식)	U자 걸이용
	1자 걸이용
안전그네식(H식)	안전블록(H식)
	추락방지대(H식)

추락방지대 및 안전블록은 안전그네식에만 적용함

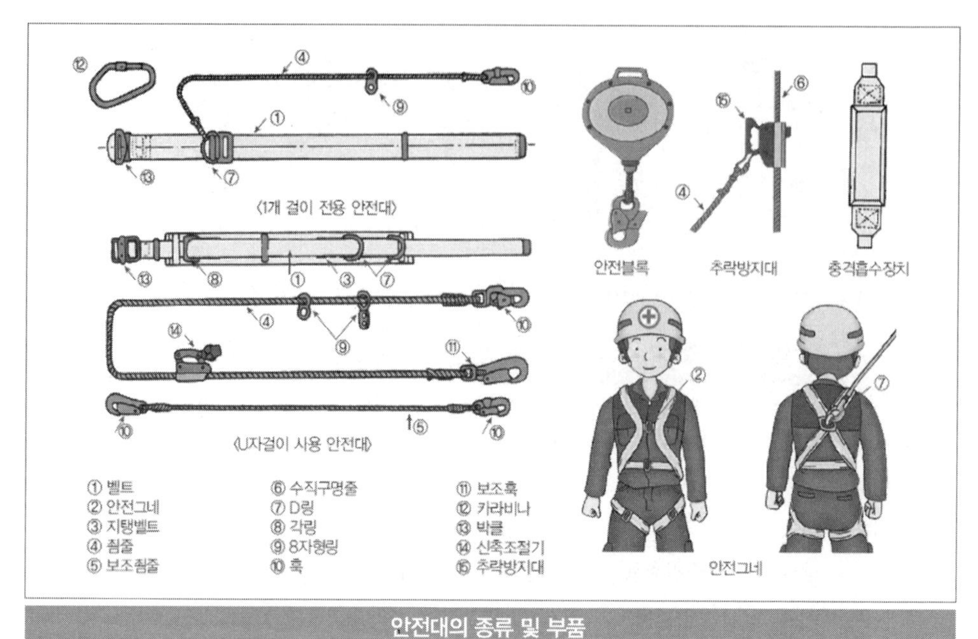

안전대의 종류 및 부품

(2) 안전대의 일반구조

① 벨트 또는 지탱벨트에 D링 또는 각 링과의 부착은 벨트 또는 지탱벨트와 같은 재료를 사용하여 견고하게 봉합할 것(U자걸이 안전대에 한함)

② 벨트 또는 안전그네에 버클과의 부착은 벨트 또는 안전그네의 한쪽 끝을 꺾어 돌려 버클을 꺾어 돌린 부분을 봉합사로 견고하게 봉합할 것

③ 죔줄 또는 보조죔줄 및 수직구명줄에 D링과 훅 또는 카라비너(이하 "D링 등"이라 한다)와의 부착은 죔줄 또는 보조죔줄 및 수직구명줄을 D링 등에 통과시켜 꺾어돌린 후 그 끝을 3회 이상 얽어매는 방법(풀림방지장치의 일종) 또는 이와 동등 이상의 확실한 방법으로 할 것

④ 지탱벨트 및 죔줄, 수직구명줄 또는 보조죔줄에 씸블(Thimble) 등의 마모방지장치가 되어 있을 것

⑤ 죔줄의 모든 금속 구성품은 내식성을 갖거나 부식방지 처리를 할 것

⑥ 벨트의 조임 및 조절 부품은 저절로 풀리거나 열리지 않을 것

⑦ 안전그네는 골반 부분과 어깨에 위치하는 띠를 가져야 하고, 사용자에게 잘 맞게 조절할 수 있을 것

⑧ 안전대에 사용하는 죔줄은 충격흡수장치가 부착될 것. 다만 U자걸이, 추락방지대 및 안전블록에는 해당하지 않는다.

(3) 안전대 부품의 재료

부품	재료
벨트, 안전그네, 지탱벨트	나일론, 폴리에스테르 및 비닐론 등의 합성섬유
죔줄, 보조죔줄, 수직구명줄 및 D링 등 부착부분의 봉합사	합성섬유(로프, 웨빙 등) 및 스틸(와이어로프 등)
링류(D링, 각링, 8자형링)	KS D 3503(일반구조용 압연강재)에 규정한 SS400 또는 이와 동등 이상의 재료
훅 및 카라비너	KS D 3503(일반구조용 압연강재)에 규정한 SS400 또는 KS D 6763(알루미늄 및 알루미늄합금봉 및 선)에 규정하는 A2017BE-T4 또는 이와 동등 이상의 재료
버클, 신축조절기, 추락방지대 및 안전블록	KS D 3512(냉간 압연강판 및 강재)에 규정하는 SCP1 또는 이와 동등 이상의 재료
신축조절기 및 추락방지대의 누름금속	KS D 3503(일반구조용 압연강재)에 규정한 SS400 또는 KS D 6759(알루미늄 및 알루미늄합금 압출형재)에 규정하는 A2014-T6 또는 이와 동등 이상의 재료
훅, 신축조절기의 스프링	KS D 3509에 규정한 스프링용 스테인리스강선 또는 이와 동등 이상의 재료

11) 차광 및 비산물 위험방지용 보안경

(1) 사용구분에 따른 차광보안경의 종류

종류	사용구분
자외선용	자외선이 발생하는 장소
적외선용	적외선이 발생하는 장소
복합용	자외선 및 적외선이 발생하는 장소
용접용	산소용접작업 등과 같이 자외선, 적외선 및 강렬한 가시광선이 발생하는 장소

(2) 보안경의 종류

① 차광안경 : 고글형, 스펙터클형, 프론트형
② 유리보호안경
③ 플라스틱 보호안경
④ 도수렌즈 보호안경

12) 용접용 보안면

(1) 용접용 보안면의 형태

형태	구조
헬멧형	안전모나 착용자의 머리에 지지대나 헤드밴드 등을 이용하여 적정위치에 고정, 사용하는 형태(자동용접필터형, 일반용접필터형)
핸드실드형	손에 들고 이용하는 보안면으로 적절한 필터를 장착하여 눈 및 안면을 보호하는 형태

13) 방음용 귀마개 또는 귀덮개

(1) 방음용 귀마개 또는 귀덮개의 종류 · 등급

종류	등급	기호	성능	비고
귀마개	1종	EP-1	저음부터 고음까지 차음하는 것	귀마개의 경우 재사용 여부를 제조특성으로 표기
	2종	EP-2	주로 고음을 차음하고 저음(회화음영역)은 차음하지 않는 것	
귀덮개	–	EM		

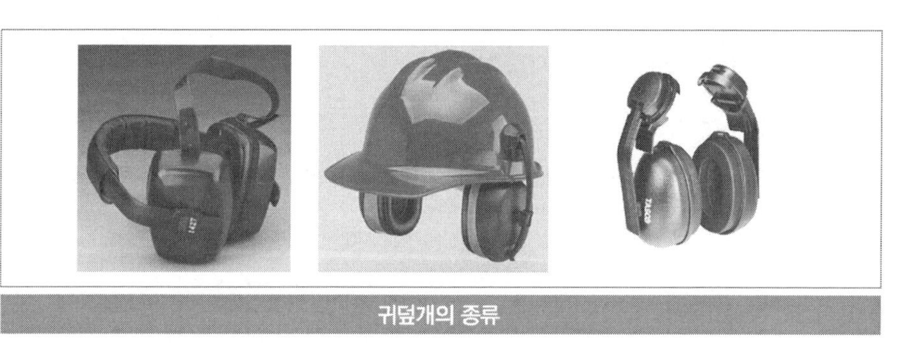

귀덮개의 종류

(2) 소음의 특징

① A-특성(A-Weighting) : 소음레벨

소음레벨은 $20\log_{10}$(음압의 실효치/기준음압)로 정의되는 값을 말하며 단위는 dB로 표시한다. 단, 기준음압은 정현파 1KHz에서 최소가청음

② C-특성(C-Weighting) : 음압레벨

음압레벨은 $20\log_{10}$(대상이 되는 음압/기준음압)로 정의되는 값을 말함

4 안전보건표지의 종류 · 용도 및 적용

1) 안전보건표지의 종류와 형태

(1) 종류 및 색채

① 금지표지 : 위험한 행동을 금지하는 데 사용되며 8개 종류가 있다.(바탕은 흰색, 기본모형은 빨간색, 관련 부호 및 그림은 검은색)

② 경고표지 : 직접 위험한 것 및 장소 또는 상태에 대한 경고로서 사용되며 15개 종류가 있다.(바탕은 노란색, 기본모형, 관련 부호 및 그림은 검은색)

※ 다만, 인화성 물질 경고 · 산화성 물질 경고, 폭발성물질 경고, 급성독성 물질 경고 부식성 물질 경고 및 발암성 · 변이원성 · 생식독성 · 전신독성 · 호흡기 과민성 물질 경고의 경우 바탕은 무색, 기본모형은 빨간색(검은색도 가능)

③ 지시표지 : 작업에 관한 지시 즉, 안전 · 보건 보호구의 착용에 사용되며 9개 종류가 있다.(바탕은 파란색, 관련 그림은 흰색)

④ 안내표지 : 구명, 구호, 피난의 방향 등을 분명히 하는 데 사용되며 8개 종류가 있다. 바탕은 흰색, 기본모형 및 관련 부호는 녹색, 바탕은 녹색, 관련 부호 및 그림은 흰색)

(2) 종류와 형태

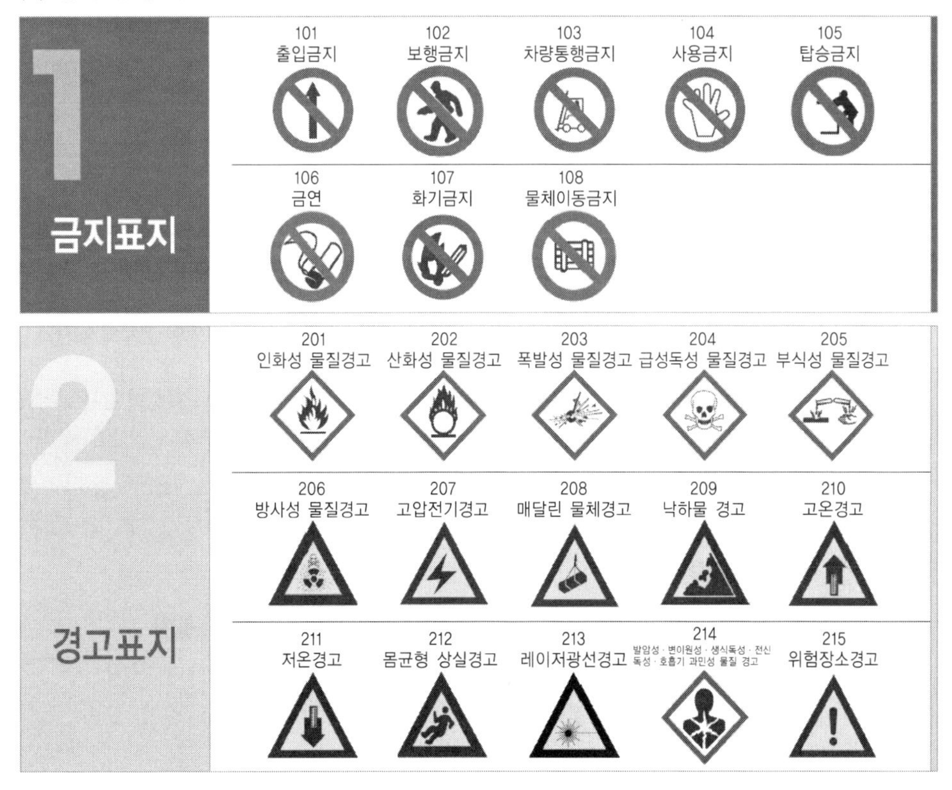

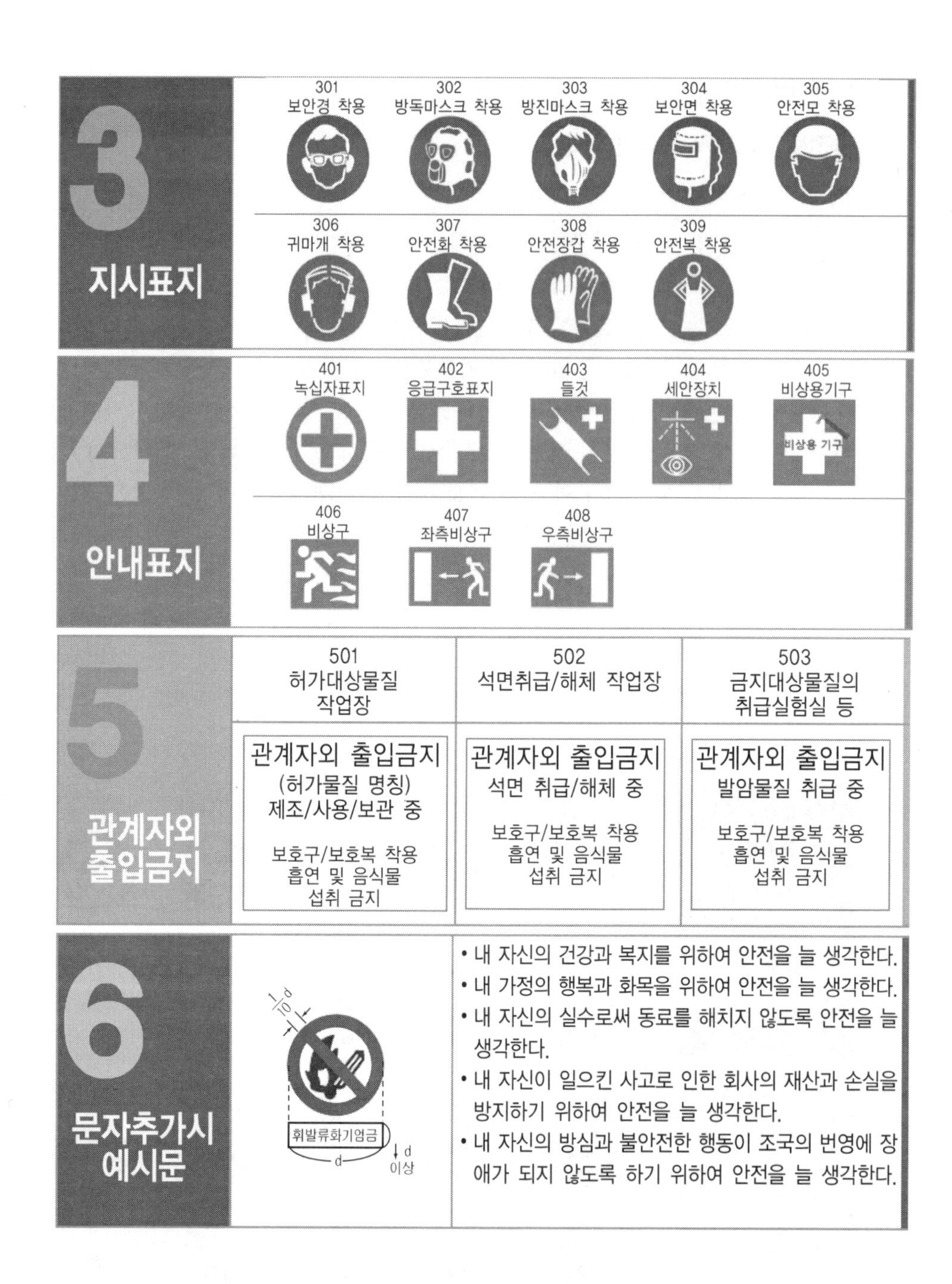

2) 안전 · 보건표지의 설치

(1) 근로자가 쉽게 알아볼 수 있는 장소 · 시설 또는 물체에 설치

(2) 흔들리거나 쉽게 파손되지 아니하도록 견고하게 설치하거나 부착

(3) 설치하거나 부착하는 것이 곤란한 경우에는 해당 물체에 직접 도장

3) 제작 및 재료

(1) 표시내용을 근로자가 빠르고 쉽게 알아 볼 수 있는 크기로 제작
(2) 표지 속의 그림 또는 부호의 크기는 안전·보건표지의 크기와 비례하여야 하며, 안전·보건표지 전체 규격의 30퍼센트 이상이 되어야 함
(3) 야간에 필요한 안전·보건 표지는 야광물질을 사용하는 등 쉽게 식별 가능하도록 제작
(4) 표지의 재료는 쉽게 파손되거나 변질되지 아니하는 것으로 제작

안전표지의 종류 중 노란색 바탕에 검정색 삼각테로 이루어지며, 내용은 노란색 면적의 50%이상을 차지하도록 검은색으로 표현하는 표지는?
▶ 경고표지

5 안전·보건표지의 색채 및 색도기준

1) 안전·보건표지의 색채, 색도기준 및 용도

색 채	색도기준	용도	사용 예
빨간색	7.5R 4/14	금지	정지신호, 소화설비 및 그 장소, 유해행위의 금지
		경고	화학물질 취급장소에서의 유해·위험 경고
노란색	5Y 8.5/12	경고	화학물질 취급장소에서의 유해·위험 경고 이외의 위험 경고, 주의표지 또는 기계방호물
파란색	2.5PB 4/10	지시	특정 행위의 지시 및 사실의 고지
녹색	2.5G 4/10	안내	비상구 및 피난소, 사람 또는 차량의 통행표지
흰색	N9.5		파란색 또는 녹색에 대한 보조색
검은색	N0.5		문자 및 빨간색 또는 노란색에 대한 보조색

2) 기본모형

번호	기본모형	규격비율	표시사항
1	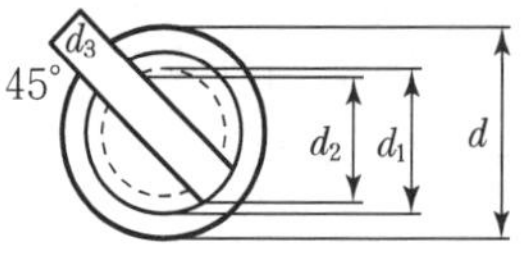 45°, d_3, d_2, d_1, d	$d \geqq 0.025L$ $d_1 = 0.8d$ $0.7d < d_2 < 0.8d$ $d_3 = 0.1d$	금지
2	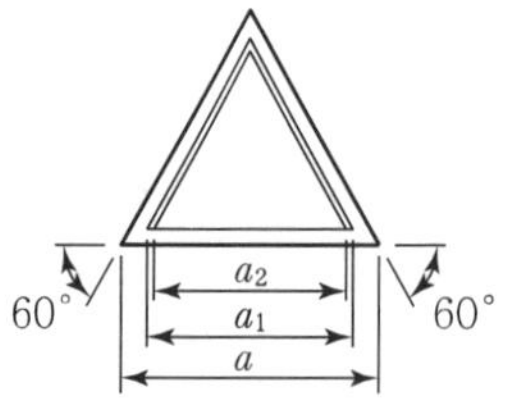 60°, 60°, a_2, a_1, a	$a \geqq 0.034L$ $a_1 = 0.8a$ $0.7a < a_2 < 0.8a$	경고
3	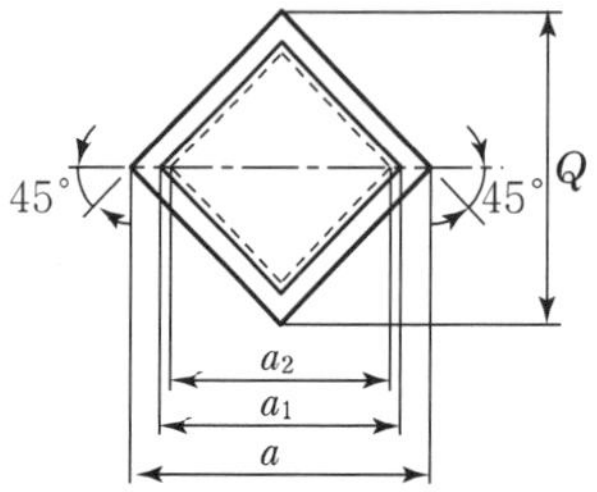 45°, 45°, Q, a_2, a_1, a	$a \geqq 0.025L$ $a_1 = 0.8a$ $0.7a < a_2 < 0.8a$	경고
4	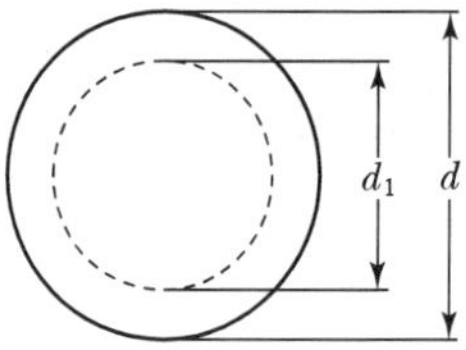 d_1, d	$d \geqq 0.025L$ $d_1 = 0.8d$	지시
5	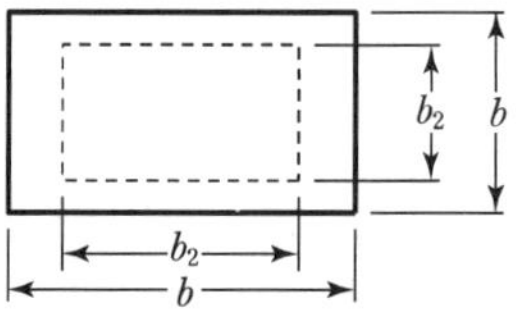 b_2, b, b_2, b	$b \geqq 0.0224L$ $b_2 = 0.8b$	안내
6	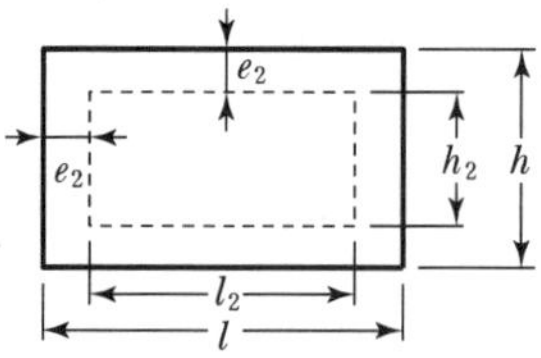 e_2, e_2, h_2, h, l_2, l	$h < \ell$ $h_2 = 0.8h$ $\ell \times h \geqq 0.0005L^2$ $h - h_2 = \ell - \ell_2 = 2e_2$ $\ell / h = 1, 2, 4, 8$ (4종류)	안내

번호	기본모형	규격비율	표시사항
7	A / B / C 모형 안쪽에는 A, B, C로 3가지 구역으로 구분하여 글씨를 기재한다.	1. 모형크기(가로 40cm, 세로 25cm 이상) 2. 글자크기(A : 가로 4cm, 세로 5cm 이상, B : 가로 2.5cm, 세로 3cm 이상, C : 가로 3cm, 세로 3.5cm 이상)	관계자외 출입금지
8	A / B / C 모형 안쪽에는 A, B, C로 3가지 구역으로 구분하여 글씨를 기재한다.	1. 모형크기(가로 70cm, 세로 50cm 이상) 2. 글자크기(A : 가로 8cm, 세로 10cm 이상, B, C : 가로 6cm, 세로 6cm 이상)	관계자외 출입금지

※ 1. L은 안전 · 보건표지를 인식할 수 있거나 인식하여야 할 거리를 말한다.(L과 a, b, d, e, h, l 은 같은 단위로 계산해야 한다)

2. 점선 안쪽에는 표시사항과 관련된 부호 또는 그림을 그린다.

CHAPTER 04

PART 01 안전관리론

산업안전 심리

SECTION 1 산업심리와 심리검사

1 심리검사의 종류

1) 산업심리란?

산업활동에 종사하는 인간의 문제 특히, 산업현장의 근로자들의 심리적 특성 그리고 이와 연관된 조직의 특성 등을 연구, 고찰, 해결하려는 응용심리학의 한 분야. 산업 및 조직심리학(Industrial and Organizational Psychology)이라고 불리기도 한다.

2) 심리검사의 종류

(1) 계산에 의한 검사

계산검사, 기록검사, 수학응용검사

(2) 시각적 판단검사

형태비교검사, 입체도 판단검사, 언어식별검사, 평면도판단검사. 명칭판단검사, 공구판단검사

(3) 운동능력검사(Motor Ability Test)

① 추적(Tracing) : 아주 작은 통로에 선을 그리는 것
② 두드리기(Tapping) : 가능한 빨리 점을 찍는 것
③ 점찍기(Dotting) : 원속에 점을 빨리 찍는 것
④ 복사(Copying) : 간단한 모양을 베끼는 것
⑤ 위치(Location) : 일정한 점들을 이어 크거나 작게 변형
⑥ 블록(Blocks) : 그림의 블록 개수 세기
⑦ 추적(Pursuit) : 미로 속의 선을 따라가기

(4) 정밀도검사(정확성 및 기민성) : 교환검사, 회전검사, 조립검사, 분해검사
(5) 안전검사 : 건강진단, 실시시험, 학과시험, 감각기능검사, 전직조사 및 면접
(6) 창조성검사(상상력을 발동시켜 창조성 개발능력을 점검하는 검사)

2 심리검사의 특성(=좋은 심리검사의 요건, 표준화 검사의 요건)

1) 표준화

검사의 관리를 위한 조건, 절차의 일관성과 통일성에 대한 심리검사의 표준화가 마련되어야 한다. 검사의 재료, 검사받는 시간, 피검사에게 주어지는 지시, 피검사의 질문에 대한 검사자의 처리, 검사 장소 및 분위기까지도 모두 통일되어 있어야 한다.

2) 타당도

특정한 시기에 모든 근로자를 검사하고, 그 검사 점수와 근로자의 직무평정 척도를 상호 연관시키는 예언적 타당성을 갖추어야 한다.

3) 신뢰도

한 집단에 대한 검사응답의 일관성을 말하는 신뢰도를 갖추어야 한다. 검사를 동일한 사람에게 실시했을 때 '검사조건이나 시기에 관계없이 얼마나 점수들이 일관성이 있는가, 비슷한 것을 측정하는 검사점수와 얼마나 일관성이 있는가' 하는 것 등

4) 객관도

채점이 객관적인 것을 의미

5) 실용도

실시가 쉬운 검사

3 내용별 심리검사 분류

1) 인지적 검사(능력검사)

(1) 지능검사

한국판 웩슬러 성인용 지능검사(K-WAIS), 한국판 웩슬러 지능검사(K-WIS)

(2) 적성검사

GATB 일반적성검사, 기타 다양한 특수적성검사

(3) 성취도 검사

토익, 토플 등의 시험

2) 정서적 검사(성격검사)

(1) 성격검사

직업선호도 검사 중 성격검사(BIG FIVE), 다면적 인성검사(MMPI), 캘리포니아 성격검사(CPI), 성격유형검사(MBTI), 이화방어기제검사(EDMT)

(2) 흥미검사

직업선호도 검사 중 흥미검사

(3) 태도검사

구직욕구검사, 직무만족도검사 등 매우 다양

4 스트레스(Stress)

1) 스트레스의 정의

스트레스란, 적응하기 어려운 환경에 처할 때 느끼는 심리적·신체적 긴장 상태로 직무몰입과 생산성 감소의 직접적인 원인이 된다. 직무특성 스트레스 요인은 작업속도, 근무시간, 업무의 반복성이 있다.

2) 스트레스의 자극요인

① 자존심의 손상(내적요인)
② 업무상의 죄책감(내적요인)
③ 현실에서의 부적응(내적요인)
④ 직장에서의 대인 관계상의 갈등과 대립(외적요인)

3) 스트레스 해소법

① 자기 자신을 돌아보는 반성의 기회를 가끔씩 가진다.
② 주변사람과의 대화를 통해서 해결책을 모색한다.
③ 스트레스는 가급적 빨리 푼다.
④ 출세에 조급한 마음을 가지지 않는다.

5 직무스트레스 예방 프로그램

1) 수행 절차

(1) 직무스트레스 요인 파악

① 근로자 면담
② 직무스트레스 요인 측정도구 활용
③ 직무스트레스가 높은 부서의 업무내용 파악

(2) 실행계획 수립

① 프로그램 담당자, 진행자, 진행일정, 기대효과 등 검토
② 예방 프로그램의 우선순위 선정
③ 우선순위에 따라 목표를 구체적이고 명확하게 설정

(3) 예방 프로그램 시행

① 근무시간 관리, 휴식시간 제공, 업무 일정의 합리적 운영, 교육 및 훈련의 시행
② 프로그램을 시행하면서 체계적으로 모니터링하고, 기록함
③ 프로그램 시행의 모든 단계에 근로자와 관리자가 적극적으로 참여토록 함

(4) 예방프로그램 평가

① 직무스트레스 요인 측정도구를 이용하여 전후 비교
② 실행계획과 프로그램 수행내용의 약점과 강점을 평가

(5) 조직적 학습에 대한 피드백

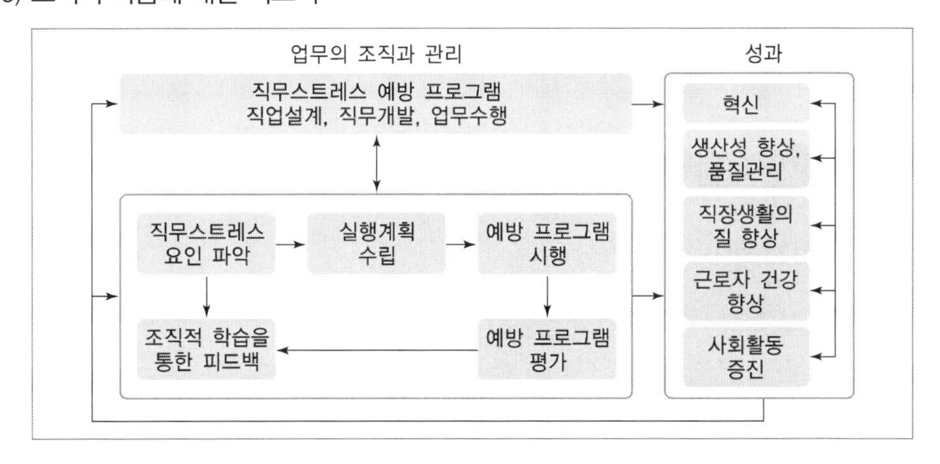

2) NIOSH의 직무스트레스 모형

NIOSH의 직무스트레스 모형에서 보면 직무스트레스 요인은 크게 작업 요인, 조직 요인, 환경 요인으로 구분된다. 작업 요인은 작업부하, 작업속도, 교대근무 등을 의미하며 조직 요인은 역할갈등, 관리유형, 의사결정 참여, 고용불확실 등이 포함된다. 환경 요인으로는 조명, 소음 및 진동, 고열, 한랭 등이 포함된다.

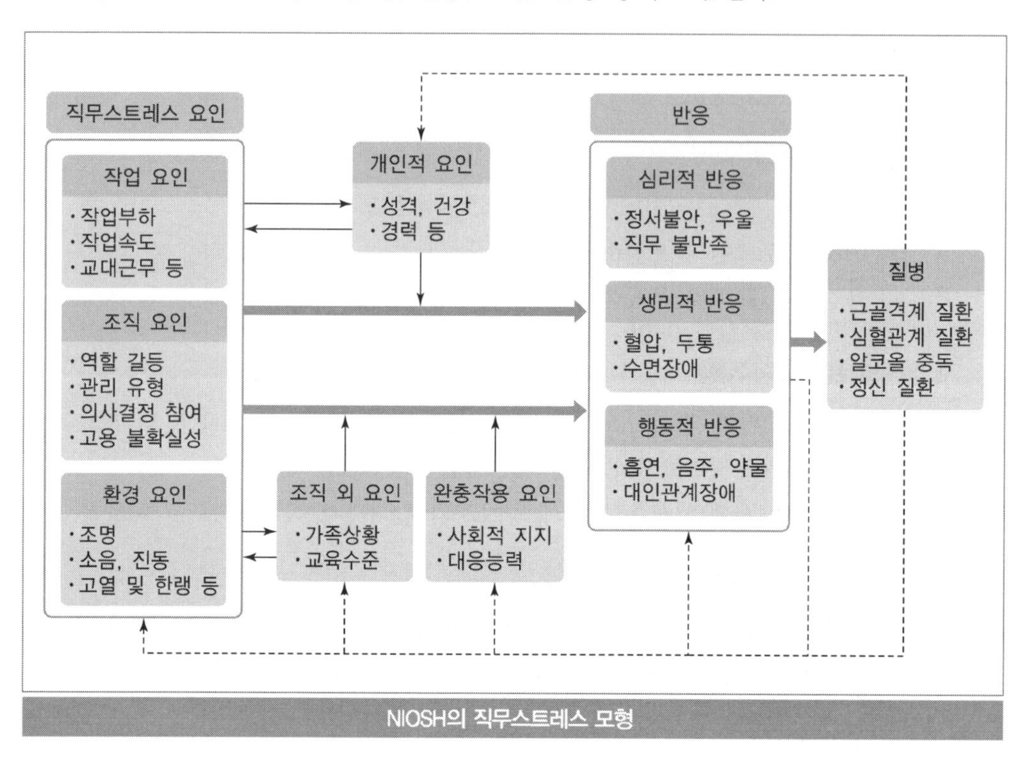

NIOSH의 직무스트레스 모형

SECTION 2 직업적성과 배치

1 직업적성의 분류

1) 기계적 적성 : 기계작업에 성공하기 쉬운 특성

(1) 손과 팔의 솜씨

신속하고 정확한 능력

(2) 공간 시각화

형상, 크기의 판단능력

(3) 기계적 이해

공간시각능력, 지각속도, 경험, 기술적 지식 등 복합적 인자가 합쳐져 만들어진 적성

2) 사무적 적성

(1) 지능

(2) 지각속도

(3) 정확성

적성의 요인 4가지

① 직업적성 ② 지능 ③ 흥미 ④ 인간성
개인차 및 연령은 적성의 요인이 될 수 없다.

2 적성검사의 종류

1) 시각적 판단검사

2) 정확도 및 기민성 검사(정밀성 검사)

3) 계산에 의한 검사

4) 속도에 의한 검사

3 적성 발견방법

1) 자기 이해

자신의 것으로 인지하고 이해하는 방법

2) 개발적 경험

직장경험, 교육 등을 통한 자신의 능력 발견 방법

3) 적성검사

(1) 특수 직업 적성검사

특수 직무에서 요구되는 능력 유무 검사

(2) 일반 직업 적성검사

어느 직업분야의 적성을 알기 위한 검사

4 직무분석방법

1) 면접법
2) 설문지법
3) 직접관찰법
4) 일지작성법
5) 결정사건기법

5 적성배치의 효과

1) 근로의욕 고취
2) 재해의 예방
3) 근로자 자신의 자아실현
4) 생산성 및 능률 향상
5) 적성배치에 있어서 고려되어야 할 기본사항
   (1) 적성검사를 실시하여 개인의 능력을 파악한다.
   (2) 직무평가를 통하여 자격수준을 정한다.
   (3) 객관적인 감정 요소에 따른다.
   (4) 인사관리의 기준원칙을 고수한다.

6 인사관리의 중요한 기능

1) 조직과 리더십(Leadership)
2) 선발(적성검사 및 시험)
3) 배치
4) 작업분석과 업무평가
5) 상담 및 노사 간의 이해

SECTION 3 인간의 특성과 안전과의 관계

1 안전사고 요인

1) 정신적 요소

(1) 안전의식의 부족
(2) 주의력의 부족
(3) 방심, 공상
(4) 판단력 부족

2) 생리적 요소

(1) 극도의 피로
(2) 시력 및 청각기능의 이상
(3) 근육운동의 부적합
(4) 생리 및 신경계통의 이상

3) 불안전행동

(1) 직접적인 원인

지식의 부족, 기능 미숙, 태도불량, 인간에러 등

(2) 간접적인 원인

① 망각 : 학습된 행동이 지속되지 않고 소멸되는 것, 기억된 내용의 망각은 시간의 경과에 비례하여 급격히 이루어진다.
② 의식의 우회 : 공상, 회상 등
③ 생략행위 : 정해진 순서를 빠뜨리는 것
④ 억측판단 : 자기멋대로 하는 주관적인 판단
⑤ 4M 요인 : 인간관계(Man), 설비(Machine), 작업환경(Media), 관리(Management)

2 산업안전심리의 5대 요소

1) 동기(Motive)

능동력은 감각에 의한 자극에서 일어나는 사고의 결과로서 사람의 마음을 움직이는 원동력

2) 기질(Temper)

인간의 성격, 능력 등 개인적인 특성을 말하는 것으로 생활환경에 영향을 받는다.

3) 감정(Emotion)

희로애락의 의식

4) 습성(Habits)

동기, 기질, 감정 등이 밀접한 관계를 형성하여 인간의 행동에 영향을 미칠 수 있도록 하는 것

5) 습관(Custom)

자신도 모르게 습관화된 현상을 말하며 습관에 영향을 미치는 요소는 동기, 기질, 감정, 습성이다.

안전심리에서 고려되는 가장 중요한 요소는 어느 것인가?
➡ 개성과 사고력

3 착오의 종류 및 원인

1) 착오의 종류

(1) 위치착오
(2) 순서착오
(3) 패턴의 착오
(4) 기억의 착오
(5) 형(모양)의 착오

CheckPoint

위치, 순서, 패턴, 형상, 기억오류 등 외부적 요인에 의해 나타나는 것은?
➡ 착오

2) 착오의 원인

(1) 인지과정 착오의 요인

① 심리적 능력한계
② 감각차단현상
③ 정보량의 한계
④ 정서불안정

(2) 판단과정 착오의 요인

① 합리화
② 작업조건불량
③ 정보부족

4 착시

물체의 물리적인 구조가 인간의 감각기관인 시각을 통해 인지한 구조와 일치되지 않게 보이는 현상

학설	그림	현상
Zoller의 착시	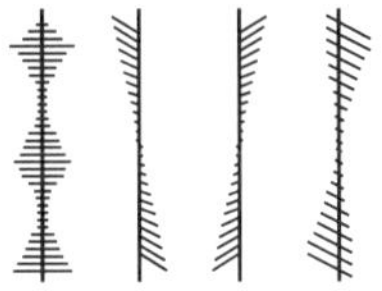	세로의 선이 굽어보인다.
Orbigon의 착시	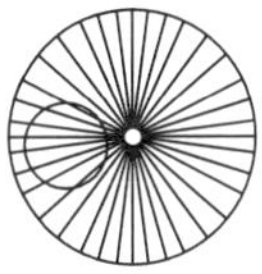	안쪽 원이 찌그러져 보인다.
Sander의 착시	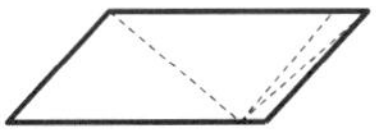	두 점선의 길이가 다르게 보인다.
Ponzo의 착시		두 수평선부의 길이가 다르게 보인다.
Müler–Lyer의 착시	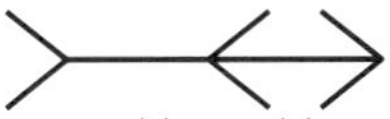 (a) (b)	a가 b보다 길게 보인다. 실제는 a=b이다.
Helmholz의 착시	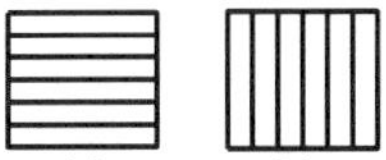 (a) (b)	a는 세로로 길어 보이고, b는 가로로 길어보인다.

학설	그림	현상
Hering의 착시	(a) (b)	a는 양단이 벌어져 보이고, b는 중앙이 벌어져 보인다.
Köhler의 착시 (윤곽착오)		우선 평형의 호를 본 후 즉시 직선을 본 경우에 직선은 호의 반대방향으로 굽어 보인다.
Poggendorf의 착시	(a) (c) (b)	a와 c가 일직선으로 보인다. 실제는 a와 b가 일직선이다.

5 착각현상

착각은 물리현상을 왜곡하는 지각현상을 말함

1) 자동운동 : 암실 내에서 정지된 작은 광점을 응시하면 움직이는 것처럼 보이는 현상
2) 유도운동 : 실제로는 정지한 물체가 어느 기준물체의 이동에 따라 움직이는 것처럼 보이는 현상
3) 가현운동 : 영화처럼 물체가 빨리 나타나거나 사라짐으로 인해 운동하는 것처럼 보이는 현상

하행선 기차역에 정지하고 있는 열차 안의 승객이 반대편 상행선 열차의 출발로 인하여 하행선 열차가 움직이는 것 같은 착각을 일으키는 현상을 무엇이라고 하는가?

▶ 유도운동

CHAPTER 05

PART 01 안전관리론

인간의 행동과학

SECTION 1 조직과 인간행동

1 인간관계

1) 인간관계 관리방식

(1) 종업원의 경영참여기회 제공 및 자율적인 협력체계 형성

(2) 종업원의 윤리경영의식 함양 및 동기부여

2) 테일러(Taylor) 방식

(1) 시간과 동작연구(Motion Time Study)를 통해 인간의 노동력을 과학적으로 분석하여 생산성 향상에 기여

(2) 부정적인 측면

① 개인차 무시 및 인간의 기계화

② 단순하고 반복적인 직무에 한해서만 적정

3) 호돈(Hawthorne)의 실험

(1) 미국 호돈공장에서 실시된 실험으로 종업원의 인간성을 과학적으로 연구한 실험

(2) 물리적인 조건(조명, 휴식시간, 근로시간 단축, 임금 등)이 생산성에 영향을 주는 것이 아니라 인간관계가 절대적인 요소로 작용함을 강조

2 사회행동의 기초

1) 적응의 개념

적응이란 개인의 심리적 요인과 환경적 요인이 작용하여 조화를 이룬 상태. 일반적으로 유기체가 장애를 극복하고 욕구를 충족하기 위해 변화시키는 활동뿐만 아니라 신체적 · 사회적 환경과 조화로운 관계를 수립하는 것

2) 부적응

사람들은 누구나 자기의 행동이나 욕구, 감정, 사상 등이 사회의 요구 · 규범 · 질서에 비추어 용납되지 않을 때는 긴장, 스트레스, 압박, 갈등이 일어나며 대인관계나 사회생활에 조화를 잘 이루지 못하는 행동이나 상태를 부적응 또는 부적응 상태라 이른다.

(1) 부적응의 현상

능률저하, 사고, 불만 등

(2) 부적응의 원인

① 신체 장애 : 감각기관 장애, 지체부자유, 허약, 언어 장애, 기타 신체상의 장애
② 정신적 결함 : 지적 우수, 지적 지체, 정신이상, 성격 결함 등
③ 가정 · 사회 환경의 결함 : 가정환경 결함, 사회 · 경제적 · 정치적 조건의 혼란과 불안정 등

3) 인간의 의식 Level의 단계별 신뢰성

단계	의식의 상태	신뢰성	의식의 작용
Phase 0	무의식, 실신	0	없음
Phase I	의식의 둔화	0.9 이하	부주의
Phase II	이완상태	0.99~0.99999	마음이 안쪽으로 향함(Passive)
Phase III	명료한 상태	0.99999 이상	전향적(Active)
Phase IV	과긴장 상태	0.9 이하	한점에 집중, 판단 정지

인간의 의식 수준에 있어서 신뢰도가 가장 높은 상태는?
➡ Phase III

3 인간관계 메커니즘

1) 동일화(Identification)

다른 사람의 행동양식이나 태도를 투입시키거나 다른 사람 가운데서 자기와 비슷한 점을 발견하는 것

2) 투사(Projection)

자기 속의 억압된 것을 다른 사람의 것으로 생각하는 것

3) 커뮤니케이션(Communication)

갖가지 행동양식이나 기호를 매개로 하여 어떤 사람으로부터 다른 사람에게 전달하는 과정

4) 모방(Imitation)

남의 행동이나 판단을 표본으로 하여 그것과 같거나 또는 그것에 가까운 행동 또는 판단을 취하려는 것

5) 암시(Suggestion)

다른 사람으로부터의 판단이나 행동을 무비판적으로 논리적, 사실적 근거 없이 받아들이는 것

4 집단행동

1) 통제가 있는 집단행동(규칙이나 규율이 존재한다)

(1) 관습 : 풍습(Folkways), 예의(Ritual), 금기(Taboo) 등으로 나누어짐
(2) 제도적 행동(Institutional Behavior) : 합리적으로 성원의 행동을 통제하고 표준화함으로써 집단의 안정을 유지하려는 것
(3) 유행(Fashion) : 공통적인 행동양식이나 태도 등을 말함

2) 통제가 없는 집단행동(성원의 감정, 정서에 의해 좌우되고 연속성이 희박하다)

(1) 군중(Crowd) : 성원 사이에 지위나 역할의 분화가 없고 성원 각자는 책임감을 가지지 않으며 비판력도 가지지 않는다.
(2) 모브(Mob) : 폭동과 같은 것을 말하며 군중보다 합의성이 없고 감정에 의해 행동하는 것
(3) 패닉(Panic) : 모브가 공격적인 데 반해 패닉은 방어적인 특징이 있음
(4) 심리적 전염(Mental Epidemic) : 어떤 사상이 상당 기간에 걸쳐 광범위하게 논리적 근거없이 무비판적으로 받아들여지는 것

5 인간의 일반적인 행동특성

1) 레빈(Lewin · K)의 법칙

레빈은 인간의 행동(B)은 그 사람이 가진 자질 즉, 개체(P)와 심리적 환경(E)과의 상호함수관계에 있다고 하였다.

$$B = f(P \cdot E)$$

여기서, B : Behavior(인간의 행동)
f : function(함수관계)
P : Person(개체 : 연령, 경험, 심신상태, 성격, 지능 등)
E : Environment(심리적 환경 : 인간관계, 작업환경 등)

인간 행동의 함수관계를 나타내는 레윈의 등식 B=f(P · E)에 대하여 가장 올바른 설명은?

➡ B는 행동, P는 자질, E는 환경을 나타내며, 행동은 자질과 환경의 함수관계이다.

2) 인간의 심리

(1) 간결성의 원리 : 최소에너지로 빨리 가려고 함(생략행위)
(2) 주의의 일점집중현상 : 어떤 돌발사태에 직면했을 때 멍한 상태
(3) 억측판단(Risk Taking) : 위험을 부담하고 행동으로 옮김

자동차가 교차점에서 신호대기를 하고 있을 때 전방의 신호가 파랗게 되고 나서 발차해야 하는데 좌우의 신호가 빨갛게 된 찰나에 발차하는 경우 인간의 심리?

➡ 억측판단

3) 억측판단이 발생하는 배경

(1) 희망적인 관측 : '그때도 그랬으니까 괜찮겠지' 하는 관측
(2) 정보나 지식의 불확실 : 위험에 대한 정보의 불확실 및 지식의 부족

(3) 과거의 선입관 : 과거에 그 행위로 성공한 경험의 선입관
(4) 초조한 심정 : 일을 빨리 끝내고 싶은 초조한 심정

억측판단이 발생하는 배경으로 볼 수 없는 것은?

① 정보가 불확실할 때
② 희망적인 관측이 있을 때
③ 타인의 의견에 동조할 때 (✔)
④ 과거의 성공한 경험이 있을 때

4) 작업자가 작업 중 실수나 과오로 사고를 유발시키는 원인

(1) 능력부족
① 부적당한 개성
② 지식의 결여
③ 인간관계의 결함

(2) 주의부족
① 개성
② 감정의 불안정
③ 습관성

(3) 환경조건 부적합
① 각종의 표준불량
② 작업조건 부적당
③ 계획불충분
④ 연락 및 의사소통 불충분
⑤ 불안과 동요

SECTION 2 재해 빈발성 및 행동과학

1 사고 경향설(Greenwood)

사고의 대부분은 소수에 의해 발생되고 있으며 사고를 낸 사람이 또다시 사고를 발생시키는 경향이 있다.(사고경향성이 있는 사람 → 소심한 사람)

2 성격의 유형(재해누발자 유형)

1) 미숙성 누발자 : 환경에 익숙하지 못하거나 기능 미숙으로 인한 재해 누발자
2) 상황성 누발자 : 작업이 어렵거나, 기계설비의 결함, 환경상 주의력의 집중이 혼란된 경우, 심신의 근심으로 사고 경향자가 되는 경우(상황이 변하면 안전한 성향으로 바뀜)

CheckPoint

재해 누발자의 유형 중 상황성 누발자와 관련이 없는 것은?

① 작업이 어렵기 때문에 ✔② 기능이 미숙하기 때문에
③ 심신에 근심이 있기 때문에 ④ 기계설비에 결함이 있기 때문에

3) 습관성 누발자 : 재해의 경험으로 신경과민이 되거나 슬럼프에 빠지기 때문에 사고경향자가 되는 경우
4) 소질성 누발자 : 지능, 성격, 감각운동 등에 의한 소질적 요소에 의해서 결정되는 특수성격 소유자

3 재해빈발설

1) 기회설 : 개인의 문제가 아니라 작업 자체에 문제가 있어 재해가 빈발
2) 암시설 : 재해를 한번 경험한 사람은 심리적 압박을 받게 되어 대처능력이 떨어져 재해가 빈발
3) 빈발경향자설 : 재해를 자주 일으키는 소질을 가진 근로자가 있다는 설

재해빈발성의 원인에 대한 이론이 아닌 것은?

① 기회설 ② 암시설
③ 재해누설자설 ④ 재해빈발 경향자설

4 동기부여(Motivation)

동기부여란 동기를 불러일으키게 하고 일어난 행동을 유지시켜 일정한 목표로 이끌어 가는 과정을 말한다.

1) 매슬로(MASLOW)의 욕구단계이론

(1) 생리적 욕구(제1단계) : 기아, 갈증, 호흡, 배설, 성욕 등
(2) 안전의 욕구(제2단계) : 안전을 기하려는 욕구
(3) 사회적 욕구(제3단계) : 소속 및 애정에 대한 욕구(친화 욕구)
(4) 자기존경의 욕구(제4단계) : 자기존경의 욕구로 자존심, 명예, 성취, 지위에 대한 욕구(승인의 욕구)
(5) 자아실현의 욕구(성취욕구)(제5단계) : 잠재적인 능력을 실현하고자 하는 욕구(성취욕구)

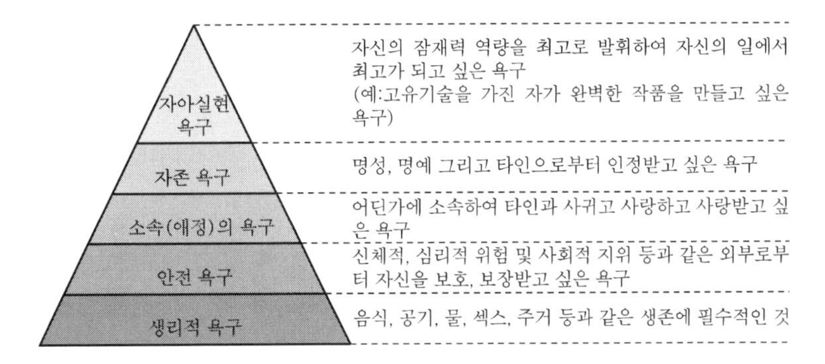

현실적인 성향으로 자신과 타인, 그리고 세계를 편견없이 받아들이는 성향이 강한 사람의 특성에 해당하는 인간 욕구는?

➡ 자아실현의 욕구(5단계)

2) 알더퍼(Alderfer)의 ERG 이론

(1) E(Existence) : 존재의 욕구

생리적 욕구나 안전욕구와 같이 인간이 자신의 존재를 확보하는 데 필요한 욕구이다. 또한 여기에는 급여, 부가급, 육체적 작업에 대한 욕구 그리고 물질적 욕구가 포함된다.

(2) R(Relatedness) : 관계 욕구

개인이 주변사람들(가족, 감독자, 동료작업자, 하위자, 친구 등)과 상호작용을 통하여 만족을 추구하고 싶어하는 욕구로서 매슬로 욕구단계 중 사회적 욕구에 속한다.

(3) G(Growth) : 성장욕구

매슬로의 자존의 욕구와 자아실현의 욕구를 포함하는 것으로서, 개인의 잠재력 개발과 관련되는 욕구이다.

ERG이론에 따르면 경영자가 종업원의 고차원 욕구를 충족시켜야 하는 것은 동기부여를 위해서만이 아니라 발생할 수 있는 직·간접비용을 절감한다는 차원에서도 중요하다는 것을 밝히고 있다.

알더퍼(Alderfer)의 ERG 이론 중 다른 사람과의 상호작용을 통하여 만족을 추구하는 대인욕구와 관련이 가장 깊은 것은?

▶ 관계욕구

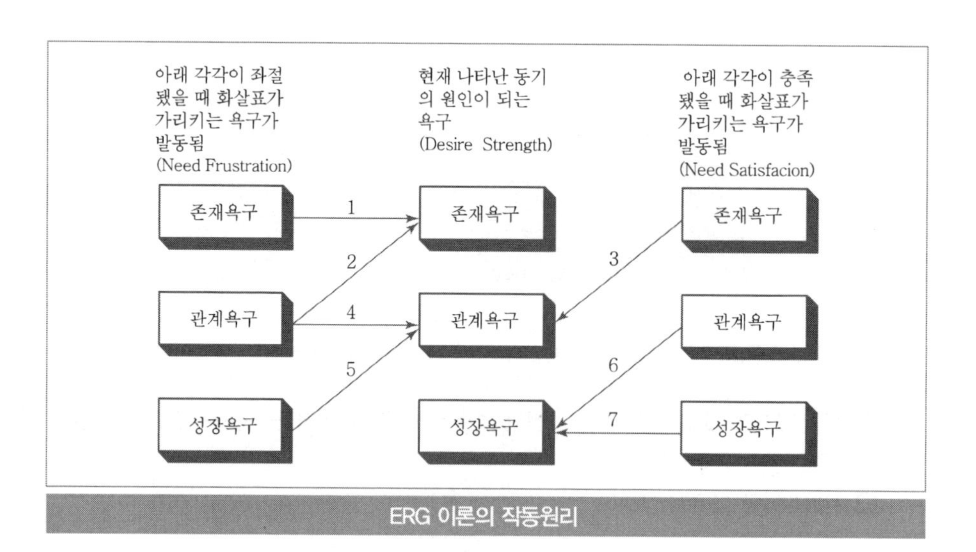

ERG 이론의 작동원리

3) 맥그리거(Mcgregor)의 X이론과 Y이론

(1) X이론에 대한 가정

① 원래 종업원들은 일하기 싫어하며 가능하면 일하는 것을 피하려고 한다.
② 종업원들은 일하는 것을 싫어하므로 바람직한 목표를 달성하기 위해서는 그들을 통제하고 위협하여야 한다.
③ 종업원들은 책임을 회피하고 가능하면 공식적인 지시를 바란다.
④ 인간은 명령되는 쪽을 좋아하며 무엇보다 안전을 바라고 있다는 인간관

⇒ X 이론에 대한 관리 처방

㉠ 경제적 보상체계의 강화
㉡ 권위주의적 리더십의 확립
㉢ 면밀한 감독과 엄격한 통제
㉣ 상부책임제도의 강화
㉤ 통제에 의한 관리

(2) Y이론에 대한 가정

① 종업원들은 일하는 것을 놀이나 휴식과 동일한 것으로 볼 수 있다.
② 종업원들은 조직의 목표에 관여하는 경우에 자기지향과 자기통제를 행한다.
③ 보통 인간들은 책임을 수용하고 심지어는 구하는 것을 배울 수 있다.
④ 작업에서 몸과 마음을 구사하는 것은 인간의 본성이라는 인간관
⑤ 인간은 조건에 따라 자발적으로 책임을 지려고 한다는 인간관
⑥ 매슬로의 욕구체계 중 자아실현의 욕구에 해당한다.

⇒ Y 이론에 대한 관리 처방

㉠ 민주적 리더십의 확립
㉡ 분권화와 권한의 위임
㉢ 직무확장
㉣ 자율적인 통제

4) 허즈버그(Herzberg)의 2요인 이론(위생요인, 동기요인)

(1) 위생요인(Hygiene)

작업조건, 급여, 직무환경, 감독 등 일의 조건, 보상에서 오는 욕구(충족되지 않을 경우 조직의 성과가 떨어지나, 충족되었다고 성과가 향상되지 않음)

(2) 동기요인(Motivation)

책임감, 성취 인정, 개인발전 등 일 자체에서 오는 심리적 욕구(충족될 경우 조직의 성과가 향상되며 충족되지 않아도 성과가 떨어지지 않음)

(3) Herzberg의 일을 통한 동기부여 원칙

① 직무에 따라 자유와 권한 부여
② 개인적 책임이나 책무를 증가시킴
③ 더욱 새롭고 어려운 업무수행을 하도록 과업 부여
④ 완전하고 자연스러운 작업단위를 제공
⑤ 특정의 직무에 전문가가 될 수 있도록 전문화된 임무를 배당

5) 데이비스(K.Davis)의 동기부여 이론

(1) 지식(Knowledge)×기능(Skill)=능력(Ability)
(2) 상황(Situation)×태도(Attitude)=동기유발(Motivation)
(3) 능력(Ability)×동기유발(Motivation)=인간의 성과(Human Performance)
(4) 인간의 성과×물질적 성과=경영의 성과

6) 작업동기와 직무수행과의 관계 및 수행과정에서 느끼는 직무 만족의 내용을 중심으로 하는 이론

(1) 콜만의 일관성 이론 : 자기존중을 높이는 사람은 더 높은 성과를 올리며 일관성을 유지하여 사회적으로 존경받는 직업을 선택
(2) 브룸의 기대이론 : 3가지의 요인 기대(Expectancy), 수단성(Instrumentality), 유인도(Valence)의 3가지 요소의 값이 각각 최대값이 되면 최대의 동기부여가 된다는 이론
(3) 록크의 목표설정 이론 : 인간은 이성적이며 의식적으로 행동한다는 가정에 근거한 동기이론

CheckPoint

직무 만족 이론과 주장자가 잘못된 것?

① 브룸의 기대이론
② 콜만의 일관성 이론
③ 록크의 자아실현이론
④ 허즈버그의 동기, 위생이론

7) 안전에 대한 동기 유발방법

(1) 안전의 근본이념을 인식시킨다.
(2) 상과 벌을 준다.
(3) 동기유발의 최적수준을 유지한다.
(4) 목표를 설정한다.
(5) 결과를 알려준다.
(6) 경쟁과 협동을 유발시킨다.

5 주의와 부주의

1) 주의의 특성

(1) 선택성(소수의 특정한 것에 한한다)

인간은 어떤 사물을 기억하는 데에 3단계의 과정을 거친다. 첫째 단계는 감각보관(Sensory Storage)으로 시각적인 잔상(殘像)과 같이 자극이 사라진 후에도 감각기관에 그 자극감각이 잠시 지속되는 것을 말한다. 둘째 단계는 단기기억(Short-Term Memory)으로 누구에게 전해야 할 메세지를 잠시 기억하는 것처럼 관련 정보를 잠시 기억하는 것인데, 감각보관으로부터 정보를 암호화하여 단기기억으로 이전하기 위해서는 인간이 그 과정에 주의를 집중해야 한다. 셋째 단계인 장기기억(Long-Term Memory)은 단기기억 내의 정보를 의미론적으로 암호화하여 보관하는 것이다.

인간의 정보처리능력은 한계가 있으므로 모든 정보가 단기기억으로 입력될 수는 없다. 따라서 입력정보들 중 필요한 것만을 골라내는 기능을 담당하는 선택여과기(Selective Filter)가 있는 셈인데, 브로드벤트(Broadbent)는 이러한 주의의 특성을 선택적 주의(Selective Attention)라 하였다.

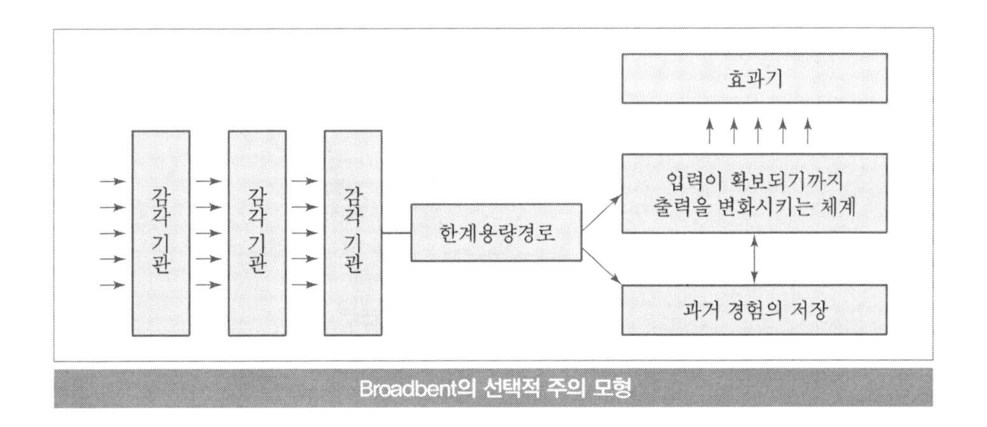

Broadbent의 선택적 주의 모형

인간은 "한 번에 많은 종류의 자극을 지각 · 수용하기 곤란하다."라는 것은 주의의 특성 가운데 무엇을 설명한 것인가?

➡ 선택성

(2) 방향성(시선의 초점이 맞았을 때 쉽게 인지된다)

주의의 초점에 합치된 것은 쉽게 인식되지만 초점으로부터 벗어난 부분은 무시되는 성질을 말하는데, 얼마나 집중하였느냐에 따라 무시되는 정도도 달라진다.
정보를 입수할 때에 중요한 정보의 발생방향을 선택하여 그곳으로부터 중점적인 정보를 입수하고 그 이외의 것을 무시하는 이러한 주의의 특성을 집중적 주의(Focused Attention)라고 하기도 한다.

(3) 변동성

인간은 한 점에 계속하여 주의를 집중할 수는 없다. 주의를 계속하는 사이에 언제인가 자신도 모르게 다른 일을 생각하게 된다. 이것을 다른 말로 '의식의 우회'라고 표현하기도 한다.
대체적으로 변화가 없는 한 가지 자극에 명료하게 의식을 집중할 수 있는 시간은 불과 수초에 지나지 않고, 주의집중 작업 혹은 각성을 요하는 작업(Vigilance Task)은 30분을 넘어서면 작업성능이 현저하게 저하한다.
그림에서 주의가 외향(外向) 혹은 전향(前向)이라는 것은 인간의 의식이 외부사물을 관찰하는 등 외부정보에 주의를 기울이고 있을 때이고, 내향(內向)이라는 것은 자신의 사고(思考)나 사색에 잠기는 등 내부의 정보처리에 주의집중하고 있는 상태를 말한다.

변동성

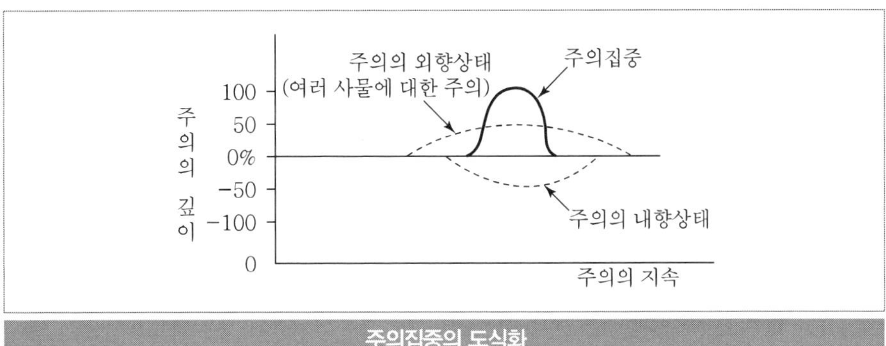

주의집중의 도식화

주의의 특징으로 볼 수 없는 것은?

① 선택성 ② 방향성

③ 변동성 ④ 전진성

2) 부주의의 원인

(1) 의식의 우회

의식의 흐름이 옆으로 빗나가 발생하는 것(걱정, 고민, 욕구불만 등에 의하여 정신을 빼앗기는 것)

(2) 의식수준의 저하

혼미한 정신상태에서 심신이 피로할 경우나 단조로운 반복작업 등의 경우에 일어나기 쉬움

(3) 의식의 단절

지속적인 의식의 흐름에 단절이 생기고 공백의 상태가 나타나는 것. 주로 질병의 경우에 나타남

(4) 의식의 과잉

지나친 의욕에 의해서 생기는 부주의 현상(일점 집중현상)

부주의의 원인이 아닌 것은?

① 의식의 단절
② 의식수준 지속
③ 의식의 과잉
④ 의식의 우회

(5) 부주의 발생원인 및 대책

① 내적 원인 및 대책
㉠ 소질적 조건 : 적성배치
㉡ 경험 및 미경험 : 교육
㉢ 의식의 우회 : 상담

② 외적 원인 및 대책
㉠ 작업환경조건 불량 : 환경정비
㉡ 작업순서의 부적당 : 작업순서정비

부주의의 발생원인이 소질적 조건일 때 그 대책으로 알맞은 것은?

➡ 적성배치

SECTION 3 집단관리와 리더십

1 리더십의 유형

1) 리더십의 정의

(1) 집단목표를 위해 스스로 노력하도록 사람에게 영향력을 행사한 활동
(2) 어떤 특정한 목표달성을 지향하고 있는 상황에서 행사되는 대인간의 영향력
(3) 공통된 목표달성을 지향하도록 사람에게 영향을 미치는 것

2) 리더십의 유형

(1) 선출방식에 의한 분류

① 헤드십(Headship) : 집단 구성원이 아닌 외부에 의해 선출(임명)된 지도자로 권한을 행사한다.

② 리더십(Leadership) : 집단 구성원에 의해 내부적으로 선출된 지도자로 권한을 대행한다.

(2) 업무추진 방식에 의한 분류

① 독재형(권위형, 권력형, 맥그리거의 X이론 중심) : 지도자가 모든 권한행사를 독단적으로 처리(개인중심)

② 민주형(맥그리거의 Y이론 중심) : 집단의 토론, 회의 등을 통해 정책을 결정(집단중심), 리더와 부하직원 간의 협동과 의사소통

③ 자유방임형(개방적) : 리더는 명목상 리더의 자리만을 지킴(종업원 중심)

2 리더십의 기법

1) Hare, M.의 방법론

(1) 지식의 부여

종업원에게 직장 내의 정보와 직무에 필요한 지식을 부여한다.

(2) 관대한 분위기

종업원이 안심하고 존재하도록 직무상 관대한 분위기를 유지한다.

(3) 일관된 규율

종업원에게 직장 내의 정보와 직무에 필요한 일관된 규율을 유지한다.

(4) 향상의 기회

성장의 기회와 사회적욕구 및 이기적 욕구의 충족을 확대할 기회를 준다.

(5) 참가의 기회

직무의 모든 과정에서 참가를 보장한다.

(6) 호소하는 권리

종업원에게 참다운 의미의 호소권을 부여한다.

2) 리더십에 있어서의 권한

(1) 합법적 권한 : 군대, 교사, 정부기관 등 법적으로 부여된 권한
(2) 보상적 권한 : 부하에게 노력에 대한 보상을 할 수 있는 권한
(3) 강압적 권한 : 부하에게 명령할 수 있는 권한
(4) 전문성의 권한 : 지도자가 전문지식을 가지고 있는가와 관련된 권한
(5) 위임된 권한 : 부하직원이 지도자의 생각과 목표를 얼마나 잘 따르는지와 관련된 권한

3) 리더십의 변화 4단계

1단계 : 지식의 변용 ⇒ 2단계 : 태도의 변용 ⇒
3단계 : 행동의 변용 ⇒ 4단계 : 집단 또는 조직에 대한 성과

CheckPoint

다음 중 인간 행동의 변화에 소요되는 시간이 가장 많이 걸리고, 가장 어려운 것은 어느 것인가?

① 개인 행동의 변화 ② 태도의 변화
③ 지식의 변화 ④ 집단행동의 변화 (✓)

4) 리더십의 특성

(1) 대인적 숙련 (2) 혁신적 능력 (3) 기술적 능력
(4) 협상적 능력 (5) 표현 능력 (6) 교육훈련 능력

CheckPoint

리더십의 특성이 아닌 것은?

① 기계적 성숙 (✓) ② 혁신적 능력
③ 표현능력 ④ 대인적 숙련

5) 리더십의 기법

(1) 독재형(권위형)

① 부하직원을 강압적으로 통제
② 의사결정권은 경영자가 가지고 있음

(2) 민주형

① 발생 가능한 갈등은 의사소통을 통해 조정
② 부하직원의 고충을 해결할 수 있도록 지원

(3) 자유방임형(개방적)

① 의사결정의 책임을 부하직원에게 전가
② 업무회피 현상

일 중심형으로 업적에 대한 관심은 높지만 인간관계에 무관심한 리더십의 타입은?
➡ 권력형

3 헤드십(Headship)

1) 외부로부터 임명된 헤드(head)가 조직 체계나 직위를 이용, 권한을 행사하는 것. 지도자와 집단 구성원 사이에 공통의 감정이 생기기 어려우며 항상 일정한 거리가 있다.

2) 권한

(1) 부하직원의 활동을 감독한다.
(2) 상사와 부하와의 관계가 종속적이다.
(3) 부하와의 사회적 간격이 넓다.
(4) 지휘형태가 권위적이다.

다음 중 헤드십(Head Ship)의 특성으로 볼 수 없는 것은?

① 권한 근거는 공식적이다.
② 상사와 부하와의 관계는 지배적 관계이다.
③ 부하와의 사회적 간격은 좁다.
④ 지휘 형태는 권위주의적이다.

4 사기(Morale)와 집단역학

1) 집단의 적응

(1) 집단의 기능

① 행동규범 : 집단을 유지, 통제하고 목표를 달성하기 위한 것
② 목표

(2) 슈퍼(Super)의 역할이론

① 역할 갈등(Role Conflict) : 작업 중에 상반된 역할이 기대되는 경우가 있으며, 그럴 때 갈등이 생긴다.
② 역할 기대(Role Expectation) : 자기의 역할을 기대하고 감수하는 수단이다.
③ 역할 조성(Role Shaping) : 개인에게 여러 개의 역할 기대가 있을 경우 그중의 어떤 역할 기대는 불응, 거부할 수도 있으며 혹은 다른 역할을 해내기 위해 다른 일을 구할 때도 있다.
④ 역할 연기(Role Playing) : 자아탐색인 동시에 자아실현의 수단이다.

(3) 집단에서의 인간관계

① 경쟁 : 상대보다 목표에 빨리 도달하려고 하는 것
② 도피, 고립 : 열등감에서 소속된 집단에서 이탈하는 것
③ 공격 : 상대방을 압도하여 목표를 달성하려고 하는 것

2) 욕구저지

(1) 욕구저지의 상황적 요인

① 외적 결여 : 욕구만족의 대상이 존재하지 않음
② 외적 상실 : 욕구를 만족해오던 대상이 사라짐
③ 외적 갈등 : 외부조건으로 인해 심리적 갈등이 발생
④ 내적 결여 : 개체에 욕구만족의 능력과 자질이 부족
⑤ 내적 상실 : 개체의 능력 상실
⑥ 내적 갈등 : 개체내 압력으로 인해 심리적 갈등 발생

(2) 갈등상황의 3가지 기본형

① 접근 - 접근형
② 접근 - 회피형
③ 회피 - 회피형

3) 모랄 서베이(Morale Survey)

근로의욕조사라고도 하는데, 근로자의 감정과 기분을 과학적으로 고려하고 이에 따른 경영의 관리활동을 개선하려는 데 목적이 있다.

(1) 실시방법

① 통계에 의한 방법 : 사고 상해율, 생산성, 지각, 조퇴, 이직 등을 분석하여 파악하는 방법
② 사례연구(Case Study)법 : 관리상의 여러 가지 제도에 나타나는 사례에 대해 연구함으로써 현상을 파악하는 방법
③ 관찰법 : 종업원의 근무 실태를 계속 관찰함으로써 문제점을 찾아내는 방법
④ 실험연구법 : 실험그룹과 통제그룹으로 나누고 정황, 자극을 주어 태도 변화를 조사하는 방법
⑤ 태도조사 : 질문지법, 면접법, 집단토의법, 투사법 등에 의해 의견을 조사하는 방법

(2) 모랄 서베이의 효용

① 근로자의 심리 요구를 파악하여 불만을 해소하고 노동 의욕을 높인다.
② 경영관리를 개선하는 데 필요한 자료를 얻는다.
③ 종업원의 정화작용을 촉진시킨다.
㉠ 소셜 스킬즈(Social Skills) : 모랄을 앙양시키는 능력
㉡ 테크니컬 스킬즈 : 사물을 인간에 유익하도록 처리하는 능력

4) 관리그리드(Managerial Grid)

(1) 무관심형(1,1)

생산과 인간에 대한 관심이 모두 낮은 무관심한 유형으로서, 리더 자신의 직분을 유지하는 데 필요한 최소의 노력만을 투입하는 리더 유형

(2) 인기형(1,9)

인간에 대한 관심은 매우 높고 생산에 대한 관심은 매우 낮아서 부서원들과의 만족스런 관계와 친밀한 분위기를 조성하는 데 역점을 기울이는 리더 유형

(3) 과업형(9,1)

생산에 대한 관심은 매우 높지만 인간에 대한 관심은 매우 낮아서, 인간적인 요소보다도 과업수행에 대한 능력을 중요시하는 리더유형

(4) 타협형(5,5)

중간형으로 과업의 생산성과 인간적 요소를 절충하여 적당한 수준의 성과를 지향하는 유형

(5) 이상형(9,9)

팀형으로 인간에 대한 관심과 생산에 대한 관심이 모두 높으며, 구성원들에게 공동목표 및 상호의존관계를 강조하고, 상호신뢰적이고 상호존중관계 속에서 구성원들의 몰입을 통하여 과업을 달성하는 리더유형

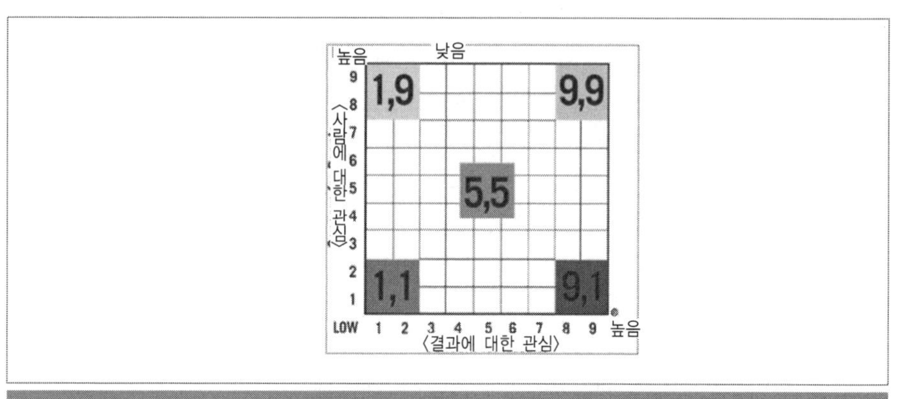

관리 그리드

CheckPoint

리더십의 행동이론 중 관리그리드(Managerial Grid) 이론에서 리더의 행동유형과 경향을 올바르게 연결한 것은?

① (1.1)형 – 무관심형 (✔)
② (1.9)형 – 과업형
③ (9.1)형 – 인기형
④ (5.5)형 – 이상형

SECTION 4 생체리듬과 피로

1 피로의 증상과 대책

1) 피로의 정의

신체적 또는 정신적으로 지치거나 약해진 상태로서 작업능률의 저하, 신체기능의 저하 등의 증상이 나타나는 상태

2) 피로의 종류

(1) 정신적(주관적) 피로 : 피로감을 느끼는 자각증세
(2) 육체적(객관적) 피로 : 작업피로가 질적, 양적 생산성의 저하로 나타남
(3) 생리적 피로 : 작업능력 또는 생리적 기능의 저하

3) 피로의 발생원인

(1) 피로의 요인

① 작업조건 : 작업강도, 작업속도, 작업시간 등
② 환경조건 : 온도, 습도, 소음, 조명 등
③ 생활조건 : 수면, 식사, 취미활동 등
④ 사회적 조건 : 대인관계, 생활수준 등
⑤ 신체적, 정신적 조건

(2) 기계적 요인과 인간적 요인

① 기계적 요인 : 기계의 종류, 조작부분의 배치, 색채, 조작부분의 감촉 등
② 인간적 요인 : 신체상태, 정신상태, 작업내용, 작업시간, 사회환경, 작업환경 등

4) 피로의 예방과 회복대책

(1) 작업부하를 적게 할 것
(2) 정적동작을 피할 것
(3) 작업속도를 적절하게 할 것
(4) 근로시간과 휴식을 적절하게 할 것
(5) 목욕이나 가벼운 체조를 할 것
(6) 수면을 충분히 취할 것

2 피로의 측정방법

1) 신체활동의 생리학적 측정분류

작업을 할 때 인체가 받는 부담은 작업의 성질에 따라 상당한 차이가 있다. 이 차이를 연구하기 위한 방법이 생리적 변화를 측정하는 것이다. 즉, 산소소비량, 근전도, 플리커치 등으로 인체의 생리적 변화를 측정한다.

(1) 근전도(EMG) : 근육활동의 전위차를 기록하여 측정
(2) 심전도(ECG) : 심장의 근육활동의 전위차를 기록하여 측정

(3) 산소소비량

(4) 정신적 작업부하에 관한 생리적 측정치

① 점멸융합주파수(플리커법) : 사이가 벌어져 회전하는 원판으로 들어오는 광원의 빛을 단속시켜 연속광으로 보이는지 단속광으로 보이는지 경계에서의 빛의 단속주기를 플리커치라 함. 정신적으로 피로한 경우에는 주파수 값이 내려가는 것으로 알려져 있다.

② 기타 정신부하에 관한 생리적 측정치 : 눈꺼풀의 깜박임률(Blink rate), 동공지름(Pupil diameter), 뇌의 활동전위를 측정하는 뇌파도(EEG ; ElecroEncephaloGram)

2) 피로의 측정방법

(1) 생리학적 측정 : 근력 및 근활동(EMG), 대뇌활동(EEG), 호흡(산소소비량), 순환기(ECG)

(2) 생화학적 측정 : 혈액농도 측정, 혈액수분 측정, 요전해질, 요단백질 측정

(3) 심리학적 측정 : 피부저항, 동작분석, 연속반응시간, 집중력

3 작업강도와 피로

1) 작업강도(RMR ; Relative Metabolic Rate) : 에너지 대사율

$$\text{RMR}=\frac{(\text{작업 시 소비에너지}-\text{안정 시 소비에너지})}{\text{기초대사시 소비에너지}}=\frac{\text{작업대사량}}{\text{기초대사량}}$$

① 작업 시 소비에너지 : 작업 중 소비한 산소량

② 안정 시 소비에너지 : 의자에 앉아서 호흡하는 동안 소비한 산소량

③ 기초대사량 : 체표면적 산출식과 기초대사량 표에 의해 산출

$$A = H^{0.725} \times W^{0.425} \times 72.46$$

여기서, A : 몸의 표면적(cm^2)

H : 신장(cm)

W : 체중(kg)

2) 에너지 대사율(RMR)에 의한 작업강도

(1) 경작업(0~2 RMR) : 사무실 작업, 정신작업 등
(2) 중(中)작업(2~4 RMR) : 힘이나 동작, 속도가 작은 하체작업 등
(3) 중(重)작업(4~7 RMR) : 전신작업 등
(4) 초중(超重)작업(7 RMR 이상) : 과격한 전신작업

4 생체리듬(바이오리듬, Biorhythm)의 종류

1) 생체리듬(Biorhythm, Biological Rhythm)

인간의 생리적인 주기 또는 리듬에 관한 이론

2) 생체리듬(바이오리듬)의 종류

(1) 육체적(신체적) 리듬(P, Physical Cycle) : 신체의 물리적인 상태를 나타내는 리듬, 청색 실선으로 표시하며 23일의 주기이다.
(2) 감성적 리듬(S, Sensitivity) : 기분이나 신경계통의 상태를 나타내는 리듬, 적색 점선으로 표시하며 28일의 주기이다.
(3) 지성적 리듬(I, Intellectual) : 기억력, 인지력, 판단력 등을 나타내는 리듬, 녹색 일점쇄선으로 표시하며 33일의 주기이다.

3) 위험일

3가지 생체리듬은 안정기(+)와 불안정기(－)를 반복하면서 사인(sine) 곡선을 그리며 반복되는데(+) → (－) 또는 (－) → (+)로 변하는 지점을 영(zero) 또는 위험일이라 한다. 위험일에는 평소보다 뇌졸중이 5.4배, 심장질환이 5.1배, 자살이 6.8배나 높게 나타난다고 한다.

(1) 사고발생률이 가장 높은 시간대

① 24시간 중 : 03~05시 사이
② 주간업무 중 : 오전 10~11시, 오후 15~16시

4) 생체리듬(바이오리듬)의 변화

(1) 야간에는 체중이 감소한다.

(2) 야간에는 말초운동 기능이 저하, 피로의 자각증상 증대

(3) 혈액의 수분, 염분량은 주간에 감소하고 야간에 증가한다.

(4) 체온, 혈압, 맥박은 주간에 상승하고 야간에 감소한다.

바이오리듬에 대한 설명 중 잘못된 것은?

① 안정기(+)와 불안정기(-)의 교차점을 위험일이라 한다.
② 혈액의 수분, 염분량은 주간에 증가하고, 야간에 감소한다.
③ 지성적 리듬은 "I"로 표시하며 사고력과 관련이 있다.
④ 감성적 리듬은 28일을 주기로 반복하며, 주의력 등과 관련이 있다.

CHAPTER 06

PART 01 안전관리론

교육의 내용 및 방법

SECTION 1 교육내용

1 산업안전 · 보건 관련 교육과정별 교육시간

1) 근로자 안전 · 보건교육

<table>
<tr><th>교육과정</th><th colspan="2">교육대상</th><th>교육시간</th></tr>
<tr><td rowspan="3">가. 정기교육</td><td colspan="2">사무직 종사 근로자</td><td>매반기 6시간 이상</td></tr>
<tr><td rowspan="2">그 밖의 근로자</td><td>판매업무에 직접 종사하는 근로자</td><td>매반기 6시간 이상</td></tr>
<tr><td>판매업무에 직접 종사하는 근로자 외의 근로자</td><td>매반기 12시간 이상</td></tr>
<tr><td rowspan="3">나. 채용 시의 교육</td><td colspan="2">일용근로자 및
근로계약기간이 1주일 이하인 기간제근로자</td><td>1시간 이상</td></tr>
<tr><td colspan="2">근로계약기간이 1주일 초과 1개월 이하인
기간제근로자</td><td>4시간 이상</td></tr>
<tr><td colspan="2">그 밖의 근로자</td><td>8시간 이상</td></tr>
<tr><td rowspan="2">다. 작업내용 변경 시 교육</td><td colspan="2">일용근로자 및
근로계약기간이 1주일 이하인 기간제근로자</td><td>1시간 이상</td></tr>
<tr><td colspan="2">그 밖의 근로자</td><td>2시간 이상</td></tr>
<tr><td rowspan="3">라. 특별교육</td><td colspan="2">일용근로자 및 근로계약기간이 1주일 이하인 기간제근로자 : 별표 5 제1호라목(제39호는 제외한다)에 해당하는 작업에 종사하는 근로자에 한정한다.</td><td>2시간 이상</td></tr>
<tr><td colspan="2">일용근로자 및 근로계약기간이 1주일 이하인 기간제근로자 : 별표 5 제1호라목제39호에 해당하는 작업에 종사하는 근로자에 한정한다.</td><td>8시간 이상</td></tr>
<tr><td colspan="2">일용근로자 및 근로계약기간이 1주일 이하인 기간제근로자를 제외한 근로자 : 별표 5 제1호라목에 해당하는 작업에 종사하는 근로자에 한정한다.</td><td>• 16시간 이상
• 단기간 작업 또는 간헐적 작업인 경우에는 2시간 이상</td></tr>
<tr><td>마. 건설업 기초안전 · 보건교육</td><td colspan="2">건설 일용근로자</td><td>4시간 이상</td></tr>
</table>

2) 안전보건관리책임자 등에 대한 교육(제29조제2항 관련)

교육대상	교육시간	
	신규교육	보수교육
가. 안전보건관리책임자	6시간 이상	6시간 이상
나. 안전관리자, 안전관리전문기관의 종사자	34시간 이상	24시간 이상
다. 보건관리자, 보건관리전문기관의 종사자	34시간 이상	24시간 이상
라. 재해예방 전문지도기관의 종사자	34시간 이상	24시간 이상
마. 석면조사기관의 종사자	34시간 이상	24시간 이상
바. 안전보건관리담당자	–	8시간 이상
사. 안전검사기관, 자율안전검사기관의 종사자	34시간 이상	24시간 이상

3) 검사원 양성교육

교육과정	교육대상	교육시간
양성 교육	–	28시간 이상

2 교육대상별 교육내용

1) 근로자 안전 · 보건교육

(1) 근로자 정기안전 · 보건교육

교육내용
• 산업안전 및 사고 예방에 관한 사항 • 산업보건 및 직업병 예방에 관한 사항 • 위험성 평가에 관한 사항 • 건강증진 및 질병 예방에 관한 사항 • 유해 · 위험 작업환경 관리에 관한 사항 • 산업안전보건법령 및 산업재해보상보험 제도에 관한 사항 • 직무스트레스 예방 및 관리에 관한 사항 • 직장 내 괴롭힘, 고객의 폭언 등으로 인한 건강장해 예방 및 관리에 관한 사항

(2) 관리감독자 정기안전 · 보건교육

교육내용
• 산업안전 및 사고 예방에 관한 사항 • 산업보건 및 직업병 예방에 관한 사항 • 위험성 평가에 관한 사항 • 유해 · 위험 작업환경 관리에 관한 사항

- 산업안전보건법령 및 산업재해보상보험 제도에 관한 사항
- 직무스트레스 예방 및 관리에 관한 사항
- 직장 내 괴롭힘, 고객의 폭언 등으로 인한 건강장해 예방 및 관리에 관한 사항
- 작업공정의 유해 · 위험과 재해 예방대책에 관한 사항
- 사업장 내 안전보건관리체제 및 안전 · 보건조치 현황에 관한 사항
- 표준안전 작업방법 및 지도 요령에 관한 사항
- 현장근로자와의 의사소통능력 및 강의능력 등 안전보건교육 능력 배양에 관한 사항
- 비상시 또는 재해 발생 시 긴급조치에 관한 사항
- 그 밖의 관리감독자의 직무에 관한 사항

(3) 신규 채용 시와 작업내용 변경 시 안전보건 교육내용

교육내용
• 산업안전 및 사고 예방에 관한 사항 • 산업보건 및 직업병 예방에 관한 사항 • 위험성 평가에 관한 사항 • 산업안전보건법령 및 산업재해보상보험 제도에 관한 사항 • 직무스트레스 예방 및 관리에 관한 사항 • 직장 내 괴롭힘, 고객의 폭언 등으로 인한 건강장해 예방 및 관리에 관한 사항 • 기계 · 기구의 위험성과 작업의 순서 및 동선에 관한 사항 • 작업 개시 전 점검에 관한 사항 • 정리정돈 및 청소에 관한 사항 • 사고 발생 시 긴급조치에 관한 사항 • 물질안전보건자료에 관한 사항

(4) 특별안전 · 보건교육 대상 작업별 교육내용(40개)

작업명	교육내용
〈공통내용〉 제1호부터 제38호까지의 작업	"채용 시의 교육 및 작업내용 변경 시의 교육"과 같은 내용
〈개별내용〉 1. 고압실 내 작업(잠함공법이나 그 밖의 압기공법으로 대기압을 넘는 기압인 작업실 또는 수갱 내부에서 하는 작업만 해당한다)	• 고기압 장해의 인체에 미치는 영향에 관한 사항 • 작업의 시간 · 작업 방법 및 절차에 관한 사항 • 압기공법에 관한 기초지식 및 보호구 착용에 관한 사항 • 이상 발생 시 응급조치에 관한 사항 • 그 밖에 안전 · 보건관리에 필요한 사항
2. 아세틸렌 용접장치 또는 가스집합 용접장치를 사용하는 금속의 용접 · 용단 또는 가열작업(발생기 · 도관 등에 의하여 구성되는 용접장치만 해당한다)	• 용접 흄, 분진 및 유해광선 등의 유해성에 관한 사항 • 가스용접기, 압력조정기, 호스 및 취관두 등의 기기점검에 관한 사항 • 작업방법 · 순서 및 응급처치에 관한 사항 • 안전기 및 보호구 취급에 관한 사항 • 그 밖에 안전 · 보건관리에 필요한 사항

작업명	교육내용
3. 밀폐된 장소(탱크 내 또는 환기가 극히 불량한 좁은 장소를 말한다)에서 하는 용접작업 또는 습한 장소에서 하는 전기용접 작업	• 작업순서, 안전작업방법 및 수칙에 관한 사항 • 환기설비에 관한 사항 • 전격 방지 및 보호구 착용에 관한 사항 • 질식 시 응급조치에 관한 사항 • 작업환경 점검에 관한 사항 • 그 밖에 안전 · 보건관리에 필요한 사항

(5) 건설업 기초안전 · 보건교육에 대한 내용 및 시간

교육내용	시간
건설공사의 종류(건축 · 토목 등) 및 시공 절차	1시간
산업재해 유형별 위험요인 및 안전보건조치	2시간
안전보건관리체제 현황 및 산업안전보건 관련 근로자 권리 · 의무	1시간

SECTION 2 교육방법

1 교육훈련 기법

1) 강의법

안전지식을 강의식으로 전달하는 방법(초보적인 단계에서 효과적)

① 강사의 입장에서 시간의 조정이 가능하다.

② 전체적인 교육내용을 제시하는데 유리하다.

③ 비교적 많은 인원을 대상으로 단시간에 지식을 부여할 수 있다.

2) 토의법

10~20인 정도가 모여서 토의하는 방법(안전지식을 가진 사람에게 효과적)으로 태도교육의 효과를 높이기 위한 교육방법. 집단을 대상으로 한 안전교육 중 가장 효율적인 교육방법

3) 시범

필요한 내용을 직접 세시하는 방법

4) 모의법

실제 상황을 만들어 두고 학습하는 방법

CheckPoint

실제의 장면이나 상태와 극히 유사한 사태를 인위적으로 만들어 그 속에서 학습하도록 하는 교육 방법은?

➡ 모의법

(1) 제약조건

① 단위 교육비가 비싸고 시간의 소비가 많다.
② 시설의 유지비가 높다.
③ 다른 방법에 비하여 학생 대 교사의 비가 높다.

(2) 모의법 적용의 경우

① 수업의 모든 단계
② 학교수업 및 직업훈련 등
③ 실제사태는 위험성이 따른 경우
④ 직접 조작을 중요시하는 경우

5) 시청각 교육법

시청각 교육자료를 가지고 학습하는 방법

6) 실연법

학습자가 이미 설명을 듣거나 시범을 보고 알게 된 지식이나 기능을 강사의 감독 아래 직접적으로 연습해 적용해 보게 하는 교육방법. 다른 방법보다 교사 대 학습자수의 비율이 높다.

7) 프로그램 학습법(Programmed Self-instruction Method)

학습자가 프로그램을 통해 단독으로 학습하는 방법으로 개발된 프로그램은 변경이 어렵다.

학생이 자기 학습속도에 따른 학습이 허용되어 있는 상태에서 학습자가 프로그램 자료를 가지고 단독으로 학습하도록 하는 교육방법은?

➡ 프로그램 학습법

2 안전보건 교육방법

1) 하버드 학파의 5단계 교수법(사례연구 중심)

(1) 1단계 : 준비시킨다.(Preparation)
(2) 2단계 : 교시하다.(Presentation)
(3) 3단계 : 연합한다.(Association)
(4) 4단계 : 총괄한다.(Generalization)
(5) 5단계 : 응용시킨다.(Application)

2) 수업단계별 최적의 수업방법

(1) 도입단계 : 강의법, 시범
(2) 전개단계 : 토의법, 실연법
(3) 정리단계 : 자율학습법
(4) 도입 · 전개 · 정리단계 : 프로그램 학습법, 모의법

3 TWI

1) TWI(Training Within Industry)

주로 관리감독자를 대상으로 하며 전체 교육시간은 10시간(1일 2시간씩 5일 교육)으로 실시한다. 한 그룹에 10명 내외로 토의법과 실연법 중심으로 강의가 실시되며 훈련의 종류는 다음과 같다.

(1) 작업지도훈련(JIT ; Job Instruction Training)
(2) 작업방법훈련(JMT ; Job Method Training)
(3) 인간관계훈련(JRT ; Job Relations Training)
(4) 작업안전훈련(JST ; Job Safety Training)

기업 내 정형교육 중 TWI(Training Within Industry)의 교육 내용 중 부하 통솔 기법에 해당되는 것은?

➡ 인간관계관리기법(JRT)

2) TWI 개선 4단계

(1) 작업분해 (2) 세부내용 검토
(3) 작업분석 (4) 새로운 방법의 적용

3) MTP(Management Training Program)

한 그룹에 10~15명 내외로 전체 교육시간은 40시간(1일 2시간씩 20일 교육)으로 실시한다.

4) ATT(American Telephone & Telegraph Company)

대상층이 한정되어 있지 않고 토의식으로 진행되며 교육시간은 1차 훈련은 1일 8시간씩 2주간, 2차 과정은 문제 발생시하도록 되어 있다.

5) CCS(Civil Communication Section)

강의식에 토의식이 가미된 형태로 진행되며 매주 4일, 4시간씩 8주간(총 128시간) 실시토록 되어 있다.

4 O. J. T 및 OFF J. T

1) O. J. T(직장 내 교육훈련)

직속상사가 직장 내에서 작업표준을 가지고 업무상의 개별교육이나 지도훈련을 하는 것(개별교육에 적합)

(1) 개인 개인에게 적절한 지도훈련이 가능
(2) 직장의 실정에 맞게 실제적 훈련이 가능
(3) 효과가 곧 업무에 나타나며 훈련의 좋고 나쁨에 따라 개선이 쉬움

2) OFF J. T(직장 외 교육훈련)

계층별 직능별로 공통된 교육대상자를 현장 이외의 한 장소에 모아 집합교육을 실시하는 교육형태(집단교육에 적합)

(1) 다수의 근로자에게 조직적 훈련을 행하는 것이 가능

(2) 훈련에만 전념

(3) 각각 전문가를 강사로 초청하는 것이 가능

(4) OFF J. T. 안전교육 4단계

① 1단계 : 학습할 준비를 시킨다.
② 2단계 : 작업을 설명한다.
③ 3단계 : 작업을 시켜본다.
④ 4단계 : 가르친 뒤 이를 살펴본다.

5 학습목적의 3요소

1) 교육의 3요소

(1) 주체 : 강사
(2) 객체 : 수강자(학생)
(3) 매개체 : 교재(교육내용)

2) 학습의 구성 3요소

(1) 목표 : 학습의 목적, 지표
(2) 주제 : 목표 달성을 위한 주제
(3) 학습정도 : 주제를 학습시킬 범위와 내용의 정도

6 교육훈련평가

1) 학습평가의 기본적인 기준

(1) 타당성 (2) 신뢰성 (3) 객관성 (4) 실용성

2) 교육훈련평가의 4단계

(1) 반응 → (2) 학습 → (3) 행동 → (4) 결과

3) 교육훈련의 평가방법

(1) 관찰 (2) 면접 (3) 자료분석법 (4) 과제
(5) 설문 (6) 감상문 (7) 실험평가 (8) 시험

7 5관의 효과치

1) 시각효과 60%(미국 75%)
2) 청각효과 20%(미국 13%)
3) 촉각효과 15%(미국 6%)
4) 미각효과 3%(미국 3%)
5) 후각효과 2%(미국 3%)

SECTION 3 교육실시방법

1 강의법

1) 강의식 : 집단교육방법으로 많은 인원을 단시간에 교육할 수 있으며 교육내용이 많을 때 효과적인 방법
2) 문제 제시식 : 주어진 과제에 대처하는 문제해결방법
3) 문답식 : 서로 묻고 대답하는 방식

2 토의법

1) 토의 운영방식에 따른 유형

(1) 일제문답식 토의

교수가 학습자 전원을 대상으로 문답을 통하여 전개해 나가는 방식

(2) 공개식 토의

1~2명의 발표자가 규정된 시간(5~10분) 내에 발표하고 발표내용을 중심으로 질의, 응답으로 진행

(3) 원탁식 토의

10명 내외 인원이 원탁에 둘러앉아 자유롭게 토론하는 방식

(4) 워크숍(Workshop)

학습자를 몇 개의 그룹으로 나눠 자주적으로 토론하는 전개 방식

(5) 버즈법(Buzz Session Discussion)

참가자가 다수인 경우에 전원을 토의에 참가시키기 위한 방법으로 소집단을 구성하여 회의를 진행시키며 일명 6-6회의라고도 한다.

⇒ 진행방법

① 먼저 사회자와 기록계를 선출한다.

② 나머지 사람은 6명씩 소집단을 구성한다.

③ 소집단별로 각각 사회자를 선발하여 각각 6분씩 자유토의를 행하여 의견을 종합한다.

(6) 자유토의

학습자 전체가 관심있는 주제를 가지고 자유롭게 토의하는 형태

(7) 롤 플레잉(Role Playing)

참가자에게 일정한 역할을 주어서 실제적으로 연기를 시켜봄으로써 자기의 역할을 보다 확실히 인식시키는 방법

2) 집단 크기에 따른 유형

(1) 대집단 토의

① 패널토의(Panel Discussion) : 사회자의 진행에 의해 특정 주제에 대해 구성원 3~6명이 대립된 견해를 가지고 청중 앞에서 논쟁을 벌이는 것

② 포럼(The Forum) : 1~2명의 전문가가 10~20분 동안 공개 연설을 한 다음 사회자의 진행하에 질의응답의 과정을 통해 토론하는 형식

③ 심포지엄(The Symposium) : 몇 사람의 전문가에 의하여 과제에 관한 견해를 발표한 뒤에 참가자로 하여금 의견이나 질문을 하게 하여 토의하는 방법

몇 사람의 전문가에 의하여 과제에 관한 견해를 발표한 뒤에 참가자로 하여금 의견이나 질문을 하게 하여 토의하는 방법을 무엇이라 하는가?

▶ 심포지엄

(2) 소집단 토의

① 브레인스토밍

② 개별지도 토의

3 안전교육 시 피교육자를 위해 해야 할 일

1) 긴장감을 제거해 줄 것
2) 피교육자의 입장에서 가르칠 것
3) 안심감을 줄 것
4) 믿을 수 있는 내용으로 쉽게 할 것

4 먼저 실시한 학습이 뒤의 학습을 방해하는 조건

1) 앞의 학습이 불완전한 경우
2) 앞의 학습 내용과 뒤의 학습 내용이 같은 경우
3) 뒤의 학습을 앞의 학습 직후에 실시하는 경우
4) 앞의 학습에 대한 내용을 재생(再生)하기 직전에 실시하는 경우

5 학습의 전이

어떤 내용을 학습한 결과가 다른 학습이나 반응에 영향을 주는 현상. 학습전이의 조건으로는 학습정도의 요인, 학습자의 지능요인, 학습자의 태도 요인, 유사성의 요인, 시간적 간격의 요인이 있다.

CHAPTER 07

PART 01 안전관리론

산업안전 관계법규

SECTION 1 산업안전보건법의 체계

산업안전보건법령은 1개의 법률과 1개의 시행령 및 3개의 시행규칙으로 이루어져 있으며, 하위규정으로서 60여개의 고시, 17개의 예규. 3개의 훈령 및 각종 기술상의 지침 및 작업환경 표준 등이 있다.

일반적으로 다른 행정법령의 시행규칙은 1개로 구성되어 있으나 산업안전보건법 시행규칙이 3개로 구성된 것은 그 내용이 1개의 규칙에 담기에는 지나치게 복잡하고 기술적인 사항으로 이루어져 있기 때문이다.

1) 산업안전보건법

산업재해예방을 위한 각종 제도를 설정하고 그 시행근거를 확보하며 정부의 산업재해예방정책 및 사업수행의 근거를 설정한 것으로써 80여개 조문과 부칙으로 구성되어 있다.

2) 산업안전보건법 시행령

산업안전보건법 시행령은 법에서 위임된 사항, 즉 제도의 대상 · 범위 · 절차 등을 설정한 것이다.

3) 산업안전보건법 시행규칙

산업안전보건법 시행규칙은 크게 법에 부속된 시행규칙과 산업안전보건기준에 관한 규칙, 유해 · 위험작업 취업제한 규칙 등의 규칙으로 구분되며 법률과 시행령에서 위임된 사항을 규정하고 있다.

4) 유해 · 위험작업 취업제한에 관한 규칙

유해 또는 위험한 작업에 필요한 자격 · 면허 · 경험에 관한 사항을 규정하고 있다.

5) 산업안전보건에 관한 고시 · 예규 · 훈령

일반사항분야, 검사 · 인증분야, 기계 · 전기분야, 화학분야, 건설분야, 보건 · 위생분야 및 교육 분야별로 70여개가 있다.

고시는 각종 검사·검정 등에 필요한 일반적이고 객관적인 사항을 널리 알리어 활용할 수 있는 수치적·표준적 내용이고 예규는 정부와 실시기관 및 의무대상자간에 일상적·반복적으로 이루어지는 업무절차 등을 모델화하여 조문형식으로 규정화한 내용이며 훈령은 상급기관, 즉 고용노동부장관이 하급기관 즉 지방고용노동관서의 장에게 어떤 업무 수행을 위한 훈시·지침 등을 시달할 때 조문의 형식으로 알리는 내용이다.

기술상의 지침 및 작업환경표준은 안전작업을 위한 기술적인 지침을 규범형식으로 작성한 기술상의 지침과 작업장내의 유해(불량한) 환경요소 제거를 위한 모델을 규정한 작업환경표준이 마련되어 있으며 이는 고시의 범주에 포함되는 것으로 볼 수 있으나 법률적 위임근거에 따라 마련된 규정이 아니므로 강제적 효력은 없고 지도·권고적 성격을 띤다.

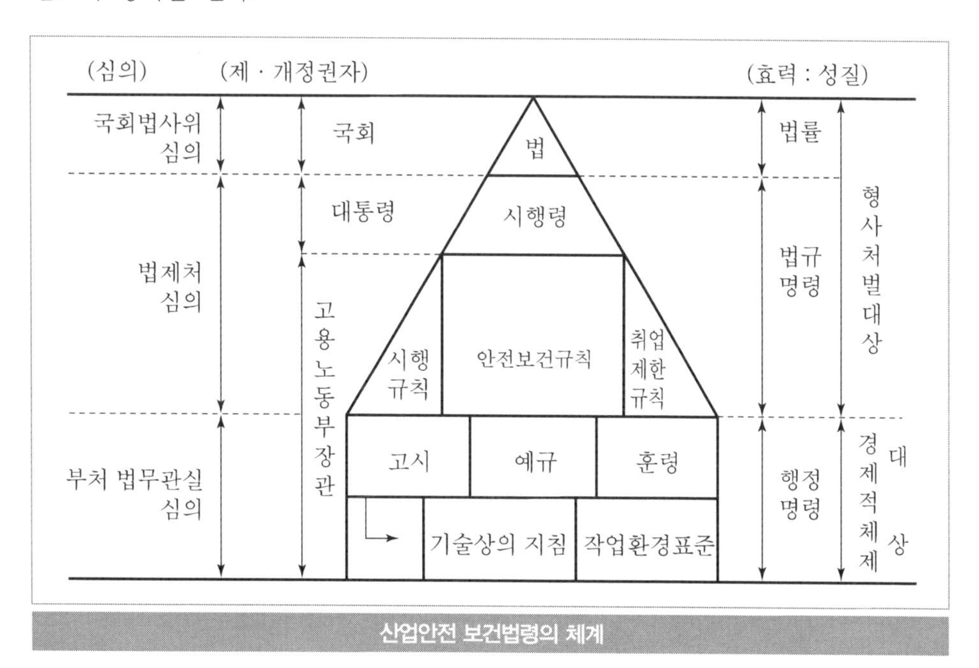

산업안전 보건법령의 체계

인간공학 및 시스템안전공학

INTRODUCTION to INDUSTRIAL SAFETY

CHAPTER 01 안전과 인간공학

SECTION 1 인간공학의 정의

1 정의 및 목적

1) 정의

(1) 인간의 신체적, 정신적 능력 한계를 고려해 인간에게 적절한 형태로 작업을 맞추는 것. 인간공학의 목표는 설비, 환경, 직무, 도구, 장비, 공정 그리고 훈련방법을 평가하고 디자인하여 특정한 작업자의 능력에 접합시킴으로써, 직업성 장해를 예방하고 피로, 실수, 불안전한 행동의 가능성을 감소시키는 것이다.

(2) 자스트러제보스키(Jastrzebowski)의 정의

Ergon(일 또는 작업)과 Nomos(자연의 원리 또는 법칙)로부터 인간공학(Ergonomics)의 용어를 얻었다.

(3) 미국산업안전보건청(OSHA)의 정의

① 인간공학은 사람들에게 알맞도록 작업을 맞추어 주는 과학(지식)이다.
② 인간공학은 작업 디자인과 관련된 다른 인간특징 뿐만 아니라 신체적인 능력이나 한계에 대한 학문의 체계를 포함한다.

(4) ISO(International Organization for Standardization)의 정의

인간공학은 건강, 안전, 작업성과 등의 개선을 요구하는 작업, 시스템, 제품, 환경을 인간의 신체적·정신적 능력과 한계에 부합시키는 것이다.

(5) 차파니스(A. Chapanis)의 정의

기계와 환경조건을 인간의 특성, 능력 및 한계에 잘 조화되도록 설계하기 위한 수법을 연구하는 학문

2) 목적

(1) 작업장의 배치, 작업방법, 기계설비, 전반적인 작업환경 등에서 작업자의 신체적인 특성이나 행동하는 데 받는 제약조건 등이 고려된 시스템을 디자인하는 것

(2) 건강, 안전, 만족 등과 같은 특정한 인생의 가치기준(Human Values)을 유지하거나 높임

(3) 인간과 기계 및 작업환경과의 조화가 잘 이루어질 수 있도록 하여 작업자의 안전, 작업능률, 편리성, 쾌적성(만족도)을 향상시키고자 함에 있다.

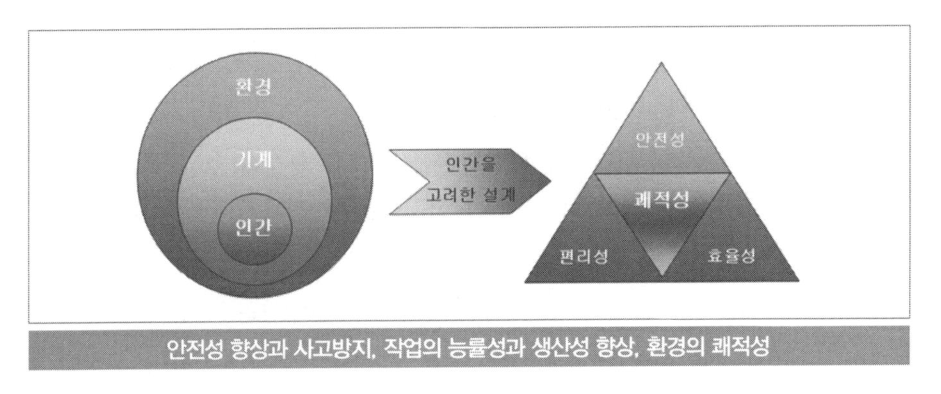

안전성 향상과 사고방지, 작업의 능률성과 생산성 향상, 환경의 쾌적성

2 배경 및 필요성

1) 인간공학의 배경

(1) 초기(1940년 이전)

기계 위주의 설계 철학

① 길브레스(Gilbreth) : 벽돌쌓기 작업의 동작연구(Motion Study)

② 테일러(Tailor) : 시간연구

(2) 체계수립과정(1945~1960년)

기계에 맞는 인간선발 또는 훈련을 통해 기계에 적합하도록 유도

(3) 급성장기(1960~1980년)

우주경쟁과 더불어 군사, 산업분야에서 주요분야로 위치, 산업현장의 작업장 및 제품설계에 있어서 인간공학의 중요성 및 기여도 인식

(4) 성숙의 시기(1980년 이후)

인간요소를 고려한 기계 시스템의 중요성 부각 및 인간공학분야의 지속적 성장

2) 필요성

(1) 산업재해의 감소
(2) 생산원가의 절감
(3) 재해로 인한 손실 감소
(4) 직무만족도의 향상
(5) 기업의 이미지와 상품선호도 향상
(6) 노사간의 신뢰구축

3 사업장에서의 인간공학 적용분야

1) 작업관련성 유해·위험 작업 분석
2) 제품설계에 있어 인간에 대한 안전성평가
3) 작업공간의 설계
4) 인간-기계 인터페이스 디자인

SECTION 2 인간-기계 체계

1 인간-기계 체계의 정의 및 유형

인간-기계 통합체계는 인간과 기계의 상호작용으로 인간의 역할에 중점을 두고 시스템을 설계하는 것이 바람직함

1) 인간-기계 체계의 기본기능

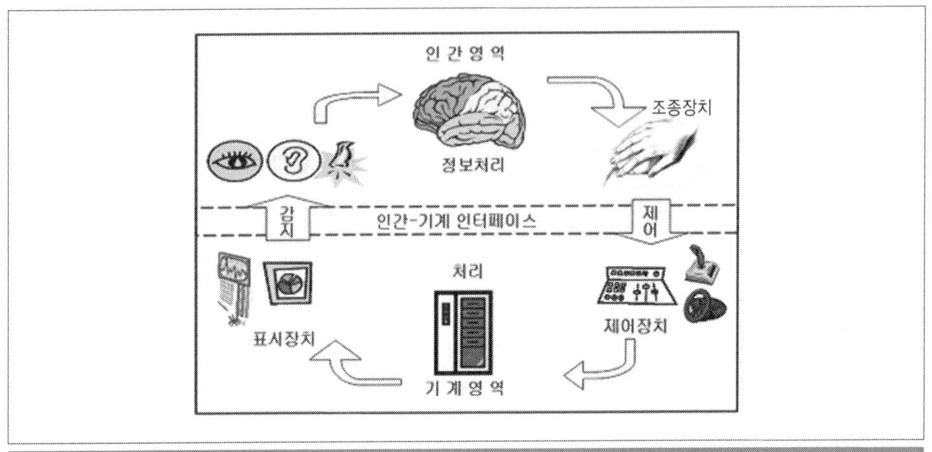

인간-기계 체계에서 체계의 인터페이스 설계

(1) 감지기능

① 인간 : 시각, 청각, 촉각 등의 감각기관

② 기계 : 전자, 사진, 음파탐지기 등 기계적인 감지장치

(2) 정보저장기능

① 인간 : 기억된 학습 내용

② 기계 : 펀치카드(Punch Card), 자기테이프, 형판(Template), 기록, 자료표 등 물리적 기구

(3) 정보처리 및 의사결정기능

① 인간 : 행동을 한다는 결심

② 기계 : 모든 입력된 정보에 대해서 미리 정해진 방식으로 반응하게 하는 프로그램(Program)

(4) 행동기능

① 물리적인 조정행위 : 조종장치 작동, 물체나 물건을 취급, 이동, 변경, 개조 등
② 통신행위 : 음성(사람의 경우), 신호, 기록 등

2) 인간의 정보처리능력

인간이 신뢰성 있게 정보 전달을 할 수 있는 기억은 5가지 미만이며 감각에 따라 정보를 신뢰성 있게 전달할 수 있는 한계 개수는 5~9가지이다. 밀러(Miller)는 감각에 대한 경로용량을 조사한 결과 '신비의 수(Magical Number) 7±2(5~9)'를 발표했다. 인간의 절대적 판단에 의한 단일자극의 판별범위는 보통 5~9가지라는 것이다.

정보량 $H=\log_2 n=\log_2 \frac{1}{p}$, $p=\frac{1}{n}$

여기서, 정보량의 단위는 bit(Binary Digit)임
p : 실현 확률, n : 대안 수

인간이 절대 식별할 수 있는 대안의 최대 범위는 대략 7이라고 한다. 이를 정보량의 단위인 bit로 표시하면 약 몇 bit가 되는가?

▶ 정보량 $H=\log_2 n=\log_2 7=\frac{\log 7}{\log 2} \fallingdotseq 2.8$

여러 개의 실현 가능한 대안이 있을 경우에는 평균정보량은 각 대안의 정보량에 실현 확률을 곱한 것을 모두 합하면 된다.

$$H=\sum_{i=0}^{n} P_i \log_2\left(\frac{1}{P_i}\right)$$ P_i = 각 대안의 실현확률

3) 시배분(Time-Sharing)

사람이 주의를 번갈아 가며 두 가지 이상을 돌보아야 하는 상황을 시배분이라 한다. 인간이 동시에 여러 가지 일을 담당한 경우에는 동시에 주의를 기울일 수 없으며 인간의 작업효율은 떨어지게 된다. 시배분 작업은 처리해야 하는 정보의 가지 수와 속도에 의하여 영향을 받는다.

4) 정보이론

(1) 정보경로

인간의 정보 입력과 출력에 관한 정보처리과정을 정보이론에서는 아래 [그림]과 같이 나타낸다. 자극과 관련된 정보가 입력되면 제대로 해석되어 올바른 반응이 되기도 하지만 입력 정보가 손실되어 출력에 반영되지 않거나, 불필요한 소음정보가 추가되어 반응이 일어나기도 한다.

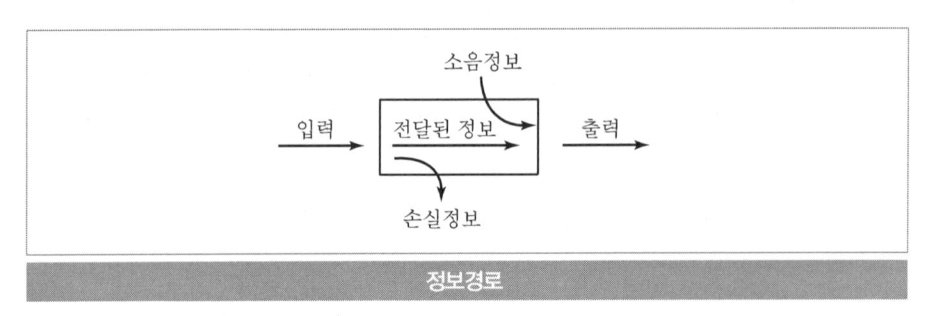

정보경로

(2) 자극과 반응에 관련된 정보량

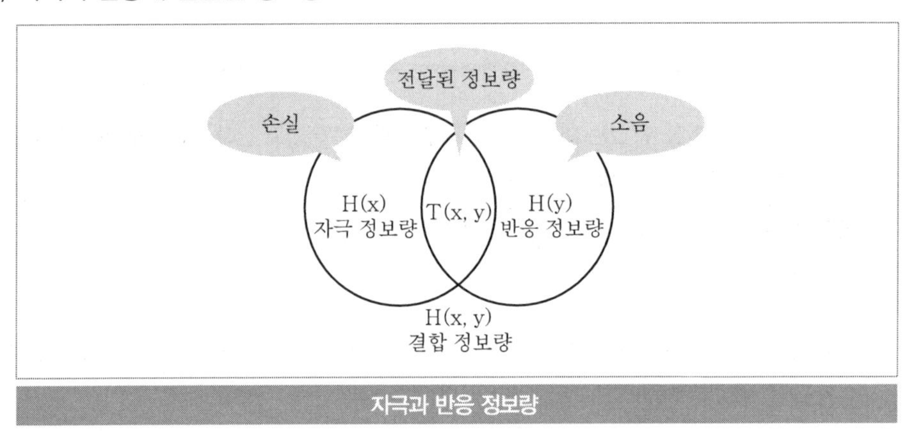

자극과 반응 정보량

위 그림은 정보전달과 관련된 자극 정보량(Stimulus Information) 및 반응정보량(Response Information)을 나타낸다. 자극 정보량을 H(x), 반응 정보량을 H(y), 자극과 반응 정보량의 합집합을 결합 정보량 H(x, y)라 하면 전달된 정보량(Transmitted Information) T(x, y), 소음 정보량과 손실 정보량은 다음 수식으로 표현된다.

$$T(x,y) = H(x) + H(y) - H(x,y)$$

손실 정보량 $= H(x) - T(x,y) = H(x,y) - H(y)$

소음 정보량 $= H(y) - T(x,y) = H(x,y) - H(x)$

제품의 사용과 관련된 정보전달체계에서는 손실 정보량과 소음 정보량을 줄이고 전달된 정보량을 늘릴 수 있도록 제품을 설계하여야 한다. 그림에서 보면 자극 정보량과 반응 정보량이 일치하면 전달된 정보량도 이들 정보량과 같게 되고 손실과 소음 정보량은 없어진다. 정보 이론은 디자인 방법에 따라 전달된 정보량이 어떻게 다른가를 비교・분석하여 디자인 방법 등을 평가하는 데 이용할 수 있다.

자극과 반응의 실험에서 자극 A가 나타날 경우 1로 반응하고 자극 B가 나타날 경우 2로 반응하는 것으로 하고, 100회 반복하여 표와 같은 결과를 얻었다. 제대로 전달된 정보량을 계산하면?

자극 \ 반응	1	2
A	50	
B	10	40

➡

자극 \ 반응	1	2	계
A	50		50
B	10	40	50
계	60	40	

자극정보량 : $H(x) = 0.5\log_2\frac{1}{0.5} + 0.5\log_2\frac{1}{0.5} = 1.0$

반응정보량 : $H(y) = 0.6\log_2\frac{1}{0.6} + 0.4\log_2\frac{1}{0.4} = 0.9709$

$$H(x,y) = 0.5\log_2\frac{1}{0.5} + 0.1\log_2\frac{1}{0.1} + 0.4\log_2\frac{1}{0.4} = 1.3609$$

$$T(x,y) = H(x) + H(y) - H(x,y) = 0.610$$

□ 인간정보처리 과정에서 실수(Error)가 일어나는 것

1. 입력에러 – 확인미스
2. 매개에러 – 결정미스
3. 동작에러 – 동작미스
4. 판단에러 – 의지결정의 미스

2 인간-기계 통합체계의 특성

1) 수동체계 : 자신의 신체적인 힘을 동력원으로 사용(수공구 사용)
2) 기계화 또는 반자동체계 : 운전자의 조종장치를 사용하여 통제하며 동력은 전형적으로 기계가 제공
3) 자동체계 : 기계가 감지, 정보처리, 의사결정 등 행동을 포함한 모든 임무를 수행하고 인간은 감시, 프로그래밍, 정비유지 등의 기능을 수행하는 체계

(1) 입력정보의 코드화(Chunking)

(2) 암호(코드)체계 사용상의 일반적 지침

① 암호의 검출성 : 타 신호가 존재하더라도 검출이 가능해야 한다.
② 암호의 변별성 : 다른 암호표시와 구분이 되어야 한다.
③ 암호의 표준화 : 표준화되어야 한다.
④ 부호의 양립성 : 인간의 기대와 모순되지 않아야 한다.
⑤ 부호의 의미 : 사용자가 부호의 의미를 알 수 있어야 한다.
⑥ 다차원 암호의 사용 : 2가지 이상의 암호를 조합해서 사용하면 정보전달이 촉진된다.

3 인간공학적 설계의 일반적인 원칙

1) 인간의 특성을 고려한다.
2) 시스템을 인간의 예상과 양립시킨다.
3) 표시장치나 제어장치의 중요성, 사용빈도, 사용순서, 기능에 따라 배치하도록 한다.

4 인간-기계시스템 설계과정 6가지 단계

1) 목표 및 성능명세 결정 : 시스템 설계 전 그 목적이나 존재이유가 있어야 함
2) 시스템 정의 : 목적을 달성하기 위한 특정한 기본기능들이 수행되어야 함
3) 기본설계 : 시스템의 형태를 갖추기 시작하는 단계(직무분석, 작업설계, 기능할당)
4) 인터페이스 설계 : 사용자 편의와 시스템 성능에 관여
5) 촉진물 설계 : 인간의 성능을 증진시킬 보조물 설계
6) 시험 및 평가 : 시스템 개발과 관련된 평가와 인간적인 요소 평가 실시

인간-기계 시스템에서 시스템의 설계를 다음과 같이 구분할 때 제3단계인 기본설계에 해당되는 것은?

➡ 직무분석, 작업설계, 기능할당(화면설계는 해당되지 않음)

SECTION 3 체계설계와 인간요소

1 체계설계 시 고려사항

인간 요소적인 면, 신체의 역학적 특성 및 인체측정학적 요소 고려

2 인간기준(Human Criteria)의 유형

1) 인간성능(Human Performance) 척도 : 감각활동, 정신활동, 근육활동 등
2) 생리학적(Physiological) 지표 : 혈압, 뇌파, 혈액성분, 심박수, 근전도(EMG), 뇌전도(EEG), 산소소비량, 에너지소비량 등
3) 주관적 반응(Subjective Response) : 피실험자의 개인적 의견, 평가, 판단 등
4) 사고빈도(Accident Frequency) : 재해발생의 빈도

3 체계기준의 구비조건(연구조사의 기준척도)

1) 실제적 요건 : 객관적이고, 정량적이며, 강요적이 아니고, 수집이 쉬우며, 특수한 자료 수집기법이나 기기가 필요 없고, 돈이나 실험자의 수고가 적게 드는 것이어야 한다.
2) 신뢰성(반복성) : 시간이나 대표적 표본의 선정에 관계없이, 변수 측정의 일관성이나 안정성을 말한다.
3) 타당성(적절성) : 어느 것이나 공통적으로 변수가 실제로 의도하는 바를 어느정도 측정하는가를 결정하는 것이다.(시스템의 목표를 잘 반영하는가를 나타내는 척도)
4) 순수성(무오염성) : 측정하는 구조 외적인 변수의 영향은 받지 않는 것을 말한다.
5) 민감도 : 피검자 사이에서 볼 수 있는 예상 차이점에 비례하는 단위로 측정해야 함을 말한다.

4 인간과 기계의 상대적 기능

1) 인간이 현존하는 기계를 능가하는 기능

(1) 매우 낮은 수준의 시각, 청각, 촉각, 후각, 미각적인 자극 감지
(2) 주위의 이상하거나 예기치 못한 사건 감지
(3) 다양한 경험을 토대로 의사결정(상황에 따라 적절한 결정을 함)
(4) 관찰을 통해 일반적으로 귀납적(Inductive)으로 추진
(5) 주관적으로 추산하고 평가한다.

2) 현존하는 기계가 인간을 능가하는 기능

(1) 인간의 정상적인 감지범위 밖에 있는 자극을 감지
(2) 자극을 연역적(Deductive)으로 추리
(3) 암호화(Coded)된 정보를 신속하게, 대량으로 보관
(4) 반복적인 작업을 신뢰성 있게 추진
(5) 과부하시에도 효율적으로 작동

3) 인간-기계 시스템에서 유의하여야 할 사항

(1) 인간과 기계의 비교가 항상 적용되지는 않는다. 컴퓨터는 단순반복 처리가 우수하나 일이 적은 양일 때는 사람의 암산 이용이 더 용이하다.
(2) 과학기술의 발달로 인하여 현재 기계가 열세한 점이 극복될 수 있다.
(3) 인간은 감성을 지닌 존재이다.
(4) 인간이 기능적으로 기계보다 못하다고 해서 항상 기계가 선택되지는 않는다.

CHAPTER 02

PART 02 인간공학 및 시스템안전공학

정보입력표시

SECTION 1 시각적 표시장치

1 시각과정

1) 눈의 구조

(1) 각막 : 빛이 통과하는 곳
(2) 홍채 : 눈으로 들어가는 빛의 양을 조절(카메라 조리개 역할)
(3) 모양체 : 수정체의 두께를 조절하는 근육
(4) 수정체 : 빛을 굴절시켜 망막에 상이 맺히는 역할(카메라 렌즈 역할)
(5) 망막 : 상이 맺히는 곳, 감광세포가 존재(상이 상하좌우 전환되어 맺힘)
(6) 시신경 : 망막으로부터 정보를 전달
(7) 맥락막 : 망막을 둘러싼 검은 막, 어둠상자 역할

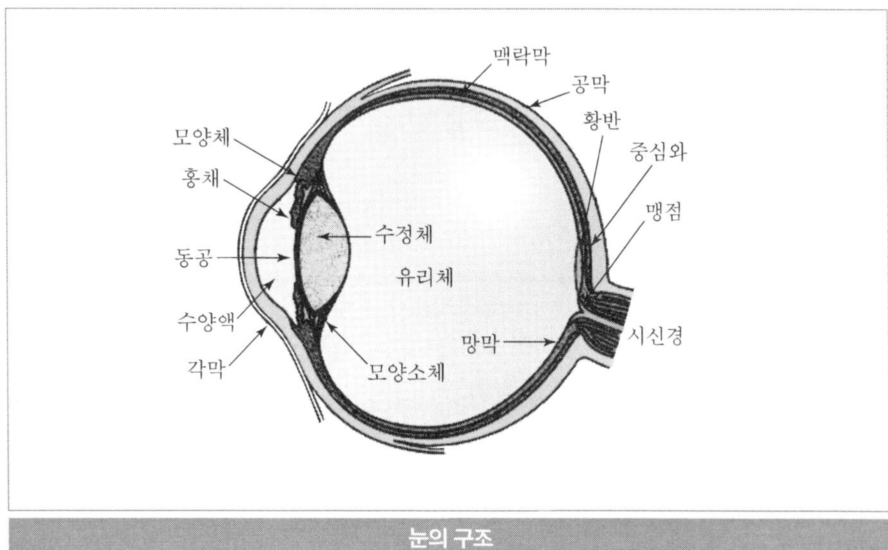

눈의 구조

2) 시력과 눈의 이상

(1) 디옵터(Diopter)

수정체의 초점조절 능력, 초점거리를 m으로 표시했을 때의 굴절률(단위 : D)

$$렌즈의\ 굴절률\ diopter(D)=\frac{1}{m\ 단위의\ 초점거리}$$

$$사람의\ 굴절률=\frac{1}{0.017}=59D$$

사람 눈은 물체를 수정체의 1.7cm(0.017m) 뒤쪽에 있는 망막에 초점을 맺히도록 함

(2) 시각과 시력

① 시각(Visual Angle) : 보는 물체에 대한 눈의 대각

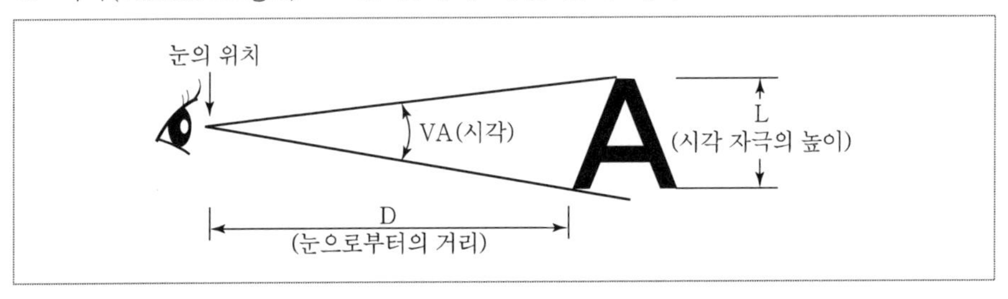

$$시각[분]=60\times\tan^{-1}\frac{L}{D}=L\times57.3\times\frac{60}{D}$$

눈과 글자의 거리가 28cm, 글자의 크기가 0.2cm, 획폭은 0.03cm일 때 시각은 얼마인가?

▶ $시각[분]=60\times\tan^{-1}\frac{L}{D}=L\times57.3\times\frac{60}{D}=0.2\times57.3\times\frac{60}{28}=24.45$

L : 시선과 직각으로 측정한 물체의 크기, D : 물체와 눈 사이의 거리

② $시력=\frac{1}{시각}$

3) 눈의 이상

(1) 원시 : 가까운 물체의 상이 망막 뒤에 맺힘. 멀리 있는 물체는 잘 볼 수 있으나 가까운 물체는 보기 어려움

(2) 근시 : 먼 물체의 상이 망막 앞에 맺힘. 가까운 물체는 잘 볼 수 있으나 멀리 있는 물체는 보기 어려움

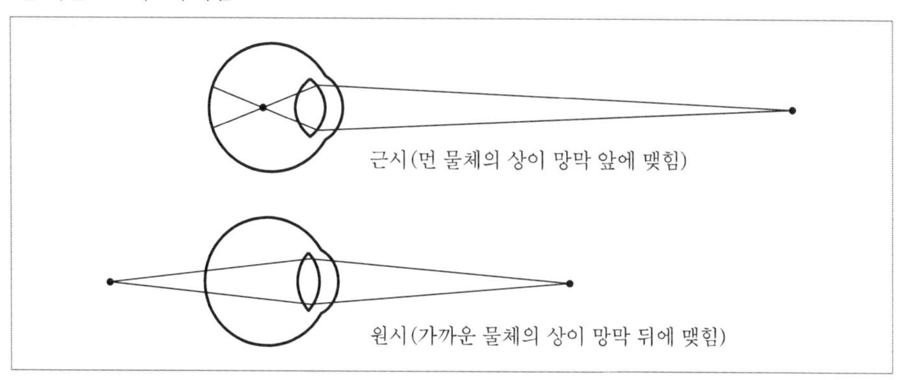

4) 순응(조응)

갑자기 어두운 곳에 들어가면 보이지 않거나 밝은 곳에 갑자기 노출되면 눈이 부셔 보기 힘들다. 그러나 시간이 지나면 점차 사물의 형상을 알 수 있는데, 이러한 광도수준에 대한 적응을 순응(Adaption) 또는 조응이라고 한다.

(1) 암순응(암조응) : 우선 약 5분 정도 원추세포의 순응단계를 거쳐 약 30~35분 정도 걸리는 간상세포의 순응단계(완전 암순응)로 이어진다.

(2) 명순응(명조응) : 어두운 곳에 있는 동안 빛에 민감하게 된 시각계통을 강한 광선이 압도하기 때문에 일시적으로 안 보이게 되나 명순응에는 길게 잡아 1~2분이면 충분하다.

일반적으로 완전암조응에 걸리는 시간은?

➡ 30~35분

2 시식별에 영향을 주는 조건

1) 조도

물체의 표면에 도달하는 빛의 밀도

(1) foot-candle(fc)

1촉광(촛불 1개)의 점광원으로부터 1foot 떨어진 구면에 비추는 빛의 밀도

(2) Lux

1촉광의 광원으로부터 1m 떨어진 구면에 비추는 빛의 밀도

$$\text{조도(lux)} = \frac{\text{광속 (lumen)}}{\text{거리 (m)}^2}$$

2) 광도(Luminance)

단위면적당 표면에서 반사(방출)되는 빛의 양
(단위 : Lambert(L), foot-Lambert, nit(cd/m²))

3) 휘도

빛이 어떤 물체에서 반사되어 나오는 양

4) 명도대비(Contrast)

표적의 광도와 배경의 광도 차

$$\text{대비} = \frac{L_b - L_t}{L_b} \times 100$$

여기서, L_t : 표적의 광도, L_b : 배경의 광도

5) 휘광(Glare)

휘도가 높거나 휘도대비가 클 경우 생기는 눈부심

6) 푸르키네 현상(Purkinje Effect)

조명수준이 감소하면 장파장에 대한 시감도가 감소하는 현상. 즉 밤에는 같은 밝기를 가진 장파상의 적색보다 단파장인 청색이 더 잘 보인다.

3 정량적 표시장치

1) 정량적 표시장치

온도나 속도 같은 동적으로 변하는 변수나 자로 재는 길이 같은 계량치에 관한 정보를 제공하는 데 사용

2) 정량적 동적 표시장치의 기본형

(1) 동침형(Moving Pointer)

고정된 눈금상에서 지침이 움직이면서 값을 나타내는 방법으로 지침의 위치가 일종의 인식상의 단서로 작용하는 이점이 있다.

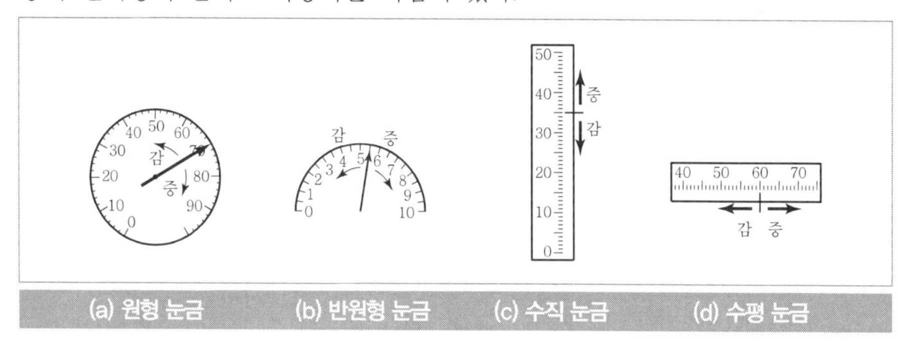

(a) 원형 눈금 (b) 반원형 눈금 (c) 수직 눈금 (d) 수평 눈금

(2) 동목형(Moving Scale)

값의 범위가 클 경우 작은 계기판에 모두 나타낼 수 없는 동침형의 단점을 보완한 것으로 표시장치의 공간을 적게 차지하는 이점이 있다.
하지만, 동목형의 경우에는 "이동부분의 원칙(Principle of Moving Part)"과 "동작방향의 양립성(Compatibility of Orientation Operate)"을 동시에 만족시킬 수가 없으므로 공간상의 이점에도 불구하고 빠른 인식을 요구하는 작업장에서는 사용을 피하는 것이 좋다.

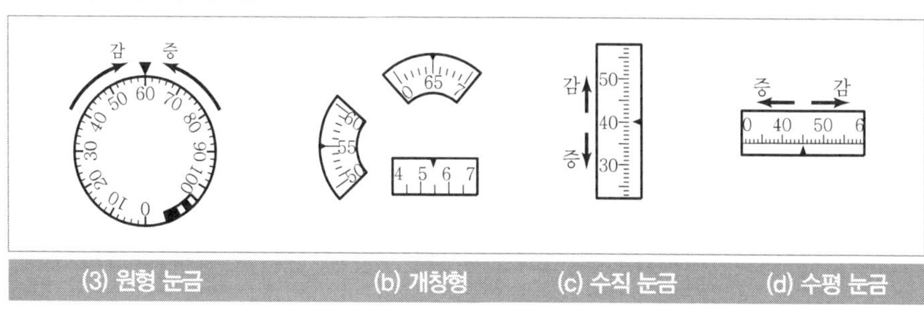

(3) 원형 눈금 (b) 개창형 (c) 수직 눈금 (d) 수평 눈금

(3) 계수형(Digital Display)

수치를 정확히 읽어야 할 경우 인접 눈금에 대한 지침의 위치를 추정할 필요가 없기 때문에 Analog Type(동침형, 동목형)보다 더욱 적합, 계수형의 경우 값이 빨리 변하는 경우 읽기가 곤란할 뿐만 아니라 시각 피로를 많이 유발하므로 피해야 한다.

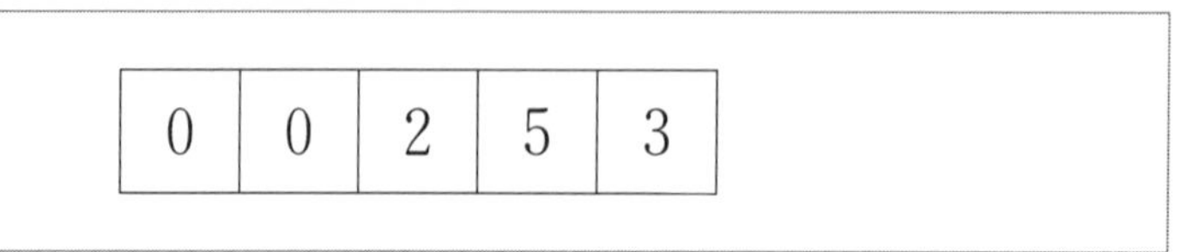

4 정성적 표시장치

1) 온도, 압력, 속도와 같은 연속적으로 변하는 변수의 대략적인 값이나 변화추세 등을 알고자 할 때 사용
2) 나타내는 값이 정상인지 여부를 판정하는 등 상태점검을 하는 데 사용

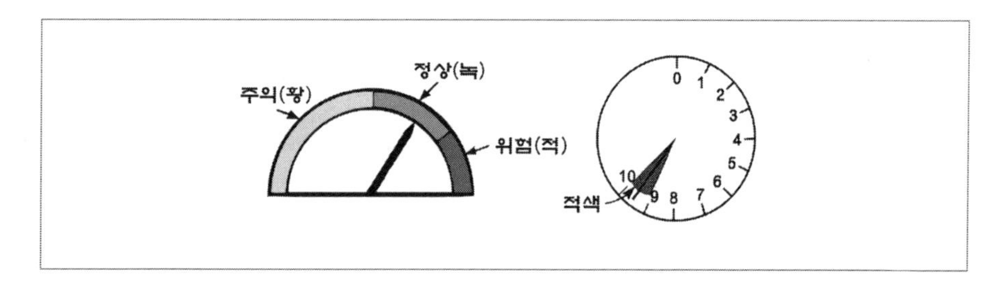

□ **시각 표시장치의 목적**

1. 정량적 판독 : 눈금을 사용하는 경우와 같이 정확한 정량적 값을 얻으려는 경우
2. 정성적 판독 : 기계가 작동되는 상태나 조건 등을 결정하기 위한 것으로, 보통 허용범위 이상, 이내, 미만 등과 같이 세 가지 조건에 대하여 사용
3. 이분적 판독 On–Off와 같이 작업을 확인하거나 상태를 규정하기 위해 사용

□ **정량적 자료를 정성적 판독의 근거로 사용하는 경우**

1. 변수의 상태나 조건이 미리 정해놓은 몇 개의 범위 중 어디에 속하는가를 판정할 때
2. 바람직한 어떤 범위의 값을 대략 유지하고자 할때(예 자동차의 시속을 50~60km로 유지할 때)
3. 변화 추세나 율을 관찰하고자 할 때(예 비행고도의 변화율을 볼 때)

5 신호 및 경보등

1) 광원의 크기, 광도 및 노출시간

(1) 광원의 크기가 작으면 시각이 작아짐
(2) 광원의 크기가 작을수록 광속발산도가 커야 함

2) 색광

(1) 색에 따라 사람의 주위를 끄는 정도가 다르며 반응시간이 빠른 순서는 ① 적색 ② 녹색, ③ 황색, ④ 백색 순임
명도가 높은 색채는 빠르고 경쾌하게 느껴지고, 명도가 낮은 색채는 둔하고 느리게 느껴짐. 가볍고 경쾌한 색에서 느리고 둔한 색의 순서를 나타내면 백색>황색>녹색>등색>자색>청색>흑색임
(2) 신호대 배경의 명도대비(Contrast)가 낮을 경우에는 적색 신호가 효과적임
(3) 배경이 어두운 색(흑색)일 경우 명도대비가 좋거나 신호의 절대명도가 크면 신호의 색은 주위를 끄는 데 별로 중요하지 않음

가장 경쾌하고 가벼운 느낌을 주는 색부터 순서대로 나열하면?
➡ 백색>황색>녹색>자색

3) 점멸속도

(1) 점멸 융합주파수(약 30Hz)보다 작아야 함
(2) 주의를 끌기 위해서는 초당 3~10회의 점멸속도에 지속시간은 0.05초 이상이 적당함

4) 배경 광(불빛)

(1) 배경의 불빛이 신호등과 비슷할 경우 신호광 식별이 곤란함
(2) 배경 잡음의 광이 점멸일 경우 점멸신호등의 기능을 상실
(3) 신호등이 네온사인이나 크리스마스트리 등이 있는 지역에 설치되는 경우에는 식별이 쉽지 않음

인간이 신호나 경고등을 지각하는 데 영향을 끼치는 인자가 있다. 예를 들어 신호등이 네온사인이나 크리스마스트리 등이 있는 지역에 설치되어 있을 경우 식별이 어려운데 이와 같은 영향을 미치는 인자는 어느 것인가?

▶ 배경불빛

6 묘사적 표시장치

1) 항공기의 이동표시

배경이 변화하는 상황을 중첩하여 나타내는 표시장치로 효과적인 상황판단을 위해 사용한다.

(1) 항공기 이동형(외견형) : 지평선이 고정되고 항공기가 움직이는 형태

(2) 지평선 이동형(내견형) : 항공기가 고정되고 지평선이 이동되는 형태(대부분의 항공기의 표시장치가 이에 속함)

(3) 빈도 분리형 : 외견형과 내견형의 혼합형

항공기 이동형	지평선 이동형
지평선 고정, 항공기가 움직이는 형태, outside–in(외견형), bird's eye	항공기 고정, 지평선이 움직이는 형태, inside–out(내견형), pilot's eye, 대부분의 항공기 표시장치

2) 항공기 위치 표시장치 설계 원칙

항공기 위치 표시장치 설계와 관련 로스코, 콜, 젠슨(Roscoe, Corl, Jensen)(1981)은 다음과 같이 원칙을 제시했다.

(1) 표시의 현실성(Principle of Pictorial Realism)

표시장치에 묘사되는 이미지는 기준틀에 상대적인 위치(상하, 좌우), 깊이 등이 현실 세계의 공간과 어느정도 일치하여 표시가 나타내는 것을 쉽게 알 수 있어야 함

(2) 통합(Principle of Integration)

관련된 모든 정보를 통합하여 상호관계를 바로 인식할 수 있도록 함

(3) 양립적 이동(Principle of Compatibility Motion)

항공기의 경우, 일반적으로 이동 부분의 영상은 고정된 눈금이나 좌표계에 나타내는 것이 바람직함

(4) 추종표시(Principle of Pursuit Presentation)

원하는 목표(Target)와 실제 지표가 공통 눈금이나 좌표계에서 이동함

7 문자-숫자 표시장치

문자-숫자 체계에서 인간공학적 판단기준은 가시성(Visibility), 식별성(Legibility), 판독성(Readability)이다.

1) 획폭비

문자나 숫자의 높이에 대한 획 굵기의 비율

(1) 검은 바탕에 흰 숫자의 최적 획폭비는 1 : 13.3 정도

(2) 흰 바탕에 검은 숫자의 최적 획폭비는 1 : 8 정도

※ 광삼(Irradiation) 현상

검은 바탕의 흰 글씨가 주위의 검은 배경으로 번져 보이는 현상

A B C D 검은 바탕의 흰 글씨(음각)

A B C D 흰 바탕에 검은 글씨(양각)

따라서, 검은 바탕의 흰 글씨가 더 가늘어야 한다.

2) 종횡비

문자나 숫자의 폭에 대한 높이의 비율

(1) 문자의 경우 최적 종횡비는 1 : 1 정도

(2) 숫자의 경우 최적 종횡비는 3 : 5 정도

숫자를 설계할 때 표준으로 권장되는 폭 대 높이의 비율은 약 얼마인가?
➡ 3 : 5

3) 문자-숫자의 크기

일반적인 글자의 크기는 포인트(Point, pt)로 나타내며 $\frac{1}{72}$in(0.35mm)을 1 pt로 한다.

8 시각적 암호, 부호, 기호

1) 묘사적 부호

사물이나 행동을 단순하고 정확하게 묘사한 것(도로표지판의 보행신호, 유해물질의 해골과 뼈 등)

2) 추상적 부호

메시지(傳言)의 기본요소를 도식적으로 압축한 부호로 원래의 개념과는 약간의 유사성이 있음

3) 임의적 부호

부호가 이미 고안되어 있으므로 이를 배워야 하는 것(산업안전표지의 원형 → 금지표지, 사각형 → 안내표지 등)

산업안전표지로서 경고표지는 삼각형, 안내표지는 사각형, 지시표지는 원형 등으로 부호가 고안되어 있다. 이처럼 부호가 이미 고안되어 있으므로 이를 배워야 하는 부호는?
➡ 임의적 부호

9 작업장 내부 및 외부색의 선택

작업장 색채조절은 사람에 대한 감정적 효과, 피로방지 등을 통하여 생산능률 향상에 도움을 주려는 목적과 사고방지를 위한 표식의 명확화 등을 위해 사용한다.

1) 내부

(1) 윗벽의 색은 기계공장의 경우 8 이상의 명도를 가진 회색 또는 엷은 녹색
(2) 천장은 75% 이상의 반사율을 가진 백색
(3) 정밀작업은 명도 7.5~8, 색상은 회색, 녹색 사용
(4) 바닥 색은 광선의 반사를 피해 명도 4~5 정도 유지

2) 외부

(1) 벽면은 주변 명도의 2배 이상
(2) 창틀은 명도나 채도를 벽보다 1~2배 높게

3) 기계에 대한 배색

전체 기계 : 녹색(10G 6/2)과 회색을 혼합해서 사용 또는 청록색(7.5BG6/15) 사용

4) 바닥의 추천 반사율은 20~40%

5) 색의 심리적 작용

(1) 크기 : 명도 높으면 크게 보임
(2) 원근감 : 명도 높으면 가깝게 보임
(3) 온도감 : 적색 hot, 청색 cold → 실제 느끼는 온도는 색에 무관
(4) 안정감 : 윗부분의 명도가 높고, 아랫부분의 명도가 낮을 경우
(5) 경중감 : 명도 높으면 가볍게 느낌
(6) 속도감 : 명도 높으면 빠르고 경쾌
(7) 맑기 : 명도 높으면 맑은 느낌
(8) 진정효과 : 녹색, 청색 → 한색계 : 침착함
주황, 빨강 → 난색계 : 강한 자극
(9) 연상작용 : 적색 → 피, 청색 → 바다, 하늘

SECTION 2 청각적 표시장치

1 청각과정

1) 귀의 구조

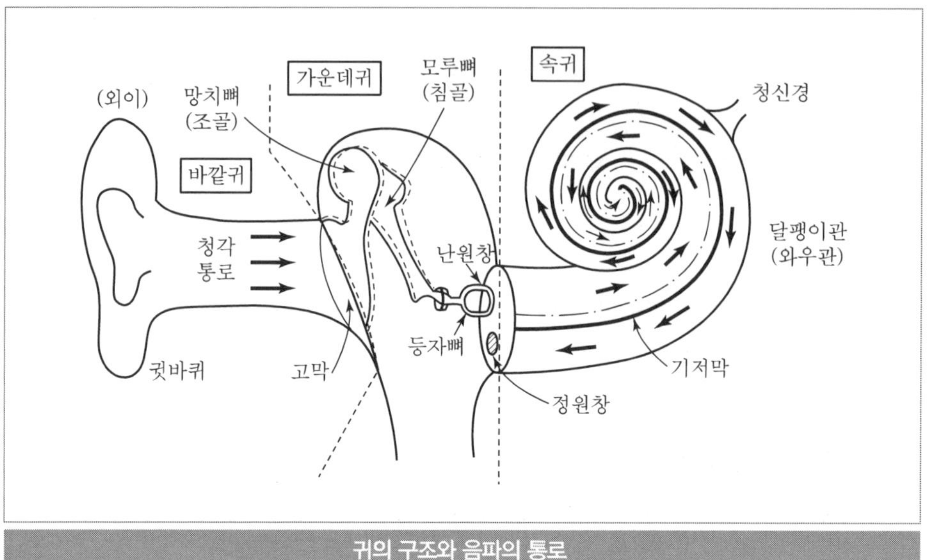

귀의 구조와 음파의 통로

(1) 바깥귀(외이) : 소리를 모으는 역할

(2) 가운데귀(중이) : 고막의 진동을 속귀로 전달하는 역할

(3) 속귀(내이) : 달팽이관에 청세포가 분포되어 있어 소리자극을 청신경으로 전달

2) 음의 특성 및 측정

(1) 음파의 진동수(Frequency of Sound Wave) : 인간이 감지하는 음의 높낮이

소리굽쇠를 두드리면 고유진동수로 진동하게 되는데 소리굽쇠가 진동함에 따라 공기의 입자가 전후방으로 움직이며 이에 따라 공기의 압력은 증가 또는 감소한다. 소리굽쇠와 같은 간단한 음원의 진동은 정현파(사인파)를 만들며 사인파는 계속 반복되는데 1초당 사이클 수를 음의 진동수(주파수)라 하며 Hz(herz) 또는 CPS(cycle/s)로 표시한다.

(2) 음의 강도(Sound intensity)

음의 강도는 단위면적당 동력(Watt/m^2)으로 정의되는데 그 범위가 매우 넓기 때문에 로그(log)를 사용한다. Bell(B ; 두음의 강도비의 로그값)을 기본측정 단위로

사용하고 보통은 dB(Decibel)을 사용한다.(1dB=0.1B)
음은 정상기압에서 상하로 변하는 압력파(Pressure Wave)이기 때문에 음의 진폭 또는 강도의 측정은 기압의 변화를 이용하여 직접 측정할 수 있다. 하지만 음에 대한 기압치는 그 범위가 너무 넓어 음압수준(SPL, Sound Pressure Level)을 사용하는 것이 일반적이다.

$$\text{SPL(dB)}=10\log\left(\frac{P_1^{\ 2}}{P_0^{\ 2}}\right)$$

P_1은 측정하고자 하는 음압이고 P_0는 기준음압($20\mu N/m^2$)이다.

이 식을 정리하면 $\text{SPL(dB)}=20\log\left(\frac{P_1}{P_0}\right)$이다.

또한, 두 음압 P_1, P_2를 갖는 두 음의 강도차는

$$\text{SPL}_2-\text{SPL}_1=20\log\left(\frac{P_2}{P_0}\right)-20\log\left(\frac{P_1}{P_0}\right)=20\log\left(\frac{P_2}{P_1}\right)$$이다.

거리에 따른 음의 변화는 d_1은 d_1거리에서 단위면적당 음이고 d_2는 d_2거리에서 단위면적당 음이라면 음압은 거리에 반비례하므로 식으로 나타내면

$P_2=\left(\frac{d_2}{d_1}\right)P_1$이다.

$\text{SPL}_2\text{(dB)}-\text{SPL}_1\text{(dB)}=20\log\left(\frac{P_2}{P_1}\right)$에 위의 식을 대입하면

$$=20\log\left(\frac{\frac{d_1\ P_1}{d_2}}{P_1}\right)=20\log\left(\frac{d_1}{d_2}\right)=-20\log\left(\frac{d_1}{d_2}\right)$$

따라서 $\text{dB2}=\text{dB1}-20\log\left(\frac{d_2}{d_1}\right)$이다.

CheckPoint

소음이 심한 기계로부터 2m 떨어진 곳의 음압수준이 100dB이라면 이 기계로부터 4.5m 떨어진 곳의 음압수준은 약 몇 dB인가?

➡ $dB_2=dB_1-20\log\left(\frac{d_2}{d_1}\right)=100-20\log\left(\frac{4.5}{2}\right)=92.96$(dB)

(3) 음력레벨(PWL, Sound Power Level)

$$PWL = 10\log\left(\frac{P}{P_0}\right)dB$$

여기서, P : 음력(Watt)
P_0 : 기준의 음력 10^{-12}Watt

(4) 소음이 합쳐질 경우 음압수준

$$SPL(dB) = 10\log(10^{A_1/10} + 10^{A_2/10} + 10^{A_3/10} + \cdots)$$

여기서, A_1, A_2, A_3 : 소음

작업장 내의 설비 3대에서는 각각 80dB과 86dB 및 78dB의 소음을 발생시키고 있다. 이 작업장의 전체 소음은 약 몇 dB인가?

➡ $SPL(dB) = 10\log(10^{\frac{A_1}{10}} + 10^{\frac{A_2}{10}} + 10^{\frac{A_3}{10}}) = 10\log(10^{\frac{80}{10}} + 10^{\frac{86}{10}} + 10^{\frac{78}{10}}) \fallingdotseq 87.5$

3) 음량(Loudness)

(1) Phon과 Sone

① Phon 음량수준 : 정량적 평가를 위한 음량 수준 척도, Phon으로 표시한 음량 수준은 이 음과 같은 크기로 들리는 1,000Hz 순음의 음압수준(dB)

② Sone 음량수준 : 다른 음의 상대적인 주관적 크기 비교, 40dB의 1,000Hz 순음 크기(=40 Phon)를 1 sone으로 정의, 기준음보다 10배 크게 들리는 음이 있다면 이 음의 음량은 10 sone이다.

$$sone치 = 2^{(Phon치 - 40)/10}$$

소리의 크고 작은 느낌은 주로 강도의 함수이지만 진동수에 의해서도 일부 영향을 받는다. 음량을 나타내는 척도인 phon의 기준 순음주파수는?

▶ 1,000Hz

(2) 인식소음 수준

① PNdb(perceived noise level)의 척도는 910~1,090Hz대의 소음 음압수준

② PLdb(perceived level of noise)의 척도는 3,150Hz에 중심을 둔 1/3 옥타브대 음을 기준으로 사용

4) 은폐(Masking) 효과

음의 한 성분이 다른 성분에 대한 귀의 감수성을 감소시키는 상황으로 피은폐된 한 음의 가청 역치가 다른 은폐된 음 때문에 높아지는 현상을 말한다. 예로 사무실의 자판소리 때문에 말 소리가 묻히는 경우이다.

은폐(MASKING)효과?

▶ ① 음의 한 성분이 다른 성분에 대한 귀의 감수성을 감소시키는 상황

② 사무실의 자판 소리 때문에 말 소리가 묻히는 경우에 해당

③ 피은폐된 한 음의 가청역치가 다른 은폐된 음 때문에 높아지는 현상('여러 음압 수준을 갖는 순음들과 확대역 소음에 대한 변화 감지역을 나타낸 것이다.'는 아님)

5) 등감곡선(등청감곡선)

정상적인 청력을 가진 18~25세의 사람을 대상으로 순음에 대하여 느끼는 시끄러움의 크기를 실험하여 얻은 곡선이다. 이는 음의 물리적 강약은 음압에 따라 변화하지만 사람의 귀로 듣는 음의 감각적 강약은 음압뿐만 아니라 주파수에 따라 변한다. 따라서 같은 크기로 느끼는 순음을 주파수별로 구하여 그래프로 작성한 것을 말한다. 등청감곡선에 따르면 사람의 귀로는 주파수 범위 20~20,000Hz의 음압레벨 0~130(dB) 정도를 가청할 수 있고, 이 청감은 4,000Hz주위의 음에서 가장 예민하며 100Hz 이하의 저주파음에서는 둔하다.

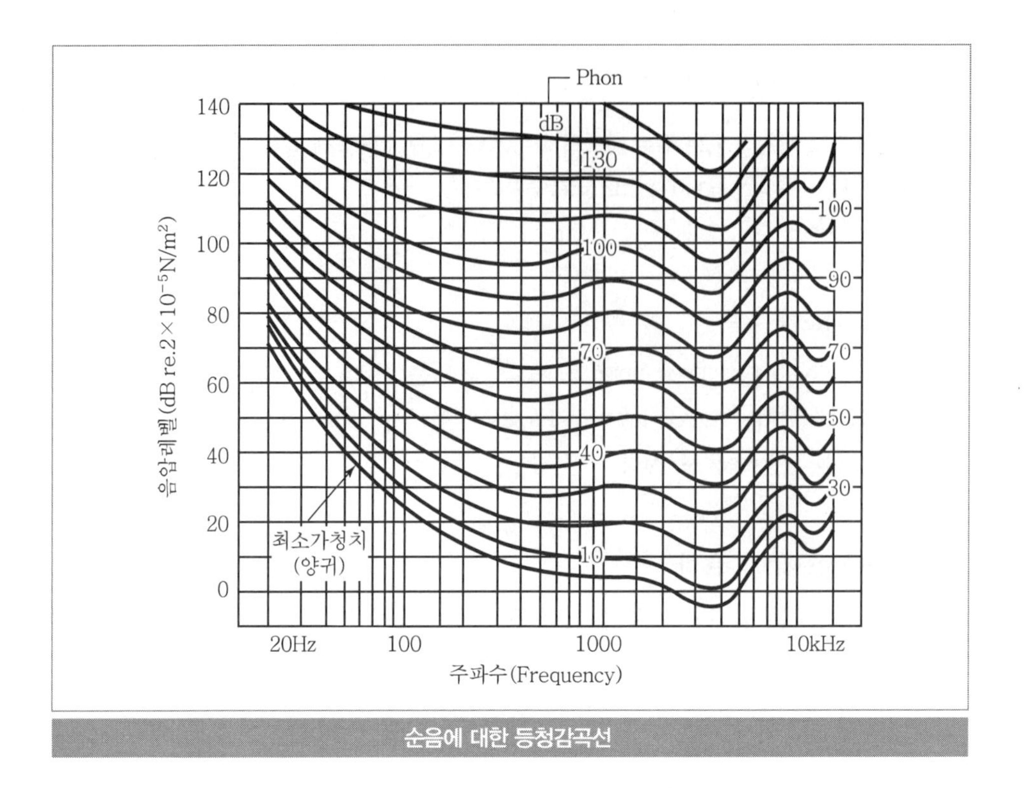

순음에 대한 등청감곡선

6) 통화이해도

통화이해도란 음성 메시지를 수화자가 얼마나 정확하게 인지할 수 있는가 하는 것이다.

(1) 통화 이해도(Speech Intelligibility) 시험

통화의 이해도를 측정하는 가장 간단한 방법은 실제로 말을 들려주고 이를 복창하게 하거나 물어보는 것이다. 즉, 의미 없는 분절, 음성적 균형이 잡힌 단어 목록, 운율 시험, 문장 시험 문제들로 이루어진 자료를 수화자에게 전달하고 이를 반복하게 하여 정답 수를 평가한다.

(2) 명료도 지수(Articulation Index)

통화 이해도 시험은 측정에 소요되는 시간과 노력을 고해 볼 때 통신 시스템이나 잡음의 영향을 평가하는 데는 실용적이지 못하다. 통화이해도를 추정하기 위해 명료도 지수(AI)가 사용될 수 있다. 명료도 지수란 각 옥타브(Octave)대의 음성과 잡음의 dB값에 가중치를 주어 그 합계를 구하는 것이다.

(3) 이해도 점수(Intelligibility Score)

수화자가 통화내용을 얼마나 알아들었는가의 비율(%)이다. 명료도 지수는 직접적으로 이해도를 나타내지는 않지만 여러 종류의 통화 자료의 이해도 추산치로 전화하여 사용될 수 있다.

(4) 통화 간섭 수준(Speech Interference Level)

통화 간섭 수준(SIL)이란 잡음이 통화 이해도(Speech Intelligibility)에 미치는 영향을 추정하는 하나의 지수이다. 잡음의 주파수별 분포가 평평할 경우 유용한 지표로서 500, 1,000, 2,000Hz에 중심을 둔 3옥타브 잡음 dB 수준의 평균치이다.

(5) 소음 기준(Noise Criteria) 곡선

사무실, 회의실, 공장 등에서의 통화를 평가할 때 사용하는 것이 소음 기준(NC)이다. 어떤 주어진 통화 환경에서 배경 소음 수준을 각 옥타브별로 측정하고 그래프를 중첩시켜 보았을 때 가장 높은 값을 갖는 N 값이 소음 기준치이다.

2 청각적 표시장치

1) 시각장치와 청각장치의 비교

시각장치 사용	청각장치 사용
① 경고나 메시지가 복잡하다. ② 경고나 메시지가 길다. ③ 경고나 메시지가 후에 재참조된다. ④ 경고나 메시지가 공간적인 위치를 다룬다 . ⑤ 경고나 메시지가 즉각적인 행동을 요구하지 않는다. ⑥ 수신자의 청각 계통이 과부하 상태일 때 ⑦ 수신 장소가 너무 시끄러울 때 ⑧ 직무상 수신자가 한곳에 머무르는 경우	① 경고나 메시지가 간단하다. ② 경고나 메시지가 짧다. ③ 경고나 메시지가 후에 재참조되지 않는다. ④ 경고나 메시지가 시간적인 사상을 다룬다. ⑤ 경고나 메시지가 즉각적인 행동을 요구한다. ⑥ 수신자의 시각 계통이 과부하 상태일 때 ⑦ 수신장소가 너무 밝거나 암조응 유지가 필요할 때 ⑧ 직무상 수신자가 자주 움직이는 경우

2) 청각적 표시장치가 시각적 표시장치보다 유리한 경우

(1) 신호음 자체가 음일 때

(2) 무선거리 신호, 항로정보 등과 같이 연속적으로 변하는 정보를 제시할 때

(3) 음성통신(전화 등) 경로가 전부 사용되고 있을 때

(4) 정보가 즉각적인 행동을 요구하는 경우

(5) 조명으로 인해 시각을 이용하기 어려운 경우

3) 경계 및 경보신호 선택 시 지침

(1) 귀는 중음역에 가장 민감하므로 500~3,000Hz가 좋다.
(2) 300m 이상 장거리용 신호에는 1,000Hz 이하의 진동수를 사용
(3) 칸막이를 돌아가는 신호는 500Hz 이하의 진동수를 사용한다.
(4) 배경소음과 다른 진동수를 갖는 신호를 사용하고 신호는 최소 0.5~1초 지속
(5) 주의를 끌기 위해서는 변조된 신호를 사용
(6) 경보효과를 높이기 위해서는 개시시간이 짧은 고강도의 신호 사용

CheckPoint

인간-기계 시스템에서 인간이 기계로부터 정보를 받을 때 청각적 장치보다 시각적 장치를 이용하는 것이 더 유리한 경우는?
➡ 정보가 즉각적인 행동을 요구하지 않는 경우

SECTION 3 촉각 및 후각적 표시장치

1 피부감각

1) 통각 : 아픔을 느끼는 감각
2) 압각 : 압박이나 충격이 피부에 주어질 때 느끼는 감각
3) 감각점의 분포량 순서 : ① 통점 → ② 압점 → ③ 냉점 → ④ 온점

2 조정장치의 촉각적 암호화

1) 표면촉감을 사용하는 경우
2) 형상을 구별하는 경우
3) 크기를 구별하는 경우

3 동적인 촉각적 표시장치

1) 기계적 진동(Mechanical Vibration) : 진동기를 사용하여 피부에 전달, 진동장치의 위치, 주파수, 세기, 지속시간 등 물리적 매개변수

2) 전기적 임펄스(Electrical Impulse) : 전류자극을 사용하여 피부에 전달, 전극위치, 펄스속도, 지속시간, 강도 등

4 후각적 표시장치

후각은 사람의 감각기관 중 가장 예민하고 빨리 피로해지기 쉬운 기관으로 사람마다 개인차가 심하다. 코가 막히면 감도도 떨어지고 냄새에 순응하는 속도가 빠르다.

5 웨버(Weber)의 법칙

특정 감각의 변화감지역(ΔI)은 사용되는 표준자극(I)에 비례한다.

$$\text{웨버비} = \frac{\Delta I}{I}$$

여기서, I : 기준자극크기
ΔI : 변화감지역

1) 감각기관의 웨버(Weber) 비

감각	시각	청각	무게	후각	미각
Weber 비	1/60	1/10	1/50	1/4	1/3

웨버(Weber)비가 작을수록 인간의 분별력이 좋아짐

2) 인간의 감각기관의 자극에 대한 반응속도

청각(0.17초) > 촉각(0.18초) > 시각(0.20초) > 미각(0.29초) > 통각(0.70초)

CheckPoint

인간의 감각 반응속도가 빠른 것부터 순서대로 나열한 것은?

① 청각 > 시간 > 통각 > 촉각
② 청각 > 촉각 > 시각 > 통각
③ 촉각 > 시각 > 통각 > 청각
④ 촉각 > 시각 > 청각 > 통각

SECTION 4 인간요소와 휴먼에러

1 휴먼에러(인간실수)

1) 휴먼에러의 관계

$$SP = K(HE) = f(HE)$$

여기서, SP : 시스템퍼포먼스(체계성능)
HE : 인간과오(Human Error)
K : 상수
f : 관수(함수)

(1) $K \fallingdotseq 1$: 중대한 영향
(2) $K < 1$: 위험
(3) $K \fallingdotseq 0$: 무시

2) 휴먼에러의 분류

(1) 심리적(행위에 의한) 분류(Swain)

① 생략에러(Omission Error) : 작업 내지 필요한 절차를 수행하지 않는 데서 기인하는 에러
② 실행(작위적)에러(Commission Error) : 작업 내지 절차를 수행했으나 잘못한 실수 – 선택착오, 순서착오, 시간착오
③ 과잉행동에러(Extraneous Error) : 불필요한 작업 내지 절차를 수행함으로써 기인한 에러
④ 순서에러(Sequential Error) : 작업수행의 순서를 잘못한 실수
⑤ 시간에러(Timing Error) : 소정의 기간에 수행하지 못한 실수(너무 빨리 혹은 늦게)

가스밸브를 잠그는 것을 잊어 사고가 났다면 작업자는 어떤 인적오류를 범한 것인가?

➡ 생략에러(누락오류, Omission Error)

(2) 원인 레벨(level)적 분류

① Primary Error : 작업자 자신으로부터 발생한 에러(안전교육을 통하여 제거)

② Secondary Error : 작업형태나 작업조건 중에서 다른 문제가 생겨 그 때문에 필요한 사항을 실행할 수 없는 오류나 어떤 결함으로부터 파생하여 발생하는 에러

③ Command Error : 요구되는 것을 실행하고자 하여도 필요한 정보, 에너지 등이 공급되지 않아 작업자가 움직이려 해도 움직이지 않는 에러

CheckPoint

어떤 장치에 이상을 알려주는 경보기가 있어서 그것이 울리면 일정시간 이내에 장치의 운전을 정지하고, 상태를 점검하여 필요한 조치를 하여야 한다. 장치에 고장이 발생한 상황을 조사한 작업자는 두 개의 장치에 대해서 같은 일을 담당하고 있고, 그 두 대는 장소적으로 떨어져 있기 때문에 한쪽에 가까이 있을 때에 다른 쪽의 경보기가 울리면 시간 내 조절을 할 수 없었다. 이때의 error를 무엇이라 하는가?

▶ Secondary Error

(3) 정보처리 과정에 의한 분류

① 인지확인 오류 : 외부의 정보를 받아들여 대뇌의 감각중추에서 인지할 때까지의 과정에서 일어나는 실수

② 판단, 기억오류 : 상황을 판단하고 수행하기 위한 행동을 의사결정하여 운동중추로부터 명령을 내릴 때까지 대뇌과정에서 일어나는 실수

③ 동작 및 조작오류 : 운동중추에서 명령을 내렸으나 조작을 잘못하는 실수

(4) 인간의 행동과정에 따른 분류

① 입력 에러 : 감각 또는 지각의 착오

② 정보처리 에러 : 정보처리 절차 착오

③ 의사결정 에러 : 주어진 의사결정에서의 착오

④ 출력 에러 : 신체반응의 착오

⑤ 피드백 에러 : 인간제어의 착오

(5) 제임스리즌(James Reason)의 불안전한 행동 분류

라스무센(Rasmussen)의 인간행동모델에 따른 원인기준에 의한 휴먼에러 분류방법이다.

인간의 불안전한 행동을 의도적인 경우와 비의도적인 경우로 나누었다. 비의도적 행동은 모두 숙련기반의 에러, 의도적 행동은 규칙기반 에러와 지식기반에러, 고의사고로 분류할 수 있다.

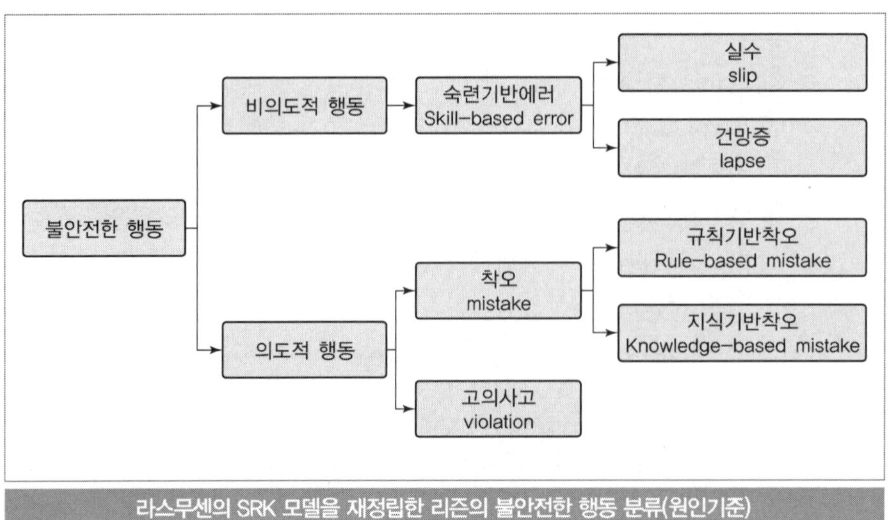

라스무센의 SRK 모델을 재정립한 리즌의 불안전한 행동 분류(원인기준)

(6) 인간의 오류모형

① 착오(Mistake) : 상황해석을 잘못하거나 목표를 잘못 이해하고 착각하여 행하는 경우

② 실수(Slip) : 상황이나 목표의 해석을 제대로 했으나 의도와는 다른 행동을 하는 경우

③ 건망증(Lapse) : 여러 과정이 연계적으로 일어나는 행동 중에서 일부를 잊어버리고 하지 않거나 또는 기억의 실패에 의하여 발생하는 오류

④ 위반(Violation) : 정해진 규칙을 알고 있음에도 고의로 따르지 않거나 무시하는 행위

(7) 인간실수(휴먼에러) 확률에 대한 추정기법

인간의 잘못은 피할 수 없다. 하지만 인간오류의 가능성이나 부정적 결과는 인력선정, 훈련절차, 환경설계 등을 통해 줄일 수 있다.

① 인간실수 확률(Human Error Probability, HEP)

특정 직무에서 하나의 착오가 발생할 확률

$$\text{HEP} = \frac{\text{인간실수의 수}}{\text{실수발생의 전체 기회수}}$$

인간의 신뢰도(R)=(1−HEP)=1−P

② THERP(Technique for Human Error Rate Prediction)
인간실수확률(HEP)에 대한 정량적 예측기법으로 분석하고자 하는 작업을 기본행위로 하여 각 행위의 성공, 실패확률을 계산하는 방법

③ 결함수분석(FTA ; Fault Tree Analysis)
복잡하고 대형화된 시스템의 신뢰성 분석에 이용되는 기법으로 시스템의 각 단위 부품의 고장을 기본 고장(primary failure or basic event)이라 하고, 시스템의 결함 상태를 시스템 고장(top event or system failure)이라 하여 이들의 관계를 정량적으로 평가하는 방법

3) 4M 위험성 평가

작업공정 내 잠재하고 있는 위험요인을 Man(인간), Machine(기계), Media(작업매체), Management(관리) 등 4가지 분야로 위험성을 파악하여 위험제거대책을 제시하는 방법

(1) Man(인간) : 작업자의 불안전 행동을 유발시키는 인적 위험 평가
(2) Machine(기계) : 생산설비의 불안전 상태를 유발시키는 설계·제작·안전장치 등을 포함한 기계 자체 및 기계 주변의 위험 평가
(3) Media(작업매체) : 소음, 분진, 유해물질 등 작업환경 평가
(4) Management(관리) : 안전의식 해이로 사고를 유발시키는 관리적인 사항 평가

| 4M의 항목별 위험요인(예시) |

항목	위험요인
Man (인간)	• 미숙련자 등 작업자 특성에 의한 불안전 행동 • 작업자세, 작업동작의 결함 • 작업방법의 부적절 등 • 휴먼에러(Human error) • 개인 보호구 미착용
Machine (기계)	• 기계 · 설비 구조상의 결함 • 위험 방호장치의 불량 • 위험기계의 본질안전 설계의 부족 • 비상시 또는 비정상 작업 시 안전연동장치 및 경고장치의 결함 • 사용 유틸리티(전기, 압축공기 및 물)의 결함 • 설비를 이용한 운반수단의 결함 등
Media (작업매체)	• 작업공간(작업장 상태 및 구조)의 불량 • 가스, 증기, 분진, 흄 및 미스트 발생 • 산소결핍, 병원체, 방사선, 유해광선, 고온, 저온, 초음파, 소음, 진동, 이상기압 등 • 취급 화학물질에 대한 중독 등 • 작업에 대한 안전보건 정보의 부적절

항목	위험요인
Management (관리)	• 관리조직의 결함 • 규정, 매뉴얼의 미작성 • 안전관리계획의 미흡 • 교육 · 훈련의 부족 • 부하에 대한 감독 · 지도의 결여 • 안전수칙 및 각종 표지판 미게시 • 건강검진 및 사후관리 미흡 • 고혈압 예방 등 건강관리 프로그램 운영 미흡

산업재해의 기본원인 4M에서 "Media"에 해당되는 것은?

✔ 작업방법의 부적절
② 점검, 정비의 부족
③ 적성배치의 불충분
④ 직장의 인간관계

4) 휴먼에러 대책

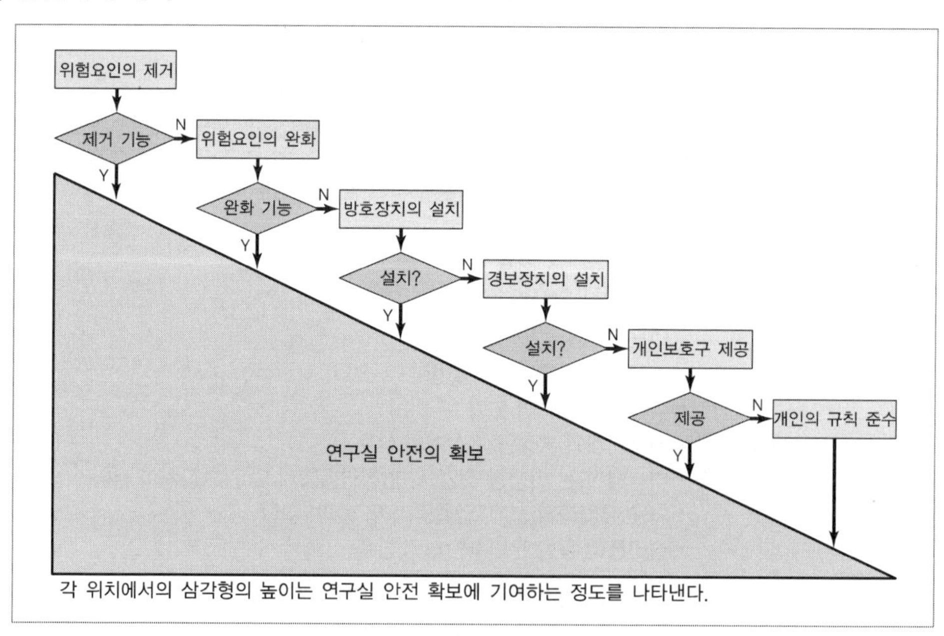

각 위치에서의 삼각형의 높이는 연구실 안전 확보에 기여하는 정도를 나타낸다.

(1) 배타설계(Exclusion design)

설계 단계에서 사용하는 재료나 기계 작동 메커니즘 등 모든 면에서 휴먼에러 요소를 근원적으로 제거하도록 하는 디자인 원칙이다. 예를들어, 유아용 완구의 표면을 칠하는 도료는 위험한 화학물질일 수 있다. 이런 경우 도료를 먹어도 무해한 재료로 바꾸어 설계하였다면 이는 에러제거 디자인의 원칙을 지킨 것이 된다.

(2) 보호설계(Preventive design)

근원적으로 에러를 100% 막는다는 것은 실제로 매우 힘들 수 있고, 경제성 때문에 그렇게 할 수 없는 경우가 많다. 이런 경우에는 가능한 에러 발생 확률을 최대한 낮추어 주는 설계를 한다. 즉, 신체적 조건이나 정신적 능력이 낮은 사용자라 하더라도 사고를 낼 확률을 낮게 설계해 주는 것을 에러 예방 디자인, 혹은 풀-푸르프(Fool proof)디자인이라고 한다. 예를 들어, 세제나 약 병의 뚜껑을 열기 위해서는 힘을 아래 방향으로 가해 돌려야 하는데 이것은 위험성을 모르는 아이들이 마실 확률을 낮추는 디자인이다.

① Fool proof

사용자가 조작 실수를 하더라도 사용자에게 피해를 주지 않도록 설계하는 개념[예 자동차 시동장치(D에선 시동 걸리지 않음)]

(3) 안전설계(Fail-safe design)

사용자가 휴먼에러 등을 범하더라도 그것이 부상 등 재해로 이어지지 않도록 안전장치의 장착을 통해 사고를 예방할 수 있다. 이렇듯 안전장치 등의 부착을 통한 디자인 원칙을 페일-세이프(Fail safe)디자인이라고 한다. Fail-safe 설계를 위해서는 보통 시스템 설계 시 부품의 병렬체계설계나 대기체계설계와 같은 중복설계를 해준다. 병렬체계설계의 특징은 다음과 같다.

① 요소의 중복도가 증가할수록 계의 수명은 길어진다.
② 요소의 수가 많을수록 고장의 기회는 줄어든다.
③ 요소의 어느 하나가 정상적이면 계는 정상이다.
④ 시스템의 수명은 요소 중 수명이 가장 긴 것으로 정할 수 있다.

5) 바이오리듬의 종류

(1) 육체리듬(주기 23일, 청색 실선표시) : 식욕, 소화력, 활동력, 지구력 등
(2) 지성리듬(주기 33일, 녹색 일점쇄선표시) : 상상력(추리력), 사고력, 기억력, 인지, 판단력 등
(3) 감성리듬(주기 28일, 적색 점선표시) : 감정, 주의력, 창조력, 예감 및 통찰력

인간계측 및 작업공간

SECTION 1 인체 계측 및 인간의 체계제어

1 인체측정(계측)

1) 인체 측정 방법

(1) 구조적 인체 치수

① 표준 자세에서 움직이지 않는 피측정자를 인체 측정기로 측정

② 설계의 표준이 되는 기초적인 치수를 결정

③ 마틴측정기, 실루엣 사진기

(2) 기능적 인체 치수

① 움직이는 몸의 자세로부터 측정

② 사람은 일상생활 중에 항상 몸을 움직이기 때문에 어떤 설계 문제에는 기능적 치수가 더 널리 사용됨

③ 사이클그래프, 마르티스트로브, 시네필름, VTR

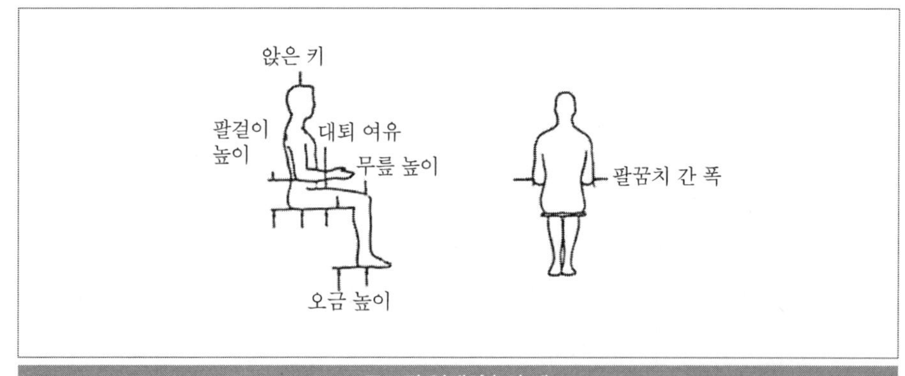

구조적 인체치수의 예

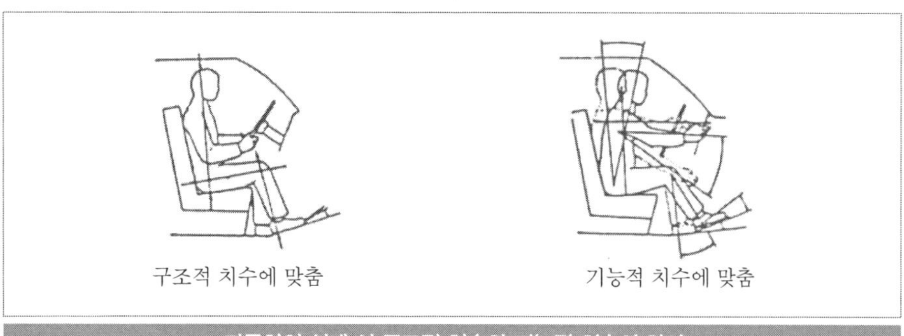

자동차의 설계 시 구조적 치수와 기능적 치수의 차이

2 인체계측자료의 응용원칙

1) 최대치수와 최소치수

특정한 설비를 설계할 때, 거의 모든 사람을 수용할 수 있는 경우(최대치수)가 필요하다. 문, 통로, 탈출구 등을 예로 들 수 있다. 최소치수의 예로는 선반의 높이, 조종장치까지의 거리 등이 있다.

(1) 최소치수 : 하위 백분위 수(퍼센타일, Percentile) 기준 1, 5, 10%.

(2) 최대치수 : 상위 백분위 수(퍼센타일, Percentile) 기준 90, 95, 99%

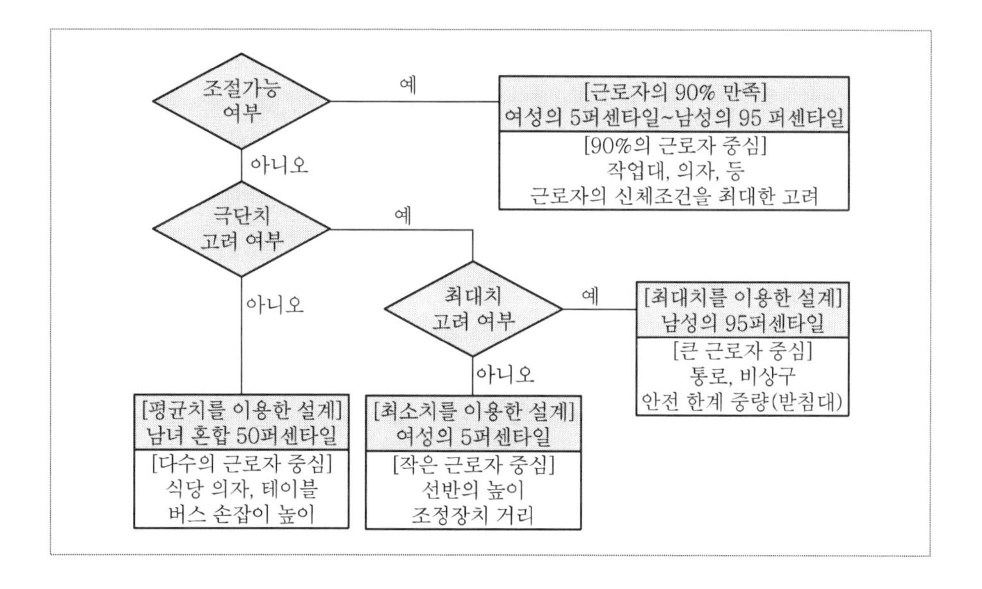

2) 조절 범위(5~95%)

체격이 다른 여러 사람에 맞도록 조절식으로 만드는 것이 바람직하다. 그 예로는 자동차 좌석의 전후 조절, 사무실 의자의 상하 조절 등이 있다.

3) 평균치를 기준으로 한 설계

최대치수나 최소치수를 기준으로 설계하기도 부적절하고 조절식으로 하기도 불가능할 때, 평균치를 기준으로 설계를 한다. 예를 들면, 손님의 평균 신장을 기준으로 만든 은행의 계산대 등이 있다.

3 신체반응의 측정

1) 작업의 종류에 따른 측정

(1) 정적 근력작업 : 에너지 대사량과 심박수의 상관관계와 시간적 경과, 근전도 등
(2) 동적 근력작업 : 에너지 대사량과 산소소비량, CO_2 배출량, 호흡량, 심박수 등
(3) 신경적 작업 : 매회 평균호흡진폭, 맥박수, 피부전기반사(GSR) 등을 측정
(4) 심적작업 : 플리커 값 등을 측정

2) 심장활동의 측정

(1) 심장주기 : 수축기(약 0.3초), 확장기(약 0.5초)의 주기 측정
(2) 심박수 : 분당 심장 주기수 측정(분당 75회)
(3) 심전도(ECG) : 심장근 수축에 따른 전기적 변화를 피부에 부착한 전극으로 측정

3) 산소 소비량 측정

(1) 더글러스 백(Douglas Bag)을 사용하여 배기가스 수집
(2) 배기가스의 성분을 분석하고 부피를 측정한다.

4 제어장치의 종류

1) 개폐에 의한 제어(On-Off 제어)

$\frac{C}{D}$비로 동작을 제어하는 제어장치

(1) 누름단추(Push Button)

(2) 발(Foot) 푸시

(3) 토글 스위치(Toggle Switch)

(4) 로터리 스위치(Rotary Switch)

토글스위치(Toggle Switch), 누름단추(Push Botton)를 작동할 때에는 중심으로부터 30° 이하를 원칙으로 하며 25° 쯤 되는 위치에 있을 때가 작동시간이 가장 짧다.

2) 양의 조절에 의한 통제

연료량, 전기량 등으로 양을 조절하는 통제장치

(1) 노브(Knob)

(2) 핸들(Hand Wheel)

(3) 페달(Pedal)

(4) 크랭크

3) 반응에 의한 통제

계기, 신호, 감각에 의하여 통제 또는 자동경보 시스템

기계의 통제장치 형태 중 개폐에 의한 통제장치는?

토글 스위치(Toggle switch)

5 조정-반응 비율(통제비, C/D비, C/R비, Control Display, Ratio)

1) 통제표시비(선형조정장치)

$$\frac{X}{Y} = \frac{C}{D} = \frac{\text{통제기기의 변위량}}{\text{표시계기지침의 변위량}}$$

2) 조종구의 통제비

$$\frac{C}{D}\text{비} = \frac{\left(\frac{a}{360}\right) \times 2\pi L}{\text{표시계기지침의 이동거리}}$$

여기서, a : 조종장치가 움직인 각도, L : 반경(지레의 길이)

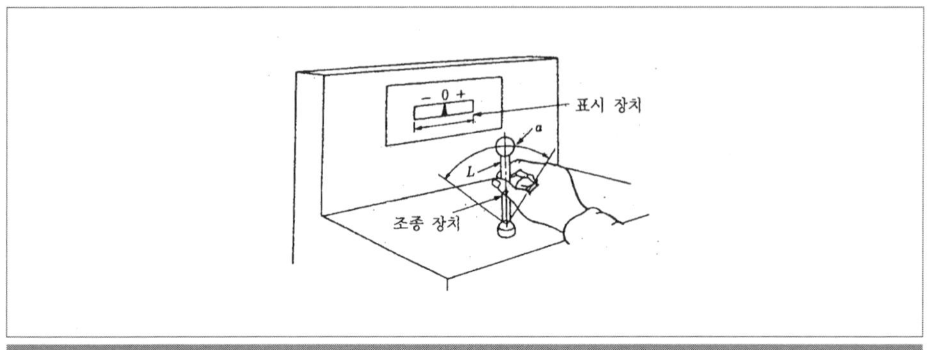

선형표시장치를 움직이는 조정구에서의 C/D비

3) 통제 표시비의 설계 시 고려해야 할 요소

(1) 계기의 크기 : 조절시간이 짧게 소요되는 사이즈를 선택하되 너무 작으면 오차가 클 수 있음

(2) 공차 : 짧은 주행시간 내에 공차의 인정범위를 초과하지 않은 계기를 마련

(3) 목시거리 : 목시거리(눈과 계기표 시간과의 거리)가 길수록 조절의 정확도는 적어지고 시간이 걸림

(4) 조작시간 : 조작시간이 지연되면 통제비가 크게 작용함

(5) 방향성 : 계기의 방향성은 안전과 능률에 영향을 미침

4) 통제비의 3요소

(1) 시각감지시간

(2) 조절시간

(3) 통제기기의 주행시간

5) 최적 C/D비

C/D비가 증가함에 따라 조정시간은 급격히 감소하다가 안정되며 이동시간은 이와 반대가 된다.(최적통제비 : 1.18~2.42)

C/D비가 적을수록 이동시간이 짧고 조정이 어려워 조정장치가 민감하다.

Check Point

C/D비가 크다는 것의 의미로 옳은 것은?

① 미세한 조종은 쉽지만 수행시간은 상대적으로 길다.
② 미세한 조종이 쉽고 수행시간도 상대적으로 짧다.
③ 미세한 조종이 어렵고 수행시간도 상대적으로 길다.
④ 미세한 조종은 어렵지만 수행시간은 상대적으로 짧다.

6 양립성(Compatibility)

안전을 근원적으로 확보하기 위한 전략으로서 외부의 자극과 인간의 기대가 서로 모순되지 않아야 하는 것. 제어장치와 표시장치 사이의 연관성이 인간의 예상과 어느 정도 일치하는가 여부

1) 공간적 양립성

어떤 사물들, 특히 표시장치나 조정장치의 물리적 형태나 공간적인 배치의 양립성을 말한다.

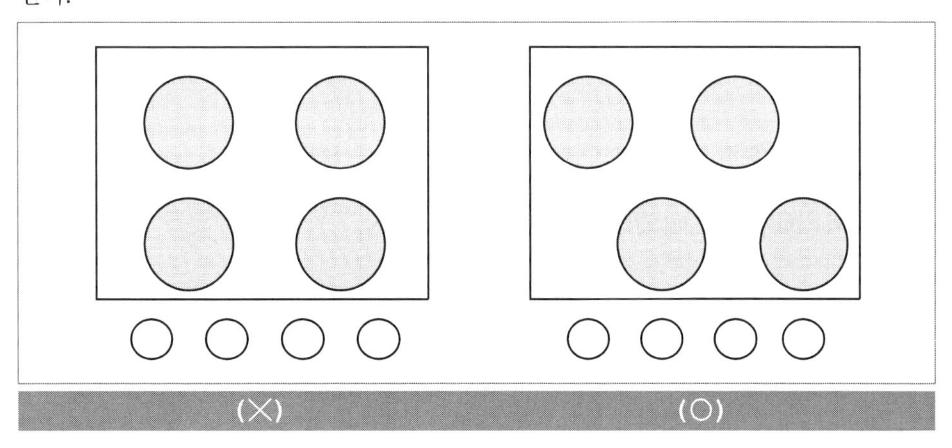

2) 운동적 양립성

표시장치, 조정장치, 체계반응 등의 운동방향의 양립성을 말하는데, 예를 들어 그림에서는 오른 나사의 전진방향에 대한 기대가 해당된다.

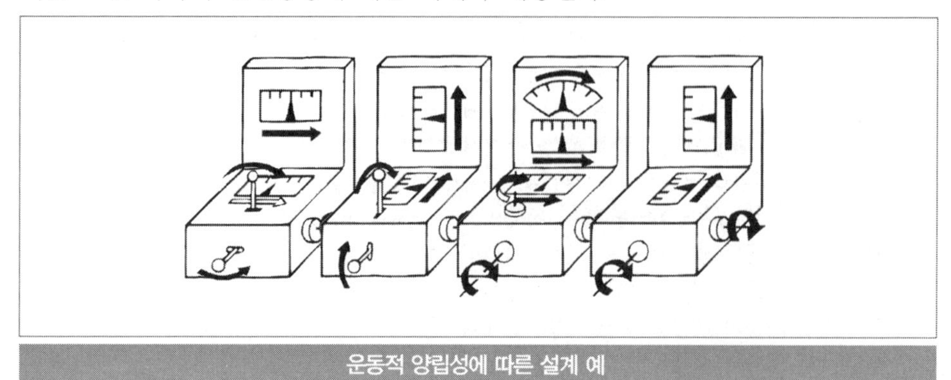

운동적 양립성에 따른 설계 예

3) 개념적 양립성

외부로부터의 자극에 대해 인간이 가지고 있는 개념적 연상의 일관성을 말하는데, 예를 들어 파란색 수도꼭지와 빨간색 수도꼭지가 있는 경우 빨간색 수도꼭지를 보고 따뜻한 물이라고 연상하는 것을 말한다.

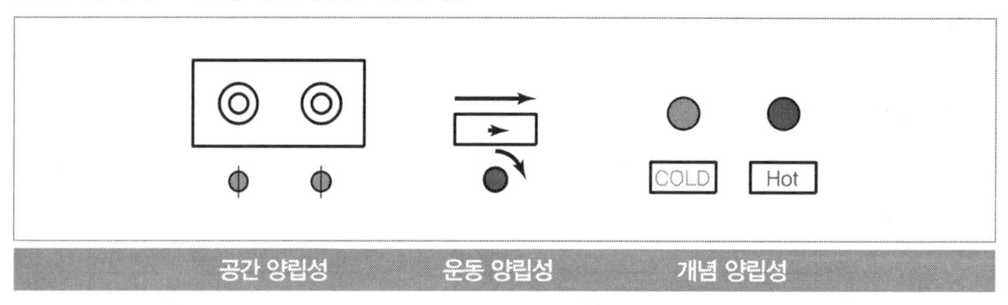

공간 양립성 운동 양립성 개념 양립성

공간의 양립성에서 개념 양립성에 해당하는 것은?

➡ 냉온수기에서 빨간색은 온수, 파란색은 냉수가 나온다.

7 수공구와 장치 설계의 원리

1) 손목을 곧게 유지
2) 조직의 압축응력을 피함
3) 반복적인 손가락 움직임을 피함(모든 손가락 사용)
4) 안전작동을 고려하여 설계
5) 손잡이는 손바닥의 접촉면적이 크게 설계

SECTION 2 신체활동의 생리학적 측정방법

1 신체역학

인간은 근육, 뼈, 신경, 에너지 대사 등을 바탕으로 물리적인 활동을 수행하게 되는데 이러한 활동에 대하여 생리적 조건과 역학적 특성을 고려한 접근방법

1) 신체부위의 운동

(1) 팔, 다리

① 외전(Abduction) : 몸의 중심선으로부터 멀리 떨어지게 하는 동작(예 팔을 옆으로 들기)

② 내전(Adduction) : 몸의 중심선으로의 이동(예 팔을 수평으로 편 상태에서 수직위치로 내리는 것

(2) 팔꿈치

① 굴곡(Flexion) : 관절이 만드는 각도가 감소하는 동작(예 팔꿈치 굽히기)

② 신전(Extension) : 관절이 만드는 각도가 증가하는 동작(예 굽힌 팔꿈치 펴기)

(3) 손

① 하향(Pronation) : 손바닥을 아래로 향하도록 하는 회전

② 상향(Supination) : 손바닥을 위로 향하도록 하는 회전

(4) 발

① 외선(Lateral Rotation) : 몸의 중심선으로부터의 회전

② 내선(Medial Rotation) : 몸의 중심선으로 회전

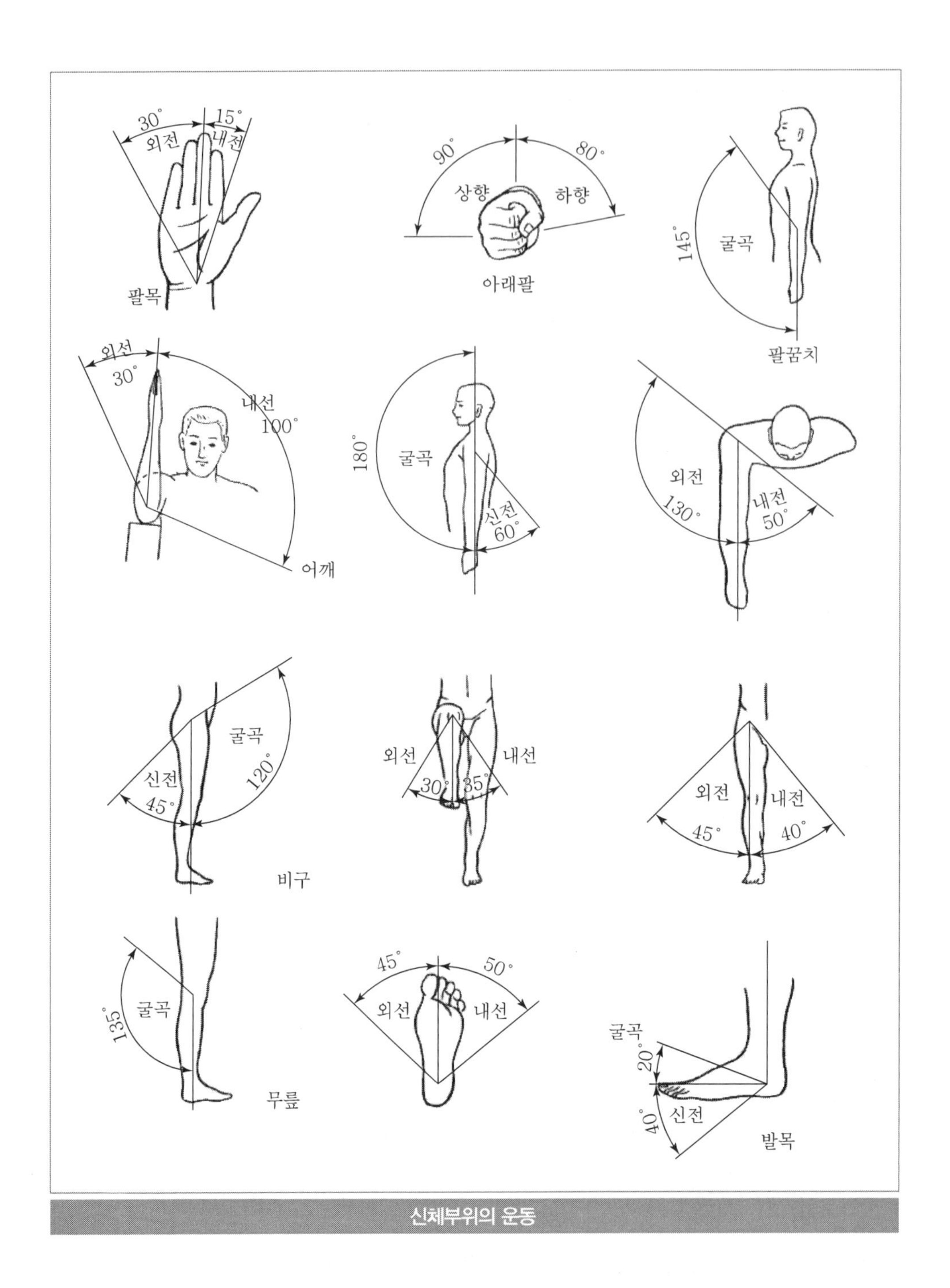
30°
15°
외전
내전
팔목
90°
80°
상향
하향
아래팔
145°
굴곡
팔꿈치
외선
30°
내선
100°
어깨
180°
굴곡
신전
60°
외전
130°
내전
50°
굴곡
120°
신전
45°
비구
외선
내선
30°
35°
외전
내전
45°
40°
135°
굴곡
무릎
45°
50°
외선
내선
굴곡
20°
40°
신전
발목

신체부위의 운동

2) 근력 및 지구력

(1) 근력 : 근육이 낼 수 있는 최대 힘으로 정적 조건에서 힘을 낼 수 있는 근육의 능력

(2) 지구력 : 근육을 사용하여 특정한 힘을 유지할 수 있는 시간

2 신체활동의 에너지 소비

1) 에너지 대사율(RMR, Relative Metabolic Rate)

$$\text{RMR} = \frac{\text{운동 대사량}}{\text{기초 대사량}} = \frac{\text{운동시 산소 소모량} - \text{안정시 산소 소모량}}{\text{기초 대사량(산소 소비량)}}$$

2) 에너지 대사율(RMR)에 따른 작업의 분류

(1) 초경작업(初經作業) : 0~1

(2) 경작업(經作業) : 1~2

(3) 보통 작업(中作業) : 2~4

(4) 무거운 작업(重作業) : 4~7

(5) 초중작업(初重作業) : 7 이상

3) 휴식시간 산정

$$\text{R(분)} = \frac{60(E-5)}{E-1.5} \text{(60분 기준)}$$

여기서, E : 작업의 평균에너지(kcal/min), 에너지 값의 상한 : 5(kcal/min)

4) 에너지 소비량에 영향을 미치는 인자

(1) 작업방법 : 특정 작업에서의 에너지 소비는 작업의 수행방법에 따라 달라짐

(2) 작업자세 : 손과 무릎을 바닥에 댄 자세와 쪼그려 앉는 자세가 다른 자세에 비해 에너지 소비량이 적은 등 에너지 소비량은 자세에 따라 달라짐

(3) 작업속도 : 적절한 작업속도에서는 별다른 생리적 부담이 없으나 작업속도가 빠른 경우 작업부하가 증가하기 때문에 생리적 스트레스도 증가함

(4) 도구설계 : 도구가 얼마나 작업에 적절하게 설계되었느냐가 작업의 효율을 결정

3 생리학적 측정방법

1) 근전도(EMG, Electromyogram)

근육활동의 전위차를 기록한 것으로 심장근의 근전도를 특히 심전도(ECG, Electrocardiogram)라 한다.(정신활동의 부담을 측정하는 방법이 아님)

2) 피부전기반사(GSR, Galvanic Skin Relex)

작업부하의 정신적 부담도가 피로와 함께 증대하는 양상을 전기저항의 변화에서 측정하는 것

3) 플리커값(Flicker Frequency of Fusion light)

뇌의 피로값을 측정하기 위해 실시하며 빛의 성질을 이용하여 뇌의 기능을 측정. 저주파에서 차츰 주파수를 높이면 깜박거림이 없어지고 빛이 일정하게 보이는데, 이 성질을 이용하여 뇌가 피로한지 여부를 측정하는 방법. 일반적으로 피로도가 높을수록 주파수가 낮아진다.

플리커검사(Flicker Test)란 무엇을 측정하는 검사인가?

➡ 피로의 정도를 측정하는 검사

정신활동의 부담을 측정하는 방법?

➡ 부정맥 점수, 점멸 융합 주파수(Flicker Fusion Frequency), J.N.D(Just-Noticeable difference)

SECTION 3 작업공간 및 작업자세

1 부품배치의 원칙

1) 중요성의 원칙

부품의 작동성능이 목표달성에 긴요한 정도에 따라 우선순위를 결정한다.

2) 사용빈도의 원칙

부품이 사용되는 빈도에 따른 우선순위를 결정한다.

3) 기능별 배치의 원칙

기능적으로 관련된 부품을 모아서 배치한다.

4) 사용순서의 원칙

사용순서에 맞게 순차적으로 부품들을 배치한다.

2 개별 작업공간 설계지침

1) 설계지침

(1) 주된 시각적 임무
(2) 주 시각임무와 상호 교환되는 주 조정장치
(3) 조정장치와 표시장치 간의 관계
(4) 사용순서에 따른 부품의 배치(사용순서의 원칙)
(5) 자주 사용되는 부품의 편리한 위치에 배치(사용빈도의 원칙)
(6) 체계 내 또는 다른 체계와의 배치를 일관성 있게 배치
(7) 팔꿈치 높이에 따라 작업면의 높이를 결정
(8) 과업수행에 따라 작업면의 높이를 조정
(9) 높이 조절이 가능한 의자를 제공
(10) 서 있는 작업자를 위해 바닥에 피로예방 매트를 사용
(11) 정상 작업영역 안에 공구 및 재료를 배치

2) 작업공간

(1) 작업공간 포락면(Envelope) : 한 장소에 앉아서 수행하는 작업활동에서 사람이 작업하는 데 사용하는 공간
(2) 파악한계(Grasping Reach) : 앉은 작업자가 특정한 수작업을 편히 수행할 수 있는 공간의 외곽한계
(3) 특수작업역 : 특정 공간에서 작업하는 구역

3) 수평작업대의 정상 작업역과 최대 작업역

(1) 정상 작업영역 : 상완을 자연스럽게 수직으로 늘어뜨린 채, 전완만으로 편하게 뻗어 파악할 수 있는 구역(34~45cm)

(2) 최대 작업영역 : 전완과 상완을 곧게 펴서 파악할 수 있는 구역(55~65cm)

(3) 파악한계 : 앉은 작업자가 특정한 수작업을 편히 수행할 수 있는 공간의 외곽한계를 말한다.

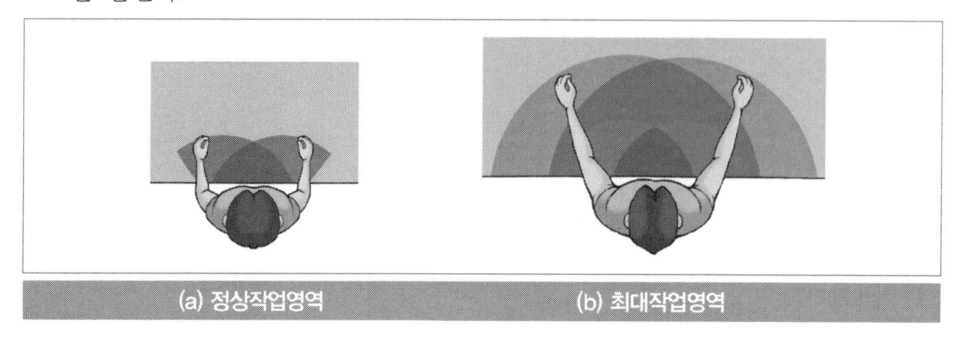

(a) 정상작업영역　　(b) 최대작업영역

4) 작업대 높이

(1) 최적높이 설계지침

작업대의 높이는 상완을 자연스럽게 수직으로 늘어뜨리고 전완은 수평 또는 약간 아래로 편안하게 유지할 수 있는 수준

(2) 착석식(의자식) 작업대 높이

① 의자의 높이를 조절할 수 있도록 설계하는 것이 바람직
② 섬세한 작업은 작업대를 약간 높게, 거친 작업은 작업대를 약간 낮게 설계
③ 작업면 하부 여유공간이 대퇴부가 가장 큰 사람이 자유롭게 움직일 수 있을 정도로 설계

(3) 입식 작업대 높이

① 정밀작업 : 팔꿈치 높이보다 5~10cm 높게 설계
② 일반작업 : 팔꿈치 높이보다 5~10cm 낮게 설계
③ 힘든작업(重작업) : 팔꿈치 높이보다 10~20cm 낮게 설계

입식작업을 할 때 중량물을 취급하는 중(重)작업의 경우 적절한 작업대의 높이는?

➡ 팔꿈치 높이보다 10~20cm 낮게 설계한다.

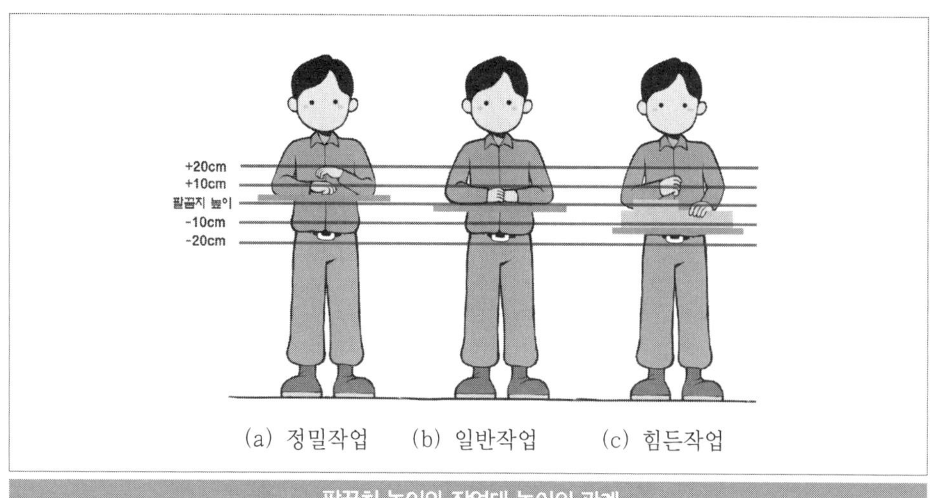

팔꿈치 높이와 작업대 높이의 관계

3 의자설계 원칙

1) 체중분포 : 의자에 앉았을 때 대부분의 체중이 골반뼈에 실려야 편안하다.
2) 의자 좌판의 높이 : 좌판 앞부분 오금 높이보다 높지않게 설계(치수는 5% 되는 사람까지 수용할 수 있게 설계)
3) 의자 좌판의 깊이와 폭 : 폭은 큰 사람에게 맞도록, 깊이는 대퇴를 압박하지 않도록 작은 사람에게 맞도록 설계
4) 몸통의 안정 : 체중이 골반뼈에 실려야 몸통안정이 쉬워진다.

신체치수와 작업대 및 의자높이의 관계　　인간공학적 좌식 작업환경

SECTION 4 인간의 특성과 안전

1 인간성능

1) 인간성능(Human Performance) 연구에 사용되는 변수

(1) 독립변수 : 관찰하고자 하는 현상에 대한 변수

(2) 종속변수 : 평가척도나 기준이 되는 변수

(3) 통제변수 : 종속변수에 영향을 미칠 수 있지만 독립변수에 포함되지 않은 변수

인간-기계시스템의 인간성능(Human performance)을 평가하는 실험을 수행할 때 평가의 기준이 되는 변수는?

➡ 종속변수

2) 체계 개발에 유용한 직무정보의 유형

신뢰도, 시간, 직무 위급도

2 성능신뢰도

1) 인간의 신뢰성 요인

(1) 주의력수준

(2) 의식수준(경험, 지식, 기술)

(3) 긴장수준(에너지 대사율)

□ 긴장수준을 측정하는 방법

1. 인체 에너지의 대사율
2. 체내수분손실량
3. 흡기량의 억제도
4. 뇌파계

2) 기계의 신뢰성 요인

재질, 기능, 작동방법

3) 신뢰도

(1) 인간과 기계의 직 · 병렬 작업

① 직렬 : $R_s = r_1 \times r_2$

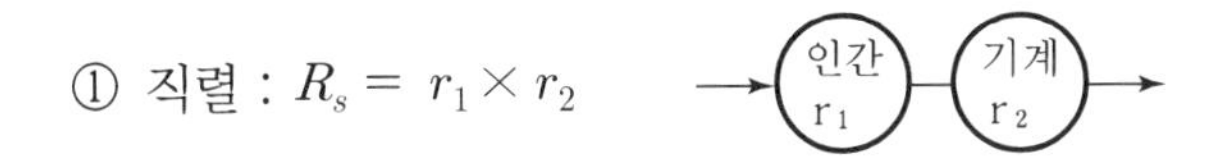

② 병렬 : $R_p = r_1 + r_2(1-r_1) = 1-(1-r_1)(1-r_2)$

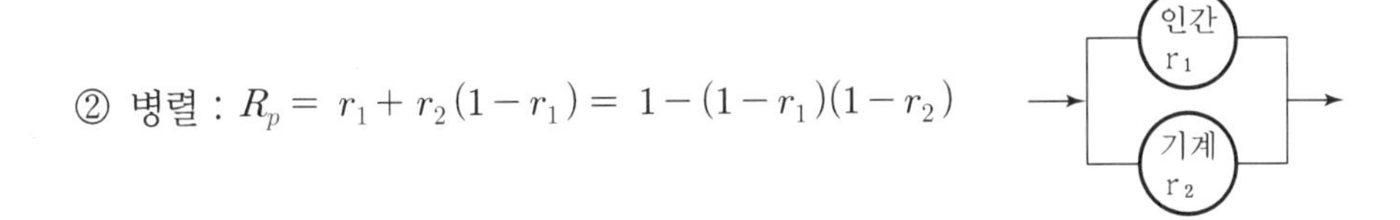

(2) 설비의 신뢰도

① 직렬(series system)

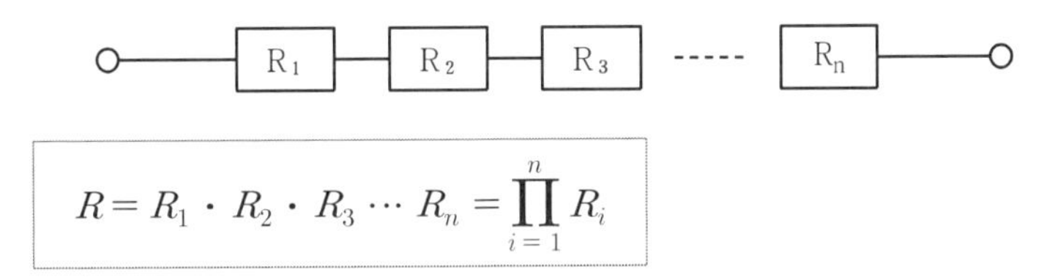

$$R = R_1 \cdot R_2 \cdot R_3 \cdots R_n = \prod_{i=1}^{n} R_i$$

② 병렬(페일세이프티 : fail safety)

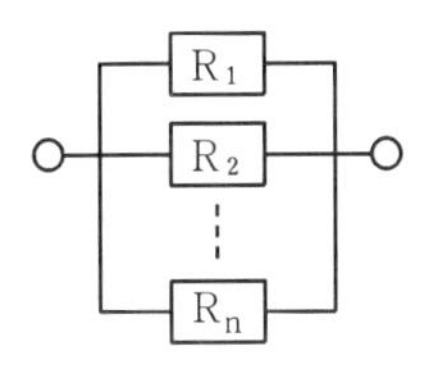

$$R = 1-(1-R_1)(1-R_2)\cdots(1-R_n) = 1-\prod_{i=1}^{n}(1-R_i)$$

③ 요소의 병렬구조

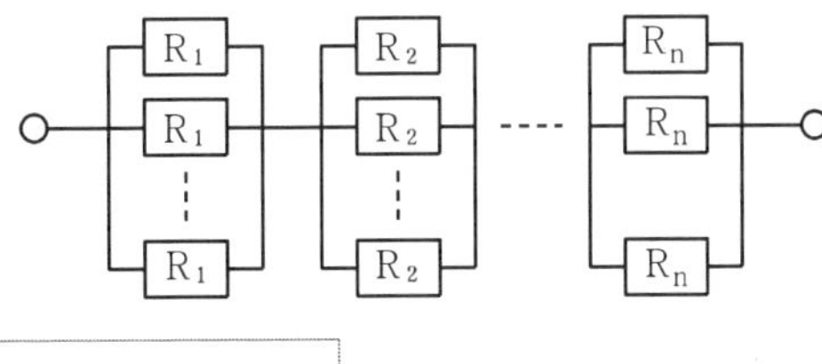

$$R = \prod_{i=1}^{n}(1-(1-R_i)^m)$$

④ 시스템의 병렬구조

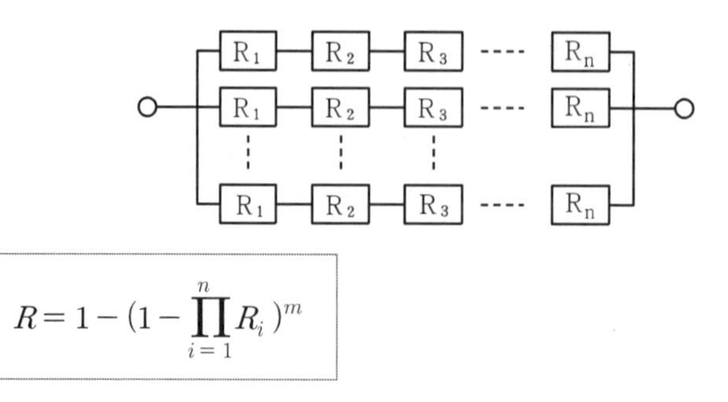

$$R = 1 - (1 - \prod_{i=1}^{n} R_i)^m$$

3 산업재해와 산업인간공학

1) 산업인간공학

인간의 능력과 관련된 특성이나 한계점을 체계적으로 응용하여 작업체계의 개선에 활용하는 연구분야

2) 산업인간공학의 가치

(1) 인력 이용률의 향상
(2) 훈련비용의 절감
(3) 사고 및 오용으로부터의 손실 감소
(4) 생산성의 향상
(5) 사용자의 수용도 향상
(6) 생산 및 정비유지의 경제성 증대

4 근골격계질환

1) 정의(안전보건규칙 제656조)

반복적인 동작, 부적절한 작업자세, 무리한 힘의 사용, 날카로운 면과의 신체접촉, 진동 및 온도 등의 요인에 의하여 발생하는 건강장해로서 목, 어깨, 허리, 팔・다리의 신경・근육 및 그 주변 신체조직 등에 나타나는 질환을 말한다.

2) 유해요인조사(안전보건규칙 제657조)

사업주는 근로자가 근골격계부담작업을 하는 경우에 3년마다 다음 각 호의 사항에 대한 유해요인조사를 하여야 한다. 다만, 신설되는 사업장의 경우에는 신설일부터 1년 이내에 최초의 유해요인 조사를 하여야 한다. ① 설비 · 작업공정 · 작업량 · 작업속도 등 작업장 상황 ② 작업시간 · 작업자세 · 작업방법 등 작업조건 ③ 작업과 관련된 근골격계질환 징후와 증상 유무 등

(1) 부적절한 작업자세

무릎을 굽히거나 쪼그리는 자세의 작업

팔꿈치를 반복적으로 머리 위 또는 어깨 위로 들어올리는 작업

목, 허리, 손목 등을 과도하게 구부리거나 비트는 작업

(2) 과도한 힘이 필요한 작업(중량물 취급)

반복적인 중량물 취급

어깨 위에서 중량물 취급

허리를 구부린 상태에서 중량물 취급

(3) 과도한 힘이 필요한 작업(수공구 취급)

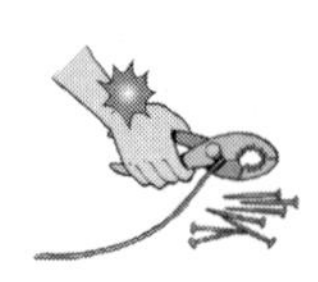

강한 힘으로 공구를 작동하거나 물건을 집는 작업

(4) 접촉 스트레스 발생작업

손이나 무릎을 망치처럼 때리거나 치는 작업

(5) 진동공구 취급작업

착암기, 연삭기 등 진동이 발생하는 공구 취급작업

(6) 반복적인 작업

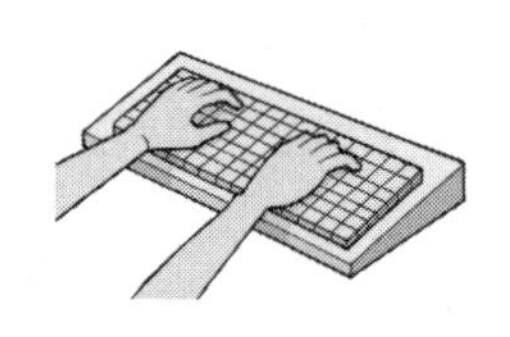

목, 어깨, 팔, 팔꿈치, 손가락 등을 반복하는 작업

3) 작업유해요인 분석평가법

(1) OWAS(Ovako Working-posture Analysis System)

Karhu 등(1977)이 철강업에서 작업자들의 부적절한 작업자세를 정의하고 평가하기 위해 개발한 대표적인 작업자세 평가기법. 이 방법은 대표적인 작업을 비디오로 촬영하여, 신체부위별로 정의된 자세기준에 따라 자세를 기록해 코드화하여 분석하며 분석자가 특별한 기구 없이 관찰만으로 작업자세를 분석(관찰적 작업자세 평가기법)함. OWAS는 배우기 쉽고, 현장에 적용하기 쉬운 장점 때문에 많이 이용되고 있으나 작업자세를 너무 단순화했기 때문에 세밀한 분석에 어려움이 있으며, 분석 결과도 작업자세 특성에 대한 정성적인 분석만 가능하다.

신체부위	작업자세형태						
허리	① 똑바로 폄	② 20도 이상 구부림	③ 20도 이상 비틈	④ 20도 이상 비틀어 구부림			
상지	① 양팔 어깨 아래	② 한팔 어깨 위	③ 양팔 어깨 위				
하지	① 앉음	② 양발 똑바로	③ 한발 똑바로	④ 양무릎 굽힘	⑤ 한무릎 굽힘	⑥ 무릎 바닥	⑦ 걸음
무게	① 10kg 미만	② 10~20kg	③ 20kg 이상				

(2) RULA(Rapid Upper Limb Assessment)

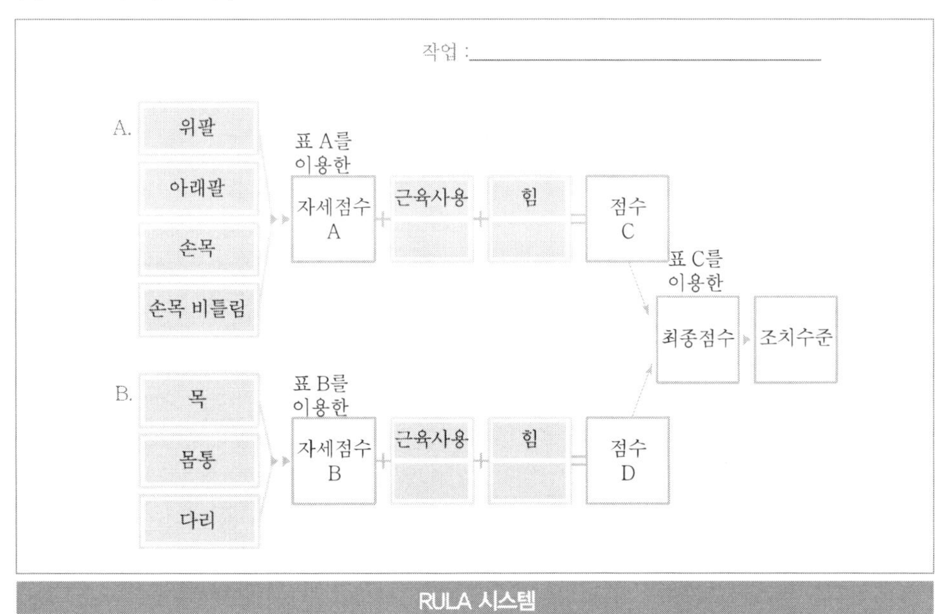

RULA 시스템

1993년에 McAtamney와 Corlett에 의해 근골격계질환과 관련된 위험인자에 대한 개인 작업자의 노출정도를 평가하기 위한 목적으로 개발되었다. RULA는 어깨, 팔목, 손목, 목 등 상지(Upper Limb)에 초점을 맞추어서 작업자세로 인한 작업부하를 쉽고 빠르게 평가하기 위하여 만들어진 기법으로 EU의 VDU 작업장의 최소 안전 및 건강에 관한 요구 기준과 영국(UK)의 직업성 상지질환의 예방지침의 기준을 만족하는 보조도구로 사용되고 있다. RULA는 근육의 피로에 영향을 주는 인자들인 작업자세나 정적 또는 반복적인 작업 여부, 작업을 수행하는 데 필요한 힘의 크기 등 작업으로 인한 근육 부하를 평가할 수 있다.

컴퓨터 입력작업과 같은 상지 중심작업의 근골격계질환 작업유해요인 분석평가법으로 가장 적당한 것은?

① OWAS
② RULA ✓
③ NLE
④ Snook table

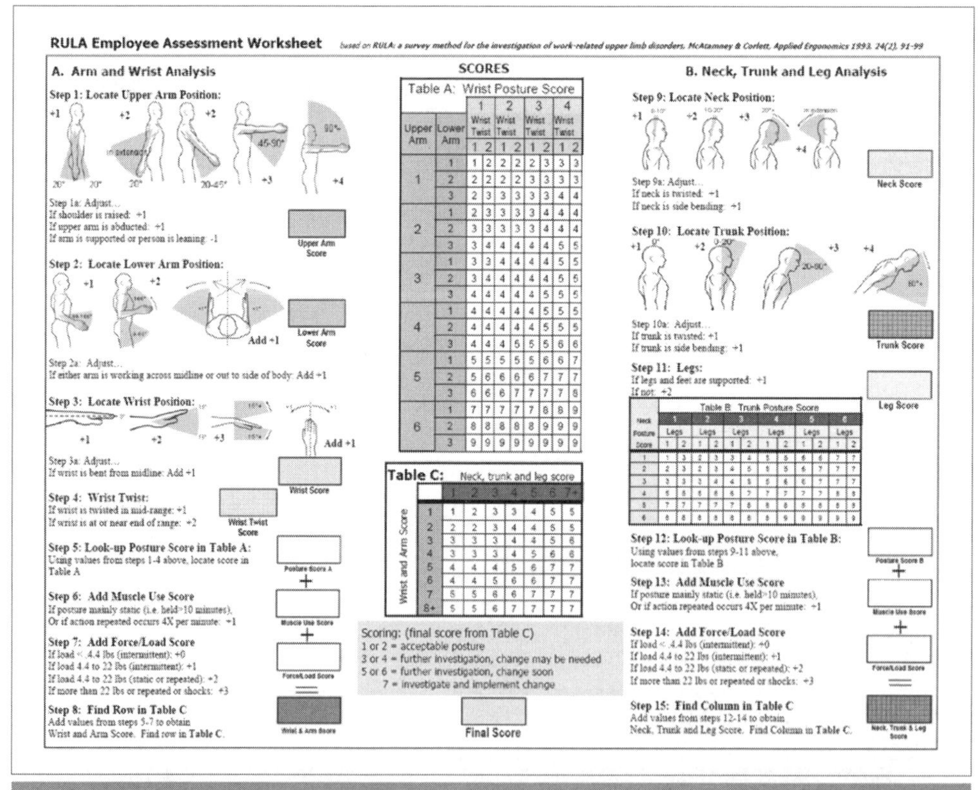

RULA Employee Assessment Worksheet *based on RULA: a survey method for the investigation of work-related upper limb disorders, McAtamney & Corlett, Applied Ergonomics 1993, 24(2), 91-99*

A. Arm and Wrist Analysis

Step 1: Locate Upper Arm Position:
+1 +2 +2 +3 +4
20° 20° 20° 20-45° 45-90° 90°+ in extension

Step 1a: Adjust...
If shoulder is raised: +1
If upper arm is abducted: +1
If arm is supported or person is leaning: -1

Upper Arm Score

Step 2: Locate Lower Arm Position:
+1 +2 Add +1

Lower Arm Score

Step 2a: Adjust...
If either arm is working across midline or out to side of body: Add +1

Step 3: Locate Wrist Position:
+1 +2 +3 Add +1

Step 3a: Adjust...
If wrist is bent from midline: Add +1

Wrist Score

Step 4: Wrist Twist:
If wrist is twisted in mid-range: +1
If wrist is at or near end of range: +2

Wrist Twist Score

Step 5: Look-up Posture Score in Table A:
Using values from steps 1-4 above, locate score in Table A

Posture Score A
+

Step 6: Add Muscle Use Score
If posture mainly static (i.e. held>10 minutes),
Or if action repeated occurs 4X per minute: +1

Muscle Use Score
+

Step 7: Add Force/Load Score
If load < 4.4 lbs (intermittent): +0
If load 4.4 to 22 lbs (intermittent): +1
If load 4.4 to 22 lbs (static or repeated): +2
If more than 22 lbs or repeated or shocks: +3

Force/Load Score
=

Step 8: Find Row in Table C
Add values from steps 5-7 to obtain Wrist and Arm Score. Find row in Table C.

Wrist & Arm Score

SCORES

Table A: Wrist Posture Score

Upper Arm	Lower Arm	1 Wrist Twist 1	1 Wrist Twist 2	2 Wrist Twist 1	2 Wrist Twist 2	3 Wrist Twist 1	3 Wrist Twist 2	4 Wrist Twist 1	4 Wrist Twist 2
1	1	1	2	2	2	2	3	3	3
	2	2	2	2	2	3	3	3	3
	3	2	3	3	3	3	3	4	4
2	1	2	3	3	3	3	4	4	4
	2	3	3	3	3	3	4	4	4
	3	3	4	4	4	4	4	5	5
3	1	3	3	4	4	4	4	5	5
	2	3	4	4	4	4	4	5	5
	3	4	4	4	4	4	5	5	5
4	1	4	4	4	4	4	5	5	5
	2	4	4	4	4	4	5	5	5
	3	4	4	4	5	5	5	6	6
5	1	5	5	5	5	5	6	6	7
	2	5	6	6	6	6	7	7	7
	3	6	6	6	7	7	7	7	8
6	1	7	7	7	7	7	8	8	9
	2	8	8	8	8	8	9	9	9
	3	9	9	9	9	9	9	9	9

Table C: Neck, trunk and leg score

Wrist and Arm Score	1	2	3	4	5	6	7+
1	1	2	3	3	4	5	5
2	2	2	3	4	4	5	5
3	3	3	3	4	4	5	6
4	3	3	3	4	5	6	6
5	4	4	4	5	6	7	7
6	4	4	5	6	6	7	7
7	5	5	6	6	7	7	7
8+	5	5	6	7	7	7	7

Scoring: (final score from Table C)
1 or 2 = acceptable posture
3 or 4 = further investigation, change may be needed
5 or 6 = further investigation, change soon
7 = investigate and implement change

Final Score

B. Neck, Trunk and Leg Analysis

Step 9: Locate Neck Position:
+1 0-10° +2 10-20° +3 20°+ +4 in extension

Step 9a: Adjust...
If neck is twisted: +1
If neck is side bending: +1

Neck Score

Step 10: Locate Trunk Position:
+1 0° +2 0-20° +3 20-60° +4 60°+

Step 10a: Adjust...
If trunk is twisted: +1
If trunk is side bending: +1

Trunk Score

Step 11: Legs:
If legs and feet are supported: +1
If not: +2

Leg Score

Table B: Trunk Posture Score

Neck Posture Score	1 Legs 1	1 Legs 2	2 Legs 1	2 Legs 2	3 Legs 1	3 Legs 2	4 Legs 1	4 Legs 2	5 Legs 1	5 Legs 2	6 Legs 1	6 Legs 2
1	1	3	2	3	3	4	5	5	6	6	7	7
2	2	3	2	3	4	5	5	5	6	7	7	7
3	3	3	3	4	4	5	5	6	6	7	7	7
4	5	5	5	6	6	7	7	7	7	7	8	8
5	7	7	7	7	7	8	8	8	8	8	8	8
6	8	8	8	8	8	8	8	9	9	9	9	9

Step 12: Look-up Posture Score in Table B:
Using values from steps 9-11 above, locate score in Table B

Posture Score B
+

Step 13: Add Muscle Use Score
If posture mainly static (i.e. held>10 minutes),
Or if action repeated occurs 4X per minute: +1

Muscle Use Score
+

Step 14: Add Force/Load Score
If load < 4.4 lbs (intermittent): +0
If load 4.4 to 22 lbs (intermittent): +1
If load 4.4 to 22 lbs (static or repeated): +2
If more than 22 lbs or repeated or shocks: +3

Force/Load Score
=

Step 15: Find Column in Table C
Add values from steps 12-14 to obtain Neck, Trunk and Leg Score. Find Column in Table C.

Neck, Trunk & Leg Score

RULA 실습 예제

CHAPTER 04

PART 02 인간공학 및 시스템안전공학

작업환경관리

SECTION 1 작업조건과 환경조건

1 반사율과 휘광

1) 반사율(%)

단위면적당 표면에서 반사 또는 방출되는 빛의 양

$$\text{반사율}(\%)=\frac{\text{광도}(fL)}{\text{조도}(fC)}\times 100=\frac{\text{cd/m}^2\times\pi}{\text{lux}}=\frac{\text{광속발산도}}{\text{소요조명}}\times 100$$

□ 옥내 추천 반사율

1. 천장 : 80~90%
2. 벽 : 40~60%
3. 가구 : 25~45%
4. 바닥 : 20~40%

2) 휘광(Glare, 눈부심)

휘도가 높거나 휘도대비가 클 경우 생기는 눈부심

(1) 휘광의 발생원인

① 눈에 들어오는 광속이 너무 많을 때

② 광원을 너무 오래 바라볼 때

③ 광원과 배경 사이의 휘도 대비가 클 때

④ 순응이 잘 안 될 때

(2) 광원으로부터의 휘광(Glare)의 처리방법

① 광원의 휘도를 줄이고, 광원의 수를 늘린다.

② 광원을 시선에서 멀리 위치시킨다.

③ 휘광원 주위를 밝게 하여 광도비를 줄인다.

④ 가리개(Shield), 갓(Hood) 혹은 차양(Visor)을 사용한다.

(3) 창문으로부터의 직사휘광 처리

① 창문을 높이 단다.
② 창 위에 드리우개(Overhang)을 설치한다.
③ 창문에 수직날개를 달아 직시선을 제한한다.
④ 차양 혹은 발(Blind)을 사용한다.

(4) 반사휘광의 처리

① 일반(간접) 조명 수준을 높인다.
② 산란광, 간접광, 조절판(Baffle), 창문에 차양(Shade) 등을 사용한다.
③ 반사광이 눈에 비치지 않게 광원을 위치시킨다.
④ 무광택 도료, 빛을 산란시키는 표면색을 한 사무용 기기 등을 사용한다.

2 조도와 광도

1) 조도

어떤 물체나 표면에 도달하는 빛의 밀도로서 단위는 fc와 lux가 있다.

$$\text{조도}(\text{lux}) = \frac{\text{광속}(\text{lumen})}{\text{거리}(\text{m})^2}$$

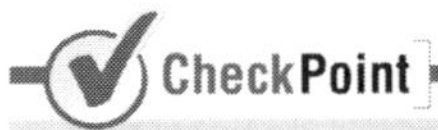

반사형 없이 모든 방향으로 빛을 발하는 점광원에서 2m 떨어진 곳의 조도가 120Lux라면 3m 떨어진 곳의 조도는?

2m 떨어진 곳의 조도를 가지고 광도를 구하면 광도(lumen) = 조도×(거리)^2 = 120lux×2m^2 = 480lumen
따라서 3m 떨어진 곳의 조도는

$$\text{조도}(\text{lux}) = \frac{\text{광속}(\text{lumen})}{(\text{거리}(\text{m}))^2} = \frac{480(\text{lumen})}{(3\text{m})^2} = 53.33\text{lux}$$

2) 광도

단위면적당 표면에서 반사 또는 방출되는 광량

3) 대비

표적의 광속 발산도와 배경의 광속 발산도의 차

$$대비=100 \times \frac{L_b - L_t}{L_b}$$

여기서, L_b : 배경의 광속 발산도, L_t : 표적의 광속 발산도

반사율이 85%, 글자의 밝기가 400cd/m²인 VDT화면에 350lux의 조명이 있다면 대비는 약 얼마인가?

➡ 4.2

1. 대비 : 표적의 광속 발산도와 배경의 광속 발산도의 차

   $대비=100 \times \frac{L_b - L_t}{L_b}$

2. $반사율(\%) = \frac{광도(fL)}{조도(fC)} \times 100 = \frac{cd/m^2 \times \pi}{lux}$

   $L_b = (0.85 \times 350)/3.14 = 94.75$

   $L_t = 400 + 94.75 = 494.75$

   따라서 $대비 = \frac{L_b - L_t}{L_b} \times 100[\%] = \frac{94.75 - 494.75}{94.75} \times 100 = -4.22[\%]$

4) 광속발산도

단위 면적당 표면에서 반사 또는 방출되는 빛의 양. 단위에는 lambert(L), milli lambert(mL), foot-lambert(fL)가 있다.

3 소요조명

$$소요조명(fc) = \frac{소요광속발산도(fL)}{반사율(\%)} \times 100$$

4 소음과 청력손실

1) 소음(Noise)

인간이 감각적으로 원하지 않는 소리, 불쾌감을 주거나 주의력을 상실케 하여 작업에 방해를 주며 청력손실을 가져온다.

(1) 가청주파수 : 20~20,000Hz/유해주파수 : 4,000Hz

(2) 소리은폐현상(Sound Masking) : 한쪽 음의 강도가 약할 때는 강한 음에 묻혀 들리지 않게 되는 현상

2) 소음의 영향

(1) 일반적인 영향

불쾌감을 주거나 대화, 마음의 집중, 수면, 휴식을 방해하며 피로를 가중시킨다.

(2) 청력손실

진동수가 높아짐에 따라 청력손실이 증가한다. 청력손실은 4,000Hz(C5－dip 현상)에서 크게 나타난다.

① 청력손실의 정도는 노출 소음수준에 따라 증가한다.

② 약한 소음에 대해서는 노출기간과 청력손실의 관계가 없다.

③ 강한 소음에 대해서는 노출기간에 따라 청력손실도 증가한다.

3) 소음을 통제하는 방법(소음대책)

(1) 소음원의 통제

(2) 소음의 격리

(3) 차폐장치 및 흡음재료 사용

(4) 음향처리제 사용

(5) 적절한 배치

5 열교환 과정과 열압박

1) 열균형 방정식

S(열축적)=M(대사율)－E(증발)±R(복사)±C(대류)－W(한 일)

2) 열압박 지수(HSI)

$$\text{HSI}=\frac{E_{req}(\text{요구되는 증발량})}{E_{\max}(\text{최대증발량})}\times 100$$

3) 열손실률(R)

37℃ 물 1g 증발시 필요에너지 2,410J/g(575.5cal/g)

$$R=\frac{Q}{t}$$

여기서, R : 열손실률, Q : 증발에너지, t : 증발시간(sec)

열대기후에 순화된 사람은 시간당 최고 4kg까지의 땀을 흘릴 수 있다. 땀 4kg의 증발로 잃을 수 있는 열은?(단, 증발열은 2,410J/g이다)

➡ $R=\frac{Q}{t}=\frac{4,000\times 2410}{60\times 60}$≒2,678(watt)

6 실효온도(Effective temperature, 감각온도, 실감온도)

온도, 습도, 기류 등의 조건에 따라 인간의 감각을 통해 느껴지는 온도로 상대습도 100% 일 때의 건구온도에서 느끼는 것과 동일한 온도감

1) 옥스퍼드(Oxford) 지수(습건지수)

$$W_D=0.85\text{W}(\text{습구온도})+0.15\text{d}(\text{건구온도})$$

2) 불쾌지수

(1) 불쾌지수=섭씨(건구온도+습구온도)×0.72±40.6[℃]

(2) 불쾌지수=화씨(건구온도+습구온도)×0.4+15[°F]

불쾌지수가 80 이상일 때는 모든 사람이 불쾌감을 가지기 시작하고 75의 경우에는 절반정도가 불쾌감을 가지며 70~75에서는 불쾌감을 느끼기 시작한다. 70 이하에서는 모두가 쾌적하다.

3) 추정 4시간 발한율(P4SR)

주어진 일을 수행하는 순환된 젊은 남자의 4시간 동안의 발한량을 건습구온도, 공기 유동속도, 에너지 소비, 피복을 고려하여 추정한 지수이다.

4) 허용한계

(1) 사무작업 : 15.6~18.3℃
(2) 경작업 : 12.8~15.6℃
(3) 중작업 : 10~12.8℃

5) 작업환경의 온열요소

온도, 습도, 기류(공기유동), 복사열

7 진동과 가속도

1) 진동의 생리적 영향

(1) 단시간 노출 시 : 과도호흡, 혈액이나 내분비 성분은 불변
(2) 장기간 노출 시 : 근육긴장의 증가

2) 국소진동

착암기, 임펙트, 그라인더 등의 사용으로 손에 영향을 주어 백색수지증을 유발함

3) 전신 진동이 인간성능에 끼치는 영향

(1) 시성능 : 진동은 진폭에 비례하여 시력을 손상하며, 10~25Hz의 경우에 가장 심하다.
(2) 운동성능 : 진동은 진폭에 비례하여 추적능력을 손상하며, 5Hz 이하의 낮은 진동수에서 가장 심하다.

(3) 신경계 : 반응시간, 감시, 형태식별 등 주로 중앙신경처리에 달린 임무는 진동의 영향을 덜 받는다.

(4) 안정되고, 정확한 근육조절을 요하는 작업은 진동에 의해서 저하된다.

4) 가속도

물체의 운동변화율(변화속도)로서 기본단위는 g로 사용하며 중력에 의해 자유낙하하는 물체의 가속도인 $9.8m/s^2$을 1g라 한다.

진동의 영향을 가장 많이 받는 인간성능은?

➡ 추적(tracking)능력

진동에 의한 영향이 가장 작은 작업은?

➡ 형태 식별작업

SECTION 2 작업환경과 인간공학

1 작업별 조도기준 및 소음기준

1) 작업별 조도기준(안전보건규칙 제8조)

(1) 초정밀작업 : 750lux 이상

(2) 정밀작업 : 300lux 이상

(3) 보통작업 : 150lux 이상

(4) 기타작업 : 75lux 이상

2) 조명의 적절성을 결정하는 요소

(1) 과업의 형태

(2) 작업시간

(3) 작업을 진행하는 속도 및 정확도

(4) 작업조건의 변동

(5) 작업에 내포된 위험정도

3) 인공조명 설계 시 고려사항

(1) 조도는 작업상 충분할 것
(2) 광색은 주광색에 가까울 것
(3) 유해가스를 발생하지 않을 것
(4) 폭발과 발화성이 없을 것
(5) 취급이 간단하고 경제적일 것
(6) 작업장의 경우 공간 전체에 빛이 골고루 퍼지게 할 것(전반조명 방식)

4) VDT를 위한 조명

(1) 조명수준 : VDT 조명은 화면에서 반사하여 화면상의 정보를 더 어렵게 할 수 있으므로 대부분 300~500lux를 지정한다.
(2) 광도비 : 화면과 극 인접 주변 간에는 1 : 3의 광도비가, 화면과 화면에서 먼 주위 간에는 1 : 10의 광도비가 추천된다.
(3) 화면반사 : 화면반사는 화면으로부터 정보를 읽기 어렵게 하므로 화면반사를 줄이는 방법에는 ① 창문을 가리고 ② 반사원의 위치를 바꾸고 ③ 광도를 줄이고 ④ 산란된 간접조명을 사용하는 것 등이 있다.

5) 소음기준(안전보건규칙 제512조)

(1) 소음작업

1일 8시간 작업기준으로 85데시벨(dB) 이상의 소음이 발생하는 작업

(2) 강렬한 소음작업

① 90dB 이상의 소음이 1일 8시간 이상 발생하는 작업
② 95dB 이상의 소음이 1일 4시간 이상 발생하는 작업
③ 100dB 이상의 소음이 1일 2시간 이상 발생하는 작업
④ 105dB 이상의 소음이 1일 1시간 이상 발생하는 작업
⑤ 110dB 이상의 소음이 1일 30분 이상 발생하는 작업
⑥ 115dB 이상의 소음이 1일 15분 이상 발생하는 작업

(3) 충격 소음작업

① 120dB을 초과하는 소음이 1일 1만회 이상 발생하는 작업
② 130dB을 초과하는 소음이 1일 1천회 이상 발생하는 작업
③ 140dB을 초과하는 소음이 1일 1백회 이상 발생하는 작업

2 작업환경 개선의 4원칙

1) 대체 : 유해물질을 유해하지 않은 물질로 대체
2) 격리 : 유해요인에 접촉하지 않게 격리
3) 환기 : 유해분진이나 가스 등을 환기
4) 교육 : 위험성 개선방법에 대한 교육

3 작업환경 측정대상(산업안전보건법 시행규칙)

작업환경 측정대상 유해인자에 노출되는 근로자가 있는 작업장

작업환경 측정대상 유해인자(시행규칙 별표)
1. 화학적 인자 가. 유기화합물(114종) 나. 금속류(24종) 다. 산 및 알칼리류(17종) 라. 가스상태 물질류(15종) 마. 영 제30조에 따른 허가대상 유해물질(12종) 바. 금속가공유(Metal working fluids, 1종)
2. 물리적 인자(2종) 가. 8시간 시간가중평균 80dB 이상의 소음 나. 안전보건규칙 제3편 제6장에 따른 고열
3. 분진(7종)

시스템 위험분석

SECTION 1 시스템 위험분석 및 관리

1 시스템이란

1) 요소의 집합에 의해 구성되고
2) System 상호간의 관계를 유지하면서
3) 정해진 조건 아래서
4) 어떤 목적을 위하여 작용하는 집합체

2 시스템의 안전성 확보방법

1) 위험 상태의 존재 최소화
2) 안전장치의 채용
3) 경보 장치의 채택
4) 특수 수단 개발과 표식 등의 규격화
5) 중복(Redundancy)설계
6) 부품의 단순화와 표준화
7) 인간공학적 설계와 보전성 설계

3 시스템 위험성의 분류

1) 범주(Category) Ⅰ, 무시(Negligible) : 인원의 손상이나 시스템의 성능 기능에 손상이 일어나지 않음
2) 범주(Category) Ⅱ, 한계(Marginal) : 시스템의 성능저하나 인원의 상해 또는 중대한 시스템의 손상없이 배제 또는 제거 가능
3) 범주(Category) Ⅲ, 위험(Critical) : 인원의 상해 또는 주요 시스템의 생존을 위해 즉시 시정조치 필요
4) 범주(Category) Ⅳ, 파국(Catastrophic) : 인원의 사망 또는 중상, 완전한 시스템의 손상을 일으킴

4 작업위험분석 및 표준화

1) 작업표준의 목적

(1) 작업의 효율화　　(2) 위험요인의 제거　　(3) 손실요인의 제거

2) 작업표준의 작성절차

(1) 작업의 분류정리
(2) 작업분해
(3) 작업분석 및 연구토의(동작순서와 급소를 정함)
(4) 작업표준안 작성
(5) 작업표준의 제정

3) 작업표준의 구비조건

(1) 작업의 실정에 적합할 것
(2) 표현은 구체적으로 나타낼 것
(3) 이상시의 조치기준에 대해 정해둘 것
(4) 좋은 작업의 표준일 것
(5) 생산성과 품질의 특성에 적합할 것
(6) 다른 규정 등에 위배되지 않을 것

4) 작업표준 개정시의 검토사항

(1) 작업목적이 충분히 달성되고 있는가
(2) 생산흐름에 애로가 없는가
(3) 직장의 정리정돈 상태는 좋은가
(4) 작업속도는 적당한가
(5) 위험물 등의 취급장소는 일정한가

5) 작업개선의 4단계(표준 작업을 작성하기 위한 TWI 과정의 개선 4단계)

(1) 제1단계 : 작업분해
(2) 제2단계 : 요소작업의 세부내용 검토
(3) 제3단계 : 작업분석
(4) 제4단계 : 새로운 방법 적용

6) 작업분석(새로운 작업방법의 개발원칙) E. C. R. S

(1) 제거(Eliminate)
(2) 결합(Combine)
(3) 재조정(Rearrange)
(4) 단순화(Simplify)

5 동작경제의 3원칙

1) 신체 사용에 관한 원칙

(1) 두 손의 동작은 같이 시작하고 같이 끝나도록 한다.
(2) 휴식시간을 제외하고는 양손이 동시에 쉬지 않도록 한다.
(3) 두 팔의 동작은 동시에 서로 반대방향으로 대칭적으로 움직이도록 한다.
(4) 손과 신체의 동작은 작업을 원만하게 처리할 수 있는 범위 내에서 가장 낮은 동작등급을 사용하도록 한다.
(5) 가능한 한 관성(Momentum)을 이용하여 작업을 하도록 하되 작업자가 관성을 억제하여야 하는 경우에는 발생되는 관성을 최소한으로 줄인다.
(6) 손의 동작은 부드럽고 연속적인 동작이 되도록 하며 방향이 갑작스럽게 크게 바뀌는 모양의 직선동작은 피하도록 한다.
(7) 탄도동작(Ballistic Movement)은 제한되거나 통제된 동작보다 더 신속하고 용이하며 정확하다.(탄도동작의 예로 숙련된 목수가 망치로 못을 박을 때 망치 궤적이 수평선 상의 직선이 아니고 포물선을 그리면서 작업을 하는 동작을 들 수 있다)
(8) 가능하면 쉽고 자연스러운 리듬이 작업동작에 생기도록 작업을 배치한다.
(9) 눈의 초점을 모아야 작업을 할 수 있는 경우는 가능하면 없애고 이것이 불가피할 경우에는 눈의 초점이 모아지는 서로 다른 두 작업지침 간의 거리를 짧게 한다.

2) 작업장 배치에 관한 원칙

(1) 모든 공구나 재료는 정해진 위치에 있도록 한다.
(2) 공구, 재료 및 제어장치는 사용위치에 가까이 두도록 한다.(정상작업영역, 최대작업영역)
(3) 중력이송원리를 이용한 부품상자(Gravity feed bath)나 용기를 이용하여 부품을 부품사용장소에 가까이 보낼 수 있도록 한다.
(4) 가능하다면 낙하식 운반(Drop Delivery)방법을 사용한다.
(5) 공구나 재료는 작업동작이 원활하게 수행되도록 그 위치를 정해준다.
(6) 작업자가 잘 보면서 작업을 할 수 있도록 적절한 조명을 비추어 준다.

(7) 작업자가 작업 중 자세의 변경, 즉 앉거나 서는 것을 임의로 할 수 있도록 작업대와 의자높이가 조정되도록 한다.
(8) 작업자가 좋은 자세를 취할 수 있도록 높이가 조절되는 좋은 디자인의 의자를 제공한다.

3) 공구 및 설비 설계(디자인)에 관한 원칙

(1) 치구나 족답장치(Foot-operated Device)를 효과적으로 사용할 수 있는 작업에서는 이러한 장치를 사용하도록 하여 양손이 다른 일을 할 수 있도록 한다.
(2) 가능하면 공구 기능을 결합하여 사용하도록 한다.
(3) 공구와 자세는 가능한 한 사용하기 쉽도록 미리 위치를 잡아준다(Pre-position)
(4) (타자 칠 때와 같이) 각 손가락이 서로 다른 작업을 할 때에는 작업량을 각 손가락의 능력에 맞게 분배해야 한다.
(5) 레버(Lever), 핸들 그리고 제어장치는 작업자가 몸의 자세를 크게 바꾸지 않더라도 조작하기 쉽도록 배열한다.

SECTION 2 시스템 위험분석기법

1 PHA(예비위험 분석, Preliminary Hazards Analysis)

시스템 내의 위험요소가 얼마나 위험상태에 있는가를 평가하는 시스템안전프로그램의 최초단계의 분석 방식(정성적)

□ PHA에 의한 위험등급

Class－1 : 파국(Catastrophic)　　Class－2 : 중대(Critical)
Class－3 : 한계적(Marginal)　　Class－4 : 무시가능(Negligible)

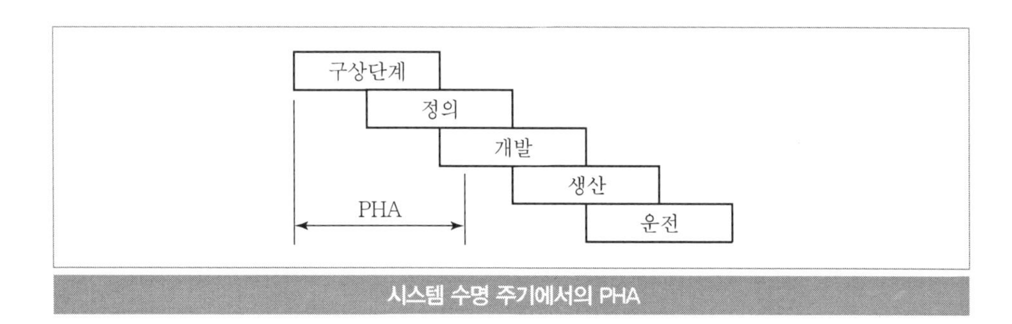

시스템 수명 주기에서의 PHA

2 FHA(결함위험분석, Fault Hazards Analysis)

분업에 의해 여럿이 분담 설계한 서브시스템 간의 인터페이스를 조정하여 각각의 서브시스템 및 전체 시스템에 악영향을 미치지 않게 하기 위한 분석방법

1) FHA의 기재사항

(1) 구성요소 명칭
(2) 구성요소 위험방식
(3) 시스템 작동방식
(4) 서브시스템에서의 위험영향
(5) 서브시스템, 대표적 시스템 위험영향
(6) 환경적 요인
(7) 위험영향을 받을 수 있는 2차 요인
(8) 위험수준
(9) 위험관리

프로그램 : 시스템 :

#1 구성 요소 명칭	#2 구성 요소 위험 방식	#3 시스템 작동 방식	#4 서브시스템에서 위험 영향	#5 서브시스템, 대표적 시스템 위험영향	#6 환경적 요인	#7 위험영향을 받을 수 있는 2차 요인	#8 위험 수준	#9 위험 관리

3 FMEA(고장형태와 영향분석법)(Failure Mode and Effect Analysis)

시스템에 영향을 미치는 모든 요소의 고장을 형별로 분석하고 그 고장이 미치는 영향을 분석하는 방법으로 치명도 해석(CA)을 추가할 수 있음(귀납적, 정성적)

1) 특징

(1) FTA보다 서식이 간단하고 적은 노력으로 분석이 가능
(2) 논리성이 부족하고, 특히 각 요소 간의 영향을 분석하기 어렵기 때문에 동시에 두 가지 이상의 요소가 고장 날 경우에 분석이 곤란함
(3) 요소가 물체로 한정되어 있기 때문에 인적 원인을 분석하는 데는 곤란함

2) 시스템에 영향을 미치는 고장형태

(1) 폐로 또는 폐쇄된 고장
(2) 개로 또는 개방된 고장
(3) 기동 및 정지의 고장
(4) 운전계속의 고장
(5) 오동작

3) 순서

(1) 1단계 : 대상시스템의 분석

① 기본방침의 결정
② 시스템의 구성 및 기능의 확인
③ 분석레벨의 결정
④ 기능별 블록도와 신뢰성 블록도 작성

(2) 2단계 : 고장형태와 그 영향의 해석

① 고장형태의 예측과 설정
② 고장형태에 대한 추정원인 열거
③ 상위 아이템의 고장영향의 검토
④ 고장등급의 평가

(3) 3단계 : 치명도 해석과 그 개선책의 검토

① 치명도 해석
② 해석결과의 정리 및 설계개선으로 제안

4) 고장등급의 결정

(1) 고장 평점법

$$C = (C_1 \times C_2 \times C_3 \times C_4 \times C_5)^{\frac{1}{5}}$$

여기서, C_1 : 기능적 고장의 영향의 중요도
C_2 : 영향을 미치는 시스템의 범위
C_3 : 고장발생의 빈도
C_4 : 고장방지의 가능성
C_5 : 신규 설계의 정도

(2) 고장등급의 결정

① 고장등급 Ⅰ(치명고장) : 임무수행 불능, 인명손실(설계변경 필요)
② 고장등급 Ⅱ(중대고장) : 임무의 중대부분 미달성(설계의 재검토 필요)
③ 고장등급 Ⅲ(경미고장) : 임무의 일부 미달성(설계변경 불필요)
④ 고장등급 Ⅳ(미소고장) : 영향없음(설계변경 불필요)

5) FMEA 서식

1.항목	2.기능	3.고장의 형태	4.고장반응 시간	5.사명 또는 운용단계	6.고장의 영향	7.고장의 발견방식	8.시정활동	9.위험성분류	10.소견

(1) 고장의 영향분류

영향	발생확률
실제의 손실	$\beta = 1.00$
예상되는 손실	$0.10 \leq \beta < 1.00$
가능한 손실	$0 < \beta < 0.10$
영향 없음	$\beta = 0$

FMEA에서 고장의 발생확률을 β라 하고, β의 값이 $0 < \beta < 0.10$일 때 고장의 영향은 어떻게 분류되는가?

➡ 가능한 손실

(2) FMEA의 위험성 분류의 표시

① Category 1 : 생명 또는 가옥의 상실
② Category 2 : 사명(작업) 수행의 실패
③ Category 3 : 활동의 지연
④ Category 4 : 영향 없음

4 ETA(Event Tree Analysis)

정량적, 귀납적 기법으로 DT에서 변천해 온 것으로 설비의 설계, 심사, 제작, 검사, 보전, 운전, 안전대책의 과정에서 그 대응조치가 성공인가 실패인가를 확대해 가는 과정을 검토

5 CA(Criticality Analysis, 위험성 분석법)

고장이 직접 시스템의 손해와 인원의 사상에 연결되는 높은 위험도를 가지는 경우에 위험도를 가져오는 요소 또는 고장의 형태에 따른 분석(정량적 분석)하는 것. 항공기의 안전성 평가에 널리 사용되는 기법으로서 각 중요 부품의 고장률, 운용형태, 보정계수, 사용시간비율 등을 고려하여 정량적, 귀납적으로 부품의 위험도를 평가하는 분석기법

위험분석기법 중 높은 고장 등급을 갖고 고장모드가 기기 전체의 고장에 어느 정도 영향을 주는가를 정량적으로 평가하는 해석기법은?

➡ CA

6 THERP(인간과오율 추정법, Techanique of Human Error Rate Prediction)

확률론적 안전기법으로서 인간의 과오에 기인된 사고원인을 분석하기 위하여 100만 운전시간당 과오도수를 기본 과오율로 하여 인간의 기본 과오율을 평가하는 기법

1) 인간 실수율(HEP) 예측 기법
2) 사건들을 일련의 Binary 의사결정 분기들로 모형화해서 예측
3) 나무를 통한 각 경로의 확률 계산

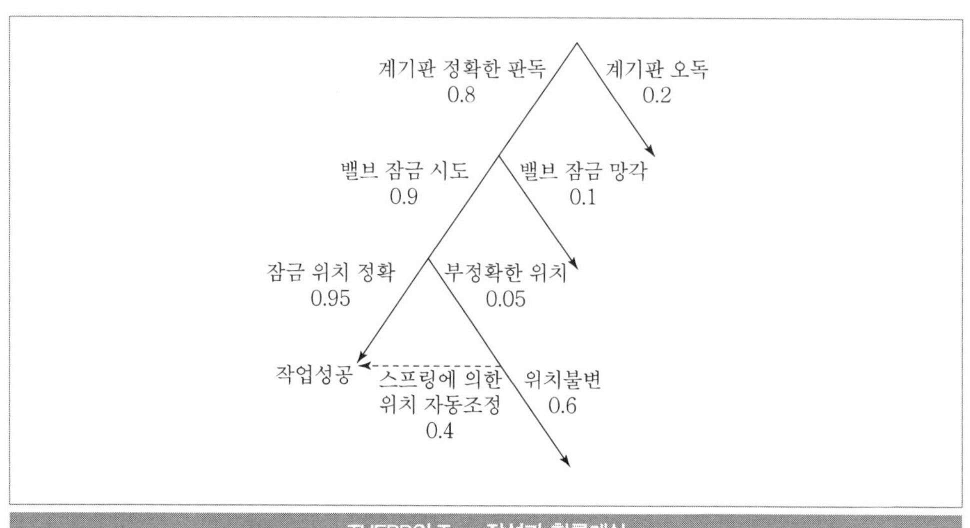

THERP의 Tree 작성과 확률계산

7 MORT(Management Oversight and Risk Tree)

FTA와 같은 논리기법을 이용하여 관리, 설계, 생산, 보전 등에 대해서 광범위하게 안전성을 확보하기 위한 기법(원자력 산업에 이용, 미국의 W. G. Johnson에 의해 개발)

1970년 이후 미국의 W. G. Johnson에 의해 개발된 최신 시스템 안전 프로그램으로서 원자력 산업의 고도 안전달성을 위해 개발된 분석기법이다. 관리, 설계, 생산, 보전 등 광범위한 안전을 도모하기 위하여 개발된 분석기법은?

➡ MORT

8 FTA(결함수분석법, Fault Tree Analysis)

기계, 설비 또는 Man-machine 시스템의 고장이나 재해의 발생요인을 논리적 도표에 의하여 분석하는 정량적, 연역적 기법

9 O&SHA(Operation and Support Hazard Analysis)

시스템의 모든 사용단계에서 생산, 보전, 시험, 저장, 구조 훈련 및 폐기 등에 사용되는 인원, 순서, 설비에 대한 위험을 평가하고 안전요건을 결정하기 위한 해석방법(운영 및 지원 위험해석)

생산, 보전, 시험, 운반, 저장, 비상탈출 등에 사용되는 인원, 설비에 관하여 위험을 동정(同定)하고 제어하며, 그들의 안전요건을 결정하기 위하여 실시하는 분석기법은?

➡ 운용 및 지원 위험분석(O&SHA)

10 DT(Decision Tree)

요소의 신뢰도를 이용하여 시스템의 신뢰도를 나타내는 시스템 모델의 하나로 귀납적이고 정량적인 분석방법

11 위험성 및 운전성 검토(Hazard and Operability Study)

1) 위험 및 운전성 검토(HAZOP)

각각의 장비에 대해 잠재된 위험이나 기능저하, 운전, 잘못 등과 전체로서의 시설에 결과적으로 미칠 수 있는 영향 등을 평가하기 위해서 공정이나 설계도 등에 체계적이고 비판적인 검토를 행하는 것을 말한다.

2) 위험 및 운전성 검토의 성패를 좌우하는 요인

(1) 팀의 기술능력과 통찰력
(2) 사용된 도면, 자료 등의 정확성
(3) 발견된 위험의 심각성을 평가할 때 팀의 균형감각 유지 능력
(4) 이상(Deviation), 원인(Cause), 결과(Consequence)들을 발견하기 위해 상상력을 동원하는 데 보조수단으로 사용할 수 있는 팀의 능력

3) 위험 및 운전성 검토절차

(1) 1단계 : 목적의 범위 결정
(2) 2단계 : 검토팀의 선정
(3) 3단계 : 검토 준비
(4) 4단계 : 검토 실시
(5) 5단계 : 후속 조치 후 결과기록

4) 위험 및 운전성 검토목적

(1) 기존시설(기계설비 등)의 안전도 향상
(2) 설비 구입 여부 결정
(3) 설계의 검사
(4) 작업수칙의 검토
(5) 공장 건설 여부와 건설장소의 결정

5) 위험 및 운전성 검토 시 고려해야 할 위험의 형태

(1) 공장 및 기계설비에 대한 위험
(2) 작업 중인 인원 및 일반대중에 대한 위험
(3) 제품 품질에 대한 위험
(4) 환경에 대한 위험

6) 위험을 억제하기 위한 일반적인 조치사항

(1) 공정의 변경(원료, 방법 등)
(2) 공정 조건의 변경(압력, 온도 등)
(3) 설계 외형의 변경
(4) 작업방법의 변경
위험 및 운전성 검토를 수행하기 가장 좋은 시점은 설계완료 단계로서 설계가 상당히 구체화된 시점이다.

7) 유인어(Guide Words)

간단한 용어로서 창조적 사고를 유도하고 자극하여 이상을 발견하고 의도를 한정하기 위하여 사용되는 것

(1) NO 또는 NOT : 설계의도의 완전한 부정
(2) MORE 또는 LESS : 양(압력, 반응, 온도 등)의 증가 또는 감소
(3) AS WELL AS : 성질상의 증가(설계의도와 운전조건의 어떤 부가적인 행위)와 함께 일어남
(4) PART OF : 일부변경, 성질상의 감소(어떤 의도는 성취되나 어떤 의도는 성취되지 않음)
(5) REVERSE : 설계의도의 논리적인 역
(6) OTHER THAN : 완전한 대체(통상 운전과 다르게 되는 상태)

CheckPoint

다음 중 위험 및 운전성 검토(HAZOP)에서 "성질상의 감소"를 나타내는 가이드 워드는?

① MORE LESS ② OTHER THAN
③ AS WELL AS ✔④ PART OF

시스템 안전해석방법 중 "HAZOP"에서 "완전 대체"를 의미하는 유인어는?

① NOT ② REVERSE
③ PART OF ✔④ OTHER THAN

CHAPTER 06 PART 02 인간공학 및 시스템안전공학

결함수분석법

SECTION 1 결함수분석법(FTA ; Fault Tree Analysis)

1 FTA의 정의 및 특징

1) FTA(Fault Tree Analysis) 정의

시스템의 고장을 논리게이트로 찾아가는 연역적, 정성적, 정량적 분석기법

(1) 1962년 미국 벨 연구소의 H. A. Watson에 의해 개발된 기법으로 최초에는 미사일 발사사고를 예측하는 데 활용해오다 점차 우주선, 원자력산업, 산업안전 분야에 소개

(2) 시스템의 고장을 발생시키는 사상(Event)과 그 원인과의 관계를 논리기호(AND 게이트, OR 게이트 등)를 활용하여 나뭇가지 모양(Tree)의 고장 계통도를 작성하고 이를 기초로 시스템의 고장확률을 구한다.

2) 특징

(1) Top down 형식(연역적)
(2) 정량적 해석기법(컴퓨터 처리가 가능)
(3) 논리기호를 사용한 특정사상에 대한 해석
(4) 서식이 간단해서 비전문가도 짧은 훈련으로 사용할 수 있다.
(5) Human Error의 검출이 어렵다.

CheckPoint

FTA방법의 특징이 아닌 것은?

✔ Bottom Up 형식 ② Top down 형식
③ 특정사상에 대한 해석 ④ 논리기호를 사용한 해석

3) FTA의 기본적인 가정

(1) 중복사상은 없어야 한다.
(2) 기본사상들의 발생은 독립적이다.
(3) 모든 기본사상은 정상사상과 관련되어 있다.

4) FTA의 기대효과

(1) 사고원인 규명의 간편화
(2) 사고원인 분석의 일반화
(3) 사고원인 분석의 정량화
(4) 노력, 시간의 절감
(5) 시스템의 결함진단
(6) 안전점검 체크리스트 작성

2 FTA에 사용되는 논리기호 및 사상기호

번호	기호	명칭	설명
1	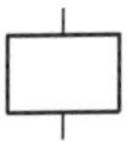	결함사상(사상기호)	개별적인 결함사상
2		기본사상(사상기호)	더 이상 전개되지 않는 기본사상
3		기본사상(사상기호)	인간의 실수
4	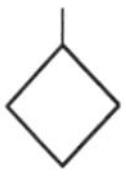	생략사상(최후사상)	정보부족, 해석기술 불충분으로 더 이상 전개할 수 없는 사상
5	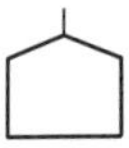	통상사상(사상기호)	통상발생이 예상되는 사상
6	 (IN)	전이기호	FT도 상에서 부분에의 이행 또는 연결을 나타낸다. 삼각형 정상의 선은 정보의 전입을 뜻한다.
7	 (OUT)	전이기호	FT도 상에서 다른 부분에의 이행 또는 연결을 나타낸다. 삼각형 옆의 선은 정보의 전출을 뜻한다.

번호	기호	명칭	설명
8	출력 입력	AND게이트(논리기호)	모든 입력사상이 공존할 때 출력사상이 발생한다.
9	출력 입력	OR게이트(논리기호)	입력사상 중 어느 하나가 존재할 때 출력사상이 발생한다.
10	입력 출력	수정게이트	입력사상에 대하여 게이트로 나타내는 조건을 만족하는 경우에만 출력사상이 발생
11	Ai Aj Ak 순으로	우선적 AND 게이트	입력사상 중 어떤 현상이 다른 현상보다 먼저 일어날 경우에만 출력사상이 발생
12	Ai, Aj, Ak / Ai Aj Ak	조합 AND 게이트	3개 이상의 입력현상 중 2개가 일어나면 출력현상이 발생
13	동시발생	배타적 OR 게이트	OR 게이트로 2개 이상의 입력이 동시에 존재할 때는 출력사상이 생기지 않는다.
14	위험 지속 시간	위험지속 AND 게이트	입력현상이 생겨서 어떤 일정한 기간이 지속될 때에 출력이 생긴다.
15	동시발생 안 한다.	배타적 OR 게이트	OR 게이트지만 2개 또는 2 이상의 입력이 동시에 존재하는 경우에는 생기지 않는다.
16	$\bar{A}$	부정 게이트 (Not 게이트)	부정 모디파이어(Not modifier)라고도 하며 입력현상의 반대현상이 출력된다.
17	out put(F) P in put	억제 게이트 (Inhibit 게이트)	하나 또는 하나 이상의 입력(Input)이 True이면 출력(Output)이 True가 되는 게이트

3 FTA의 순서 및 작성방법

1) FTA의 실시순서

(1) 대상으로 한 시스템의 파악

(2) 정상사상의 선정

(3) FT도의 작성과 단순화

(4) 정량적 평가

① 재해발생 확률 목표치 설정
② 실패 대수 표시
③ 고장발생 확률과 인간에러 확률
④ 재해발생 확률계산
⑤ 재검토

(5) 종결(평가 및 개선권고)

2) FTA에 의한 재해사례 연구순서(D. R. Cheriton)

(1) Top 사상의 선정
(2) 사상마다의 재해원인 규명
(3) FT도의 작성
(4) 개선계획의 작성

FTA에 의한 재해사례 연구순서 중 제1단계는?

① FT도의 작성
② 개선 계획의 작성
③ 톱(TOP) 사상의 선정 ✔
④ 사상의 재해 원인의 규명

4 컷셋 및 패스셋

1) 컷셋(Cut Set) : 정상사상을 발생시키는 기본사상의 집합으로 그 안에 포함되는 모든 기본사상이 발생할 때 정상사상을 발생시키는 기본사상의 집합
2) 패스셋(Path Set) : 포함되어 있는 모든 기본사상이 일어나지 않을 때 처음으로 정상사상이 일어나지 않는 기본사상의 집합

SECTION 2 정성적, 정량적 분석

1 확률사상의 계산

1) 논리곱의 확률(독립사상)

$A(x_1 \cdot x_2 \cdot x_3) = Ax_1 \cdot Ax_2 \cdot Ax_3$

$G_1 =$ ① × ② $= 0.2 \times 0.1 = 0.02$

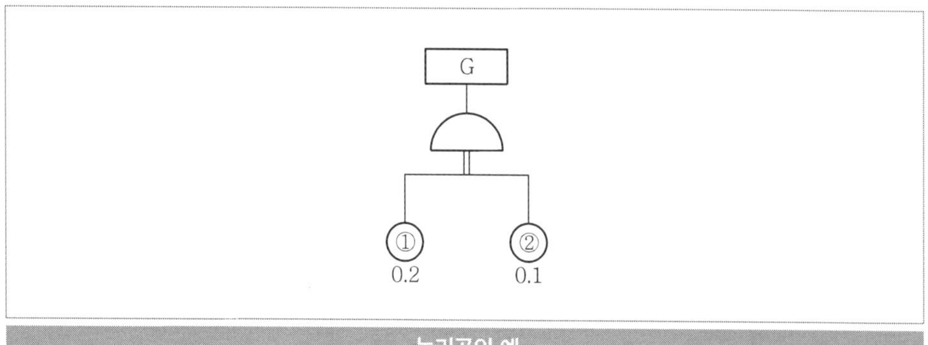

논리곱의 예

2) 논리합의 확률(독립사상)

$A(x_1 + x_2 + x_3) = 1 - (1 - Ax_1)(1 - Ax_2)(1 - Ax_3)$

3) 불 대수의 법칙

(1) 동정법칙 : $A + A = A$, $AA = A$

(2) 교환법칙 : $AB = BA$, $A + B = B + A$

(3) 흡수법칙 : $A(AB) = (AA)B = AB$

$A + AB = A \cup (A \cap B) = (A \cup A) \cap (A \cup B) = A \cap (A \cup B) = A$

$\overline{A \cdot B} = \overline{A} + \overline{B}$

(4) 분배법칙 : $A(B + C) = AB + AC$, $A + (BC) = (A + B) \cdot (A + C)$

(5) 결합법칙 : $A(BC) = (AB)C$, $A + (B + C) = (A + B) + C$

(6) 기타 : $A \cdot 0 = 0$, $A + 1 = 1$, $A \cdot 1 = A$, $A + \overline{A} = 1$, $A \cdot \overline{A} = 0$

4) 드 모르간의 법칙

(1) $\overline{A+B}=\overline{A}\cdot\overline{B}$

(2) $A+\overline{A}\cdot B=A+B$

①의 발생확률은 0.3

②의 발생확률은 0.4

③의 발생확률은 0.3

④의 발생확률은 0.5

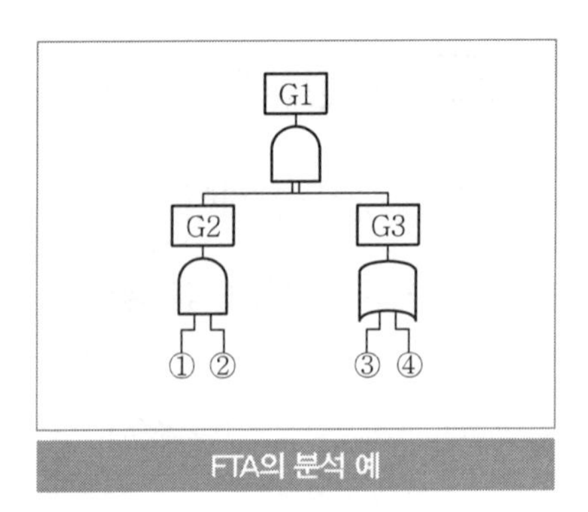

FTA의 분석 예

$G_1=G_2\times G_3$

$=①\times②\times[1-(1-③)(1-④)]$

$=0.3\times0.4\times[1-(1-0.3)(1-0.5)]=0.078$

2 미니멀 컷셋과 미니멀 패스셋

1) 컷셋과 미니멀 컷셋 : 컷이란 그 속에 포함되어 있는 모든 기본사상이 일어났을 때 정상사상을 일으키는 기본사상의 집합을 말하며 미니멀 컷셋은 정상사상을 일으키기 위한 필요 최소한의 컷을 말한다. 즉 미니멀 컷셋은 컷셋 중에 타 컷셋을 포함하고 있는 것을 배제하고 남은 컷셋들을 의미한다.(시스템의 위험성 또는 안전성을 말함)
2) 패스셋과 미니멀 패스셋 : 패스란 그 속에 포함되어 있는 기본사상이 일어나지 않을 때 처음으로 정상사상이 일어나지 않는 기본사상의 집합으로서 미니멀 패스셋은 그 필요한 최소한의 컷을 말한다.(시스템의 신뢰성을 말함)

3 미니멀 컷셋 구하는 법

1) 정상사상에서 차례로 하단의 사상으로 치환하면서 AND 게이트는 가로로 OR 게이트는 세로로 나열한다.
2) 중복사상이나 컷을 제거하면 미니멀 컷셋이 된다.

$$T=A_1\cdot A_2=(X_1\cdot X_2)\cdot A_2=\begin{matrix}X_1\ X_2\ X_3\\X_1\ X_2\ X_4\end{matrix}$$

즉 컷셋은$(X_1\ X_2\ X_3)$, $(X_1\ X_2\ X_4)$

미니멀 컷셋은 $(X_1\ X_2\ X_3)$

또는 $(X_1\ X_2\ X_4)$ 중 1개이다.

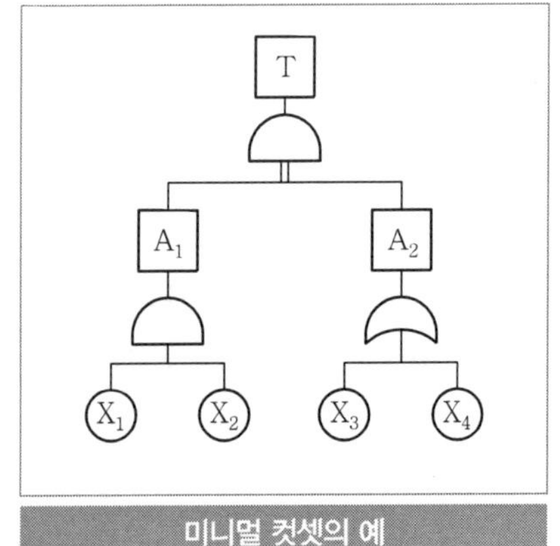

미니멀 컷셋의 예

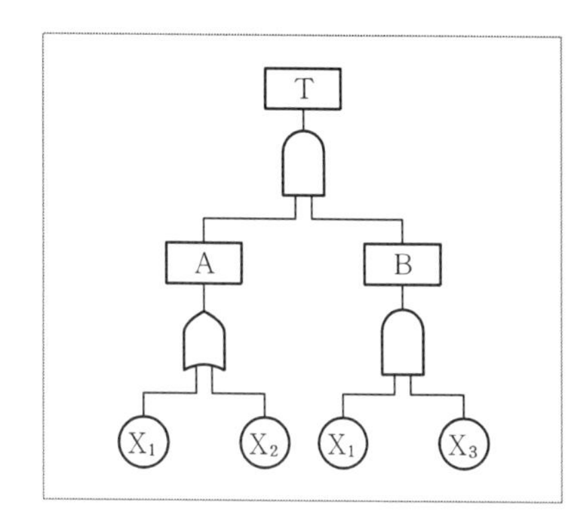

$$T = A \cdot B = \begin{matrix} X_1 \\ X_2 \end{matrix} \cdot B = \begin{matrix} X_1\ X_1\ X_3 \\ X_1\ X_2\ X_3 \end{matrix}$$

즉, 컷셋은 (X_1 X_3), (X_1 X_2 X_3) 미니멀 컷셋은 (X_1 X_3)이다.

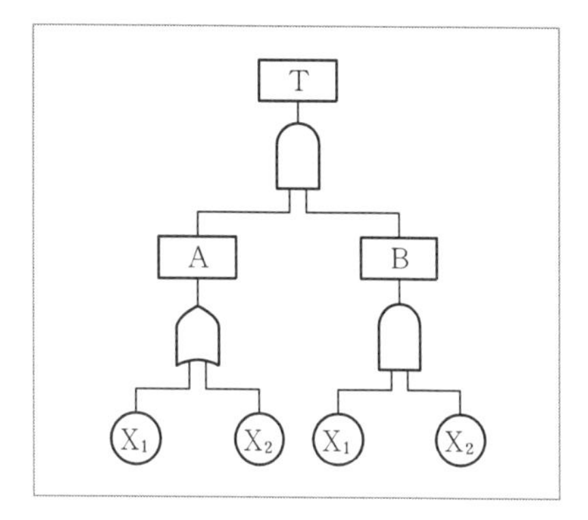

$$T = A \cdot B = \begin{matrix} X_1 \\ X_2 \end{matrix} \cdot B = \begin{matrix} X_1\ X_1\ X_2 \\ X_2\ X_1\ X_2 \end{matrix}$$

즉, 컷셋이 미니멀 컷셋과 동일하며 (X_1 X_2)이다.

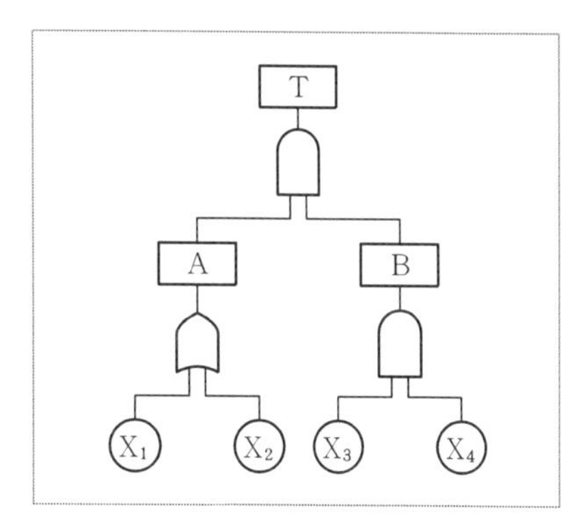

$$T = A \cdot B = \begin{matrix} X_1 \\ X_2 \end{matrix} \cdot B = \begin{matrix} X_1\ X_3\ X_4 \\ X_2\ X_3\ X_4 \end{matrix}$$

즉, 컷셋은 (X_1 X_3 X_4), (X_2 X_3 X_4) 미니멀 컷셋은 (X_1 X_3 X_4) 또는 (X_2 X_3 X_4) 중 1개이다.

CHAPTER 07 안전성 평가

SECTION 1 안전성 평가의 개요

1 정의

설비나 제품의 제조, 사용 등에 있어 안전성을 사전에 평가하고 적절한 대책을 강구하기 위한 평가행위

2 안전성 평가의 종류

1) 테크놀로지 어세스먼트(Technology Assessment) : 기술 개발과정에서의 효율성과 위험성을 종합적으로 분석, 판단하는 프로세스
2) 세이프티 어세스먼트(Safety Assessment) : 인적, 물적 손실을 방지하기 위한 설비 전 공정에 걸친 안전성 평가
3) 리스크 어세스먼트(Risk Assessment) : 생산활동에 지장을 줄 수 있는 리스크(Risk)를 파악하고 제거하는 활동
4) 휴먼 어세스먼트(Human Assessment)

3 안전성 평가 6단계

1) 제1단계 : 관계자료의 정비검토

(1) 입지조건
(2) 화학설비 배치도
(3) 제조공정 개요
(4) 공정 계통도
(5) 안전설비의 종류와 설치장소

2) 제2단계 : 정성적 평가(안전확보를 위한 기본적인 자료의 검토)

(1) 설계관계 : 공장 내 배치, 소방설비, 공장의 입지조건 등
(2) 운전관계 : 원재료, 운송, 저장 등

3) 제3단계 : 정량적 평가(재해중복 또는 가능성이 높은 것에 대한 위험도 평가)

(1) 평가항목(5가지 항목)

① 물질 ② 온도 ③ 압력 ④ 용량 ⑤ 조작

(2) 화학설비 정량평가 등급

① 위험등급Ⅰ : 합산점수 16점 이상
② 위험등급Ⅱ : 합산점수 11~15점
③ 위험등급Ⅲ : 합산점수 10점 이하

4) 제4단계 : 안전대책

(1) 설비대책 : 10종류의 안전장치 및 방재 장치에 관해서 대책을 세운다.
(2) 관리적 대책 : 인원배치, 교육훈련 등에 관해서 대책을 세운다.

5) 제5단계 : 재해정보에 의한 재평가

6) 제6단계 : FTA에 의한 재평가

위험등급Ⅰ(16점 이상)에 해당하는 화학설비에 대해 FTA에 의한 재평가 실시

CheckPoint

FTA에서 시스템의 안정성을 정량적으로 평가할 때, 이 평가에 포함되는 5개 항목에 대한 위험점수가 합산해서 몇 점 이상이면 FTA를 다시 하게 되는가?
➡ 16점 이상

화학설비에 대한 안전성 평가방법 중 공장의 입지조건이나 공장 내 배치에 관한 사항은 어느 단계에서 하는가?
➡ 정성적 평가

4 안전성 평가 4가지 기법

1) 위험의 예측평가(Layout의 검토)
2) 체크리스트(Check-list)에 의한 방법
3) 고장형태와 영향분석법(FMEA법)
4) 결함수분석법(FTA법)

5 기계, 설비의 레이아웃(Lay Out)의 원칙

1) 이동거리를 단축하고 기계배치를 집중화한다.
2) 인력활동이나 운반작업을 기계화한다.
3) 중복부분을 제거한다.
4) 인간과 기계의 흐름을 라인화한다.

6 화학설비의 안전성 평가

1) 화학설비 정량평가 위험등급 I 일 때의 인원배치

(1) 긴급 시 동시에 다른 장소에서 작업을 행할 수 있는 충분한 인원을 배치
(2) 법정 자격자를 복수로 배치하고 관리 밀도가 높은 인원배치

2) 화학설비 안전성평가에서 제2단계 정성적 평가 시 입지 조건에 대한 주요 진단항목

(1) 지평은 적절한가, 지반은 연약하지 않은가, 배수는 적당한가?
(2) 지진, 태풍 등에 대한 준비는 충분한가?
(3) 물, 전기, 가스 등의 사용설비는 충분히 확보되어 있는가?
(4) 철도, 공항, 시가지, 공공시설에 관한 안전을 고려하고 있는가?
(5) 긴급 시에 소방서, 병원 등의 방제 구급기관의 지원체제는 확보되어 있는가?

SECTION 2 신뢰도 및 안전도 계산

1 신뢰도

체계 혹은 부품이 주어진 운용조건하에서 의도되는 사용기간 중에 의도한 목적에 만족스럽게 작동할 확률

2 기계의 신뢰도

$$R = e^{-\lambda t} = e^{-t/t_0}$$

여기서, λ : 고장률, t : 가동시간, t_0 : 평균수명

예 1시간 가동 시 고장발생확률이 0.004일 경우

① 평균고장간격(MTBF) = $1/\lambda = 1/0.004 = 250$(hr)

② 10시간 가동시 신뢰도 : $R(t) = e^{-\lambda t} = e^{-0.004 \times 10} = e^{-0.04}$

③ 고장 발생확률 : $F(t) = 1 - R(t)$

어떤 전자기기의 수명은 지수분포를 따르며, 그 평균 수명은 10,000시간이라고 한다. 이 기기를 연속적으로 사용할 경우 10,000시간 동안 고장없이 작동할 확률은?

➡ $R = e^{-\lambda t} = e^{-t/t_0} = e^{-10,000/10,000} = e^{-1}$ (λ: 고장률, t: 가동시간, t_0: 평균수명)

3 고장률의 유형

1) 초기고장(감소형)

제조가 불량하거나 생산과정에서 품질관리가 안 돼 생기는 고장

(1) 디버깅(Debugging) 기간 : 결함을 찾아내어 고장률을 안정시키는 기간

(2) 번인(Burn-in) 기간 : 장시간 움직여보고 그동안에 고장난 것을 제거시키는 기간

고장형태 중 감소형은 어느 고장기간에 나타나는가?

➡ 초기 고장기간

2) 우발고장(일정형)

실제 사용하는 상태에서 발생하는 고장으로 예측할 수 없는 랜덤의 간격으로 생기는 고장

신뢰도 : $R(t) = e^{-\lambda t}$

(평균수명이 t_0인 요소가 t 시간 동안 고장을 일으키지 않을 확률)

어떤 부품의 고장확률 밀도함수는 평균 고장률이 시간당 10^{-3}인 지수분포를 따르고 있다. 이 부품을 2,000시간 작동시켰을 때의 신뢰도는 얼마인가?

$R = e^{-\lambda t} = e^{-(10^{-3} \times 2 \times 10^{3})} = e^{-2} = 0.135$

3) 마모고장(증가형)

설비 또는 장치가 수명을 다하여 생기는 고장

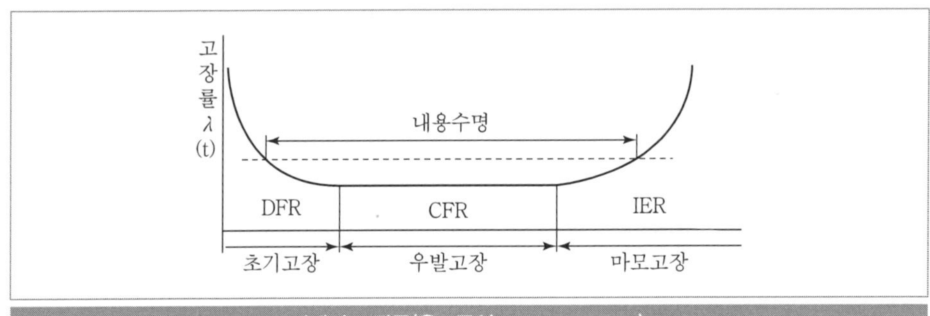

기계의 고장률(욕조곡선, Bathtub curve)

4 인간-기계 통제 시스템의 유형 4가지

1) Fail Safe
2) Lock System
3) 작업자 제어장치
4) 비상 제어장치

5 Lock System의 종류

1) Interlock System : 기계 설계 시 불안전한 요소에 대하여 통제를 가한다.
2) Intralock System : 인간의 불안전한 요소에 대하여 통제를 가한다.
3) Translock System : Interlock과 Intralock 사이에 두어 불안전한 요소에 대하여 통제를 가한다.

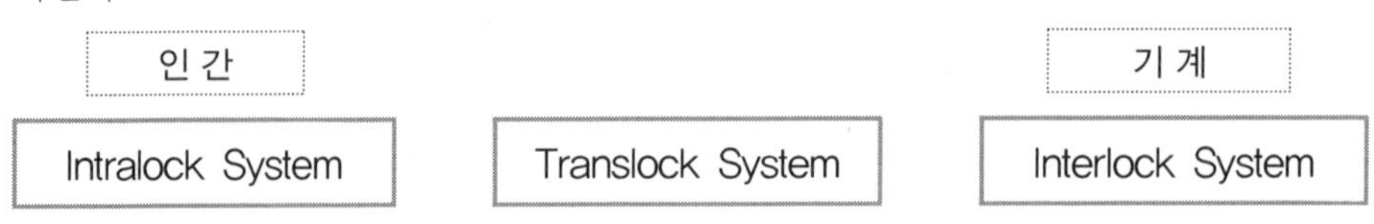

6 백업 시스템

1) 인간이 작업하고 있을 때에 발생하는 위험 등에 대해서 경고를 발하여 지원하는 시스템을 말한다.
2) 구체적으로 경보 장치, 감시 장치, 감시인 등을 말한다.
3) 공동작업의 경우나 작업자가 언제나 위치를 이동하면서 작업을 하는 경우에도 백업의 필요유무를 검토하면 된다.
4) 비정상 작업의 작업지휘자는 백업을 겸하고 있다고 생각할 수 있지만 외부로부터 침입해 오는 위험 등 기타 감지하기 어려운 위험이 존재할 우려가 있는 경우는 특히 백업시스템을 구비할 필요가 있다.
5) 백업에 의한 경고는 청각에 의한 호소가 좋으며, 필요에 따라서 점멸 램프 등 시각에 호소하는 것을 병용하면 좋다.

7 시스템 안전관리업무를 수행하기 위한 내용

1) 다른 시스템 프로그램 영역과의 조정
2) 시스템 안전에 필요한 사람의 동일성의 식별
3) 시스템 안전에 대한 목표를 유효하게 실현하기 위한 프로그램의 해석검토
4) 안전활동의 계획 조직 및 관리

8 인간에 대한 Monitoring 방식

1) 셀프 모니터링(Self Monitoring) 방법(자기감지) : 자극, 고통, 피로, 권태, 이상감각 등의 지각에 의해서 자신의 상태를 알고 행동하는 감시방법이다. 이것은 그 결과를 동작자 자신이나 또는 모니터링 센터(Monitoring Center)에 전달하는 두 가지 경우가 있다.
2) 생리학적 모니터링(Monitoring) 방법 : 맥박수, 체온, 호흡 속도, 혈압, 뇌파 등으로 인간 자체의 상태를 생리적으로 모니터링하는 방법이다.
3) 비주얼 모니터링(Visual Monitoring) 방법(시각적 감지) : 작업자의 태도를 보고 작업자의 상태를 파악하는 방법이다.(졸리는 상태는 생리학적으로 분석하는 것보다 태도를 보고 상태를 파악하는 것이 쉽고 정확하다)
4) 반응에 의한 모니터링(Monitoring) 방법 : 자극(청각 또는 시각에 의한 자극)을 가하여 이에 대한 반응을 보고 정상 또는 비정상을 판단하는 방법이다.
5) 환경의 모니터링(Monitoring) 방법 : 간접적인 감시방법으로서 환경조건의 개선으로 인체의 안락과 기분을 좋게 하여 정상작업을 할 수 있도록 만드는 방법이다.

9 Fail safe 정의 및 기능면 3단계

1) 정의

(1) 기계나 그 부품에 고장이나 기능불량이 생겨도 항상 안전을 유지하는 구조와 기능
(2) 인간 또는 기계의 과오나 오작동이 있어도 사고 및 재해가 발생하지 않도록 2중, 3중으로 안전장치를 한 시스템(System)

2) Fail safe의 종류

(1) 다경로 하중구조　　(2) 하중경감구조
(3) 교대구조　　(4) 중복구조

3) Fail safe의 기능분류

(1) Fail passive(자동감지) : 부품이 고장나면 통상 정지하는 방향으로 이동
(2) Fail active(자동제어) : 부품이 고장나면 기계는 경보를 울리며 짧은 시간 동안 운전이 가능
(3) Fail operational(차단 및 조정) : 부품에 고장이 있더라도 추후 보수가 있을 때까지 안전한 기능을 유지

CheckPoint

근원적 안전대책 중 부품의 고장이 있더라도 기계는 다음의 보수가 이루어질 때까지 안전한 기능을 유지하도록 하는 것을 무엇이라고 하는가?
Fail－Operational

페일세이프(Fail Safe)의 기능적 분류 중 고장나면 바로 정지하도록 설계된 것은 어느 것인가?
Fail Passive(자동감지)

4) Fail safe의 예

(1) 승강기 정전시 마그네틱 브레이크가 작동하여 운전을 정지시키는 경우와 정격속도 이상의 주행시 조속기가 작동하여 긴급정지시키는 것
(2) 석유난로가 일정각도 이상 기울어지면 자동적으로 불이 꺼지도록 소화기구를 내장시킨 것
(3) 한쪽 밸브 고장시 다른 쪽 브레이크의 압축공기를 배출시켜 급정지시키도록 한 것

10 풀 프루프(Fool proof)

1) 정의

기계장치 설계단계에서 안전화를 도모하는 것으로 근로자가 기계 등의 취급을 잘못해도 사고로 연결되는 일이 없도록 하는 안전기구 즉, 인간과오(Human Error)를 방지하기 위한 것

2) Fool proof의 예

(1) 가드
(2) 록(Lock, 시건) 장치
(3) 오버런 기구

11 리던던시(Redundancy)의 정의 및 종류

1) 정의

시스템 일부에 고장이 나더라도 전체가 고장이 나지 않도록 기능적인 부분을 부가해서 신뢰도를 향상시키는 중복설계

2) 종류

(1) 병렬 리던던시(Redundancy)
(2) 대기 리던던시
(3) M out of N 리던던시
(4) 스페어에 의한 교환
(5) Fail Safe

SECTION 3 유해위험방지계획서(제조업)

1 유해위험방지계획서 제출대상(산업안전보건법)

1) 대통령령으로 정하는 업종 및 규모에 해당하는 사업의 사업주는 해당 제품생산 공정과 직접적으로 관련된 건설물 · 기계 · 기구 및 설비 등 일체를 설치 · 이전하거나 그 주요 구조부분을 변경할 때에는 이 법 또는 이 법에 따른 명령에서 정하는 유해 · 위험 방지 사항에 관한 계획서(이하 "유해 · 위험방지계획서"라 한다)를 작성하여 고용노동부령으로 정하는 바에 따라 고용노동부장관에게 제출하여야 한다.
"대통령령으로 정하는 업종 및 규모에 해당하는 사업"이란 다음 각 호의 어느 하나에 해당하는 사업으로서 전기 계약용량이 300킬로와트 이상인 사업을 말한다.(시행령 제33조의 2)
(1) 금속가공제품(기계 및 가구는 제외한다) 제조업
(2) 비금속 광물제품 제조업
(3) 기타 기계 및 장비 제조업
(4) 자동차 및 트레일러 제조업
(5) 식료품 제조업
(6) 고무제품 및 플라스틱제품 제조업
(7) 목재 및 나무제품 제조업
(8) 기타 제품 제조업
(9) 1차 금속 제조업
(10) 가구 제조업
(11) 화학물질 및 화학제품 제조업
(12) 반도체 제조업
(13) 전자부품 제조업

2) 기계 · 기구 및 설비 등으로서 다음의 어느 하나에 해당하는 것으로서 고용노동부령으로 정하는 것을 설치 · 이전하거나 그 주요 구조부분을 변경하려는 사업주
(1) 유해하거나 위험한 작업을 필요로 하는 것
(2) 유해하거나 위험한 장소에서 사용하는 것
(3) 건강장해를 방지하기 위하여 사용하는 것
"고용노동부령으로 정하는 것"이란 다음 어느 하나에 해당하는 기계 · 기구 및 설비를 말한다. 이 경우 기계 · 기구 및 설비의 구체적인 대상 범위는 고용노동부장관이 정하여 고시한다.(시행규칙)

1. 금속이나 그 밖의 광물의 용해로
2. 화학설비
3. 건조설비
4. 가스집합 용접장치
5. 허가대상 · 관리대상 유해물질 및 분진작업 관련 설비(국소배기장치 등)

2 유해위험방지계획서 제출 서류(산업안전보건법 시행규칙)

사업주가 유해 · 위험방지계획서를 제출하려면 사업장별로 제조업 등 유해 · 위험방지계획서에 다음 각 호의 서류를 첨부하여 해당 작업 시작 15일 전까지 한국산업안전보건공단에 2부를 제출하여야 한다. 이 경우 유해위험방지계획서의 작성기준, 작성자, 심사기준, 그 밖에 심사에 필요한 사항은 고용노동부장관이 정하여 고시한다.

1) 건축물 각 층의 평면도
2) 기계 · 설비의 개요를 나타내는 서류
3) 기계 · 설비의 배치도면
4) 원재료 및 제품의 취급, 제조 등의 작업방법의 개요
5) 그 밖에 고용노동부장관이 정하는 도면 및 서류

3 유해위험방지계획서 확인사항(산업안전보건법 시행규칙)

유해 · 위험방지계획서를 제출한 사업주는 해당 건설물 · 기계 · 기구 및 설비의 시운전단계에서 다음 사항에 관하여 한국산업안전보건공단의 확인을 받아야 한다.

1) 유해 · 위험방지계획서의 내용과 실제공사 내용이 부합하는지 여부
2) 유해 · 위험방지계획서 변경내용의 적정성
3) 추가적인 유해 · 위험요인의 존재 여부

CHAPTER 08

각종 설비의 유지관리

SECTION 1 설비관리의 개요

1 중요설비의 분류

1) 설비란 유형고정자산을 총칭하는 것으로 기업 전체의 효율성을 높이기 위해서는 설비를 유효하게 사용하는 것이 중요하다.
2) 설비의 예 : 토지, 건물, 기계, 공구, 비품 등

2 예방보전

1) 보전

설비 또는 제품의 고장이나 결함을 회복시키기 위한 수리, 교체 등을 통해 시스템을 사용가능한 상태로 유지시키는 것

2) 보전의 종류

(1) 예방보전(Preventive Maintenance)

설비를 항상 정상, 양호한 상태로 유지하기 위한 정기적인 검사와 초기의 단계에서 성능의 저하나 고장을 제거하던가 조정 또는 수복하기 위한 설비의 보수 활동을 의미

① 시간계획보전 : 예정된 시간계획에 의한 보전
② 상태감시보전 : 설비의 이상상태를 미리 검출하여 설비의 상태에 따라 보전
③ 수명보전(Age-based Maintenance) : 부품 등이 예정된 동작시간(수명)에 달하였을 때 행하는 보전

(2) 사후보전(Breakdown Maintenance)

고장이 발생한 이후에 시스템을 원래 상태로 되돌리는 것

SECTION 2 설비의 운전 및 유지관리

1 교체주기

1) 수명교체 : 부품고장 시 즉시 교체하고 고장이 발생하지 않을 경우에도 교체주기(수명)에 맞추어 교체하는 방법
2) 일괄교체 : 부품이 고장나지 않아도 관련부품을 일괄적으로 교체하는 방법. 교체비용을 줄이기 위해 사용

2 청소 및 청결

1) 청소 : 쓸데없는 것을 버리고 더러워진 것을 깨끗하게 하는 것
2) 청결 : 청소 후 깨끗한 상태를 유지하는 것

3 평균고장간격(MTBF ; Mean Time Between Failure)

시스템, 부품 등의 고장 간의 동작시간 평균치

1) $\text{MTBF}=\frac{1}{\lambda}$, $\lambda(\text{평균고장률})=\frac{\text{고장건수}}{\text{총가동시간}}$
2) MTBF = MTTF + MTTR
   = 평균고장시간 + 평균수리시간

4 평균고장시간(MTTF ; Mean Time To Failure)

시스템, 부품 등이 고장 나기까지 동작시간의 평균치. 평균수명이라고도 한다.

1) 직렬계의 경우

$$\text{System의 수명은}=\frac{MTTF}{n}=\frac{1}{\lambda}$$

2) 병렬계의 경우

$$\text{System의 수명은}=MTTF\left(1+\frac{1}{2}+\frac{1}{3}+\dots+\frac{1}{n}\right)$$

n : 직렬 또는 병렬계의 요소

평균고장시간(MTTF)이 6×10^5시간인 요소 3개소가 병렬계를 이루었을 때의 계(system)의 수명은?

➡ 병렬계의 경우 : System의 수명$=\mathrm{MTTF}\left(1+\frac{1}{2}+\frac{1}{3}+...+\frac{1}{n}\right)$

$$=6\times10^5\left(1+\frac{1}{2}+\frac{1}{3}\right)=11\times10^5\text{시간}$$

평균고장시간이 4×10^8 시간인 요소 4개가 직렬체계를 이루었을 때 이 체계의 수명은 몇 시간인가?

➡ 직렬계의 수명$=\frac{\mathrm{MTTF}}{n}=\frac{4\times10^8}{4}=1\times10^8$시간

5 평균수리시간(MTTR, Mean Time To Repair)

총 수리시간을 그 기간의 수리 횟수로 나눈 시간. 즉 사후보전에 필요한 수리시간의 평균치를 나타낸다.

6 가용도(Availability, 이용률)

일정 기간에 시스템이 고장없이 가동될 확률

(1) 가용도(A)$=\frac{\mathrm{MTTF}}{\mathrm{MTTF}+\mathrm{MTTR}}=\frac{\mathrm{MTBF}}{\mathrm{MTBF}+\mathrm{MTTR}}=\frac{\mathrm{MTTF}}{\mathrm{MTBF}}$

(2) 가용도(A)$=\frac{\mu}{\lambda+\mu}$

여기서, λ : 평균고장률, μ : 평균수리율

A 공장의 한 설비는 평균수리율이 0.5/시간이고, 평균고장률은 0.001/시간이다. 이 설비의 가동성은 얼마인가?(단, 평균수리율과 평균고장률은 지수분포를 따른다)

➡ 가용도(Availability, 이용율) : 일정 기간에 시스템이 고장없이 가동될 확률

가용도(A)$=\frac{\mu}{\lambda+\mu}=\frac{0.5}{0.001+0.5}=0.998$ λ : 평균고장률, μ : 평균수리율

PART 03

기계위험 방지기술

INTRODUCTION to INDUSTRIAL SAFETY

기계안전의 개념

SECTION 1 기계의 위험 및 안전조건

1 기계의 위험요인 및 일반적인 안전사항

1) 운동 및 동작에 의한 위험의 분류

(1) 회전동작

플라이 휠, 팬, 풀리, 축 등과 같이 회전운동을 한다.

(2) 횡축동작

운동부와 고정부 사이에 형성되며 작업점 또는 기계적 결합부분에 위험성이 존재한다.

(3) 왕복동작

운동부와 고정부 사이에 위험이 형성되며 운동부 전후 좌우 등에 존재한다.

(4) 진동

가공품이나 기계부품의 진동에 의한 위험이 존재한다.

2) 기계설비의 위험점 분류

(1) 협착점(Squeeze Point)

기계의 왕복운동을 하는 운동부와 고정부 사이에 형성되는 위험점(왕복운동+고정부)

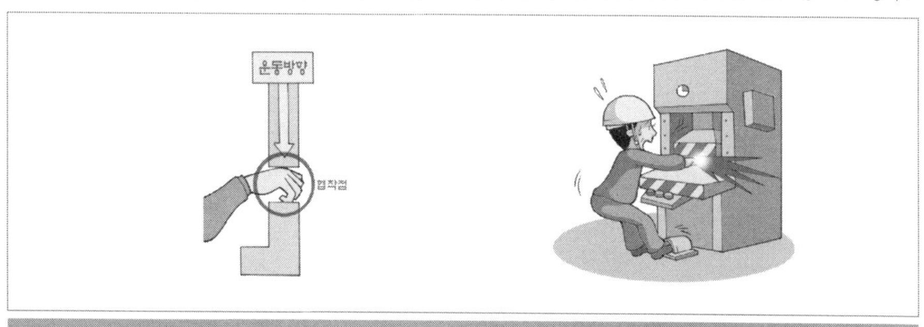

프레스 상금형과 하금형 사이

(2) 끼임점(Shear Point)

기계가 회전운동을 하는 부분과 고정부 사이의 위험점이다. 예로서 연삭숫돌과 작업대, 교반기의 교반날개와 몸체사이 및 반복되는 링크기구 등이 있다.(회전 또는 직선운동+고정부)

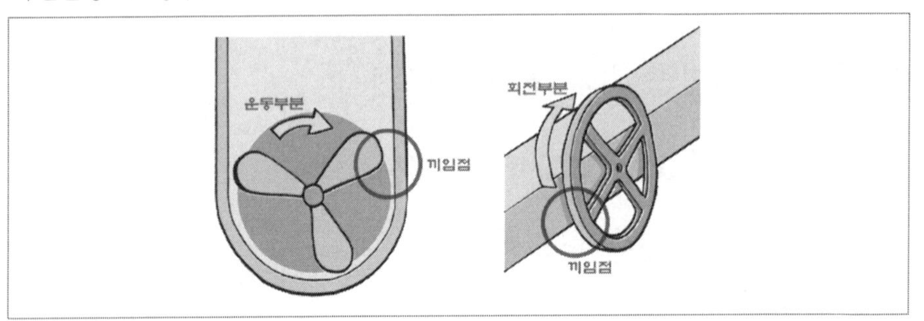

(3) 절단점(Cutting Point)

회전하는 운동부 자체의 위험이나 운동하는 기계부분 자체의 위험에서 초래되는 위험점이다. 예로서 밀링커터와 회전둥근톱날이 있다.(회전운동 자체)

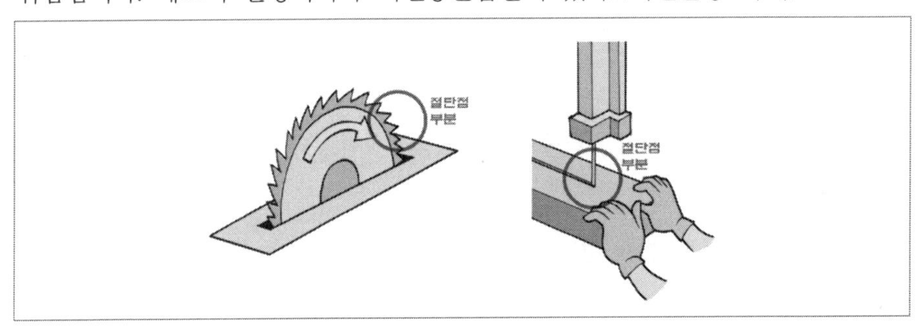

(4) 물림점(Nip Point)

롤, 기어, 압연기와 같이 두 개의 회전체 사이에 신체가 물리는 위험점이다.(회전운동+회전운동)

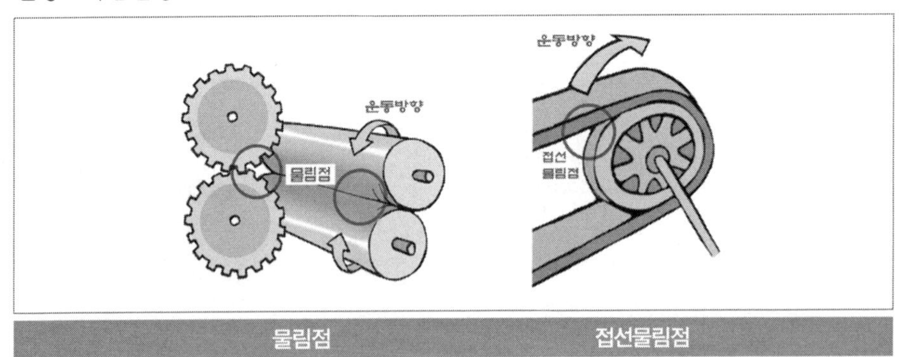

물림점 접선물림점

(5) 접선물림점(Tangential Nip Point)

회전하는 부분이 접선방향으로 물려 들어가 위험이 만들어지는 위험점이다.(회전운동+접선부)

(6) 회전말림점(Trapping Point)

회전하는 물체의 길이, 굵기, 속도 등이 불규칙한 부위와 돌기 회전부위에 장갑 및 작업복 등이 말려드는 위험점이다.(돌기회전부)

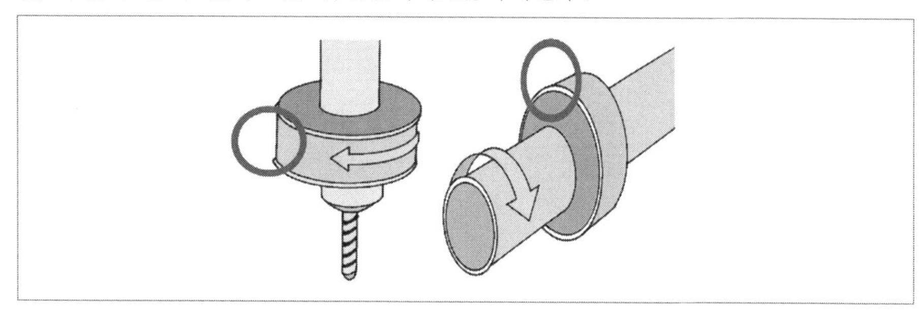

3) 위험점의 5요소

(1) 함정(Trap)

기계 요소의 운동에 의해서 트랩점이 발생하지 않는가?

(2) 충격(Impact)

움직이는 속도에 의해서 사람이 상해를 입을 수 있는 부분은 없는가?

(3) 접촉(Contact)

날카로운 물체, 연마체, 뜨겁거나 차가운 물체 또는 흐르는 전류에 사람이 접촉함으로써 상해를 입을 수 있는 부분은 없는가?

(4) 말림, 얽힘(Entanglement)

가공 중에 기계로부터 기계요소나 가공물이 튀어나올 위험은 없는가?

(5) 튀어나옴(Ejection)

기계요소와 피가공재가 튀어나올 위험이 있는가?

4) 기초역학(재료역학)

(1) 피로파괴

기계나 구조물 중에는 피스톤이나 커넥팅 로드 등과 같이 인장과 압축을 되풀이해서 받는 부분이 있는데, 이러한 경우 그 응력이 인장(또는 압축)강도보다 훨씬 작다 하더라도 이것을 오랜 시간에 걸쳐서 연속적으로 되풀이하여 작용시키면 결국엔 파괴되는데, 이 같은 현상을 재료가 "피로"를 일으켰다고 하며 이 파괴현상을 "피로파괴"라 한다.

피로파괴에 영향을 주는 인자로는 치수효과(Size Effect), 노치효과(Notch Effect), 부식(Corrosion), 표면효과등이 있다.

반복응력을 받는 기계구조부분의 설계에서 허용응력을 결정하기 위한 기초강도는?

▶ 피로한도(Fatigue Limit)

(2) 크리프시험

금속이나 합금에 외력이 일정하게 작용할 경우 온도가 높은 상태에서는 시간이 경과함에 따라 연신율이 일정한도 늘어나다가 파괴된다. 금속재료를 고온에서 긴 시간 외력을 걸면 시간이 경과됨에 따라 서서히 변형이 증가하는 현상을 말한다.

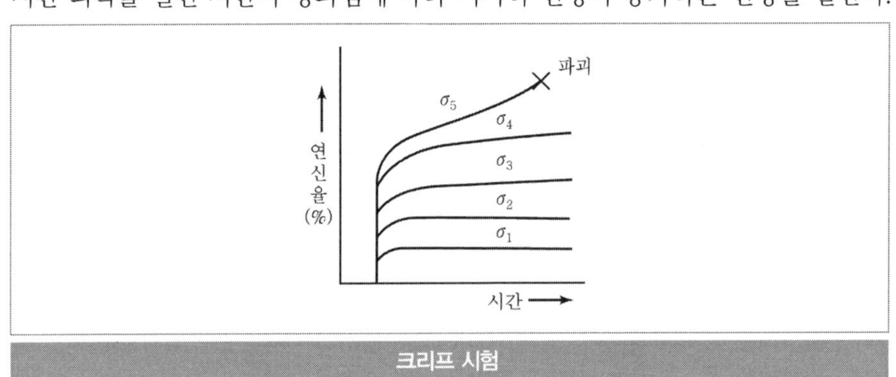

크리프 시험

고온에서 정하중을 받게 되는 기계구조 부분의 설계시 허용응력을 결정하기 위한 기초강도로 고려되는 것은?

➡ 크리프강도

(3) 인장시험 및 인장응력

① 인장시험

재료의 항복점, 인장강도, 신장 등을 알 수 있는 시험

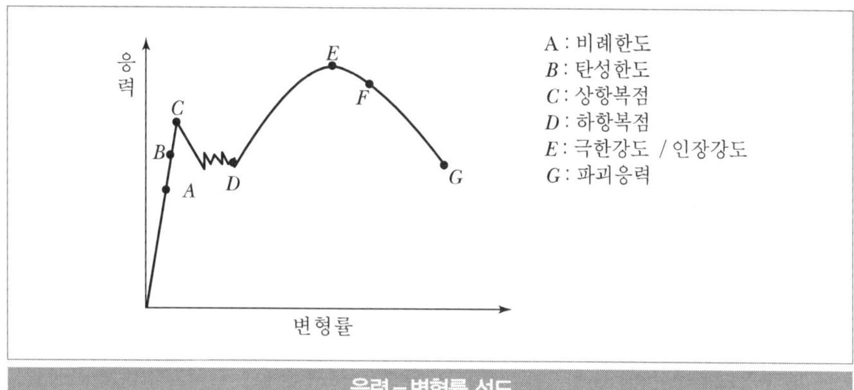

응력-변형률 선도

② 인장응력

$$\sigma_t = \frac{\text{인장하중}}{\text{면적}} = \frac{P_t}{A}$$

지름 20mm인 연강봉이 3,140kg의 하중을 받아 늘어난다면 인장응력은?

➡ $\sigma_t = \frac{\text{인장하중}}{\text{면적}} = \frac{P_t}{A} = \frac{3,140}{\pi \times 20^2/4} = 10\text{kg/mm}^2$

(4) 열응력

물체는 가열하면 팽창하고 냉각하면 수축한다. 이때 물체에 자유로운 팽창 또는 수축이 불가능하게 장치하면 팽창 또는 수축하고자 하는 만큼 인장 또는 압축응

력이 발생하는데, 이와 같이 열에 의해서 생기는 응력을 열응력이라 한다.

그림에서 온도 t_1℃에서 길이 l 인 것이 온도 t_2℃에서 길이 l'로 변하였다면

신장량$(\delta) = l' - l = \alpha(t_2 - t_1)l = \alpha \Delta t l$ (α : 선팽창계수, Δt : 온도의 변화량)

변형률$(\varepsilon) = \dfrac{\delta}{l} = \dfrac{\alpha(t_2 - t_1)l}{l} = \alpha(t_2 - t_1) = \alpha \Delta t$

열응력$(\sigma) = E\varepsilon = E\alpha(t_2 - t_1) = E\alpha\Delta t$ (E : 세로탄성계수 혹은 종탄성계수)

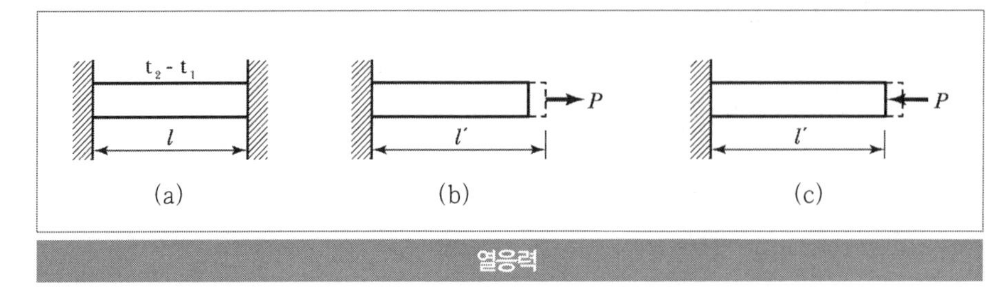

열응력

CheckPoint

다음 중에서 열응력에 영향을 주지 않는 것은?

① 길이 ② 선팽창계수
③ 종탄성계수 ④ 온도차

(5) 푸아송비

종변형률(세로변형률) ε과 횡변형률(가로변형률) ε'의 비를 푸아송의 비라 하고 ν로 표시한다.(m : 푸아송 수)

$$\nu = \frac{1}{m} = \frac{\varepsilon'}{\varepsilon}$$

여기서, $\varepsilon = \dfrac{l' - l}{l} \times 100(\%)$ (l : 원래의 길이, l' : 늘어난 길이)

CheckPoint

세로변형률 ε은 0.02이고, 재료의 푸아송수는 3일 때 가로변형률 ε'는?

➡ $\nu = \dfrac{1}{m} = \dfrac{\varepsilon'}{\varepsilon}$, $\varepsilon' = \dfrac{\varepsilon}{m} = \dfrac{0.02}{3} \fallingdotseq 0.0067$

(6) 훅(Hooke)의 법칙

비례한도 이내에서 응력과 변형률은 비례한다. $\sigma = E\varepsilon$

(7) 세로탄성계수(종탄성계수)

$E = \dfrac{\sigma}{\varepsilon}$, 변형률에 대한 응력의 비는 탄성계수이다.

2 통행과 통로

1) 통로의 설치(안전보건규칙 제22조)

(1) 작업장으로 통하는 장소 또는 작업장 내에는 근로자가 사용할 안전한 통로를 설치하고 항상 사용할 수 있는 상태로 유지하여야 한다.

(2) 통로의 주요 부분에 통로표시를 하고, 근로자가 안전하게 통행할 수 있도록 하여야 한다.

(3) 통로면으로부터 높이 2미터 이내에는 장애물이 없도록 하여야 한다.

2) 작업장 내 통로의 안전

(1) 사다리식 통로의 구조(안전보건규칙 제24조)

① 견고한 구조로 할 것

② 심한 손상·부식 등이 없는 재료를 사용할 것

③ 발판의 간격은 일정하게 할 것

④ 발판과 벽과의 사이는 15센티미터 이상의 간격을 유지할 것

⑤ 폭은 30센티미터 이상으로 할 것

⑥ 사다리가 넘어지거나 미끄러지는 것을 방지하기 위한 조치를 할 것

⑦ 사다리의 상단은 걸쳐놓은 지점으로부터 60센티미터 이상 올라가도록 할 것

⑧ 사다리식 통로의 길이가 10미터 이상인 경우에는 5미터 이내마다 계단참을 설치할 것

⑨ 사다리식 통로의 기울기는 75도 이하로 할 것. 다만, 고정식 사다리식 통로의 기울기는 90도 이하로 하고, 그 높이가 7미터 이상인 경우에는 바닥으로부터 높이가 2.5미터 되는 지점부터 등받이울을 설치할 것

⑩ 접이식 사다리 기둥은 사용 시 접혀지거나 펼쳐지지 않도록 철물 등을 사용하여 견고하게 조치할 것

(2) 통로의 조명(안전보건규칙 제21조)

근로자가 안전하게 통행할 수 있도록 통로에 75럭스 이상의 채광 또는 조명시설을 하여야 한다. 다만, 갱도 또는 상시통행을 하지 아니하는 지하실 등을 통행하는 근로자에게 휴대용 조명기구를 사용하도록 한 경우에는 그러하지 아니하다.

3) 계단의 안전

(1) 계단 및 계단참을 설치하는 경우 매제곱미터당 500킬로그램 이상의 하중에 견딜 수 있는 강도를 가진 구조로 설치하여야 하며, 안전율(안전의 정도를 표시하는 것으로서 재료의 파괴응력도와 허용응력도와의 비율을 말한다)은 4 이상으로 하여야 한다.(안전보건규칙 제26조)

(2) 높이가 3미터를 초과하는 계단에 높이 3미터 이내마다 너비 1.2미터 이상의 계단참을 설치하여야 한다.(안전보건규칙 제28조)

3 기계의 안전조건

1) 외형의 안전화

(1) 묻힘형이나 덮개의 설치(안전보건규칙 제87조)

① 사업주는 기계의 원동기·회전축·기어·풀리·플라이휠·벨트 및 체인 등 근로자가 위험에 처할 우려가 있는 부위에 덮개·울·슬리브 및 건널다리 등을 설치하여야 한다.

② 사업주는 회전축·기어·풀리 및 플라이휠 등에 부속하는 키·핀 등의 기계요소는 묻힘형으로 하거나 해당 부위에 덮개를 설치하여야 한다.

③ 사업주는 벨트의 이음 부분에 돌출된 고정구를 사용하여서는 아니된다.

④ 사업주는 제1항의 건널다리에는 안전난간 및 미끄러지지 아니하는 구조의 발판을 설치하여야 한다.

CheckPoint

기계의 원동기, 회전축, 치차, 풀리, 플라이휠 및 벨트 등의 위험으로부터 작업자를 보호하기 위한 방지장치로 적당하지 않은 것은?

① 덮개
② 동력차단장치 (정답 ✓)
③ 슬리브
④ 건널다리

(2) 별실 또는 구획된 장소에의 격리

원동기 및 동력전달장치(벨트, 기어, 샤프트, 체인 등)

(3) 안전색채를 사용

기계설비의 위험 요소를 쉽게 인지할 수 있도록 주의를 요하는 안전색채를 사용

① 시동단추식 스위치 : 녹색
② 정지단추식 스위치 : 적색
③ 가스배관 : 황색
④ 물배관 : 청색

기계설비의 안전조건 중 외관의 안전성을 향상시키는 조치는?

① 고장 발생을 최소화하기 위해 정기점검을 실시하였다.
② 강도의 열화를 생각하여 안전율을 최대로 고려하여 설계하였다.
③ 전압강하, 정전시의 오동작을 방지하기 위하여 자동제어 장치를 설치하였다.
④ 작업자가 접촉할 우려가 있는 기계의 회전부를 덮개로 씌우고 안전색채를 사용한다.

2) 작업의 안전화

작업 중의 안전은 그 기계설비가 자동, 반자동, 수동에 따라서 다르며 기계 또는 설비의 작업환경과 작업방법을 검토하고 작업위험분석을 하여 작업을 표준 작업화할 수 있도록 한다.

3) 작업점의 안전화

작업점이란 일이 물체에 행해지는 점 혹은 일감이 직접 가공되는 부분을 작업점(Point of Operation)이라 하며, 이와 같은 작업점은 특히 위험하므로 방호장치나 자동제어 및 원격장치를 설치할 필요가 있다.

4) 기능상의 안전화

최근 기계는 반자동 또는 자동 제어장치를 갖추고 있어서 에너지 변동에 따라 오동작이 발생하여 주요 문제로 대두되므로 이에 따른 기능의 안전화가 요구되고 있다.

예 전압 강하시 기계의 자동정지, 안전장치의 일정방식

5) 구조적 안전(강도적 안전화)

(1) 재료에 있어서의 결함

(2) 설계에 있어서의 결함

CheckPoint

기계의 구조적 안전화를 위하여 취해야 할 조치는?

① 안전설계　　② 안전장치
③ 조작의 안전화　　④ 안전배치

(3) 가공에 있어서의 결함

CheckPoint

강도적 안전화를 위한 안전조건에 해당되지 않는 것은?

① 재료선택시의 안전화　　② 설계시의 올바른 강도계산
③ 사용상의 안전화　　④ 가공상의 안전화

(4) 안전율

① 안전율(Safety Factor), 안전계수

안전율은 응력계산 및 재료의 불균질 등에 대한 부정확을 보충하고 각 부분의 불충분한 안전율과 더불어 경제적 치수결정에 대단히 중요한 것으로서 다음과 같이 표시된다.

$$S = \frac{\text{극한(기초, 인장)강도}}{\text{허용응력}} = \frac{\text{파단(최대)하중}}{\text{안전(정격)하중}} = \frac{\text{항복강도}}{\text{사용응력}}$$

안전율이나 허용응력을 결정하려면 재질, 하중의 성질, 하중과 응력계산의 정확성, 공작방법 및 정밀도, 부품형상 및 사용장소 등을 고려하여야 한다.

극한강도가 900MPa, 허용응력이 500MPa일 경우 안전계수(Safety Factor)는?

➡ $안전계수 = \frac{극한강도}{허용응력} = \frac{900}{500} = 1.8$

인장강도가 44kgf/mm²이고 안전계수가 5, 호칭지름이 20mm인 볼트의 안전하중은?

➡ $파단하중 = 인장강도 \times 단면적 = 44 \times \frac{\pi \times 20^2}{4} = 13,816$

$안전하중 = \frac{파단하중}{안전계수} = \frac{13,816}{5} \fallingdotseq 2,763$

연강의 항복강도는 250MPa, 인장강도는 450MPa, 사용응력은 100MPa일 때 안전계수는?

➡ $안전계수 = \frac{항복강도}{허용응력} = \frac{250}{100} = 2.5$

② Cardullo의 안전율

신뢰할만한 안전율을 얻으려면 이에 영향을 주는 각 인자를 상세하게 분석하여 이것으로 합리적인 값을 결정한다.

$$안전율\ S = a \times b \times c \times d$$

여기서, a : 탄성비, b : 하중계수, c : 충격계수
d : 재료의 결함 등을 보완하기 위한 계수

기계의 부품에 작용하는 하중에서 안전율을 가장 작게 취하여야 할 것은?

① 반복하중 ② 교번하중
③ 충격하중 ④ 정하중 ✔

기계부품에 작용하는 하중에서 일반적으로 안전계수를 가장 크게 취하는 것은?

① 반복하중 ② 교번하중
③ 충격하중 ✔ ④ 정하중

③ 와이어로프의 안전율

$$\text{안전율}: S = \frac{N \times P}{Q}$$

여기서, N : 로프의 가닥수
P : 와이어로프의 파단하중
Q : 최대사용하중

6) 보전작업의 안전화

(1) 고장예방을 위한 정기 점검
(2) 보전용 통로나 작업장의 확보
(3) 부품교환의 철저화
(4) 분해시 차트화
(5) 주유방법의 개선

4 기계설비의 본질적 안전

1) 본질안전조건

근로자가 동작상 과오나 실수를 하여도 재해가 일어나지 않도록 하는 것. 기계설비에 이상이 발생되어도 안전성이 확보되어 재해나 사고가 발생하지 않도록 설계되는 기본적 개념이다.

2) 풀프루프(Fool Proof)

(1) 정의

작업자가 기계를 잘못 취급하여 불안전 행동이나 실수를 하여도 기계설비의 안전기능이 작용되어 재해를 방지할 수 있는 기능

(2) 가드의 종류

① 인터록가드(Interlock Guard)
② 조절가드(Adjustable Guard)
③ 고정가드(Fixed Guard)

풀프루프의 가드에 해당하지 않는 것은?

① 인터록 가드(Interlock Guard)
② 안내 가드(Guide Guard)
③ 조절 가드(Adjustable Guard)
④ 고정 가드(Fixed Guard)

3) 페일세이프(Fail Safe)

기계나 그 부품에 고장이나 기능불량이 생겨도 항상 안전하게 작동하는 구조와 기능을 추구하는 본질적 안전

4) 인터록장치

기계의 각 작동부분 상호 간을 전기적, 기구적, 유공압장치 등으로 연결해서 기계의 각 작동부분이 정상으로 작동하기 위한 조건이 만족되지 않을 경우 자동적으로 그 기계를 작동할 수 없도록 하는 것

기계설비의 본질적 안전화 방법으로 옳지 않은 것은?

① 조작상 위험이 없도록 설계할 것
② 안전기능은 기계외부에 부착되어 있을 것
③ 페일세이프(Fail Safe) 기능을 가질 것
④ 풀 프루프(Fool Proof) 기능을 가질 것

SECTION 2 기계의 방호

1 방호장치의 종류

1) 격리형 방호장치

작업자가 작업점에 접촉되어 재해를 당하지 않도록 기계설비 외부에 차단벽이나 방호망을 설치하는 것으로 작업장에서 가장 많이 사용하는 방식(덮개)

예 완전 차단형 방호장치, 덮개형 방호장치, 안전 울타리

2) 위치제한형 방호장치

조작자의 신체부위가 위험한계 밖에 있도록 기계의 조작장치를 위험구역에서 일정거리 이상 떨어지게 한 방호장치(양수조작식 안전장치)

3) 접근거부형 방호장치

작업자의 신체부위가 위험한계 내로 접근하면 기계의 동작위치에 설치해놓은 기구가 접근하는 신체부위를 안전한 위치로 되돌리는 것(손쳐내기식 안전장치)

4) 접근반응형 방호장치

작업자의 신체부위가 위험한계로 들어오게 되면 이를 감지하여 작동 중인 기계를 즉시 정지시키거나 스위치가 꺼지도록 하는 기능을 가지고 있다.(광전자식 안전장치)

5) 포집형 방호장치

목재가공기의 반발예방장치와 같이 위험장소에 설치하여 위험원이 비산하거나 튀는 것을 방지하는 등 작업자로부터 위험원을 차단하는 방호장치

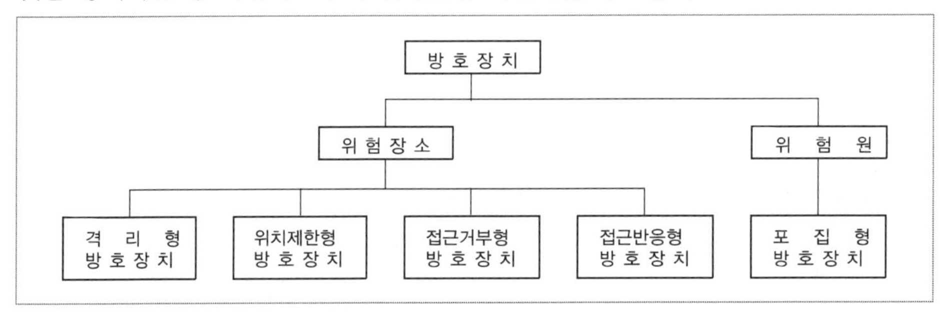

2 작업점의 방호

1) 방호장치를 설치할 때 고려할 사항

(1) 신뢰성 (2) 작업성 (3) 보수성의 용이

안전장치의 선정조건에 해당하는 것은?

① 인간과 기계와의 작업의 배분

② 인간과 기계와의 융합

③ 위험을 예지, 방지하는 것 (정답)

④ 맨-머신 시스템(Man-Machine System) 속에서 기계, 기구의 배치공간

2) 작업점의 방호방법

작업점과 작업자 사이에 장애물을 설치하여 접근을 방지(차단벽이나 망 등)

3) 동력기계의 표준방호덮개 설치목적

(1) 가공물 등의 낙하에 의한 위험방지

(2) 위험부위와 신체의 접촉방지

(3) 방음이나 집진

Check Point

방호덮개의 설치목적과 가장 관계가 먼 것은?

① 가공물 등의 낙하에 의한 위험방지 ② 위험부위와 신체의 접촉방지

③ 방음이나 집진 ④ 주유나 검사의 편리성

SECTION 3 기능적 안전

기계설비가 이상이 있을 때 기계를 급정지시키거나 방호장치가 작동되도록 하는 소극적인 대책과 전기회로를 개선하여 오동작을 방지하거나 별도의 완전한 회로에 의해 정상기능을 찾을 수 있도록 하는 것

1 소극적 대책

1) 소극적(1차적) 대책

이상 발생 시 기계를 급정지시키거나 방호장치가 작동하도록 하는 대책

2) 유해 위험한 기계 · 기구 등의 방호장치

(1) 유해 또는 위험한 작업을 필요로 하거나 동력에 의해 작동하는 기계기구 : 유해위험 방지를 위한 방호조치를 할 것

(2) 방호조치하지 않고는 양도, 대여, 설치, 사용하거나 양도, 대여의 목적으로 진열금지

2 적극적 대책

1) 적극적(2차적) 대책

회로를 개선하여 오동작을 사전에 방지하거나 또는 별도의 안전한 회로에 의한 정상 기능을 찾도록 하는 대책

2) 기능적 안전

(1) Fail－Safe의 기능면에서의 분류

① Fail－Passive : 부품이 고장났을 경우 통상 기계는 정지하는 방향으로 이동(일반적인 산업기계)

② Fail－Active : 부품이 고장났을 경우 기계는 경보를 울리는 가운데 짧은 시간 동안 운전가능

③ Fail－Operational : 부품의 고장이 있더라도 기계는 추후 보수가 이루어질 때까지 안전한 기능 유지

(2) 기능적 Fail－Safe

철도신호의 경우 고장 발생 시 청색신호가 적색신호로 변경되어 열차가 정지할 수 있도록 해야 하며 신호가 바뀌지 못하고 청색으로 있다면 사고 발생의 원인이 될 수 있으므로 철도신호 고장시에 반드시 적색신호로 바뀌도록 해주는 제도

(3) Lock System

① Interlock System

② Translock System

③ Intralock System

CHAPTER 02 공작기계의 안전

SECTION 1 절삭가공기계의 종류 및 방호장치

1 선반의 안전장치 및 작업시 유의사항

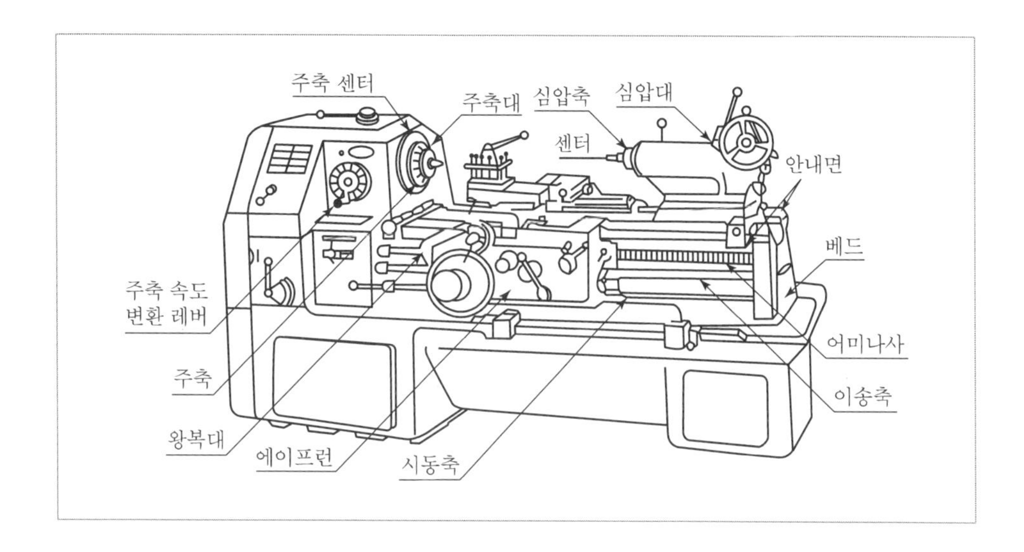

1) 선반의 종류

(1) 보통선반　(2) 터릿선반　(3) 탁상선반　(4) 자동선반

2) 선반작업의 종류

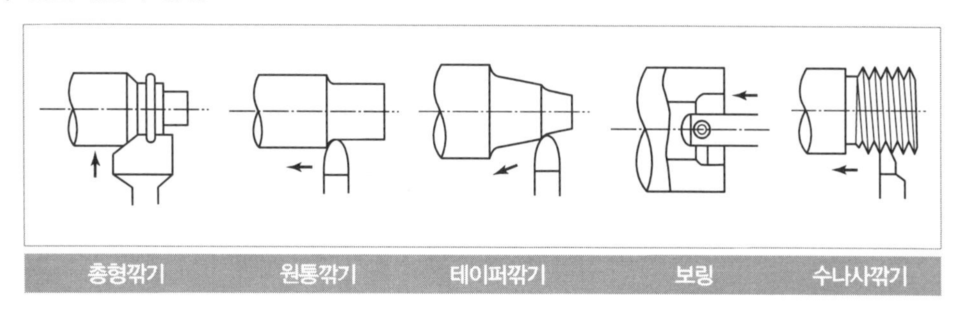

총형깎기	원통깎기	테이퍼깎기	보링	수나사깎기

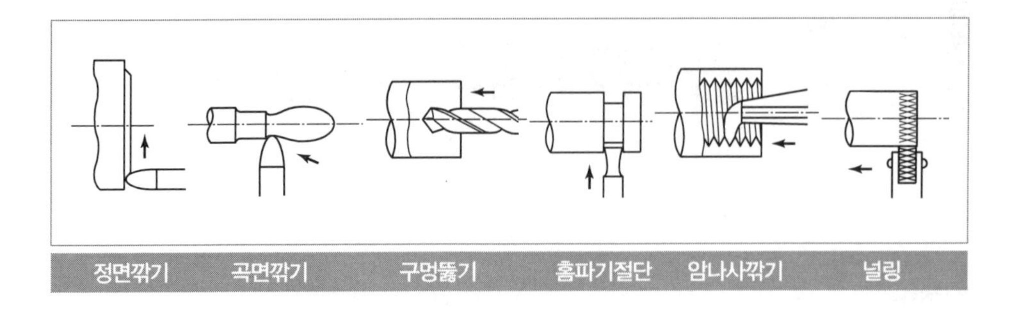

3) 선반의 안전장치

(1) 칩브레이커(Chip Breaker)

칩을 짧게 끊어지도록 하는 장치

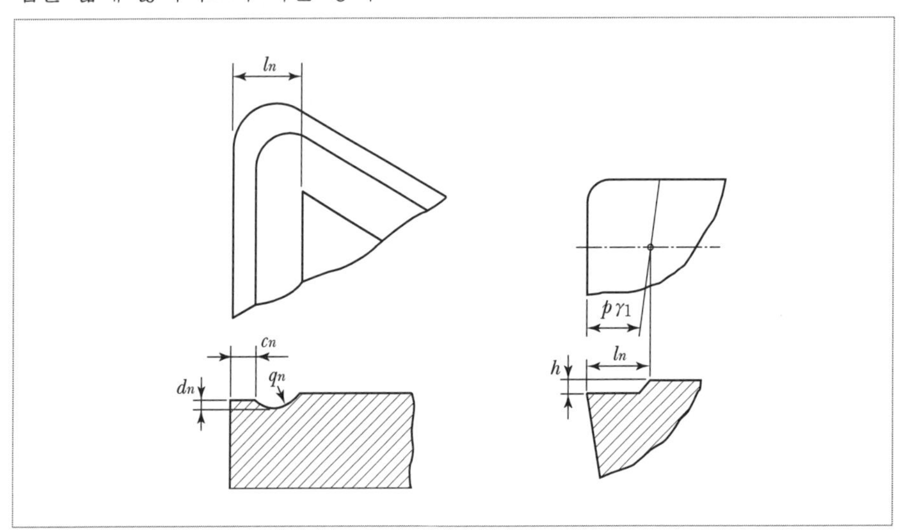

선반의 안전장치가 아닌 것은?

① 칩브레이커 ② 마그네틱 척, 슬라이딩(Sliding)
③ 급정지 브레이크 ④ 실드(덮개)

선반의 바이트에 설치되는 안전장치는?

① 브레이크 ② 칩받이
③ 커버 ④ 칩브레이커

(2) 덮개(Shield)

가공재료의 칩이나 절삭유 등이 비산되어 나오는 위험으로 작업자의 보호를 위하여 이동이 가능한 덮개 설치

(3) 브레이크(Brake)

가공 작업 중 선반을 급정지시킬 수 있는 장치

(4) 척 커버(Chuck Cover)

4) 선반의 크기 및 주요구조부분

(1) 선반의 크기

① 베드 위의 스윙 d_1　　② 왕복대 위의 스윙 d_2

③ 양 센터 사이의 최대거리 l_1　　④ 관습상 베드의 길이 l_2

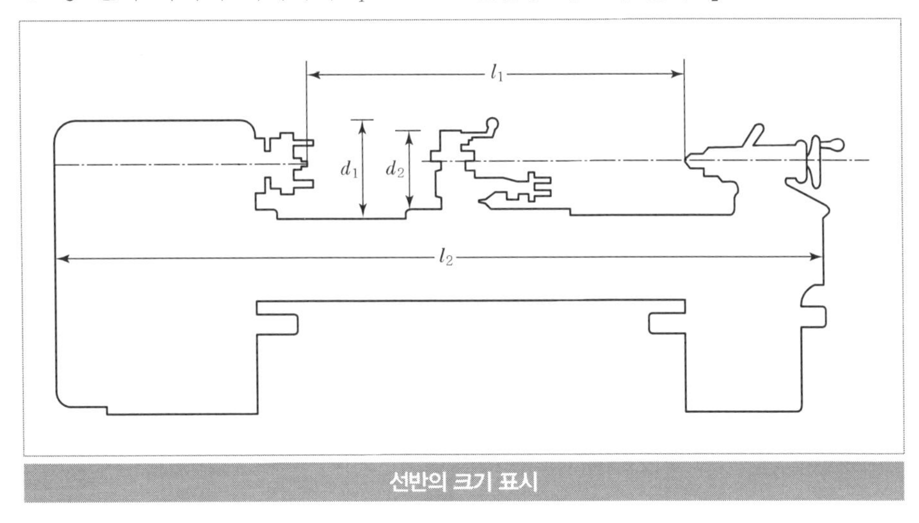

선반의 크기 표시

(2) 선반의 주요구조부분

① 주축대　② 심압대　③ 왕복대　④ 베드

5) 선반용 부품

(1) 센터(Center)

(2) 돌리개(Dog or Carrier)

(3) 면판(Face Plate)

(4) 심봉(Mandrel)

(5) 방진구(Center Rest)

가늘고 긴 일감은 절삭력과 자중으로 휘거나 처짐이 일어나므로 이를 방지하기 위한 장치. 일감의 길이가 직경의 12배부터 방진구를 사용한다. 탁상용 연삭기에서 사용한다.

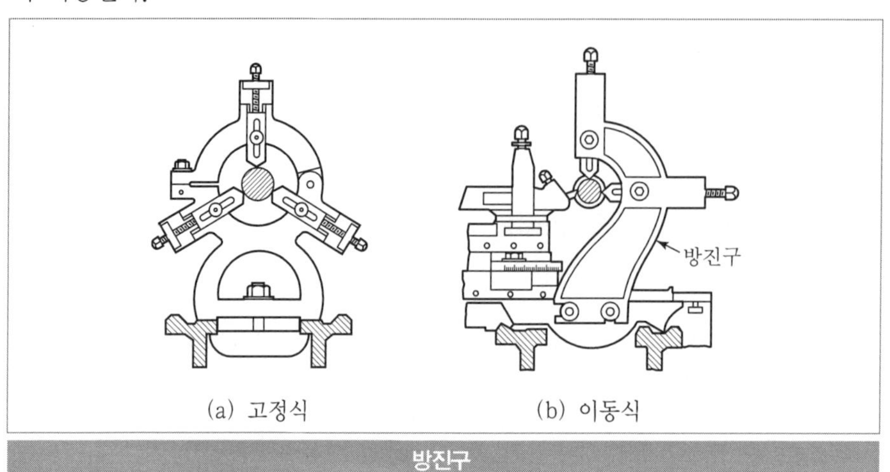

방진구

드릴링 작업에서 일감의 고정방법을 설명한 것 중 옳지 않은 것은?

① 일감이 작을 때는 바이스로 고정한다.
② 일감이 작고 길 때에는 플라이어로 고정한다.
③ 일감이 크고 복잡할 때에는 볼트와 고정구로 고정한다.
④ 대량생산과 정밀도를 요할 때에는 지그로 고정한다.

(6) 척(Chuck)

선반의 주축(主軸)끝에 장치하여 공작물을 유지하는 부속장치

척의 종류

다음 공작기계에서 가공물을 고정할 때 바이스를 사용하는 기계가 아닌 것은?

① 셰이퍼 ② 슬로터 ③ 선반 ④ 플레이너

6) 선반작업시 유의사항

(1) 긴 물건 가공시 주축대쪽으로 돌출된 회전가공물에는 덮개설치
(2) 바이트는 짧게 장치하고 일감의 길이가 직경의 12배 이상일 때 방진구 사용
(3) 절삭 중 일감에 손을 대서는 안되며 면장갑 착용금지
(4) 바이트에는 칩 브레이크를 설치하고 보안경착용
(5) 치수 측정, 주유, 청소 시에는 반드시 기계정지
(6) 기계 운전 중 백기어 사용금지
(7) 절삭 칩 제거는 반드시 브러시 사용
(8) 리드스크루에는 몸의 하부가 걸리기 쉬우므로 조심
(9) 가공물 조립시 반드시 스위치 차단 후 바이트 충분히 연 다음 설치
(10) 가공물장착 후에는 척 렌치를 바로 벗겨 놓는다.
(11) 무게가 편중된 가공물은 균형추 부착
(12) 바이트 설치는 반드시 기계 정지 후 실시
(13) 돌리개는 적당한 것을 선택하고, 심압대 스핀들은 지나치게 길게 나오지 않도록 한다.

7) 기계의 동력차단장치(안전보건규칙 제88조)

동력차단장치(비상정지장치)를 설치하여야 하는 기계 중 절단 · 인발 · 압축 · 꼬임 · 타발 또는 굽힘 등의 가공을 하는 기계에 설치하되, 근로자가 작업위치를 이동하지 아니하고 조작할 수 있는 위치에 설치하여야 한다.

동력차단장치를 근로자가 작업위치를 이탈하지 아니하고 조작할 수 있는 위치에 설치해야 하는 가공작업이 아닌 것은?

① 절단 ② 충격파쇄
③ 인발 ④ 굽힘

2 밀링머신작업

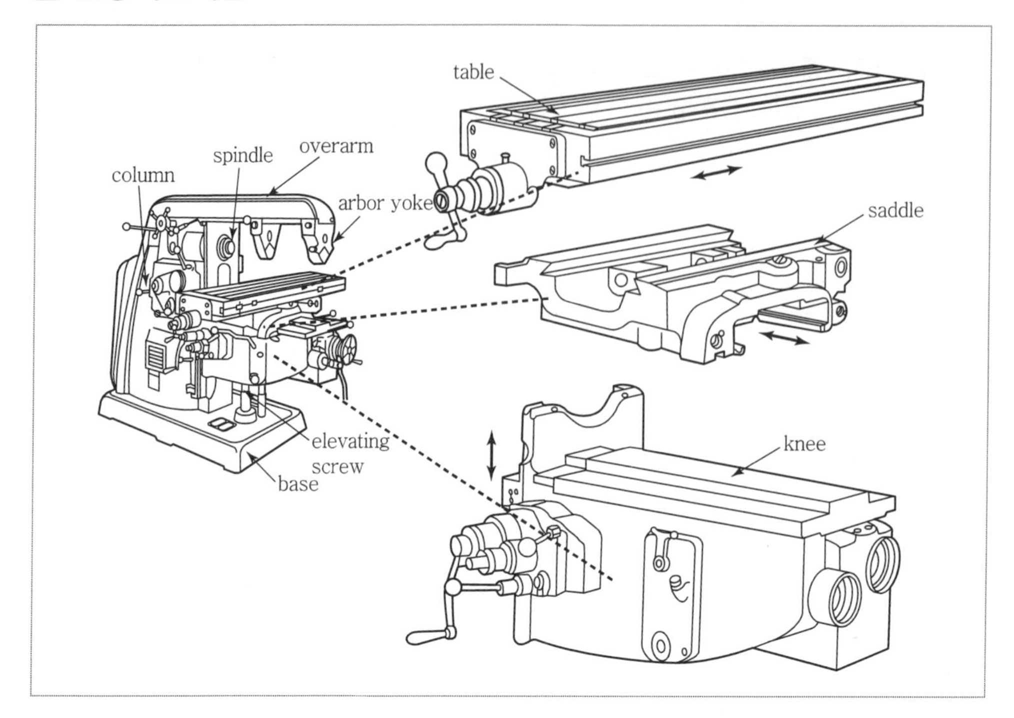

1) 밀링머신의 분류

밀링머신은 회전하는 절삭공구에 가공물을 이송하여 원하는 형상으로 가공하는 공작기계이다.

(1) 밀링머신의 종류

① 수평밀링머신 또는 플레인 밀링머신
② 만능밀링머신(Universal Milling Machine)
③ 직립밀링머신(Vertical Milling Machine)
④ 단두식 밀링머신

(2) 밀링커터의 종류

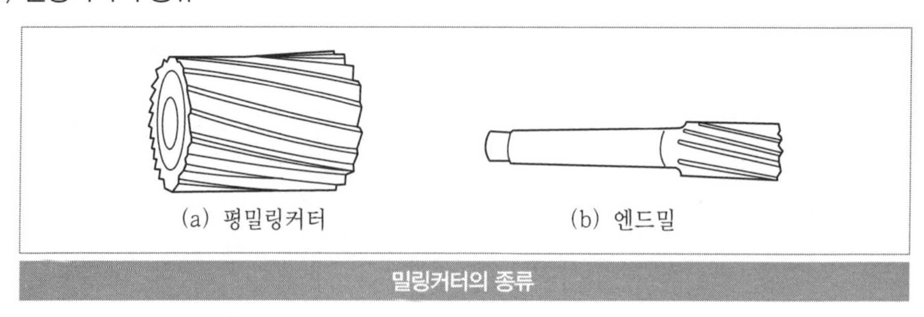

(a) 평밀링커터 (b) 엔드밀

밀링커터의 종류

프레스에서 사용하는 수공구로 적합하지 않은 것은?

① 플라이어류 ② 마그넷공구류
③ 진공컵류 ④ 엔드밀류

2) 밀링절삭작업(상향절삭, 하향절삭)

(1) 상향밀링(Up Milling)과 하향밀링(Down Milling)

① 상향밀링 : 일감의 이송방향과 커터의 회전방향이 반대 밀링
② 하향밀링 : 커터의 회전방향과 일감의 이송방향이 같은 밀링

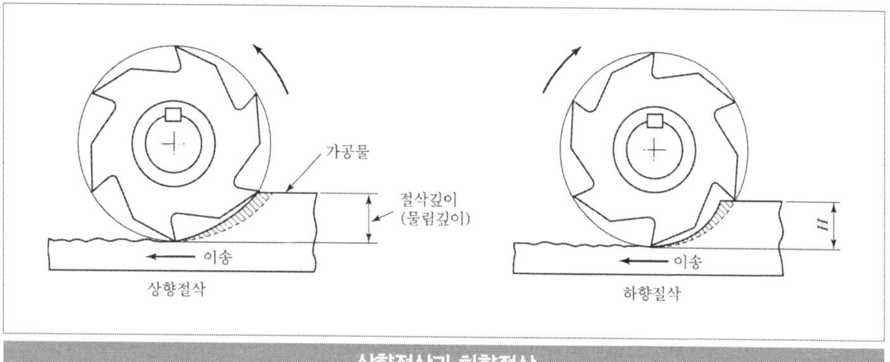

상향절삭과 하향절삭

3) 밀링작업의 공식

(1) 절삭속도

$$v = \frac{\pi dN}{1,000}$$

여기서, v : 절삭속도(m/min), d : 밀링커터의 지름(mm)
N : 밀링커터의 회전수(rpm)

(2) 이송

$$f = f_z \times z \times N(\text{mm/min})$$

여기서, f : 테이블의 이송속도(mm/min)
f_z : 밀링커터의 날 1개마다의 이송(mm)
z : 밀링커터의 날 수

4) 방호장치

(1) 덮개 : 밀링커터 작업시 작업자의 옷 소매가 커터에 감겨 들어가거나, 칩이 작업자의 눈에 들어가는 것을 방지하기 위하여 상부의 암에 덮개를 설치

5) 밀링작업시 안전대책

(1) 밀링커터에 작업복의 소매나 작업모가 말려 들어가지 않도록 할 것
(2) 칩은 기계를 정지시킨 다음에 브러시로 제거할 것
(3) 일감, 커터 및 부속장치 등을 제거할 때 시동레버를 건드리지 않도록 할 것
(4) 상하 이송장치의 핸들은 사용 후, 반드시 빼 둘 것
(5) 일감 또는 부속장치 등을 설치하거나 제거시킬 때, 또는 일감을 측정할 때에는 반드시 정지시킨 다음에 측정할 것
(6) 커터를 교환할 때는 반드시 테이블 위에 목재를 받쳐 놓을 것
(7) 커터는 될 수 있는 한 칼럼에 가깝게 설치할 것
(8) 테이블이나 암위에 공구나 커터 등을 올려놓지 않고 공구대 위에 놓을 것
(9) 가공 중에는 손으로 가공면을 점검하지 말 것
(10) 강력절삭을 할 때는 일감을 바이스에 깊게 물릴 것
(11) 면장갑을 끼지 말 것
(12) 밀링작업에서 생기는 칩은 가늘고 예리하며 부상을 입히기 쉬우므로 보안경을 착용할 것
(13) 급송이송은 백래시 제거장치를 작동 안 시킬 때 이송한다.

절삭공구의 마모가 빨리 되는 원인으로 가장 옳은 것은?

✓① 절삭온도가 높아질 때 ② 절삭온도가 낮아질 때
③ 절삭온도가 적당할 때 ④ 공작물의 경도가 낮을 때

공작기계에 의한 절삭가공시 일반적으로 칩의 형상이 가장 가늘고 날카로운 작업은?

① 선반 작업 ✓② 밀링 작업
③ 보링 작업 ④ 드릴링 작업

3 플레이너와 셰이퍼의 방호장치 및 안전수칙

1) 플레이너(Planer)

(1) 플레이너의 개요

① 플레이너작업에서 공구는 고정되어 있고 일감이 직선운동을 하며 공구는 이송운동을 할 뿐이다.

② 셰이퍼에 비하여 큰 일감을 가공하는 데 사용된다.

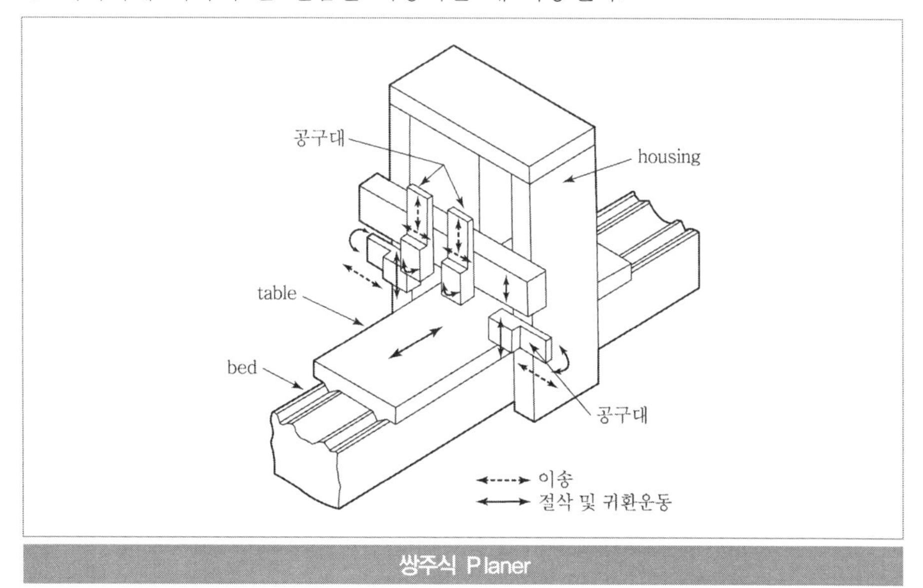

쌍주식 Planer

(2) 플레이너의 안전작업수칙

① 반드시 스위치를 끄고 일감의 고정작업을 할 것
② 일감의 고정작업은 균일한 힘을 유지할 것
③ 바이트는 되도록 짧게 설치할 것
④ 테이블 위에는 기계작동 중 절대로 올라가지 않을 것
⑤ 테이블과 고정벽 또는 다른 기계와의 최소 거리가 40cm 이하가 될 때는 기계의 양쪽에 울타리를 설치하여 통행을 차단

(3) 절삭속도

$$v_m = \frac{2L}{t} = \frac{2v_s}{1+1/n}(\text{m/min}),\ \ t = \frac{L}{v_s} + \frac{L}{v_r}$$

여기서, v_m : 평균속도(m/min), v_r : 귀환속도(m/min)
v_s : 절삭속도(m/min), L : 행정(m)
t : 1회 왕복시간(min), n : 속도비$=v_r/v_s$(보통 3~4)

$$\therefore v_s = \left(1+\frac{1}{n}\right)\times\frac{L}{t} = \left(1+\frac{1}{n}\right)\times N \times L$$

1분간의 테이블 왕복 수 10회, 행정길이 2m, 귀환행정속도는 절삭행정속도의 2배일 때 플레이너의 절삭행정속도는?

➡ $N=10,\ L=2,\ n=2$

$$\therefore\ v_s = \left(1+\frac{1}{n}\right)\times N\times L = \left(1+\frac{1}{2}\right)\times 10\times 2 = 30\text{m/min}$$

2) 셰이퍼(Shaper), (형삭기)

(1) 셰이퍼 각부 명칭

셰이퍼(Shaper)는 램(Ram)의 왕복운동에 의한 바이트의 직선절삭운동과 절삭운동에 수직방향인 테이블의 운동으로 일감이 이송되어 평면을 주로 가공하는 공작기계이다. 셰이퍼의 크기는 주로 램의 최대행정으로 표시할 때가 많고 500mm 정도가 많이 사용되며 테이블의 크기와 이송거리를 표시할 경우도 있다.

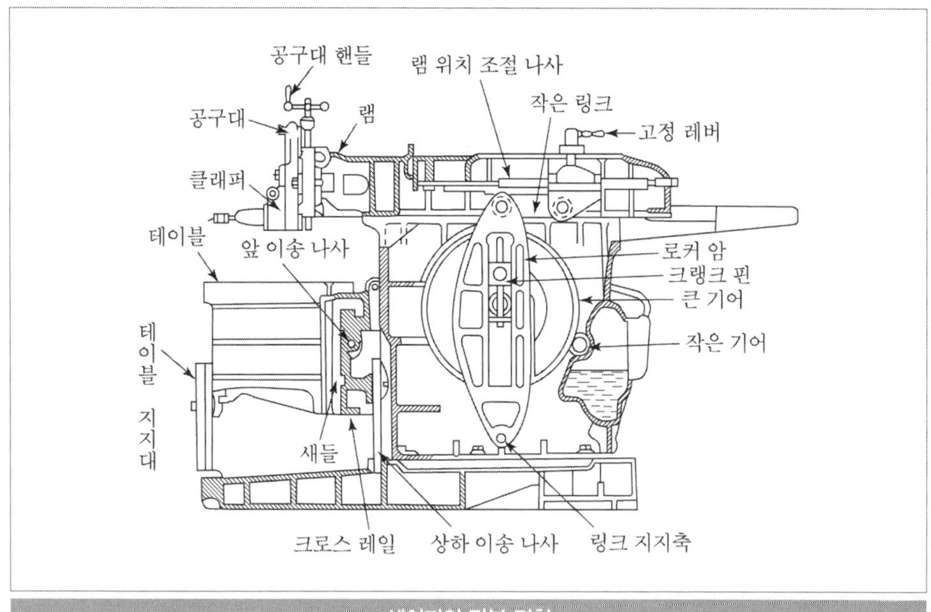

셰이퍼의 각부 명칭

(2) 셰이퍼 안전작업수칙

① 보안경을 착용할 것

② 가공품을 측정하거나 청소를 할 때는 기계를 정지할 것

③ 램 행정은 공작물 길이보다 20~30mm 길게 한다.

④ 시동하기 전에 행정조정용 핸들을 빼놓을 것

⑤ 운전 중에는 급유를 하지 말 것

⑥ 시동 전에 기계의 점검 및 주유를 하지 말 것

⑦ 일감가공 중 바이트와 부딪쳐 떨어지는 경우가 있으므로 일감은 견고하게 물릴 것

셰이퍼작업의 안전사항 설명 중 잘못된 것은?

① 반드시 재질에 따라 절삭속도를 정한다.

② 시동하기 전에 행정조정용 핸들을 빼놓는다.

③ 램은 가급적 행정을 길게 하는 편이 안전상 좋다.

④ 바이트는 잘 갈아서 사용하며 가급적 짧게 물린다.

(3) 셰이퍼의 안전장치

① 울타리　　② 칩받이　　③ 칸막이(방호울)

셰이퍼의 안전장치가 아닌 것은?

① 울타리　　② 칩받이
③ 칸막이　　④ 시건장치

방호울을 설치해야 하는 공작기계는?

① 선반　　② 밀링
③ 드릴　　④ 셰이퍼

(4) 위험요인

① 가공칩(Chip) 비산　　② 램(Ram) 말단부 충돌
③ 바이트(Bite)의 이탈

셰이퍼의 위험요인이 아닌 것은?

① 가공칩(Chip) 비산　　② 램(Ram) 말단부 충돌
③ 바이트(Bite)의 이탈　　④ 척-핸들(Chuck-Handle) 이탈

(5) Shaper Bite의 설치

가능한 범위 내에서 짧게 고정하고, 날 끝은 섕크의 뒷면과 일직선상에 있게 한다.

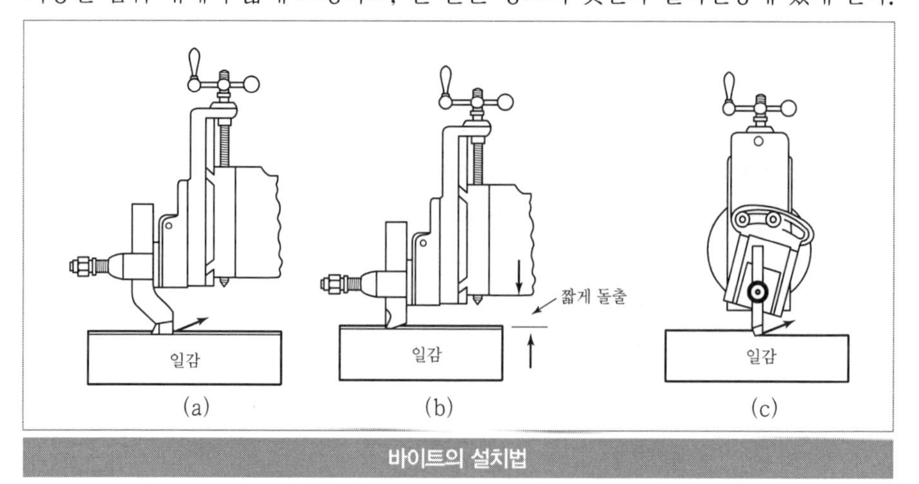

바이트의 설치법

3) 슬로터작업

(1) 슬로터

① 슬로터는 구조가 셰이퍼를 수직으로 세워 놓은 것과 비슷하여 수직셰이퍼라고도 한다.

② 주로 보스에 Key Way를 절삭하기 위한 기계로서 일감을 베드 위에 고정하고 베드에 수직인 하향으로 절삭함으로써 중절삭을 할 수 있다.

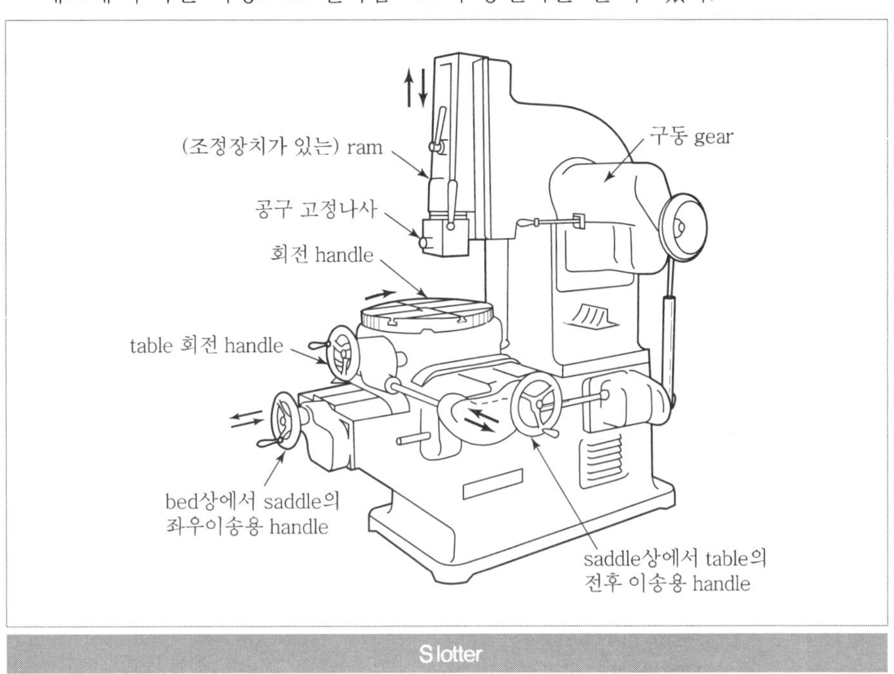

Slotter

(2) 슬로터 안전작업 수칙

① 일감을 견고하게 고정할 것

② 근로자의 탑승을 금지시킬 것

③ 바이트는 가급적 짧게 물릴 것

④ 작업 중 바이트의 운동방향에 서지 말 것

4 드릴링 머신(Drilling Machine)

1) 드릴링 머신

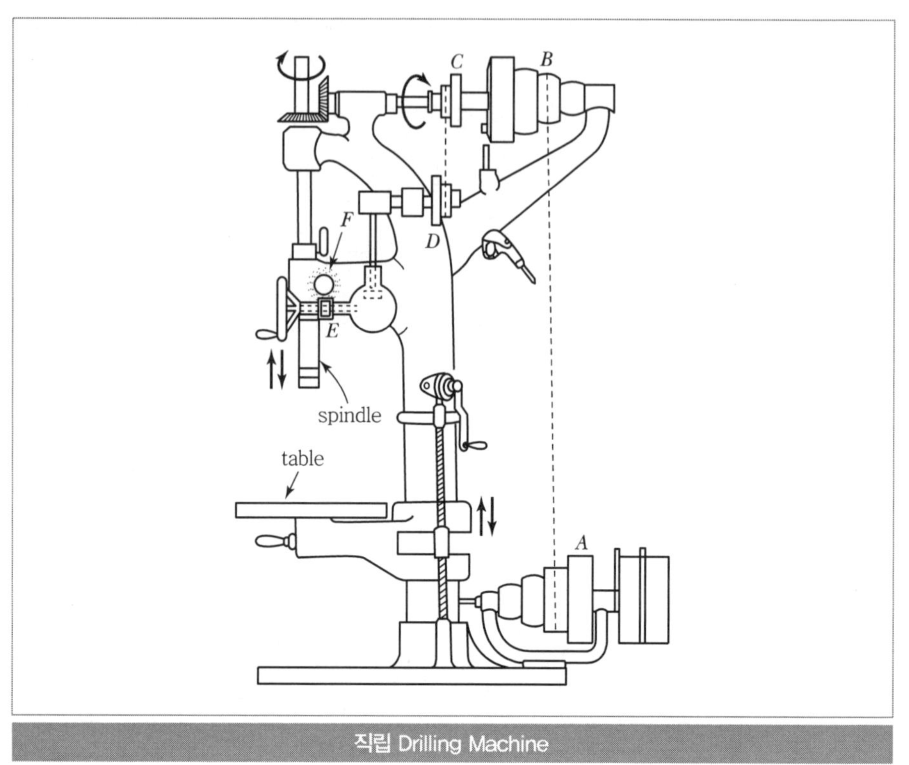

직립 Drilling Machine

2) 드릴 가공의 종류

(1) 드릴 가공(Drilling)

드릴로 구멍을 뚫는 작업

(2) 리머 가공(Reaming)

리머를 사용하여 드릴로 뚫은 구멍의 치수를 정확히 하며 정밀가공을 한다.

볼트에 전달력이 작용하는 곳에 억지로 끼워 맞춤이 되도록 볼트 구멍을 리머로 다듬질 작업 후 사용하는 볼트는?

리머볼트

(3) 보링(Boring)

이미 뚫린 구멍이나 주조한 구멍을 각각 용도에 따른 크기나 정밀도로 넓히는 작업이고 구멍의 형상을 바로잡기도 한다.

(4) 카운터 보링(Counter Boring)

작은나사머리, 볼트의 머리를 일감에 묻히게 하기 위한 턱이 있는 구멍뚫기의 가공

(5) 카운터 싱킹(Counter Sinking)

접시머리 나사의 머리부를 묻히게 하기 위하여 원뿔자리를 내는 가공

3) 드릴의 절삭속도

$$v = \frac{\pi d N}{1,000} = \frac{\pi d}{1,000} \times \frac{tT}{S}$$

여기서, v : 절삭속도(m/min), d : 드릴의 직경(mm)
N : 1분간 회전수(rpm), S : 이송(mm)
t : 길이(mm), T : 공구수명(min)

CheckPoint

드릴링머신에서 드릴 회전수가 1,000rpm이고, 드릴 지름이 20mm일 때 원주속도는 얼마인가?

➡ $v = \frac{\pi d N}{1,000} = \frac{3.14 \times 20 \times 1,000}{1,000} = 62.8\text{m/min}$

4) 드릴링 머신의 안전작업수칙(드릴의 작업안전수칙)

(1) 일감은 견고하게 고정시켜야 하며 손으로 쥐고 구멍을 뚫는 것은 위험하다.
(2) 드릴을 끼운 후에 척렌치(Chuck Wrench)를 반드시 뺀다.
(3) 장갑을 끼고 작업을 하지 말 것
(4) 구멍을 뚫을 때 관통된 것을 확인하기 위하여 손을 집어넣지 말 것
(5) 드릴작업에서 칩의 제거방법은 회전을 중지시킨 후 솔로 제거하여야 함

드릴머신으로 구멍을 뚫을 때 일감이 드릴과 함께 회전하기 가장 쉬운 시점은?

① 드릴작업을 시작할 때
② 구멍작업이 1/2 정도 되었을 때
❸ 구멍이 거의 다 뚫렸을 때
④ 어느 구간이나 모드 동일하다.

5) 휴대용 동력드릴의 안전한 작업방법

(1) 드릴의 손잡이를 견고하게 잡고 작업하여 드릴손잡이 부위가 회전하지 않고 확실하게 제어 가능하도록 한다.

(2) 절삭하기 위하여 구멍에 드릴날을 넣거나 뺄 때 반발에 의하여 손잡이 부분이 튀거나 회전하여 위험을 초래하지 않도록 팔을 드릴과 직선으로 유지한다.

(3) 드릴이나 리머를 고정시키거나 제거하고자 할 때 공구를 사용하고 해머 등으로 두드려서는 안된다.

(4) 드릴을 구멍에 맞추거나 스핀들의 속도를 낮추기 위해서 드릴날을 손으로 잡아서는 안 된다.

휴대용 동력드릴 작업시 안전사항에 관한 설명으로 틀린 것은?

① 드릴의 손잡이를 견고하게 잡고 작업하여 드릴손잡이 부위가 회전하지 않고 확실하게 제어 가능하도록 한다.
② 절삭하기 위하여 구멍에 드릴날을 넣거나 뺄 때 반발에 의하여 손잡이 부분이 튀거나 회전하여 위험을 초래하지 않도록 팔을 드릴과 직선으로 유지한다.
❸ 드릴이나 리머를 고정시키거나 제거하고자 할 때 금속성 망치 등을 사용하여 확실히 고정 또는 제거한다.
④ 드릴을 구멍에 맞추거나 스핀들의 속도를 낮추기 위해서 드릴날을 손으로 잡아서는 안 된다.

5 연삭기

연삭가공은 연삭숫돌의 입자(Abrasive Grain)의 절삭작용으로 공작물에 미소의 칩(Chip)이 발생하는 가공이며, 이에 사용되는 기계를 연삭기(Grinding Machine)라고 한다.

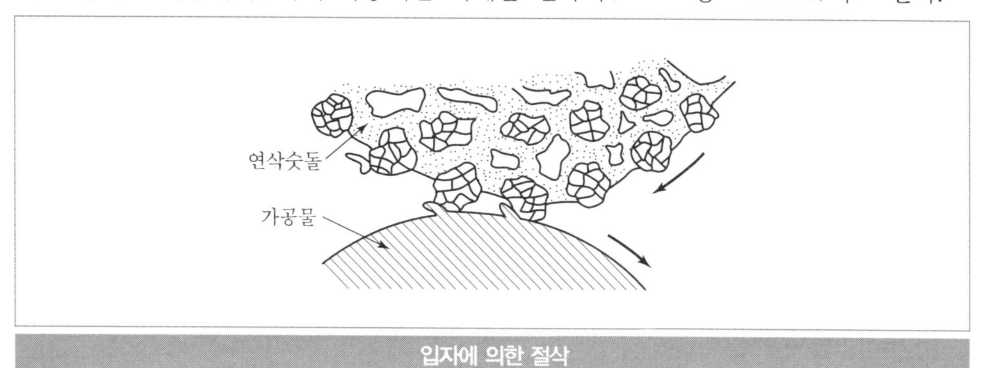

입자에 의한 절삭

1) 연삭기의 종류

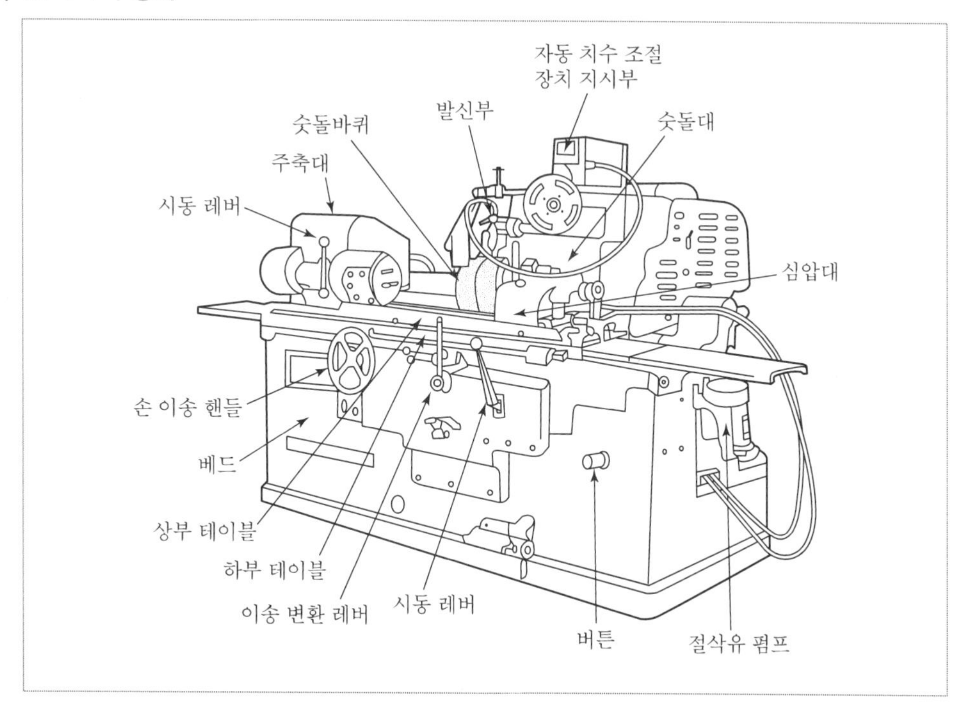

(1) 원통연삭기(Plain Cylindrical Grinding Machine)

원통형 일감의 외면, 테이퍼 및 끝면 바깥둘레를 연삭·다듬는다.

(2) 내면연삭기

일감구멍의 내면인 곧은 구멍, 테이퍼구멍, 막힌 구멍, 롤러베어링의 레이스홈 등을 연삭하며 드릴링, 보링, 리머 등으로 가공할 수 없는 일감도 연삭 가능

(3) 평면연삭기(Surface Grinding Machine)

공작물의 평면을 연삭하는 기계

(4) 센터리스연삭기(Centerless Grinding Machine)

센터리스연삭기는 일감을 센터로 지지하지 않고 연삭숫돌과 조정숫돌 사이에 일감을 삽입하고 지지판으로 지지하면서 연삭

2) 연삭숫돌의 구성

(1) 숫돌입자(Abrasive Grain)

연삭재		숫돌입자의 기호	성분	비고
인조산	알루미나 (Al_2O_3)	A	알루미나(Al_2O_3) 약 95%	
		WA	알루미나 약 99.5% 이상	

연삭재		숫돌입자의 기호	성분	비고
인조산	탄화규소 (SiC)	C	탄화규소(SiC) 약 97%	
		GC	탄화규소 약 98% 이상	
천연산	다이아몬드	D	다이아몬드 100%	

(2) 입도(Grain Size)

① 정의

숫돌입자는 메시(Mesh)로 선별하며 숫돌입자 크기의 굵기를 표시하는 숫자

② 연삭숫돌의 입도

호칭	거친 것	중간 것	고운 것	매우 고운 것
입도(번)	10, 12, …, 24	30, 36, 46, 54, 60	70, 80, …, 220	240, 280, …, 800

(3) 결합도(Grade)

① 정의

숫돌입자의 결합상태를 나타내는 것으로 연삭 중에 숫돌입자에 걸리는 연삭저항에 대하여 숫돌입자를 유지하는 힘의 크고 작음을 나타내며 숫돌입자 또는 결합제 자체의 경도를 의미하는 것은 아니다.

② 연삭숫돌의 결합도

결합도	E, F, G	H, I, J, K	L, M, N, O	P, Q, R, S	T, U, V, W, X, Y Z
호칭	극히 연한 것	연한 것	중간 것	단단한 것	매우 단단한 것

(4) 조직(Structure)

① 정의

숫돌의 단위 용적당 입자의 양 즉, 입자의 조밀상태를 나타낸다.

② 조직의 기호

호칭	조직	숫돌입자율(%)	기호
치밀한 것	0, 1, 2, 3	50 이상 54 이하	c
중간 것	4, 5, 6	42 이상 50 이하	m
거친 것	7, 8, 9, 10, 11, 12	42 이하	w

(5) 결합제(Bond)

① 정의

숫돌입자를 결합하여 숫돌을 형성하는 재료

② 결합제의 종류

㉠ 비트리파이드결합제(Vitrified Bond : V)

㉡ 실리케이트결합제(Silicate Bond : S)

㉢ 고무결합제(Rubber Bond : R)

㉣ 레지노이드결합제(Resinoid Bond : B)

< 표시의 보기 >

WA 60 K m V

(숫돌입자) (입도) (결합도) (조직) (결합제)

1호 A 203 × 16 × 19.1

(모양) (연삭면모양) (바깥지름) (두께) (구멍지름)

300m/min 1,700~2,000m/min

(회전시험 원주속도) (사용원주 속도범위)

3) 숫돌의 원주속도 및 플랜지의 지름

(1) 숫돌의 원주속도

$$\text{원주속도} : v = \frac{\pi DN}{1,000}(\text{m/min}) = \pi DN(\text{mm/min})$$

여기서, 지름 : D(mm), 회전수 : N(rpm)

회전수 300rpm, 연삭숫돌의 지름 200mm일 때 원주속도는?

➡ $v = \frac{\pi DN}{1,000} = \frac{\pi \times 200 \times 300}{1,000} \fallingdotseq 188.4(\text{m/min})$

(2) 플랜지의 지름

플랜지의 지름은 숫돌 직경의 1/3 이상인 것이 적당하다.

CheckPoint

숫돌의 바깥지름이 180mm일 경우 플랜지의 지름은?

➡ $D = \frac{180}{3} = 60(\text{mm})$ 이상

4) 연삭기 숫돌의 파괴 및 재해원인

(1) 숫돌에 균열이 있는 경우
(2) 숫돌이 고속으로 회전하는 경우
(3) 고정할 때 불량하게 되어 국부만을 과도하게 가압하는 경우 혹은 축과 숫돌과의 여유가 전혀 없어서 축이 팽창하여 균열이 생기는 경우
(4) 무거운 물체가 충돌했을 때
(5) 숫돌의 측면을 일감으로써 심하게 가압했을 경우(특히 숫돌이 얇을 때 위험하다)
(6) 숫돌과 일감 사이에 압력이 증가하여 열을 발생시키고 글라스(Glass)화되는 경우
(7) 현저하게 플랜지 지름이 적을 때(플랜지 지름은 숫돌직경의 1/3 이상)

연삭용 숫돌의 파괴원인으로 볼 수 있는 것은?

✔ 직경 400mm인 연삭용 숫돌의 회전수가 3,800rpm일 때
② 플랜지 직경이 숫돌 직경의 1/3일 때
③ 숫돌과 축의 결합시 적당한 정도의 틈새를 0.05~0.15mm로 주었을 때
④ 타음 검사시 맑고 깨끗한 소리가 난 숫돌을 조립하여 3분 시운전한 후 사용했을 때

연삭숫돌의 파괴원인과 거리가 먼 것은?

① 회전력이 결합력보다 클 때
✔ 내외면의 플랜지 직경이 같을 때
③ 충격을 받았을 때
④ 플랜지가 현저히 작을 때

5) 연삭숫돌의 수정

(1) 드레싱(Dressing)

숫돌면의 표면층을 깎아내어 절삭성이 나빠진 숫돌의 면에 새롭고 날카로운 날끝을 발생시켜 주는 법

① 눈메움(Loading) : 결합도가 높은 숫돌에 구리와 같이 연한 금속을 연삭하였을 때 숫돌 표면의 기공에 칩이 메워져 연삭이 잘 안 되는 현상

② 글레이징(Glazing) : 숫돌의 결합도가 높아 무디어진 입자가 탈락하지 않아 절삭이 어렵고, 일감을 상하게 하고 표면이 변질되는 현상

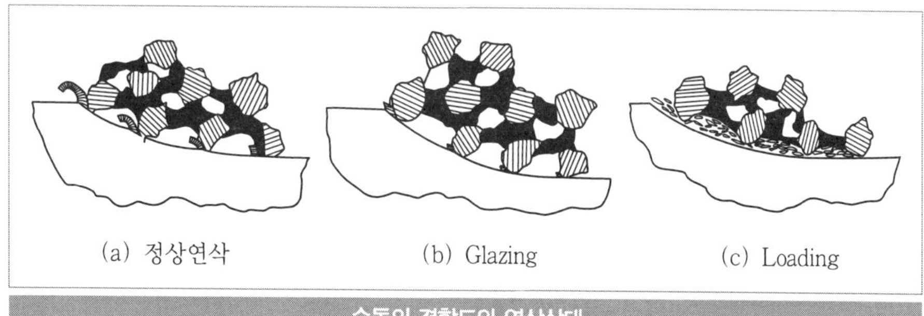

숫돌의 결합도와 연삭상태

③ 입자탈락 : 숫돌바퀴의 결합도가 그 작업에 대하여 지나치게 낮을 경우 숫돌입자의 파쇄가 일어나기 전에 결합체가 파쇄되어 숫돌입자가 입자 그대로 떨어져 나가는 것

다음 설명 중 잘못된 것은?

① 연삭속도가 낮으면 글레이징(Glazing)을 일으키기 쉽다. ✔
② 결합도가 단단한 것은 글레이징(Glazing)을 일으키기 쉽다.
③ 결합도가 연한 숫돌은 사용 중 잘 닳아진다.
④ 연삭깊이가 클 때에는 글레이징(Glazing)을 일으키기 쉽다.

(2) 트루잉(Truing)

숫돌의 연삭면을 숫돌과 축에 대하여 평행 또는 정확한 모양으로 성형시켜 주는 법

① 크러시롤러(Crush Roller) : 총형 연삭을 할 때 숫돌을 일감의 반대모양으로 성형하며 드레싱하기 위한 강철롤러로 저속회전하는 숫돌바퀴에 접촉시켜 숫돌면을 부수며 총형으로 드레싱과 트루잉을 할 수 있다.

② 자생작용 : 연삭작업을 할 때 연삭숫돌의 입자가 무디어졌을 때 떨어져 나가고 새로운 입자가 나타나 연삭을 함으로써 마모, 파쇄, 탈락, 생성이 숫돌 스스로 반복하면서 연삭하여 주는 현상

6) 연삭기의 방호장치

(1) 연삭숫돌의 덮개 등(안전보건규칙 제122조)

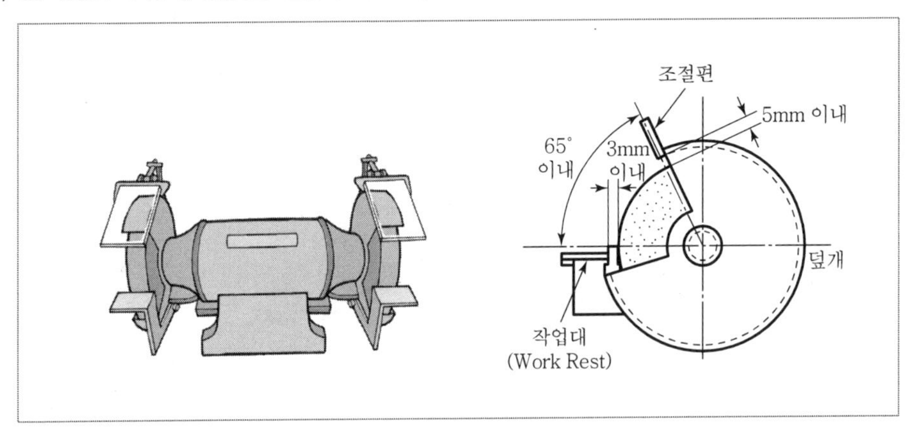

① 회전 중인 연삭숫돌(지름이 5센티미터 이상인 것으로 한정한다)이 근로자에게 위험을 미칠 우려가 있는 경우에 그 부위에 덮개를 설치하여야 한다.

② 연삭숫돌을 사용하는 작업의 경우 작업을 시작하기 전에는 1분 이상, 연삭숫돌을 교체한 후에는 3분 이상 시험운전을 하고 해당 기계에 이상이 있는지를 확인하여야 한다.

③ 시험운전에 사용하는 연삭숫돌은 작업시작 전에 결함이 있는지를 확인한 후 사용하여야 한다.

④ 연삭숫돌의 최고 사용회전속도를 초과하여 사용하도록 해서는 아니 된다.

⑤ 측면을 사용하는 것을 목적으로 하지 않는 연삭숫돌을 사용하는 경우 측면을 사용하도록 해서는 아니 된다.

Check Point

지름 5cm 이상을 갖는 회전 중인 연삭숫돌의 파괴에 대비한 방호장치는?

➡ 덮개

탁상용 연삭기에서 연삭숫돌과 작업대와의 간격은 몇 mm 이하로 조정할 수 있는 작업대를 갖추고 있어야 하나?

➡ 3mm 이하

연삭기의 덮개와 연삭숫돌의 원주면의 간격은 몇 mm인가?

➡ 5mm 이내

(2) 안전덮개의 각도

① 탁상용 연삭기의 덮개

㉠ 일반 연삭작업 등에 사용하는 것을 목적으로 하는 경우의 노출각도 : 125° 이내

㉡ 연삭숫돌의 상부사용을 목적으로 할 경우의 노출각도 : 60° 이내

② 원통연삭기, 만능연삭기 덮개의 노출각도 : 180° 이내

③ 휴대용 연삭기, 스윙(Swing) 연삭기 덮개의 노출각도 : 180° 이내

④ 평면연삭기, 절단연삭기 덮개의 노출각도 : 150° 이내
숫돌의 주축에서 수평면 밑으로 이루는 덮개의 각도 : 15° 이상

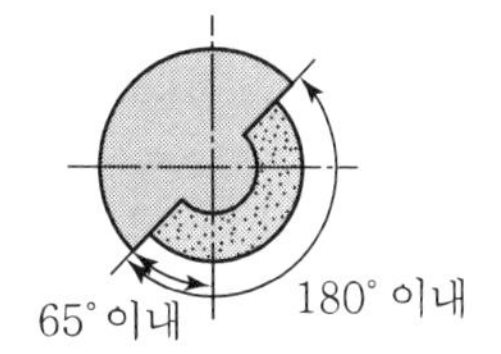

㉮ 원통연삭기, 센터리스연삭기, 공구연삭기, 만능연삭기, 기타 이와 비슷한 연삭기

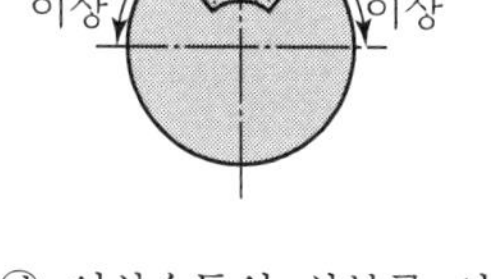

㉯ 연삭숫돌의 상부를 사용하는 것을 목적으로 하는 탁상용 연삭기

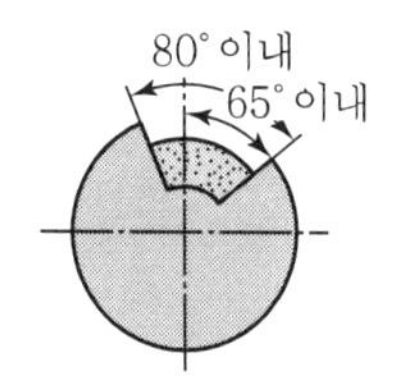

㉰ ㉯ 및 ㉶ 이외의 탁상용 연삭기, 기타 이와 유사한 연삭기

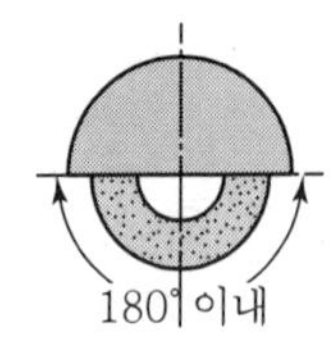

㉣ 휴대용 연삭기, 스윙연삭기, 슬래브연삭기, 기타 이와 비슷한 연삭기

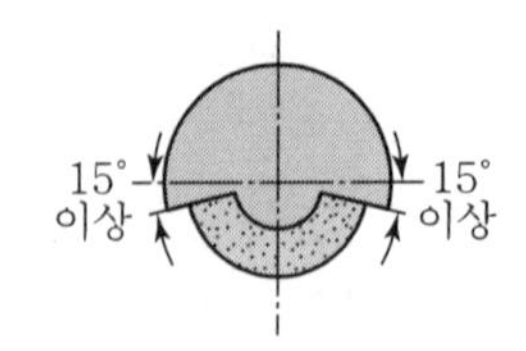

㉤ 평면연삭기, 절단연삭기, 그 밖에 이와 비슷한 연삭기

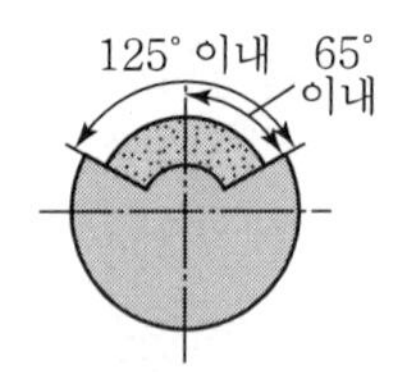

㉥ 일반 연삭작업 등에 사용하는 것을 목적으로 하는 탁상용 연삭기

7) 래핑(Lapping)

일감과 랩공구 사이에 미분말상태의 래핑제와 연마제를 넣고 이들 사이에 상대운동을 시켜 표면을 매끈하게 하는 가공

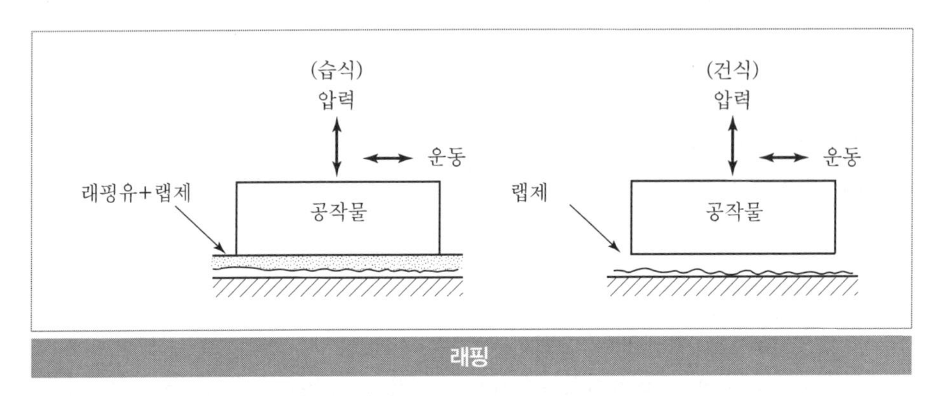

래핑

CheckPoint

입자에 의한 가공 중 미세입자를 분말상태로 사용하여 가공하는 방법은?

① 연삭 ② 래핑
③ 호닝 ④ 슈퍼피니싱

6 목재가공용 둥근톱 기계

1) 둥근톱 기계의 방호장치

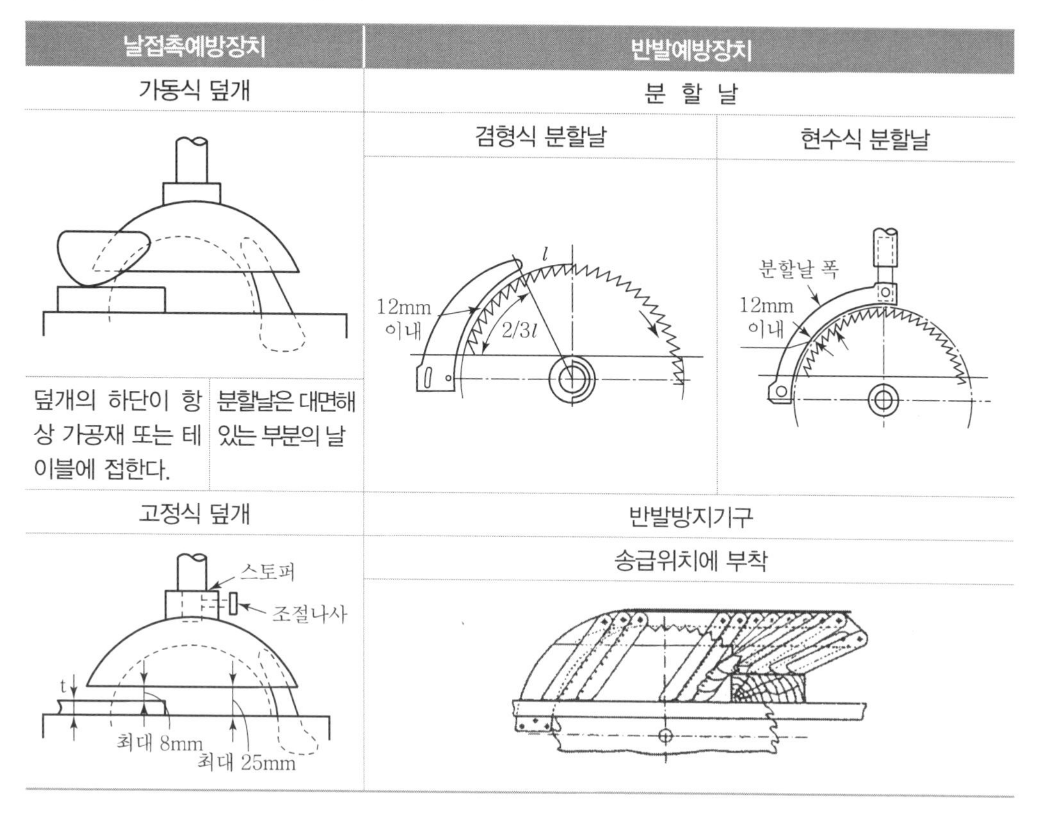

날접촉예방장치		반발예방장치	
가동식 덮개		분 할 날	
		겸형식 분할날	현수식 분할날
덮개의 하단이 항상 가공재 또는 테이블에 접한다.	분할날은 대면해 있는 부분의 날		
고정식 덮개		반발방지기구	
		송급위치에 부착	

2) 톱날접촉예방장치의 구조

(1) 둥근톱기계의 톱날접촉예방장치(안전보건규칙 제106조)

목재가공용 둥근톱기계(휴대용 둥근톱을 포함하되, 원목제재용 둥근톱기계 및 자동이송장치를 부착한 둥근톱기계를 제외한다)에는 톱날접촉예방장치를 설치하여야 한다.

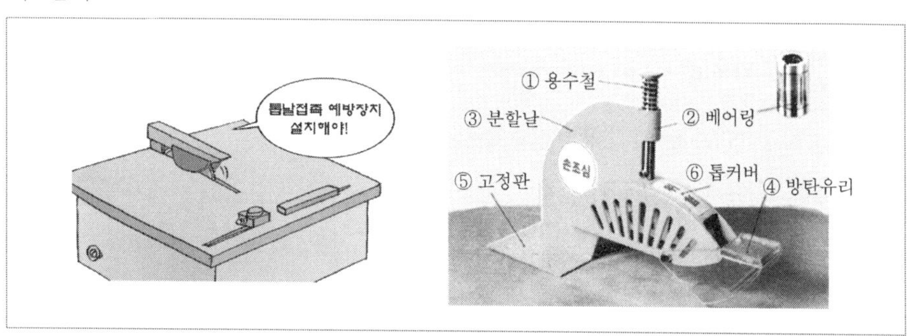

(2) 고정식 접촉예방장치

박판가공의 경우에만 사용할 수 있는 것이다.

(3) 가동식 접촉예방장치

본체덮개 또는 보조덮개가 항상 가공재에 자동적으로 접촉되어 톱니를 덮을 수 있도록 되어 있는 것이다.

3) 반발예방장치의 구조 및 기능

(1) 둥근톱기계의 반발예방장치(안전보건규칙 제105조)

목재가공용 둥근톱기계(가로절단용 둥근톱기계 및 반발에 의하여 근로자에게 위험을 미칠 우려가 없는 것은 제외한다)에 분할날 등 반발예방장치를 설치하여야 한다.

(2) 분할날(Spreader)

① 분할날의 두께

분할날은 톱 뒷(back)날 바로 가까이에 설치되고 절삭된 가공재의 홈 사이로 들어가면서 가공재의 모든 두께에 걸쳐서 쐐기작용을 하여 가공재가 톱날을 조이지 않게 하는 것을 말한다.

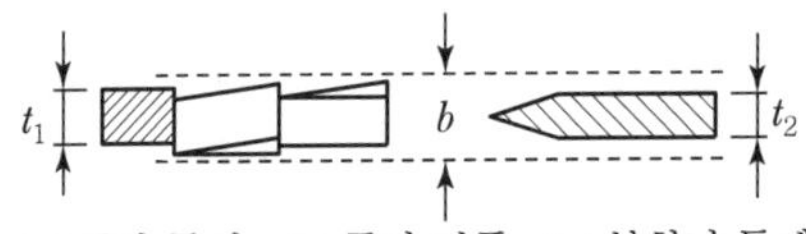

t_1 : 톱날 두께 b : 톱날 진폭 t_2 : 분할날 두께

분할날의 두께는 톱날 두께 1.1배 이상이고 톱날의 치진폭 미만으로 할 것

$$1.1t_1 \leq t_2 < b$$

② 분할날의 길이

$$l = \frac{\pi D}{4} \times \frac{2}{3} = \frac{\pi D}{6}$$

CheckPoint

톱날 직경이 600mm일 경우 분할날의 최소길이는?

➡ $l = \frac{\pi D}{6} = \frac{\pi \times 600}{6} = 314\text{mm}$

③ 톱의 후면 날과 12mm 이내가 되도록 설치함
④ 재료는 탄성이 큰 탄소공구강 5종에 상당하는 재질이어야 함
⑤ 표준 테이블 위 톱의 후면날 2/3 이상을 커버해야 함
⑥ 설치부는 둥근톱니와 분할날과의 간격 조절이 가능한 구조여야 함
⑦ 둥근톱 직경이 610mm 이상일 때의 분할날은 양단 고정식의 현수식이어야 함

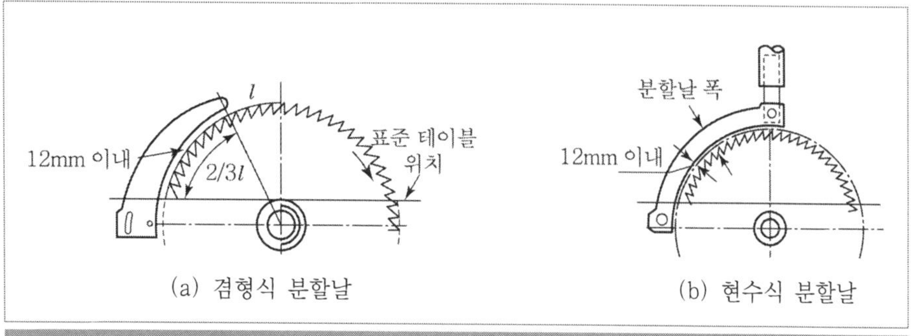

둥근톱 분할날의 종류

(3) 반발방지기구(Finger)

① 가공재가 톱날 후면에서 조금 들뜨고 역행하려고 할 때에 가공재면 사이에서 쐐기작용을 하여 반발을 방지하기 위한 기구를 반발방지기구(Finger)라고 한다.
② 작동할 때의 충격하중을 고려해서 일단 구조용 압연강재 2종 이상을 사용
③ 기구의 형상은 가공재가 반발할 경우에 먹혀 들어가기 쉽도록 함
④ 일명 '반발방지 발톱'이라고 부르기도 한다.

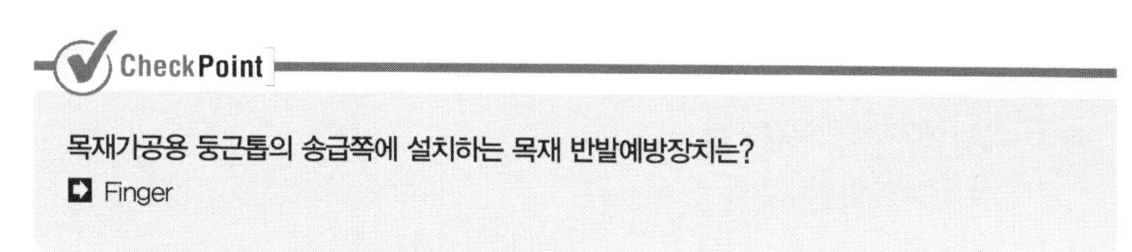

목재가공용 둥근톱의 송급쪽에 설치하는 목재 반발예방장치는?

➡ Finger

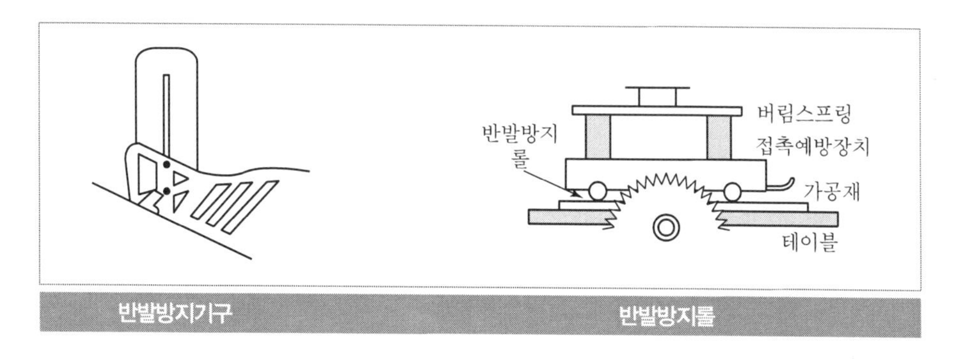

반발방지기구　　반발방지롤

(4) 반발방지롤(Roll)

① 가공재가 톱 후면에서 들뜨는 것을 방지하기 위한 장치를 말함
② 가공재의 위쪽 면을 언제나 일정하게 누르고 있어야 함
③ 가공재의 두께에 따라 자동적으로 그 높이를 조절할 수 있어야 함
④ 가공재를 충분히 누르는 강도를 갖추어야 함

(5) 보조안내판

주안내판과 톱날 사이의 공간에서 나무가 퍼질 수 있게 하여 죄임으로 인한 반발을 방지하는 것

(6) 반발예방장치의 설치요령

① 분할날에 대면하고 있는 부분과 가공재를 절단하는 부분 이외의 톱날을 덮을 수 있는 구조로 날접촉 예방장치를 설치할 것
② 목재의 반발을 충분히 방지할 수 있도록 반발방지기구를 설치할 것
③ 두께가 1.1mm 이상이 되게 분할날을 설치할 것(톱날과의 간격 12mm 이내)
④ 표준 테이블 위의 톱 후면 날을 2/3 이상 덮을 수 있도록 분할날을 설치할 것

목재가공용 둥근톱 기계의 반발예방용 방호장치가 아닌 것은?

✔ 수봉식 안전기　　② 분할날(Spreader)
③ 반발방지롤(Roll)　　④ 반발방지발톱(Finger)

4) 둥근톱기계의 안전작업수칙

(1) 장갑을 끼고 작업하지 않는다.
(2) 작업 전에 공회전시켜서 이상 유무를 점검한다.
(3) 두께가 얇은 재료의 절단에는 압목 등의 적당한 도구를 사용한다.
(4) 톱날이 재료보다 너무 높게 솟아나지 않게 한다.
(5) 작업자는 작업 중에 톱날 회전방향의 정면에 서지 않을 것

5) 모떼기기계의 날접촉예방장치(안전보건규칙 제110조)

모떼기기계(자동이송장치를 부착한 것은 제외한다)에 날접촉예방장치를 설치하여야 한다. 다만, 작업의 성질상 날접촉예방장치를 설치하는 것이 곤란하여 해당 근로자에게 적절한 작업공구 등을 사용하도록 한 경우에는 그러하지 아니하다.

공작기계에서 덮개 또는 울의 방호장치를 설치하여야 하는 기계가 아닌 것은?

① 띠톱기계의 위험한 톱날부위 ② 형상기 램의 행정 끝
③ 터릿 선반으로부터의 돌출 가공물 ④ 모떼기 기계의 날

7 동력식 수동대패

1) 대패기계의 날접촉예방장치(안전보건규칙 제109조)

작업대상물이 수동으로 공급되는 동력식 수동대패기계에 날접촉예방장치를 설치하여야 한다.

2) 동력식 수동대패의 방호장치의 구비조건

(1) 대패날을 항상 덮을 수 있는 덮개를 설치하고 그 덮개는 가공재를 자유롭게 통과시킬 수 있어야 함
(2) 대패기의 테이블 개구부는 가능한 작게 하고, 또한 테이블 개구단과 대패날 선단과의 빈틈은 3mm 이하로 해야 함
(3) 수동대패기에서 테이블 하방에 노출된 날부분에도 방호 덮개를 설치하여야 함

기계 대패작업 중 작업자가 가장 사고를 일으키기 쉬운 때는?

① 가공을 시작할 때 ② 가공이 거의 끝날 때
③ 가공 중 전 작업과정 중에 ④ 가공이 중간 쯤 진행되고 있을 때

3) 방호장치(날접촉예방장치)의 구조

(1) 가동식 날 접촉예방장치

① 가공재의 절삭에 필요하지 않은 부분은 항상 자동적으로 덮고 있는 구조를 말한다.
② 소량 다품종 생산에 적합

(2) 고정식 날 접촉예방장치

① 가공재의 폭에 따라서 그때마다 덮개의 위치를 조절하여 절삭에 필요한 대패날만을 남기고 덮는 구조를 말한다.

② 동일한 폭의 가공재를 대량생산하는 데 적합하다.

CheckPoint

동력식 수동 대패 기계에 대한 설명 중 옳지 않은 것은?

① 날 접촉예방장치에는 가동식과 고정식이 있다.
② 접촉 절단 재해가 발행할 수 있다.
③ 덮개와 송급측 테이블면 간격은 8mm 이내로 한다.
④ 가동식 날 접촉 예방장치는 동일한 폭의 가공재를 대량생산하는 데 적합하다.

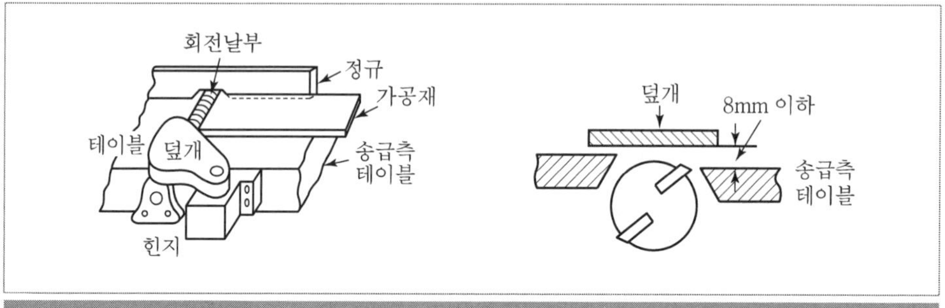

가동식 접촉예방장치(덮개의 수평이동) 덮개와 테이블과의 간격

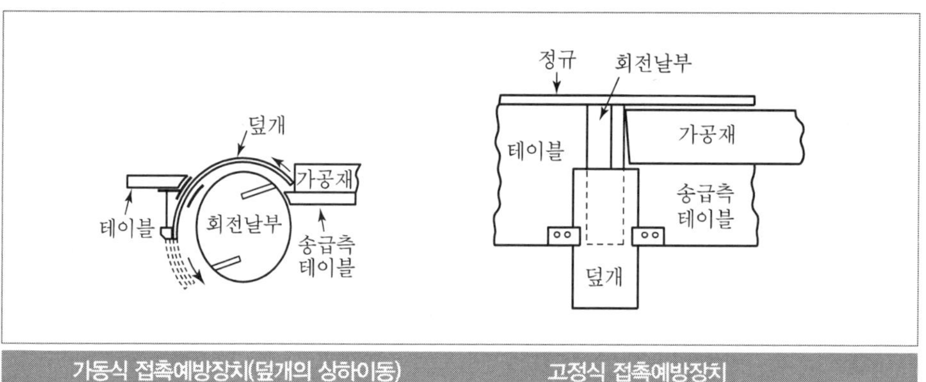

가동식 접촉예방장치(덮개의 상하이동) 고정식 접촉예방장치

CheckPoint

목공 작업시 목공날은 어느 방향으로 해야 안전한가?

① 작업자 방향
② 작업자와 45° 방향
③ 작업자와 90° 방향
④ 작업자와 반대방향

8 공작기계(안전보건규칙 제100조~제102조)

1) 띠톱기계의 덮개등(제100조) 사업주는 띠톱기계(목재가공용 띠톱기계를 제외한다)의 절단에 필요한 톱날부위 외의 위험한 톱날부위에 덮개 또는 울 등을 설치하여야 한다.
2) 원형톱기계의 톱날접촉예방장치(제101조) 사업주는 원형톱기계(목재가공용 둥근톱기계를 제외한다)에는 톱날접촉예방장치를 설치하여야 한다.
3) 탑승의 금지(제102조) 사업주는 운전 중인 평삭기(平削機)의 테이블 또는 수직선반 등의 테이블에 근로자를 탑승시켜서는 아니 된다. 다만, 테이블에 탑승한 근로자 또는 배치된 근로자가 즉시 기계를 정지할 수 있도록 하는 등 우려되는 위험을 방지하기 위하여 필요한 조치를 한 경우에는 그러하지 아니하다.

SECTION 2 소성가공

소성가공은 금속이나 합금에 소성 변형을 하는 것으로 가공 종류는 단조, 압연, 선뽑기, 밀어내기 등이 있다.

1 소성가공의 종류

1) 작업 방법에 따른 분류

(1) 단조가공(Forging)

보통 열간가공에서 적당한 단조기계로 재료를 소성가공하여 조직을 미세화시키고, 균질상태에서 성형하며 자유단조와 형단조(Die Forging)가 있다.

(2) 압연가공(Rolling)

재료를 열간 또는 냉간 가공하기 위하여 회전하는 롤러 사이를 통과시켜 예정된 두께, 폭 또는 직경으로 가공한다.

(3) 인발가공(Drawing)

금속 파이프 또는 봉재를 다이(Die)를 통과시켜, 축방향으로 인발하여 외경을 감소시키면서 일정한 단면을 가진 소재로 가공하는 방법

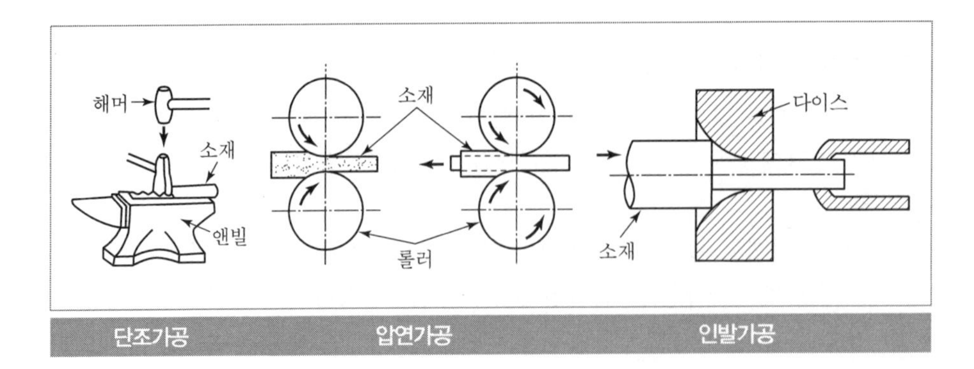

단조가공 압연가공 인발가공

(4) 압출가공(Extruding)

상온 또는 가열된 금속을 실린더 형상을 한 컨테이너에 넣고, 한쪽에 있는 램에 압력을 가하여 압출한다.

(5) 판금가공(Sheet Metal Working)

판상 금속재료를 형틀로써 프레스(Press), 펀칭, 압축, 인장 등으로 가공하여 목적하는 형상으로 변형 가공하는 것

(6) 전조가공

작업은 압연과 유사하나 전조 공구를 이용하여 나사(Thread), 기어(Gear) 등을 성형하는 방법

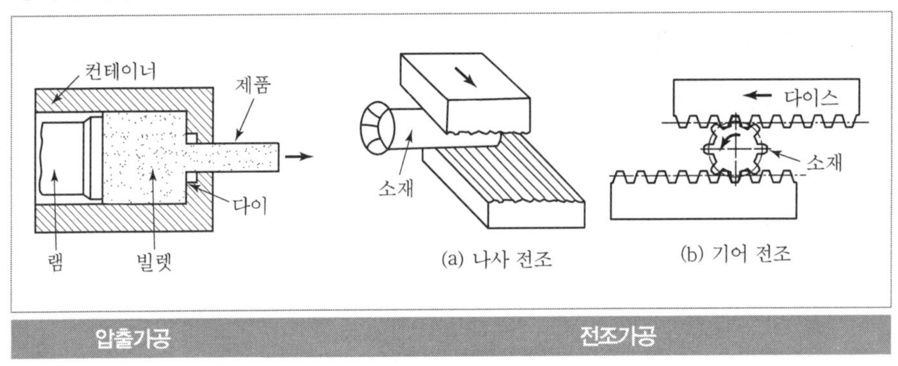

압출가공 전조가공

소성가공의 종류에 해당하지 않는 것은?

① 선반가공 ② 하이드로포밍가공
③ 압연가공 ④ 전조가공

2) 냉간가공 및 열간가공

(1) 냉간가공(상온가공 : Cold Working)

재결정온도 이하에서 금속의 인장강도, 항복점, 탄성한계, 경도, 연율, 단면수축률 등과 같은 기계적 성질을 변화시키는 가공

(2) 열간가공(고온가공 : Hot Working)

재결정온도 이상에서 하는 가공

CheckPoint

소성가공은 열간가공과 냉간가공으로 분류한다. 이 분류의 기준점은?

① 단조온도　　② 변태점온도
③ 재결정 온도　　④ 담금질 온도

2 단조가공

1) 단조작업의 종류

(1) 자유단조

개방형 형틀을 사용하여 소재를 변형시키는 것

(2) 형단조(Die Forging)

2개의 다이(Die) 사이에 재료를 넣고 가압하여 성형하는 방법

(3) 업셋단조(Upset Forging)

가열된 재료를 수평으로 형틀에 고정하고 한쪽 끝을 돌출시키고 돌출부를 축 방향으로 헤딩공구(Heading Tool)로써 타격을 주어 성형

(4) 압연단조

한쌍의 반원통 롤러 표면 위에 형을 조각하여 롤러를 회전시키면서 성형하는 것으로 봉재에 가늘고 긴 것을 성형할 때 이용

2) 단조용 수공구

(1) 앤빌(Anvil)

연강으로 만들고 표면에 경강으로 단접한 것이 많으나 주강으로 만든 것도 있다.

(2) 표준대 또는 정반

기준 치수를 맞추는 대로서 두꺼운 철판 또는 주물로 만든다. 단조용은 때로는 앤빌 대용으로 사용된다.

(3) 이형공대(Swage Block)

300~350mm 각(角)정도의 크기로 앤빌 대용으로 사용되며, 여러 가지 형상의 이형틀이 있어 조형용으로 사용된다.

(4) 해머(Hammer)

마치는 경강으로 만들며 내부는 점성이 크고 두부는 열처리로 경화하여 사용한다.

(5) 집게(Tong)

가공물을 집는 공구로서 그 형상은 여러 가지 있어 각종 목적에 사용하기에 편리하다.

(6) 정(Chisel)

재료를 절단할 때 사용하는 것으로 직선절단용, 곡선절단용이 있다. 정의 각은 상온재 절단용에는 60°, 고온재의 절단용에는 30°를 사용

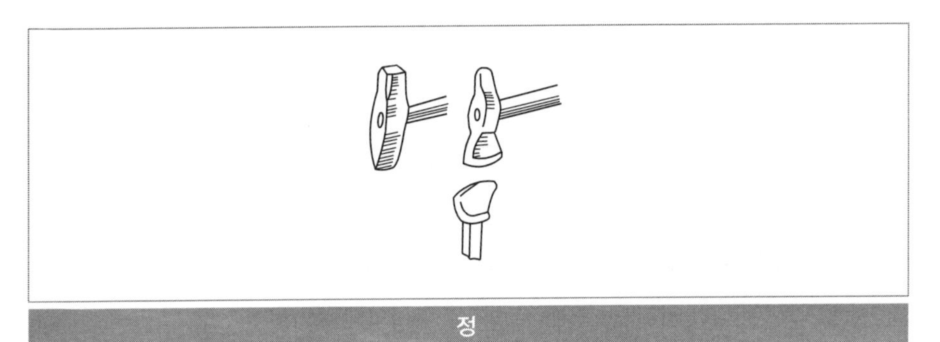

정

CHAPTER 03

프레스 및 전단기의 안전

SECTION 1 프레스의 종류

1 인력 프레스

수동 프레스로서 족답(足踏)프레스가 있으며 얇은 판의 펀칭 등에 주로 사용

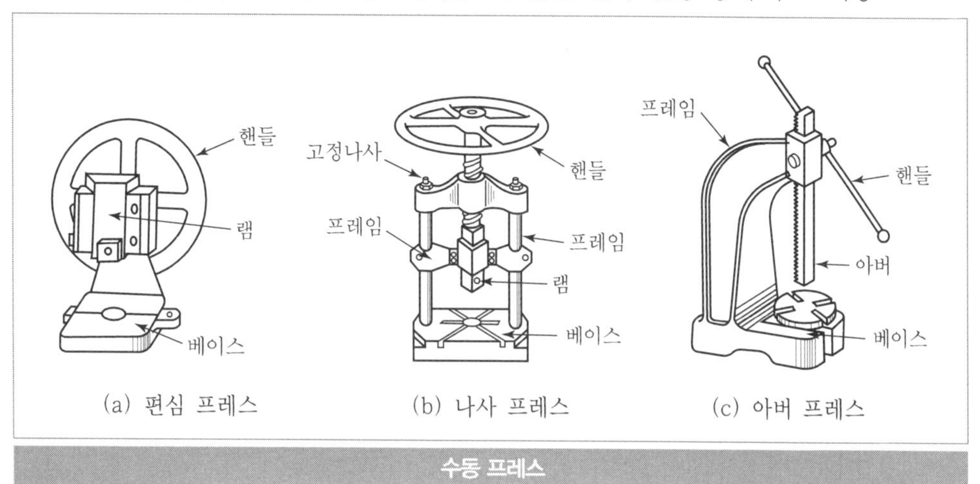

수동 프레스

2 동력 프레스

1) 기력 프레스 또는 파워 프레스(Power Press)

(1) 크랭크 프레스(Crank Press)

크랭크 축과 커넥팅로드와의 조합으로 축의 회전운동을 직선운동으로 전환시켜 프레스에 필요한 램의 운동을 시키는 것

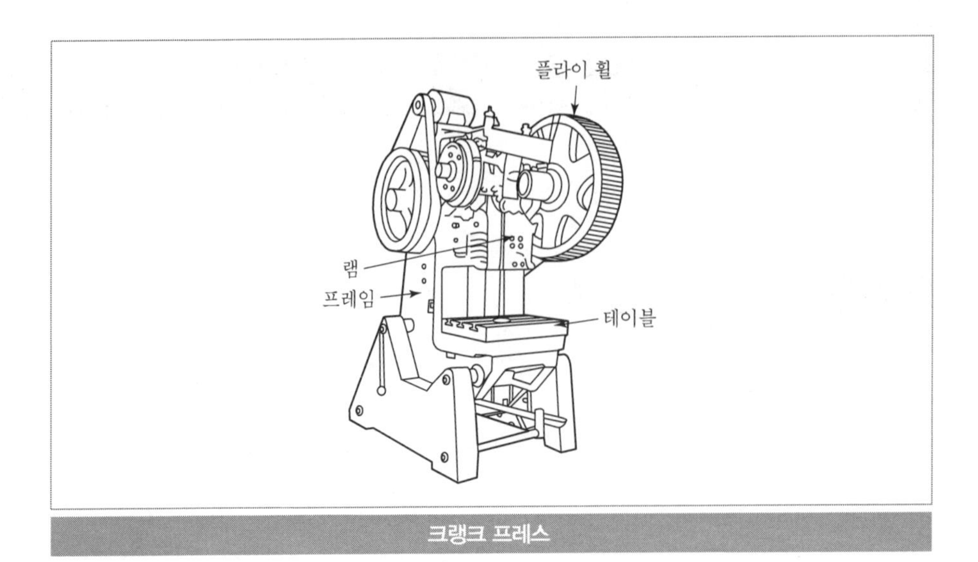

크랭크 프레스

(2) 익센트릭 프레스(Eccentric Press)

페달을 밟으면 클러치가 작용하여 주축에 회전이 전달됨. 편심주축의 일단에는 상하 운동하는 램이 있고 여기에 형틀을 고정하여 작업

(3) 토글 프레스(Toggle Press)

플라이휠의 회전운동을 크랭크장치로써 왕복운동으로 변환시키고 이것을 다시 토글(Toggle)기구로써 직선운동을 하는 프레스로 배력장치를 이용

(4) 마찰 프레스(Friction Press)

회전하는 마찰차를 좌우로 이동시켜 수평마찰차와 교대로 접촉시킴으로써 작업한다. 판금의 두께가 일정하지 않을 때 하강력의 조절이 잘되는 프레스

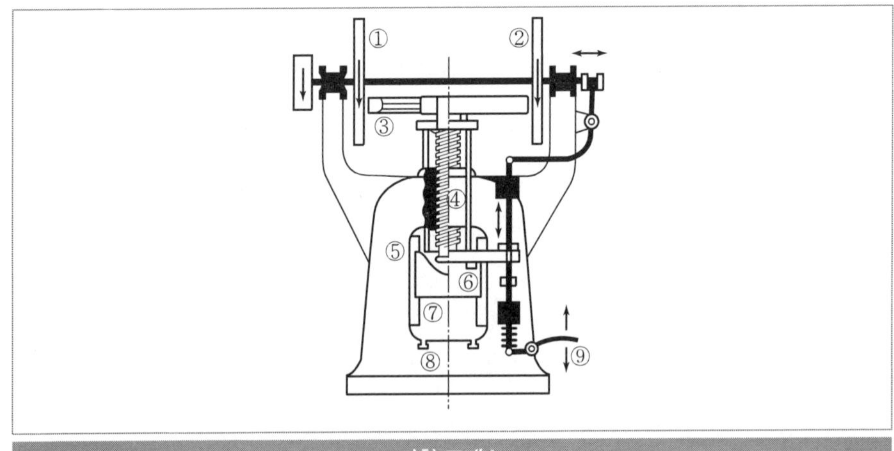

마찰 프레스

2) 액압 프레스

용량이 큰 프레스에는 수압 또는 유압으로 기계를 작동시키는 프레스

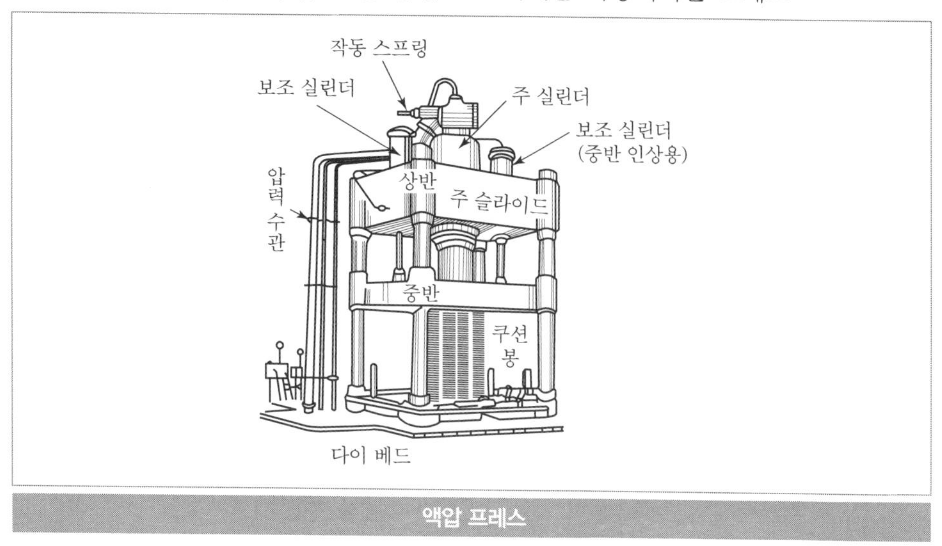

액압 프레스

SECTION 2 프레스 가공의 종류

1) 블랭킹(Blanking)

판재를 펀치로써 뽑기하는 작업을 말하며 그 제품을 블랭크(Blank)라고 하고 남은 부분을 스크랩(Scrap)이라 한다.

2) 펀칭(Punching)

원판 소재에서 제품을 펀칭하면 이때 뽑힌 부분이 스크랩으로 되고 남은 부분은 제품이 된다.

3) 전단(Shearing)

소재를 직선, 원형, 이형의 소재로 잘라내는 것을 말한다.

4) 분단(Parting)

제품을 분리하는 가공이며 다이나 펀치에 Shear를 둘 수 없으며 2차 가공에 속한다.

5) 노칭(Notching)

소재의 단부에서 단부에 거쳐 직선 또는 곡선상으로 절단한다.

6) 트리밍(Trimming)

지느러미(Fin) 부분을 절단해내는 작업. Punch와 Die로 Drawing 제품의 Flange를 소요의 형상과 치수로 잘라내는 것이며 2차 가공에 속한다.

① Blanking ② Punching ③ Shearing

④ Parting ⑤ Notching ⑥ Trimming

SECTION 3 프레스 작업점에 대한 방호방법

1 No-hand In Die 방식(금형 안에 손이 들어가지 않는 구조)

1) 안전울 설치
2) 안전금형
3) 자동화 또는 전용 프레스

프레스 기계의 위험을 방지하기 위한 본질적 안전화(No-hand In Die) 방식이 아닌 것은?

① 금형에 안전 울 설치 ② 수인식 방호장치 사용
③ 안전금형의 사용 ④ 전용프레스 사용

2 Hand In Die 방식(금형 안에 손이 들어가는 구조)

1) 가드식 2) 수인식 3) 손쳐내기식
4) 양수조작식 5) 광전자식

SECTION 4 프레스 방호장치

1 게이트가드(Gate Guard)식 방호장치

1) 정의

가드의 개폐를 이용한 방호장치로서 기계의 작동을 서로 연동하여 가드가 열려 있는 상태에서는 기계의 위험부분이 가동되지 않고, 또한 기계가 작동하여 위험한 상태로 있을 때에는 가드를 열 수 없게 한 장치를 말한다.

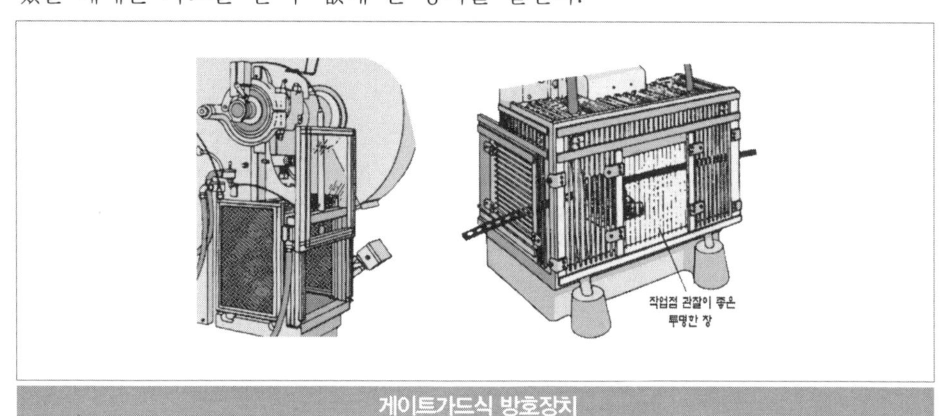

게이트가드식 방호장치

2) 종류

(1) 하강식 (2) 도립식 (3) 횡슬라이드식

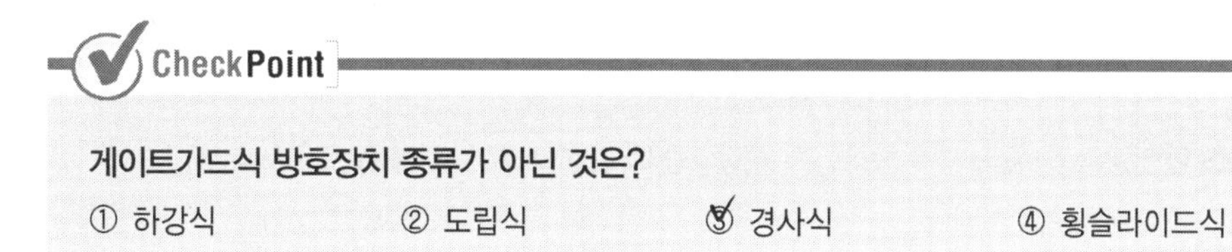

CheckPoint

게이트가드식 방호장치 종류가 아닌 것은?

① 하강식 ② 도립식 ③ 경사식 ④ 횡슬라이드식

2 양수조작식 방호장치(Two-hand Control Safety Device)

1) 양수조작식

(1) 정의

기계의 조작을 양손으로 동시에 하지 않으면 기계가 가동하지 않으며 한 손이라도 떼어내면 기계가 급정지 또는 급상승하게 하는 장치를 말한다.(급정지기구가 있는 마찰프레스에 적합)

프레스의 안전장치 중 가장 완전한 방호가 가능한 안전장치는?

① 수인식 ② 손쳐내기식
③ 양수조작식 ④ 게이트가드식

(2) 안전거리

$$D = 1,600 \times (T_c + T_s)(\text{mm})$$

여기서, T_c : 방호장치의 작동시간[즉 누름버튼으로부터 한 손이 떨어질 때부터 급정지기구가 작동을 개시할 때까지의 시간(초)]
T_s : 프레스의 급정지시간[즉 급정지 기구가 작동을 개시할 때부터 슬라이드가 정지할 때까지의 시간(초)]

(3) 양수조작식 방호장치 설치 및 사용

① 양수조작식 방호장치는 안전거리를 확보하여 설치하여야 한다.
② 누름버튼의 상호 간 내측거리는 300mm 이상으로 한다.
③ 누름버튼 윗면이 버튼케이스 또는 보호링의 상면보다 25mm 낮은 매립형으로 한다.
④ SPM(Stroke Per Minute : 매분 행정수) 120 이상의 것에 사용한다.

프레스 안전장치 중 클러치별 방호장치 선택기준에 관한 사항으로 옳은 것은?

① 양수조작식 방호장치의 경우 120SPM 이상, 포지티브 클러치에 적용된다.
② 광전자식 방호장치의 경우 120SPM 이상, 포지티브 클러치에 적용된다.
③ 손쳐내기식 방호장치의 경우는 120SPM 이상, 프릭션 클러치에 적용된다.
④ 수인식 방호장치의 경우는 120SPM 이상, 프릭션 클러치에 적용된다.

2) 양수기동식

(1) 정의

양손으로 누름단추 등의 조작장치를 동시에 1회 누르면 기계가 작동을 개시하는 것을 말한다.(급정지기구가 없는 확동식 프레스에 적합)

(2) 안전거리

$$D_m = 1{,}600 \times T_m(\text{mm})$$

$$T_m = \left(\frac{1}{\text{클러치개소수}} + \frac{1}{2}\right) \times \frac{60}{\text{매분행정수(SPM)}}$$

여기서, T_m : 양손으로 누름단추를 조작하고 슬라이드가 하사점에 도달하기까지의 소요최대시간(초)

확동클러치의 봉합개소 수는 8개, 분당 행정수는 250SPM일 때 양수기동식 방호장치의 안전거리는?

➡ $D_m = 1{,}600 \times T_m = 1{,}600 \times \left(\frac{1}{8} + \frac{1}{2}\right) \times \frac{60}{250} = 240\text{mm}$

3 손쳐내기식(Push Away, Sweep Guard) 방호장치

1) 정의

기계의 작동에 연동시켜 위험상태로 되기 전에 손을 위험 영역에서 밀어내거나 쳐냄으로써 위험을 배재하는 장치를 말한다.

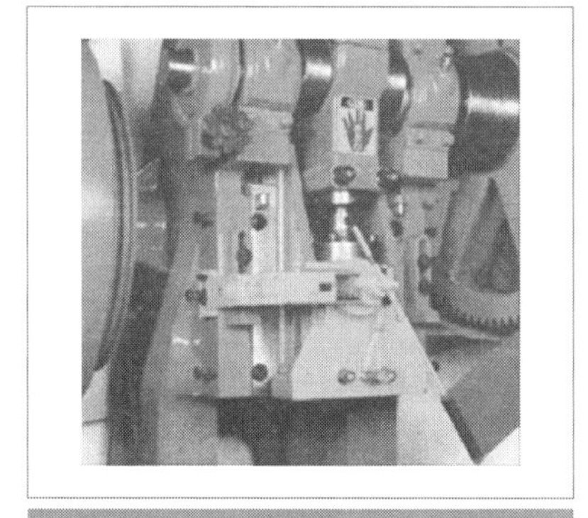

손쳐내기식 방호장치

2) 방호장치의 설치기준

(1) SPM이 120 이하이고 슬라이드의 행정길이가 40mm 이상의 것에 사용한다.

(2) 손쳐내기식 막대는 그 길이 및 진폭을 조정할 수 있는 구조이어야 한다.

(3) 금형 크기의 절반 이상의 크기를 가진 손쳐내기판을 손쳐내기 막대에 부착한다.

4 수인식(Pull Out) 방호장치

1) 정의

슬라이드와 작업자 손을 끈으로 연결하여 슬라이드 하강시 작업자 손을 당겨 위험영역에서 빼낼 수 있도록 한 장치를 말한다.

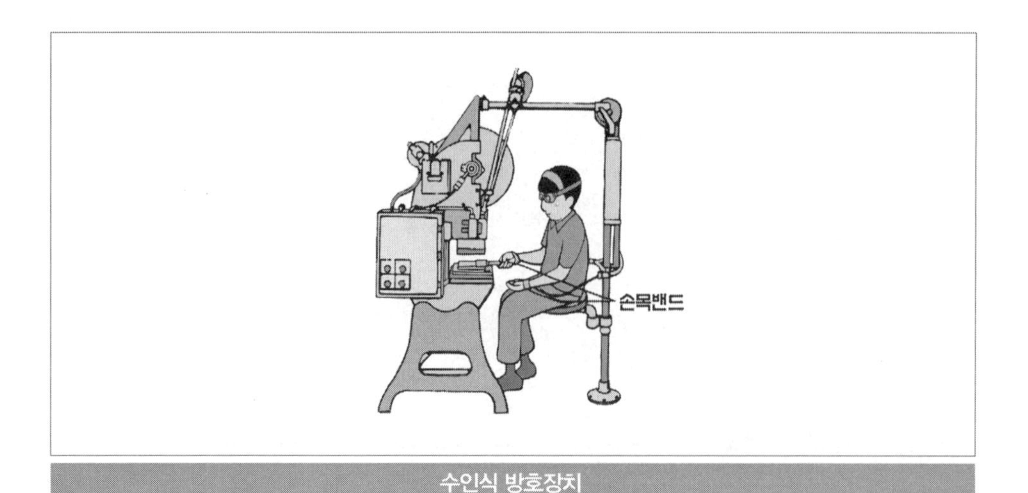

수인식 방호장치

2) 방호장치의 선정조건(KOSHA GUIDE)

(1) 슬라이드 행정수가 100SPM 이하 프레스에 사용한다.
(2) 슬라이드 행정길이가 50mm 이상 프레스에 사용한다.
(3) 완전회전식 클러치 프레스에 적합하다.
(4) 가공재를 손으로 이동하는 거리가 너무 클 때에는 작업에 불편하므로 사용하지 않는다.

5 광전자식(감응식) 방호장치(Photosensor Type Safety Device)

1) 정의

광선 검출트립기구를 이용한 방호장치로서 신체의 일부가 광선을 차단하면 기계를 급정지 또는 급상승시켜 안전을 확보하는 장치를 말한다.

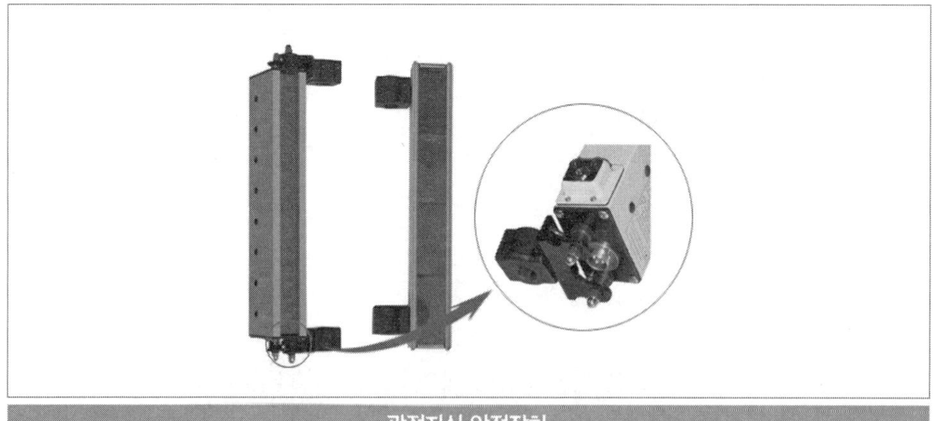
광전자식 안전장치

2) 광전자식 방호장치의 종류

(1) 광원에 의한 분류

백열전구형과 발광 다이오드형이 있다.

(2) 수광방법에 의한 분류

반사형과 투과형이 있다.

3) 방호장치의 설치방법

$$D = 1{,}600(T_c + T_s)$$

여기서, D : 안전거리(mm)

T_c : 방호장치의 작동시간[즉, 손이 광선을 차단했을 때부터 급정지기구가 작동을 개시할 때까지의 시간(초)]

T_s : 프레스의 최대정지시간[즉, 급정지 기구가 작동을 개시할 때부터 슬라이드가 정지할 때까지의 시간(초)]

프레스의 금형 앞으로부터 20cm 떨어진 위치에 안전장치를 부착하려고 한다. 급정지에 소요되는 시간 중 전기적 지동시간이 25ms일 때 기계적 지동시간은?

➡ $D = 1{,}600(T_c + T_s)$, $200 = 1{,}600 \times (T_c + 0.025)$, $T_c = 0.1$초

6 금형의 안전화

1) 안전금형의 채용

(1) 금형의 사이에 신체의 일부가 들어가지 않도록 안전망을 설치

(2) 상사점에 있어서 상형과 하형과의 간격, 가이드 포스트와 부쉬의 간격이 8mm 이하가 되도록 설치하여 손가락이 들어가지 않도록 한다.

(3) 금형 사이에 손을 넣을 필요가 없도록 강구

2) 금형파손에 의한 위험방지방법

(1) 금형의 조립에 이용하는 볼트 또는 너트는 스프링와셔, 조립너트 등에 의해 이완방지를 할 것

(2) 금형은 그 하중중심이 원칙적으로 프레스 기계의 하중중심에 맞는 것으로 할 것
(3) 캠 기타 충격이 반복해서 가해지는 부품에는 완충장치를 할 것
(4) 금형에서 사용하는 스프링은 압축형으로 할 것

3) 금형의 탈락 및 운반에 의한 위험방지

(1) 프레스기계에 설치하기 위해 금형에 설치하는 홈은
① 설치하는 프레스기계의 T홈에 적합한 형상의 것일 것
② 안 길이는 설치볼트 직경의 2배 이상일 것

(2) 금형의 운반에 있어서 형의 어긋남을 방지하기 위해 대판, 안전핀 등을 사용할 것

4) 재료 또는 가공품의 이송방법의 자동화

재료를 자동적으로 또는 위험한계 밖으로 송급하기 위한 롤피더, 슬라이딩 다이 등을 설치하여 금형 사이에 손을 넣을 필요가 없도록 할 것

 CheckPoint

프레스 작업에서 작업자의 손을 위험으로부터 보호하기 위해 권장하는 방법 중 가장 근본적으로 위험을 제거할 수 있는 방법은?

① 양수조작식 안전장치
② 손쳐내기식 안전장치
③ 감응식 안전장치
④ 자동송급 및 인출장치

재료의 자동송급장치 도구는 다음 중 어느 것인가?

진동 피더

5) 수공구의 활용

(1) 핀셋류
(2) 플라이어류
(3) 자석(마그넷)공구류
(4) 진공컵류 : 재료를 꺼내는 것밖에 사용할 수 없음

7 프레스 작업시 안전수칙

1) 금형조정작업의 위험 방지(안전보건규칙 제104조)

프레스 등의 금형을 부착 · 해체 또는 조정하는 작업을 할 때에 해당 작업에 종사하는 근로자의 신체가 위험한계 내에 있는 경우 슬라이드가 갑자기 작동함으로써 근로자에게 발생할 우려가 있는 위험을 방지하기 위하여 안전블록을 사용하는 등 필요한 조치를 하여야 한다.

2) 작업시작 전 점검사항(안전보건규칙 별표 3)

(1) 클러치 및 브레이크의 기능
(2) 크랭크축 · 플라이휠 · 슬라이드 · 연결봉 및 연결나사의 풀림 유무
(3) 1행정 1정지기구 · 급정지장치 및 비상정지장치의 기능
(4) 슬라이드 또는 칼날에 의한 위험방지 기구의 기능
(5) 프레스의 금형 및 고정볼트 상태
(6) 방호장치의 기능
(7) 전단기의 칼날 및 테이블의 상태

3) 프레스기계의 위험을 방지하기 위한 본질안전화

(1) 금형에 안전울 설치
(2) 안전금형의 사용
(3) 전용프레스 사용

Check Point

본질안전화가 아닌 것?

① 금형에 안전 울 설치 ② 안전블록 사용
③ 안전금형의 사용 ④ 전용프레스 사용

프레스작업에서 작동이 불완전하면 큰 재해 발생의 우려가 있는 것은?

① 클러치 ② 동력부분
③ 받침대 ④ 전원장치

PART 04

전기위험 방지기술

INTRODUCTION to INDUSTRIAL SAFETY

전기안전 일반

SECTION 1 전기의 위험성

1 감전재해

1) 감전(感電, Electric Shock)이란

인체의 일부 또는 전체에 전류가 흐르는 현상을 말하며 이에 의해 인체가 받게 되는 충격을 전격(電擊, Electric Shock)이라고 한다.

2) 감전(전격)에 의한 재해란

인체의 일부 또는 전체에 전류가 흘렀을 때 인체 내에서 일어나는 생리적인 현상으로 근육의 수축, 호흡곤란, 심실세동 등으로 부상·사망하거나 추락·전도 등의 2차적 재해가 일어나는 것을 말한다.

2 감전의 위험요소

1) 전격의 위험을 결정하는 주된 인자

(1) 통전전류의 크기(가장 근본적인 원인이며 감전피해의 위험도에 가장 큰 영향을 미침)

(2) 통전시간

(3) 통전경로

(4) 전원의 종류(교류 또는 직류)

(5) 주파수 및 파형

(6) 전격인가위상(심장 맥동주기의 어느 위상에서의 통전여부)

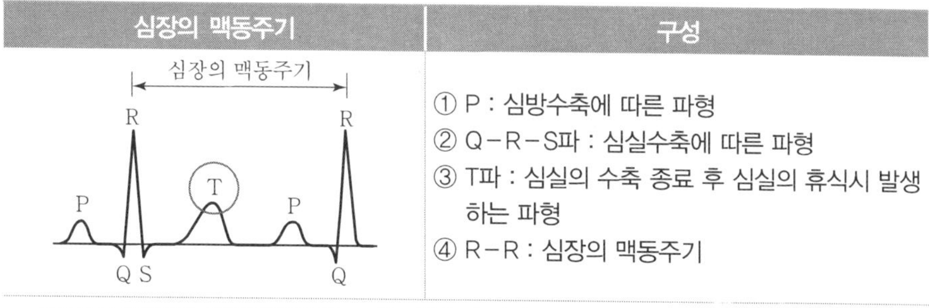

심장의 맥동주기	구성
(그림)	① P : 심방수축에 따른 파형 ② Q－R－S파 : 심실수축에 따른 파형 ③ T파 : 심실의 수축 종료 후 심실의 휴식시 발생하는 파형 ④ R－R : 심장의 맥동주기

• 전격이 인가되면 심실세동을 일으키는 확률이 가장 크고 위험한 부분 : 심실이 수축종료하는 T파 부분

(7) 기타 간접적으로는 인체저항과 전압의 크기 등이 관계함

2) 통전경로별 위험도

통전경로	위험도	통전경로	위험도
왼손 – 가슴	1.5	왼손 – 등	0.7
오른손 – 가슴	1.3	한손 또는 양손 – 앉아 있는 자리	0.7
왼손 – 한발 또는 양발	1.0	왼손 – 오른손	0.4
양손 – 양발	1.0	오른손 – 등	0.3
오른손 – 한발 또는 양발	0.8	※ 숫자가 클수록 위험도가 높아짐	

3 통전전류의 세기 및 그에 따른 영향

1) 통전전류와 인체반응

통전전류 구분	전격의 영향	통전전류(교류) 값
최소감지전류	고통을 느끼지 않으면서 짜릿하게 전기가 흐르는 것을 감지할 수 있는 최소전류	상용주파수 60Hz에서 성인남자의 경우 1mA
고통한계전류	통전전류가 최소감지전류보다 커지면 어느 순간부터 고통을 느끼게 되지만 이것을 참을 수 있는 전류	상용주파수 60Hz에서 7~8mA
가수전류 (이탈전류)	인체가 자력으로 이탈 가능한 전류 (마비한계전류라고 하는 경우도 있음)	상용주파수 60Hz에서 10~15mA ▸ 최저가수전류치 – 남자 : 9mA – 여자 : 6mA
불수전류 (교착전류)	통전전류가 고통한계전류보다 커지면 인체 각부의 근육이 수축현상을 일으키고 신경이 마비되어 신체를 자유로이 움직일 수 없는 전류 (인체가 자력으로 이탈 불가능한 전류)	상용주파수 60Hz에서 20~50mA
심실세동전류 (치사전류)	심근의 미세한 진동으로 혈액을 송출하는 펌프의 기능이 장애를 받는 현상을 심실세동이라 하며 이때의 전류	$I=\frac{165}{\sqrt{T}}$[mA] I : 심실세동전류(mA) T : 통전 시간(s)

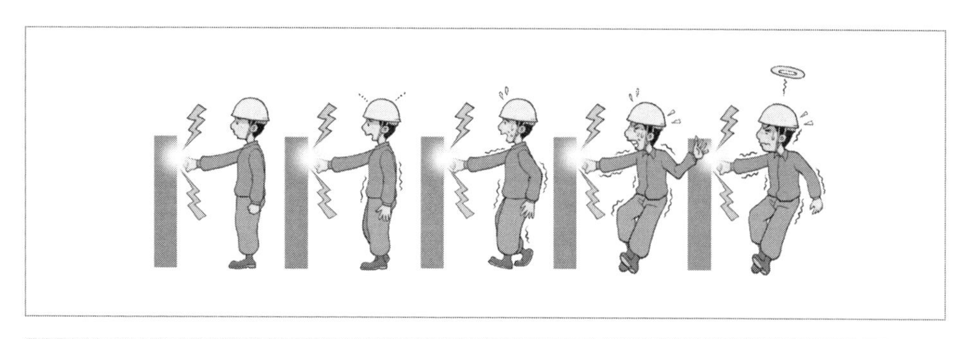

1mA	5mA	10mA	15mA	50~100mA
약간 느낄 정도	경련을 일으킨다.	불편해진다.(통증)	격렬한 경련을 일으킨다.	심실세동으로 사망위험

2) 심실세동전류

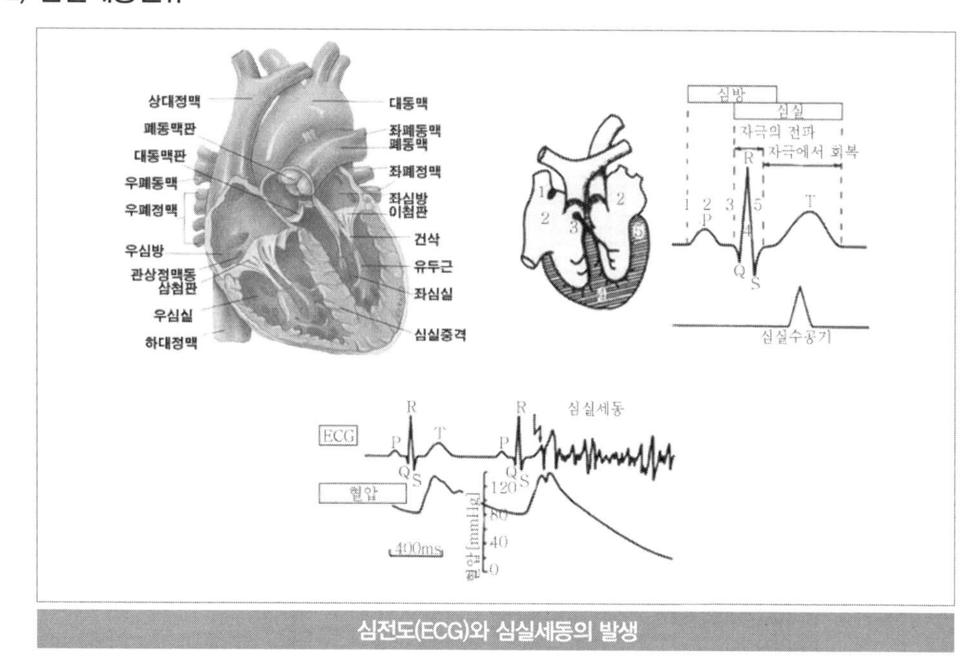

심전도(ECG)와 심실세동의 발생

(1) 통전전류가 더욱 증가되면 전류의 일부가 심장부분을 흐르게 된다. 이렇게 되면 심장이 정상적인 맥동을 하지 못하며 불규칙적으로 세동하게 되어 결국 혈액의 순환에 큰 장애를 가져오게 되며 이에 따라 산소의 공급 중지로 인해 뇌에 치명적인 손상을 입히게 된다. 이와 같이 심근의 미세한 진동으로 혈액을 송출하는 펌프의 기능이 장애를 받는 현상을 심실세동이라 하며 이때의 전류를 심실세동전류라 한다.

(2) 심실세동상태가 되면 전류를 제거하여도 자연적으로는 건강을 회복하지 못하며 그대로 방치하여 두면 수분 내에 사망

(3) 심실세동전류와 통전시간과의 관계

$$I = \frac{165}{\sqrt{T}}[\text{mA}]\left(\frac{1}{120} \sim 5\text{초}\right)$$

여기서, 전류 I는 1,000명 중 5명 정도가 심실세동을 일으키는 값

3) 위험한계에너지

심실세동을 일으키는 위험한 전기에너지

인체의 전기저항 R을 500[Ω]으로 보면

$$W = I^2RT = \left(\frac{165}{\sqrt{T}} \times 10^{-3}\right)^2 \times 500\,T = (165^2 \times 10^{-6}) \times 500$$

$$= 13.6[\text{W-sec}] = 13.6[\text{J}]$$

$$= 13.6 \times 0.24[\text{cal}] = 3.3[\text{cal}]$$

즉, 13.6[W]의 전력이 1sec간 공급되는 아주 미약한 전기에너지이지만 인체에 직접 가해지면 생명을 위험할 정도로 위험한 상태가 됨

SECTION 2 전기설비 및 기기

1 배전반 및 분전반

1) 전기사용 장소에서 임시 분전반을 설치하여 반드시 콘센트에서 플러그로 전원을 인출
2) 분기회로에는 감전보호용 지락과 과부하 겸용의 누전차단기를 설치
3) 충전부가 노출되지 않도록 내부 보호판을 설치하고 콘센트에 220V, 380V 등의 전압을 표시
4) 철제 분전함의 외함은 반드시 접지 실시
5) 외함에 회로도 및 회로명, 점검일지를 비치하고 주 1회 이상 절연 및 접지상태 등을 점검
6) 분전함 Door에 시건장치를 하고 "취급자 외 조작금지" 표지를 부착

2 개폐기

개폐기는 전로의 개폐에만 사용되고, 통전상태에서 차단능력이 없음

1) 개폐기의 시설

(1) 전로 중에 개폐기를 시설하는 경우에는 그곳의 각극에 설치하여야 한다.
(2) 고압용 또는 특별고압용의 개폐기는 그 작동에 따라 그 개폐상태를 표시하는 장치가 되어 있는 것이어야 한다.(그 개폐상태를 쉽게 확인할 수 있는 것은 제외)
(3) 고압용 또는 특별고압용의 개폐기로서 중력 등에 의하여 자연히 작동할 우려가 있는 것은 자물쇠 장치 기타 이를 방지하는 장치를 시설하여야 한다.
(4) 고압용 또는 특별고압용의 개폐기로서 부하전류를 차단하기 위한 것이 아닌 개폐기는 부하전류가 통하고 있을 경우에는 개로할 수 없도록 시설하여야 한다.(개폐기를 조작하는 곳의 보기 쉬운 위치에 부하전류의 유무를 표시한 장치 또는 전화기 기타의 지령장치를 시설하거나 터블렛 등을 사용함으로써 부하전류가 통하고 있을 때에 개로조작을 방지하기 위한 조치를 하는 경우는 제외)

2) 개폐기의 부착장소

(1) 퓨즈의 전원측
(2) 인입구 및 고장점검 회로
(3) 평소 부하 전류를 단속하는 장소

3) 개폐기 부착시 유의사항

(1) 기구나 전선 등에 직접 닿지 않도록 할 것
(2) 나이프 스위치나 콘센트 등의 커버가 부서지지 않도록 할 것
(3) 나이프 스위치에는 규정된 퓨즈를 사용할 것
(4) 전자식 개폐기는 반드시 용량에 맞는 것을 선택할 것

4) 개폐기의 종류

(1) 주상유입개폐기(PCS ; Primary Cutout Switch 또는 COS ; Cut Out Switch)

① 고압컷아웃스위치라 부르고 있는 기기로서 주로 3kV 또는 6kV용 300kVA까지 용량의 1차측 개폐기로 사용하고 있음
② 개폐의 표시가 되어 있는 고압개폐기
③ 배전선로의 개폐, 고장구간의 구분, 타 계통으로의 변환, 접지사고의 차단 및 콘덴서의 개폐 등에 사용

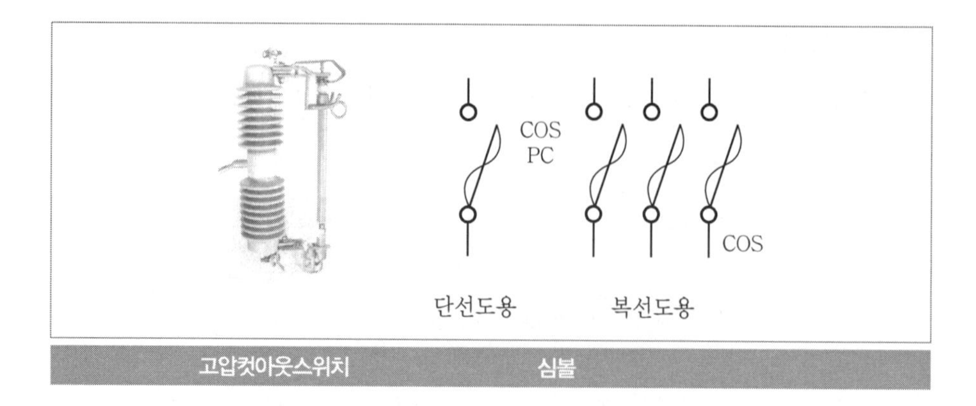

고압컷아웃스위치 심볼

(2) 단로기(DS ; Disconnection Switch)

① 단로기는 개폐기의 일종으로 수용가 구내 인입구에 설치하여 무부하 상태의 전로를 개폐하는 역할을 하거나 차단기, 변압기, 피뢰기 등 고전압 기기의 1차 측에 설치하여 기기를 점검, 수리할 때 전원으로부터 이들 기기를 분리하기 위해 사용한다.

② 다른 개폐기가 전류 개폐 기능을 가지고 있는 반면에, 단로기는 전압 개폐 기능(부하전류 차단 능력 없음)만 가진다. 그러므로 부하전류가 흐르는 상태에서 차단(개방)하면 매우 위험함. 반드시 무부하 상태에서 개폐

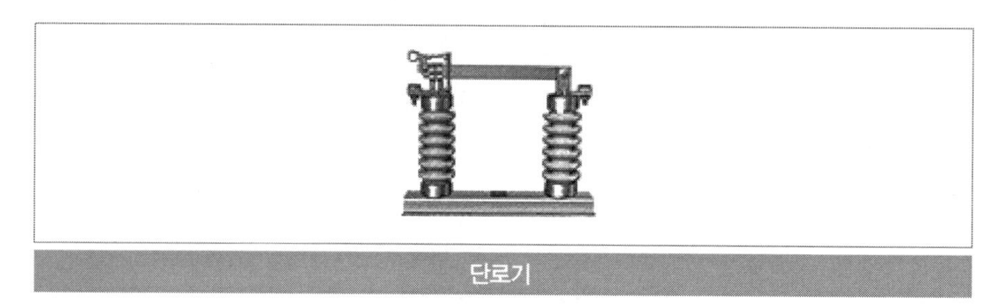
단로기

③ 단로기 및 차단기의 투입, 개방시의 조작순서

- 전원 투입시 : 단로기를 투입한 후에 차단기 투입(㉠ ▸ ㉡ ▸ ㉢)
- 전원 개방시 : 차단기를 개방한 후에 단로기 개방(㉢ ▸ ㉡ ▸ ㉠)

(3) 부하개폐기(LBS : Load Breaker Switch)

① 수변전설비의 인입구 개폐기로 많이 사용되며 부하전류를 개폐할 수는 있으나, 고장전류는 차단할 수 없어 전력퓨즈를 함께 사용한다.

② LBS는 한류퓨즈가 있는 것과 한류퓨즈가 없는 것 2종류가 있다.

③ 3상이 동시에 개로되므로 결상의 우려가 없고, 단락사고시 한류퓨즈가 고속도 차단이 되므로 사고의 피해범위가 작다.

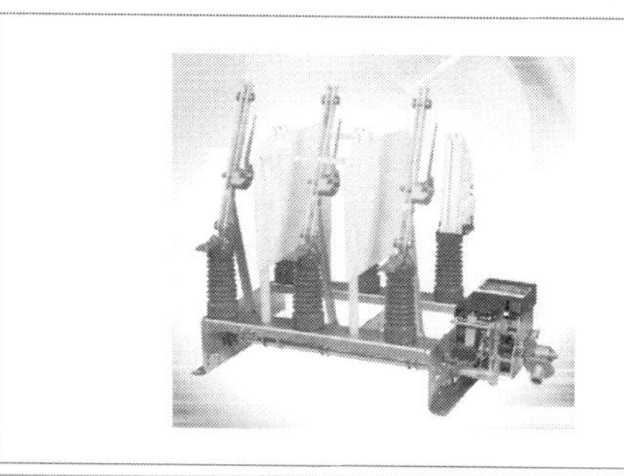

부하개폐기

(4) 자동개폐기(AS : Automatic Switch)

① 전자개폐기 : 전동기의 기동과 정지에 많이 사용, 과부하 보호용으로 적합
② 압력개폐기 : 압력의 변화에 따라 작동(옥내 급수용, 배수용에 적합)
③ 시한개폐기 : 옥외의 신호 회로에 사용(Time Switch)
④ 스냅개폐기 : 전열기, 전등 점멸, 소형 전동기의 기동, 정지 등에 사용

(5) 저압개폐기(스위치 내에 퓨즈 삽입)

① 안전개폐기(Cutout Switch) : 배전반 인입구 및 분기 개폐기
② 커버개폐기(Cover knife Switch) : 저압회로에 많이 사용
③ 칼날형개폐기(Knife Switch) : 저압회로의 배전반 등에서 사용(정격전압 250V)
④ 박스개폐기(Box Switch) : 전동기 회로용

3 과전류 차단기

1) 차단기의 개요

(1) 정상상태의 전로를 투입, 차단하고 단락과 같은 이상상태의 전로도 일정시간 개폐할 수 있도록 설계된 개폐장치

(2) 차단기는 전선로에 전류가 흐르고 있는 상태에서 그 선로를 개폐하며, 차단기 부하측에서 과부하, 단락 및 지락사고가 발생했을 때 각종 계전기와의 조합으로 신속히 선로를 차단하는 역할

2) 과전류의 종류

(1) 단락전류　　(2) 과부하전류　　(3) 과도전류

3) 차단기의 종류

차단기의 종류	사용장소
배선용 차단기(MCCB), 기중차단기(ACB)	저압전기설비
종래 : 유입차단기(OCB) 최근 : 진공차단기(VCB), 가스차단기(GCB)	변전소 및 자가용 고압 및 특고압 전기설비
공기차단기(ABB), 가스차단기(GCB)	특고압 및 대전류 차단용량을 필요로 하는 대규모 전기설비

공기차단기의 문자 기호로 알맞은 것은?

✓ ABB ② PCB ③ OCB ④ ACB

(1) 정격전류에 따른 배선용 차단기의 동작시간

정격전류[A]	동작시간(분)		
	100% 전류	125% 전류	200% 전류
30 이하	연속 통전	60 이내	2
30 초과~50 이하		60 이내	4
50 초과~100 이하		120 이내	6
100 초과~225 이하		120 이내	8
225 초과~400 이하		120 이내	10
401 초과~600 이하		120 이내	12
600 초과~800 이하		120 이내	14

4) 차단기의 소호원리

구분	진공차단기(VCB)	유입차단기(OCB)	가스차단기(GCB)	공기차단기(ABB)	자기차단기(MBB)	기중차단기(ACB)
소호원리	10^{-4}Torr 이하의 진공 상태에서의 높은 절연 특성과 Arc확대에 의한 소호	절연유의 절연성능과 발생 GAS압력 및 냉각효과에 의한 소호	SF6가스의 높은 절연성능과 소호성능을 이용	별도 설치한 압축공기 장치를 통해 Arc를 분산, 냉각시켜 소호	아크와 차단전류에 의해서 만들어진 자계사이의 전자력에 의해서 소호	공기 중에서 자연소호

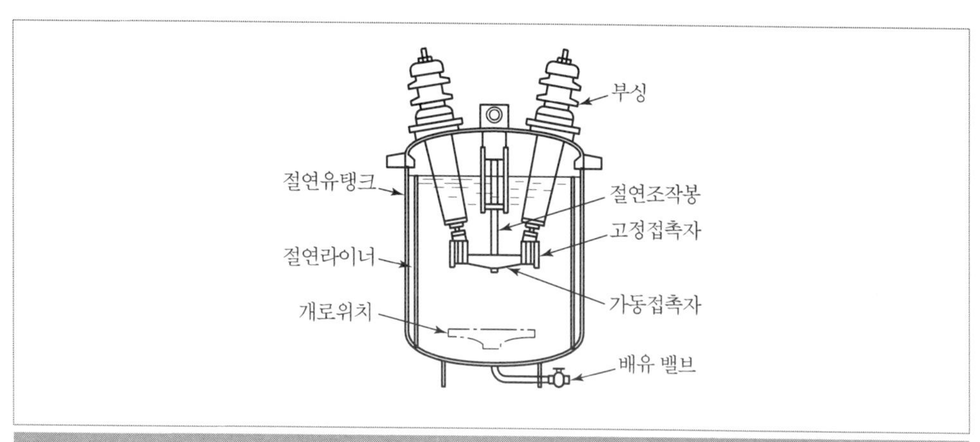

탱크형 유입차단기

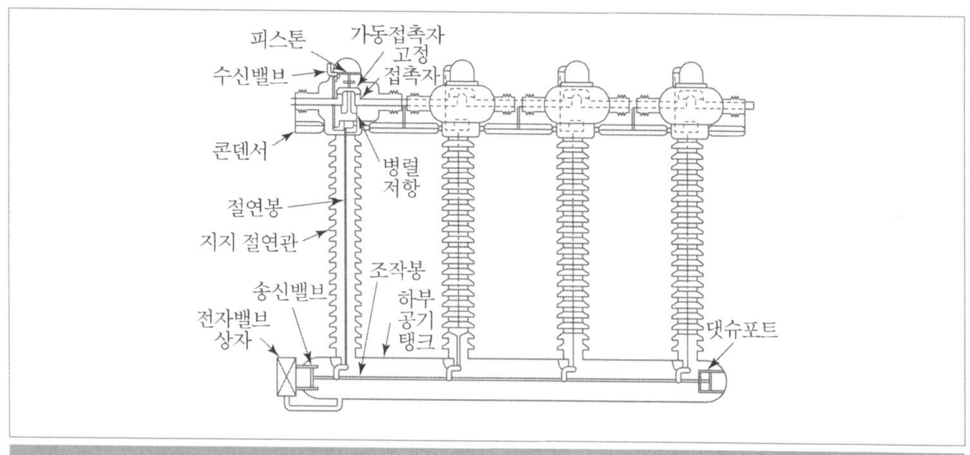

공기차단기

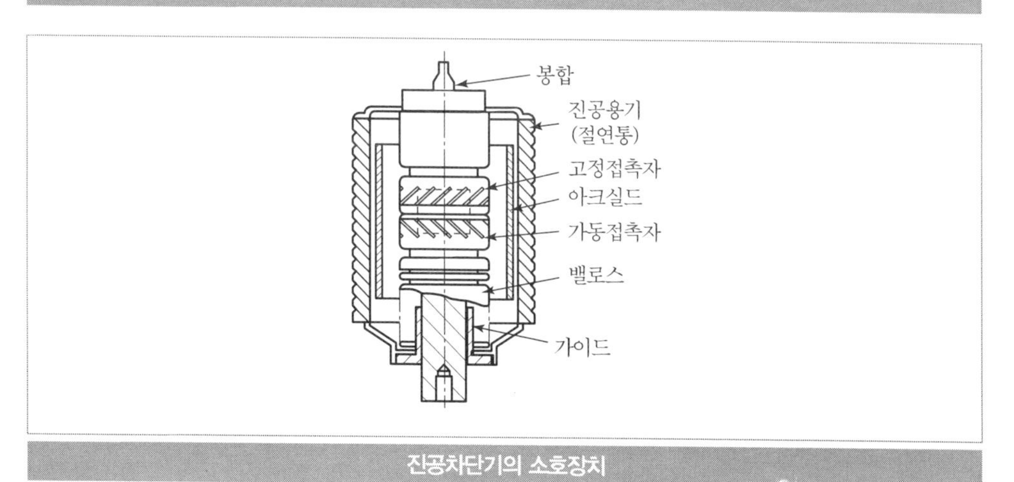

진공차단기의 소호장치

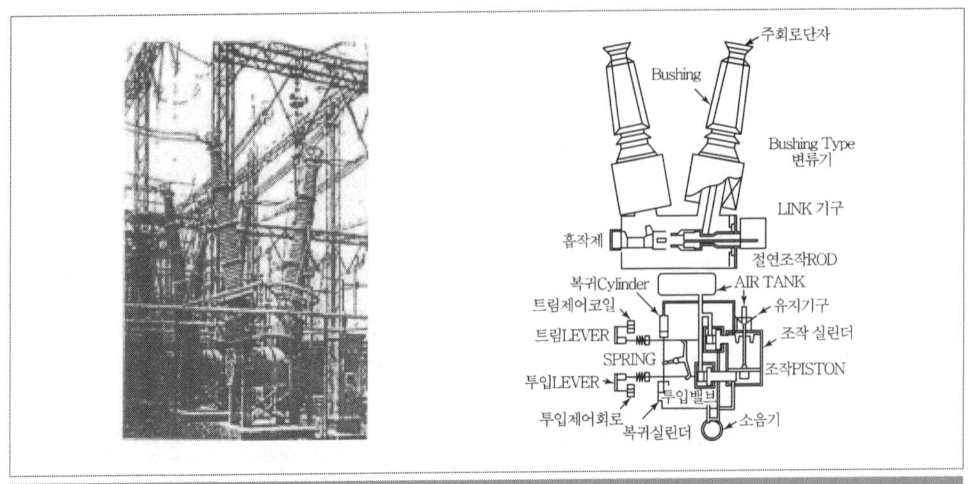

가스차단기의 외관과 구조

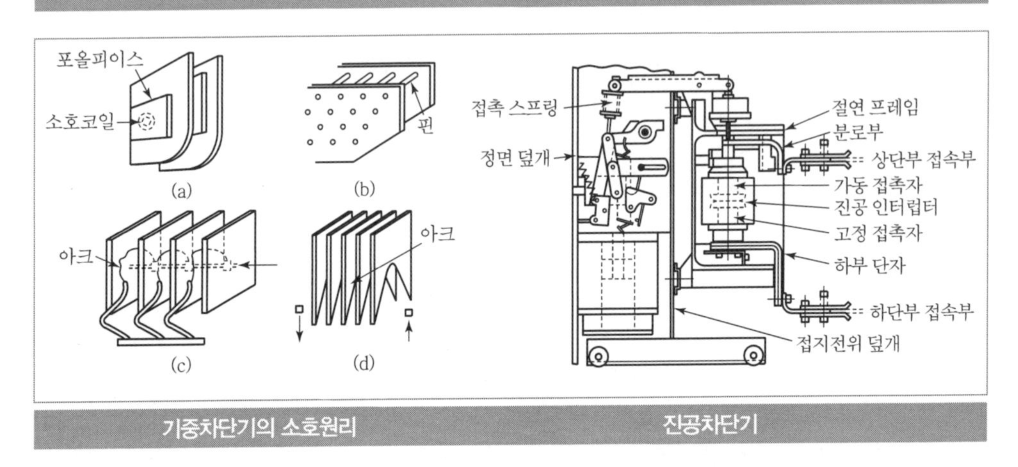

기중차단기의 소호원리 　 진공차단기

5) 유입차단기의 작동(투입 및 차단)순서

(1) 유입차단기 작동순서

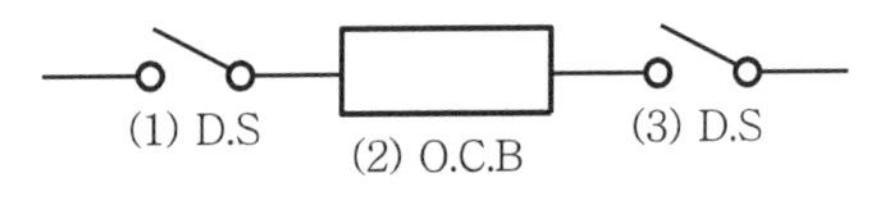

① 투입순서 : (3)－(1)－(2)

② 차단순서 : (2)－(3)－(1)

(2) 바이패스 회로 설치시 유입차단기 작동순서

작동순서 : (4)투입, (2)－(3)－(1) 차단

6) 차단기의 차단용량

(1) 단상

정격차단용량 = 정격차단전압×정격차단전류

(2) 3상

정격차단용량= $\sqrt{3}$ × 정격차단전압 × 정격차단전류

4 퓨즈

1) 성능

용단특성, 단시간허용특성, 전차단 특성

2) 역할

부하전류를 안전하게 통전(과전류 차단하여 전로나 기기보호)

3) 규격

(1) 저압용 Fuse

① 정격전류의 1.1배의 전류에 견딜 것

② 정격전류의 1.6배 및 2배의 전류를 통한 경우

정격전류[A]	용단시간(분)	
	A종 : 정격전류×1.35 B종 : 정격전류×1.6	정격전류×2(200%)
1~30	60	2
31~60	60	4
61~100	120	6
101~200	120	8
201~400	180	10
401~600	240	12
600 초과	240	20

※ A종 퓨즈 : 110~135[%], B종 퓨즈 : 130~160[%]

※ A종은 정격의 110[%], B종은 정격의 130[%]의 전류로 용단되지 않을 것

(2) 고압용 Fuse

① 포장퓨즈 : 정격전류의 1.3배에 견디고, 2배의 전류에 120분 안에 용단

② 비포장퓨즈 : 정격전류의 1.25배에 견디고, 2배의 전류에 2분 안에 용단

전로에 과전류가 흐를 때 자동적으로 전로를 차단하는 장치들에 대한 설명으로 옳지 않은 것은?

✔ 과전류차단기로 시설하는 퓨즈 중 고압전로에 사용되는 비포장 퓨즈는 정격전류의 1.25배의 전류에 견디고 2배의 전류에는 120분 안에 용단되어야 한다.

② 과전류차단기로서 저압전로에 사용되는 배선용 차단기는 정격전류의 1배의 전류로 자동적으로 동작하지 않아야 한다.

③ 과전류차단기로서 저압전로에 사용되는 퓨즈는 수평으로 붙인 경우 정격전류의 1.1배의 전류에 견디어야 한다.

④ 과전류차단기로 시설하는 퓨즈 중 고압전로에 사용되는 포장 퓨즈는 정격전류의 1.3배의 전류에 견디고 2배의 전류에는 120분 안에 용단되어야 한다.

4) 퓨즈의 합금 조성성분과 용융점

합금 조성성분	용융점
납(Pb)	327[℃]
주석(Sn)	232[℃]
아연(Zn)	419[℃]
알루미늄(Al)	660[℃]

Fuse에 관한 설명이 잘못된 것은?

▶ Cadmium을 첨가한 합금(퓨즈의 합금 조성성분 : 납, 주석, 아연, 알루미늄)

4 – 1 전력퓨즈

1) 역할과 기능

(1) 전력퓨즈는 고압 및 특별고압 선로와 기기의 단락보호용

단락전류의 차단이 주목적

(2) 전력퓨즈의 역할을 크게 분류하면

① 부하전류는 안전하게 통전한다.

② 일정치 이상의 과전류(단락전류)는 차단하여 전선로나 기기를 보호한다.

2) 전력퓨즈의 종류

(1) 한류퓨즈

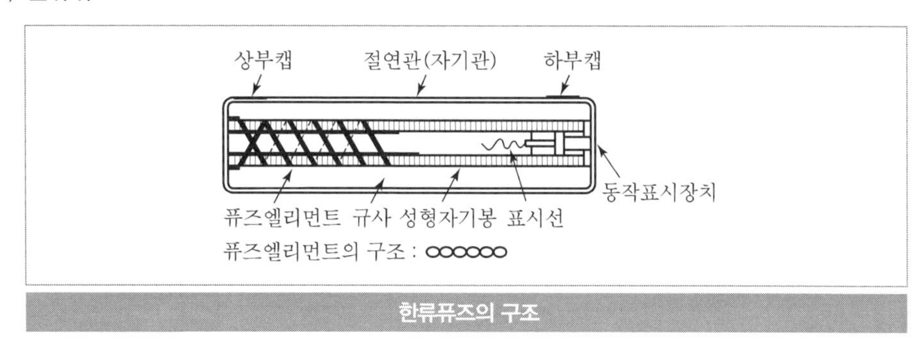

한류퓨즈의 구조

(2) 비한류 퓨즈

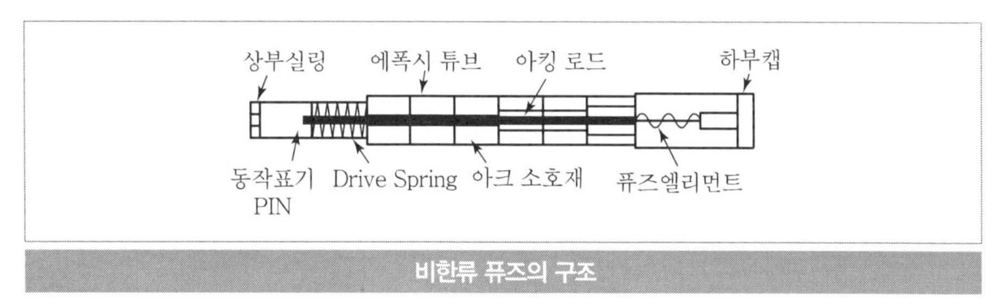

비한류 퓨즈의 구조

3) 전력퓨즈의 장단점

장점	단점
① 가격이 싸고 소형 경량이다.	① 재투입 불가능, 과도전류에 용단되기 쉽다.
② 변성기나 계전기가 필요 없다.	② 동작시간 · 전류특성을 계전기처럼 자유롭게 조정 불가능
③ 한류퓨즈는 차단시 무소음, 무방출	③ 한류퓨즈는 녹아도 차단하지 못하는 전류범위가 있다.
④ 소형으로 큰 차단용량을 갖는다.	④ 비보호 영역이 있고 한류형은 차단시 고전압을 발생
⑤ 보수가 간단, 고속도 차단	⑤ 사용중 열화하여 동작하면 결상을 일으킴
⑥ 현저한 한류특성이 있다.	⑥ 고임피던스 중성점 접지식에서는 지락보호불가능

전력퓨즈의 장점이 아닌 것은?

▶ 재투입 가능

4) 전력개폐장치의 기능 비교

구분	회로분리		사고차단	
	무부하	부하	과부하	단락
퓨 즈	○	×	×	○
차단기	○	○	○	○
개폐기	○	○	○	×
단로기	○	×	×	×
전자접촉기	○	○	○	×

5 보호계전기

1) 기능

보호계전기는 정확성, 신속성, 선택성의 3요소를 갖추고 발전기, 변압기, 모선, 선로 및 기타 전력계통의 구성요소를 항상 감시하여 이들에 고장이 발생하던가 계통의 운전에 이상이 있을 때는 즉시 이를 검출 동작하여 고장부분을 분리시킴으로써 전력 공급지장을 방지하고 고장기기나 시설의 손상을 최소한으로 억제하는 기능을 갖는다.

2) 구비조건

(1) 사고범위의 국한과 공급의 확보

(2) 보호의 중첩과 협조

(3) 후비보호 기능의 구비

(4) 재폐로에 의한 계통 및 공급의 안정화

3) 보호계전기의 종류

보호계전기	용도
과전류계전기 (50 순시형, 51 교류한시 過電流繼電器 : Over Current Relay)	전류의 크기가 일정치 이상으로 되었을 때 동작하는 계전기이며 특별히 지락사고 시 지락전류의 크기에 응동하도록 한 것을 지락과전류계전기라 하고 일반 과전류계전기를 OCR(Over Current Relay), 지락과전류계전기를 OCGR(64 Over Current Ground Relay)이라 함

과전류계전기 (50 순시형, 51 교류한시 過電流繼電器 : Over Current Relay)	전류의 크기가 일정치 이상으로 되었을 때 동작하는 계전기이며 특별히 지락사고 시 지락전류의 크기에 응동하도록 한 것을 지락과전류계전기라 하고 일반 과전류계전기를 OCR(Over Current Relay), 지락과전류계전기를 OCGR(64 Over Current Ground Relay)이라 함
과전압계전기 (59 過電壓繼電器 : Over Voltage Relay)	전압의 크기가 일정치 이상으로 되었을 때 동작하는 계전기이며 지락사고 시 발생되는 영상전압의 크기에 응동하도록 한 것을 특히 지락과전압계전기라 하고 각각 OVR(Over Voltage Relay) 및 OVGR(64 Over Voltage Ground Relay)이라 함
차동계전기 (差動繼電器 : Differential Realy ; DR)	피보호설비(또는 구간)에 유입하는 어떤 입력의 크기와 유출되는 출력의 크기 간의 차이가 일정치 이상이 되면 동작하는 계전기를 일괄하여 차동계전기라 하며 전류차동계전기, 비율차동계전기, 전압차동계전기 등이 있다.
비율차동계전기 (比率差動繼電器 : Ratio Differential Realy ; RDR)	총입력전류와 총출력전류 간의 차이가 총입력전류에 대하여 일정 비율 이상으로 되었을 때 동작하는 계전기이며 많은 전력기기들의 주된 보호계전기로 사용된다.(주변압기나 발전기 보호용)

※ 보호계전기의 응동 : 보호계전기에 전기적 입력의 변화, 가령 크기나 위상의 변화를 주었을 때 계전기의 동작기구가 작동하여 접점을 개로 또는 폐로하여 이를 출력으로 꺼낼 수 있는 것을 말함

6 변압기 절연유

1) 절연유의 조건

(1) 절연내력이 클 것
(2) 절연재료 및 금속에 화학작용을 일으키지 않을 것
(3) 인화점이 높고 응고점이 낮을 것
(4) 점도가 낮고(유동성이 풍부), 비열이 커서 냉각효과가 클 것
(5) 저온에서도 석출물이 생기거나 산화하지 않을 것

변압기 절연유에 요구되는 조건 중 옳지 않은 것은?

점도가 클 것 ➡ 점도가 낮을 것

2) 종류

(1) 66kV급 이상 : 1종광유 4호
(2) 66kV 미만 : 1종광유 2호

3) 보호장치

(1) 3,000kVA 미만 : 콘서베이터형
(2) 3,000kVA 초과 : 질소봉입형

4) 절연유의 열화원인

(1) 수분흡수에 따른 산화 작용
(2) 금속접촉
(3) 절연재료
(4) 직사광선
(5) 이종 절연유의 혼합 등

5) 열화 판정시험

(1) 절연파괴 시험법 : 신 유(30kV 10분), 사용 유(25kV 10분)
(2) 산가 시험법 : 신 유 염가(0.2 정도), 불량(0.4 이상)

6) 여과방법

(1) 원심분리기법, 여과지법, 전기적 여과지법, 흡착법, 화학적 방법 등이 있다.
(2) 1,000kVA 이하 변압기는 활선여과가 가능함

SECTION 3 전기작업안전

1 감전사고에 대한 방지대책

1) 전기설비의 점검 철저
2) 전기기기 및 설비의 정비
3) 전기기기 및 설비의 위험부에 위험표시
4) 설비의 필요부분에 보호접지의 실시

5) 충전부가 노출된 부분에는 절연방호구를 사용
6) 고전압 선로 및 충전부에 근접하여 작업하는 작업자에게는 보호구를 착용시킬 것
7) 유자격자 이외는 전기기계 및 기구에 전기적인 접촉 금지
8) 관리감독자는 작업에 대한 안전교육 시행
9) 사고발생시의 처리순서를 미리 작성하여 둘 것

감전사고의 예방대책이 아닌 것은?
① 전기설비의 점검을 철저히 할 것
② 설비가 필요한 부분에 보호접지 시설을 할 것
③ 전기기기에 상 표시를 할 것 (✔)
④ 노출충전부에 절연방호구를 사용할 것

1 – 1 전기기계 · 기구에 의한 감전사고에 대한 방지대책

1) 직접접촉에 의한 감전방지대책(충전부 방호대책 ; 안전보건규칙 제301조)

(1) 충전부가 노출되지 않도록 폐쇄형 외함이 있는 구조로 할 것
(2) 충전부에 충분한 절연효과가 있는 방호망 또는 절연덮개를 설치할 것
(3) 충전부는 내구성이 있는 절연물로 완전히 덮어 감쌀 것
(4) 발전소 · 변전소 및 개폐소 등 구획되어 있는 장소로서 관계근로자가 아닌 사람의 출입이 금지되는 장소에 충전부를 설치하고, 위험표시 등의 방법으로 방호를 강화할 것
(5) 전주 위 및 철탑 위 등 격리되어 있는 장소로서 관계근로자가 아닌 사람의 접근할 우려가 없는 장소에 충전부를 설치할 것

직접접촉에 의한 감전방지 방법이 아닌 것은?
① 충전부가 노출되지 않도록 폐쇄형 외함구조로 할 것
② 충전부에 방호망 또는 절연덮개를 설치할 것
③ 충전부는 출입이 용이한 장소에 설치할 것 (✔)
④ 충전부는 내구성이 있는 절연물로 감쌀 것

2) 간접접촉(누전)에 의한 감전방지대책

(1) 안전전압(산업안전보건법에서 30[V]로 규정) 이하 전원의 기기 사용

(2) 보호접지

① 접지(기계·기구의 철대 및 금속제 외함)를 요하는 기계·기구

사용전압의 구분	접지공사	접지저항[Ω]	접지선의 굵기
400V 미만의 저압용의 것	제3종	100Ω 이하	공칭단면적 2.5mm² 이상의 연동선
400V 이상의 저압용의 것	특별제3종	10Ω 이하	공칭단면적2.5mm² 이상의 연동선
고압용 또는 특고압용의 것	제1종	10Ω 이하	공칭단면적 6mm² 이상의 연동선

CheckPoint

감전사고의 방지대책으로 적합하지 않은 것은?

① 전로의 절연　　② 충전부의 격리
 충전부의 접지　　④ 고장전로의 신속 차단

(3) 누전차단기의 설치

누전차단기는 누전을 자동적으로 검출하여 누전전류가 감도전류 이상이 되면 전원을 자동으로 차단하는 장치를 말하며 교류 600[V] 이하의 저압 전로에서 감전화재 및 전기기계·기구의 손상 등을 방지하기 위해 사용

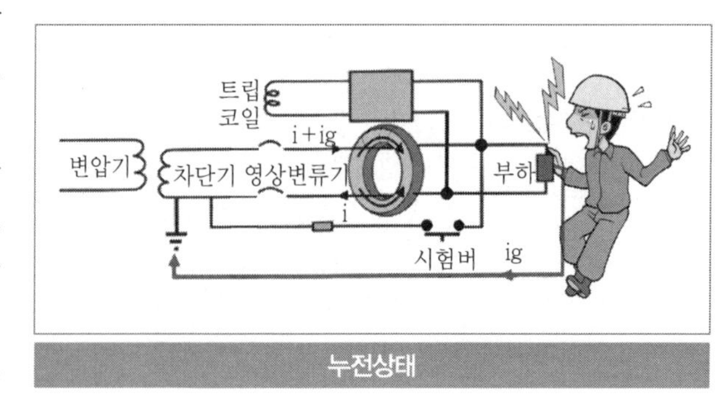

누전상태

(4) 이중절연기기의 사용

(5) 비접지식 전로의 채용

① 저압배전선로는 일반적으로 고압을 저압으로 변환시키는 변압기의 일단이 제2종 접지되어 누전시에 작업자가 접촉하게 되면 감전사고가 발생하게 되므로 변압기의 저압측을 비접지식 전로로 할 경우 기기가 누전된다 하더라도 전기회로가 구성되지 않기 때문에 안전하다.

- 인체의 감전사고 방지책으로서 가장 좋은 방법

② 비접지식 전로는 선로의 길이가 길지 않고 용량이 적은 3[kVA]이하인 전로에서 안정적으로 사용할 수 있다.

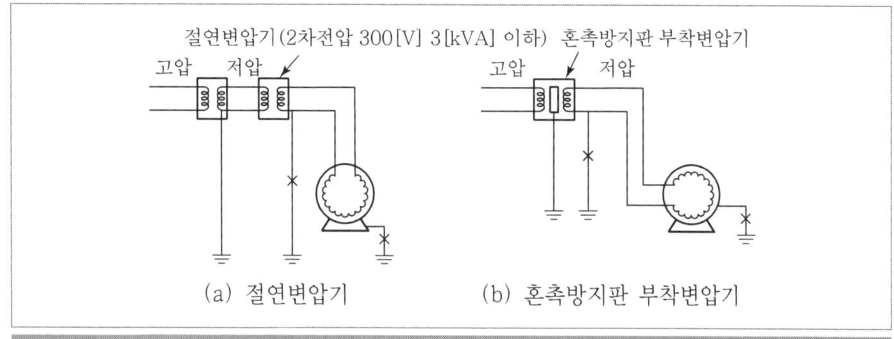

비접지식 전로

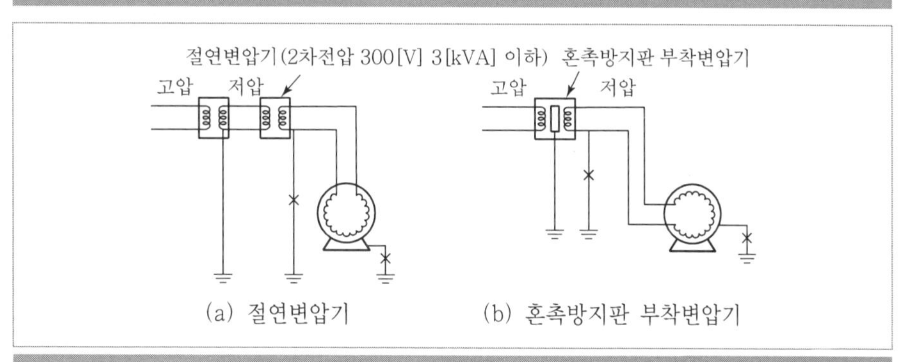

비접지식 전로

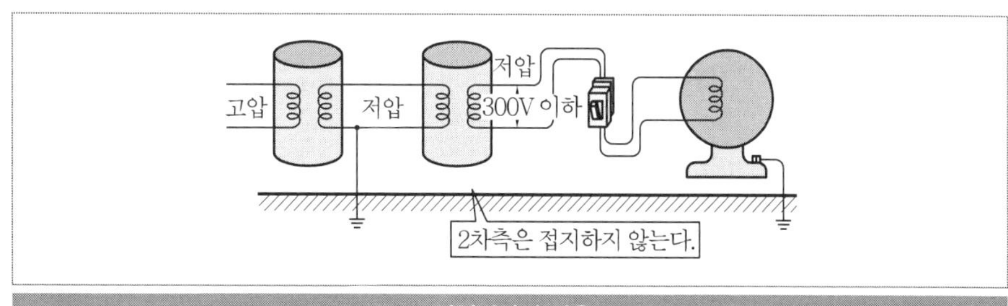

절연변압기 사용

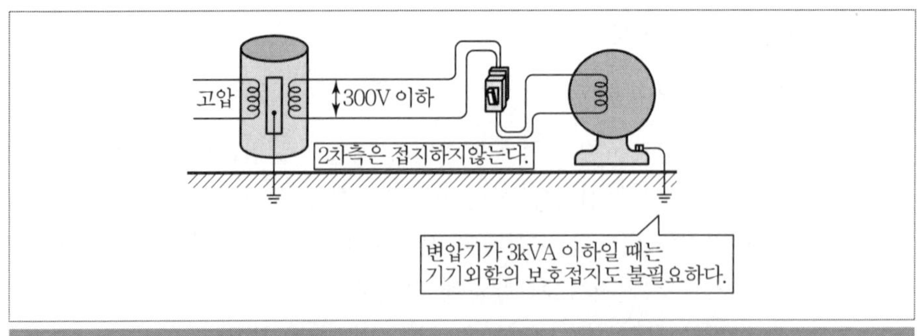

혼촉방지판 부착변압기

3) 전기기계 · 기구의 조작시 등의 안전조치(안전보건규칙 제310조)

(1) 전기기계 · 기구의 조작부분을 점검하거나 보수하는 경우에는 전기기계 · 기구로부터 폭 70cm 이상의 작업공간을 확보하여야 한다. 다만 작업공간의 확보가 곤란한 때에는 절연용 보호구를 착용

(2) 전기적 불꽃 또는 아크에 의한 화상의 우려가 있는 고압이상의 충전전로 작업에는 방염처리된 작업복 또는 난연성능을 가진 작업복을 착용

전기기계 · 기구의 조작시 등의 안전조치에 관한 사항으로 옳지 않은 것은?

① 감전 또는 오조작에 의한 위험을 방지하기 위하여 당해 전기기계 · 기구의 조작부분은 150Lux 이상의 조도가 유지되도록 하여야 한다.
② 전기기계 · 기구의 조작부분을 점검하거나 보수하는 경우에는 전기기계 · 기구로부터 폭 50cm 이상의 작업공간을 확보하여야 한다.
③ 전기적 불꽃 또는 아크에 의한 화상의 우려가 높은 600V 이상 전압의 충전전로작업에는 방염처리된 작업복 또는 난연성능을 가진 작업복을 착용하여야 한다.
④ 전기기계 · 기구의 조작부분에 대한 점검 또는 보수를 하기 위한 작업공간의 확보가 곤란한 때에는 절연용 보호구를 착용하여야 한다.

1 -2 배선 등에 의한 감전사고에 대한 방지대책

1) 배선 등의 절연피복 및 접속

(1) 절연전선에는 전기용품안전관리법의 적용을 받은 것을 제외하고는 규격에 적합한 고압 절연전선, 600V 폴리에틸렌절연전선, 600V 불소수지절연전선, 600V 고무절연전선 또는 옥외용 비닐절연전선을 사용하여야 한다.

전선의 종류	주요용도
옥외용 비닐 절연전선(OW)	저압가공 배전선로에서 사용
인입용 비닐절연전선(DV)	저압가공 인입선에 사용
600V 비닐절연전선(IV)	습기, 물기가 많은 곳, 금속관 공사용
옥외용 가교 폴리에틸렌 절연전선(OC)	고압가공 전선로에 사용

(2) 전선을 서로 접속하는 때에는 해당 전선의 절연성능 이상으로 절연될 수 있도록 충분히 피복하거나 적합한 접속기구를 사용하여야 한다.

전로의 사용전압의 구분		절연저항치
400V 미만인 것	대지전압이 150V 이하인 경우	0.1MΩ
	대지전압이 150V를 넘고 300V 이하인 경우	0.2MΩ
	사용전압이 300V를 넘고 400V 미만인 경우	0.3MΩ
400V 이상인 것		0.4MΩ

2) 습윤한 장소의 이동전선(안전보건규칙 제314조)

물 등의 도전성이 높은 액체가 있는 습윤한 장소에서 근로자가 작업 중에나 통행하면서 이동전선 및 이에 부속하는 접속기구에 접촉할 우려가 있는 경우에는 충분한 절연효과가 있는 것을 사용하여야 한다.

3) 통로바닥에서의 전선(안전보건규칙 제315조)

통로바닥에서의 전선 또는 이동전선을 설치 및 사용금지(차량이나 그 밖의 물체의 통과 등으로 인하여 전선의 절연피복이 손상될 우려가 없거나 손상되지 않도록 적절한 조치를 한 경우 제외)

4) 꽂음접속기의 설치 · 사용시 준수사항(안전보건규칙 제316조)

(1) 서로 다른 전압의 꽂음접속기는 상호 접속되지 아니한 구조의 것을 사용할 것
(2) 습윤한 장소에 사용되는 꽂음접속기는 방수형 등 그 장소에 적합한 것을 사용할 것
(3) 근로자가 해당 꽂음접속기를 접속시킬 경우에는 땀 등으로 젖은 손으로 취급하지 않도록 할 것
(4) 해당 꽂음접속기에 잠금장치가 있을 경우에는 접속 후 잠그고 사용할 것

꽂음접속기의 설치 · 사용시 준수사항이 아닌 것은?

① 서로 다른 전압의 꽂음접속기는 상호 접속되는 구조
② 습윤한 장소에 사용되는 꽂음접속기는 방수형 등 해당 장소에 적합한 것을 사용할 것
③ 근로자가 해당 꽂음접속기를 접속시킬 경우에는 땀 등에 의하여 젖은 손으로 취급하지 않도록 할 것
④ 해당 꽂음접속기에 잠금장치가 있을 경우에는 접속 후 잠그고 사용할 것

1 – 3 전기설비의 점검사항

1) 발전소 · 변전소 · 개폐소 또는 이에 준하는 곳의 시설

(1) 울타리 · 담 등을 시설할 것

① 울타리 · 담 등의 높이는 2m 이상으로 하고 지표면과 울타리 · 담 등의 하단 사이의 간격은 15cm 이하로 할 것

② 울타리 · 담 등과 고압 및 특별고압의 충전부분이 접근하는 경우에는 울타리 · 담 등의 높이와 울타리 · 담 등으로부터 충전부분까지 거리의 합계는 다음 표에서 정한 값 이상으로 할 것

사용 전압의 구분	울타리 · 담 등의 높이와 울타리 · 담 등으로부터 충전부분까지의 거리의 합계
35,000V 이하	5m
35,000V를 넘고 160,000V 이하	6m
160,000V를 넘는 것	6m에 160,000V를 넘는 10,000V 또는 그 단수마다 12cm를 더한 값

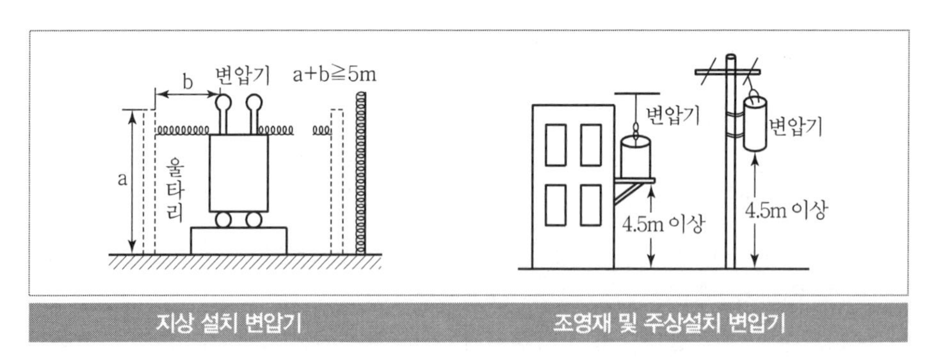

지상 설치 변압기 　 조영재 및 주상설치 변압기

(2) 출입구에는 출입금지의 표시를 할 것

(3) 출입구에는 자물쇠장치 기타 적당한 장치를 할 것

2) 아크를 발생시키는 기구와 목재의 벽 또는 천장과의 이격거리

아크를 발생시키는 기구	이격거리
개폐기, 차단기	고압용의 것은 1m 이상
피뢰기, 기타 유사한 기구	특별고압용의 것은 2m 이상

3) 고압옥내배선

(1) 애자사용 공사인 경우

① 사람이 접촉할 우려가 없도록 배선

② 전선은 2.6mm 이상의 연동선과 같은 세기를 가지는 굵기의 고압절연선과 특별고압절연전선 또는 인하용 고압절연전선 사용

③ 전선의 지지점 간 거리는 6m 이하가 되는지, 또 조영재의 면을 따라 붙이는 가설된 경우에 2m 이상마다 견고하게 지지

④ 전선의 상호간격은 8m 이상 이격되어 있으며, 조영재와의 이격거리는 5cm 이상 유지

⑤ 전선이 조영재를 관통하는 경우 그 부분의 전선마다 난연성 및 내수성의 절연관(애관)으로 보호

⑥ 고압옥내배선이 저압옥내배선과 쉽게 식별할 수 있게 시설

⑦ 고압옥내배선이 다른 고압옥내배선 또는 저압옥내배선 및 수도관 등과 접근이나 교차하는 경우에는 이격거리가 15cm 이상 유지

⑧ 전선의 절연피복 부분에는 손상을 입은 곳이 없으며 전선접속부분은 적절하게 절연처리, 또 말단부분의 처리는 안전하게 처리

(2) 케이블공사인 경우

① 케이블이 중량물의 압력 또는 기계적 충격을 받을 우려가 있는 장소에 시설되어 있을 때는 적당한 방호장치 시설

저압 및 고압선의 매설깊이	
중량물의 압력을 받지 않는 장소	중량물의 압력을 받는 장소
60cm 이상	120cm 이상

• 지중전선로를 관로식 또는 암거식에 의하여 시설하는 경우에는 견고하고, 차량 기타 중량물의 압력에 견디는 콤바인 덕트 케이블이 적합

② 케이블을 조영재의 연하에 배선할 때는 지지점간의 거리가 2m 이하이고 또한 견고하게 지지
③ 케이블의 방호장치 및 전선의 접속기 등의 금속부분에는 제1종 접지공사 실시
④ 케이블이 저압옥내배선 및 수도관과 접근 또는 교차하는 경우에는 이격거리가 15cm 이상 유지
⑤ 케이블의 단말은 안전하게 처리

4) 저압옥내배선

저압옥내배선은 지름 1.6mm의 연동선이거나 이와 동등 이상의 세기 및 굵기의 것 또는 단면적이 $1mm^2$ 이상의 미네럴 인슈레이션 케이블 사용

(1) 저압옥내배선의 시설장소에 적합한 공사방법

<table>
<tr><th colspan="2">사용전압구분 / 시설장소의 구분</th><th>400V 이하인 것</th><th>400V 이상인 것</th><th>참고</th></tr>
<tr><td rowspan="2">전개된 장소</td><td>건조한 장소</td><td>애자사용공사, 목재몰드공사, 합성수지몰드공사, 금속몰드공사, 금속덕트공사 또는 버스덕트공사</td><td>애자사용공사, 금속덕트공사 또는 버스덕트공사</td><td rowspan="5">※ 애자사용공사인 경우 전선과 조영재 사이의 이격거리
① 사용전압이 400V 미만인 경우에는 2.5cm 이상
② 400V 이상인 경우에는 4.5cm(건조한 장소에 시설하는 경우에는 2.5cm) 이상일 것</td></tr>
<tr><td>기타의 장소</td><td>애자사용공사</td><td>애자사용공사</td></tr>
<tr><td rowspan="2">점검할 수 있는 은폐장소</td><td>건조한 장소</td><td>애자사용공사, 목재몰드공사, 합성덕트공사, 금속몰드공사, 금속덕트공사 또는 버스덕트공사</td><td>애자사용공사, 금속덕트공사 또는 버스덕트공사</td></tr>
<tr><td>기타의 장소</td><td>애자사용공사</td><td>애자사용공사</td></tr>
<tr><td>점검할 수 없는 은폐장소</td><td>건조한 장소</td><td>셀룰러덕트공사 또는 플로어덕트공사</td><td>애자사용공사</td></tr>
</table>

(2) 저압옥내배선에 사용된 전선의 허용전류는 부하의 용량 등에 적합한 굵기의 전선 사용[절연전선 등의 허용전류(안전전류)는 내선규정 제130조 제1항에서 규정]
(3) 옥내배선에 적합한 절연전선 사용

5) 분전반 · 배전반 · 개폐기 등

(1) 분전반 · 배전반 · 개폐기 등의 정격치가 적합한 것 사용(설계도면과 대조하면서 점검)
(2) 분전반 · 배전반 등은 견고하게 고정

(3) 단자와 전선의 접속부분은 견고하게 조임
(4) 전선의 피복에 손상을 입은 곳은 없으며 단말처리는 안전하게 처리
(5) 전등분전반인 경우는 단상 3선식에서 중성선에 퓨즈의 사용 없이 전선으로 직결 처리
(6) 분전반이나 배전반이 옥외에 시설되어 있는 경우 방수형 또는 방수구조로 된 것 사용
(7) 분전반 및 배전반 등의 금속제 외함에는 사용전압에 따르는 접지공사(400V 미만은 제3종접지공사, 400V 이상의 저압용의 것은 특별제3종접지공사)실시

6) 전등시설

(1) 백열전등의 옥내에 시설되어 있는 경우는 대지전압이 150V 이하인 회로에서 사용
(2) 공장 등에서는 다음과 같이 시설되어 있으며 300V 이하에서 사용할 수 있으므로 다음사항을 점검
① 기구 및 전로는 사람이 쉽게 접촉할 우려가 없어야 함
② 백열전등 및 방전등용 안정기는 옥내배선과 직접 접속하여 사용
③ 백열전등의 소켓에는 키나 그 외의 점멸기구가 없을 것
(3) 조명기구는 견고하게 시설
(4) 옥외에서 사용하는 조명기구는 방수형이나 방수함 내에 내장되어 시설
(5) 작업장에서의 이동형 백열전등은 방폭구조

7) 전동기 설비

(1) 전동기의 설치장소는 원칙적으로 점검하기 쉬운 장소에 설치
(2) 전동기는 기초콘크리트에 견고하게 고정
(3) 전동기는 조작하는 개폐기 등은 취급자가 조작하기 쉬운 장소이며, 전동기가 사람의 눈에 발견되기 쉬운 장소에 설치
(4) 고압전동기의 경우는 사람이 쉽게 접촉될 우려가 없도록 주위에 철망 또는 울타리 등을 시설
(5) 전동기의 주위에 인간공학을 고려한 작업공간을 확보
(6) 전동기 및 제어반 등에는 사용전압에 따르는 접지공사를 외함이나 철대에 견고하게 시설
(7) 전동기에 접속된 전선의 시공상태가 적절하며 단자는 견고하게 조임

8) 전로의 절연저항 및 절연내력

(1) 저압전로의 절연저항

전로의 사용전압의 구분		절연저항치
400V 미만인 것	대지전압이 150V 이하인 경우	0.1MΩ 이상
	대지전압이 150V를 넘고 300V 이하인 경우	0.2MΩ 이상
	사용전압이 300V를 넘고 400V 미만인 경우	0.3MΩ 이상
400V 이상인 것		0.4MΩ 이상

(2) 저압전선로 중 절연부분의 전선과 대지 간의 절연저항은 사용전압에 대한 누설전류가 최대 공급전류의 1/2,000이 넘지 않도록 유지해야 한다.

CheckPoint

300[A]의 전류가 흐르는 저압 가공전선로의 한 선에서 허용 가능한 누설전류는 얼마인가?

➡ 누설전류 $= 300(A) \times \frac{1}{2,000} = 0.15(A)$

1 – 4 교류아크 용접기의 감전방지대책

1) 교류아크 용접작업의 안전

교류아크 용접작업 중에 발생하는 감전사고는 주로 출력측 회로에서 발생하고 있으며, 특히 무부하일 때 그 위험도는 더욱 증가하나, 안정된 아크를 발생시키기 위해서는 어느 정도 이상의 무부하전압이 필요하다. 아크를 발생시키지 않는 상태의 출력측 전압을 무부하전압이라고 하고, 이 무부하전압이 높을 경우 아크가 안정되고 용접작업이 용이하지만 무부하 전압이 높아지게 되면 전격에 대한 위험성이 증가하므로 이러한 재해를 방지하기 위해 교류 아크 용접기에 자동전격방지장치(이하 전격방지장치)설치하여 전격의 위험을 방지하고 있다.

2) 자동전격방지장치

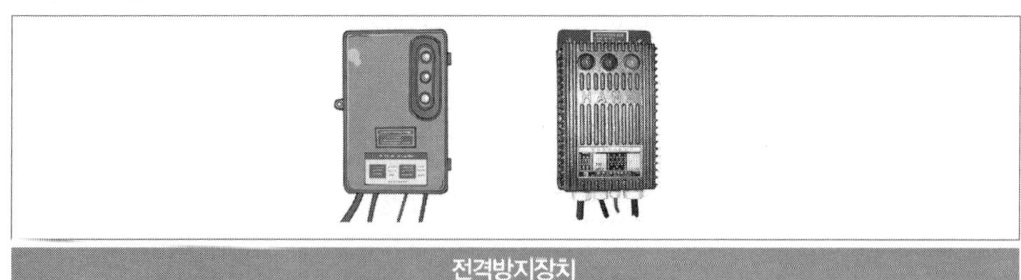

전격방지장치

(1) 전격방지장치의 기능

전격방지장치라 불리는 교류아크 용접기의 안전장치는 용접기의 1차측 또는 2차측에 부착시켜 용접기의 주회로를 제어하는 기능을 보유함으로써 용접봉의 조작, 모재에의 접촉 또는 분리에 따라, 원칙적으로 용접을 할 때에만 용접기의 주회로를 폐로(ON)시키고, 용접을 행하지 않을 때에는 용접기 주회를 개로(OFF)시켜 용접기 2차(출력)측의 무부하전압(보통 60~95[V])을 안전전압(25~30[V] 이하 : 산안법 25V 이하)으로 저하시켜 용접기 무부하시(용접을 행하지 않을 시)에 작업자가 용접봉과 모재 사이에 접촉함으로써 발생하는 감전의 위험을 방지(용접작업중단 직후부터 다음 아크 발생시까지 유지)하고, 아울러 용접기 무부하시 전력손실을 격감시키는 2가지 기능을 보유한 것이다.(용접선의 수명증가와는 무관함)

(2) 전격방지장치의 구성 및 동작원리

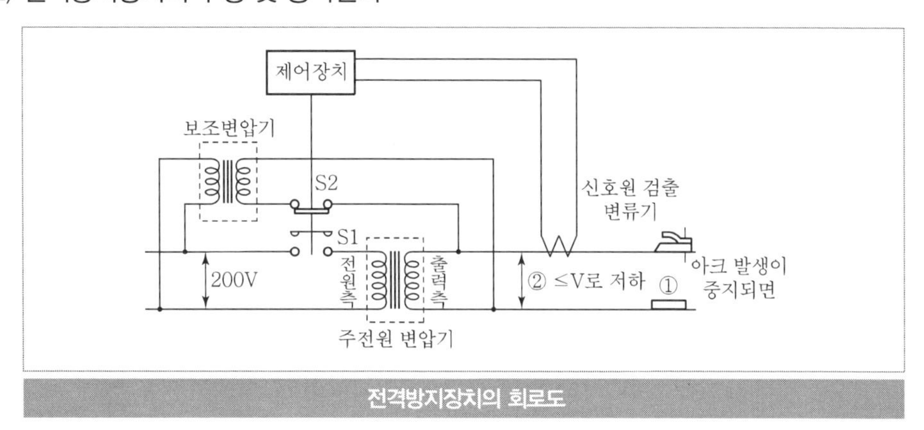

전격방지장치의 회로도

① 용접상태와 용접휴지상태를 감지하는 감지부
② 감지신호를 제어부로 보내기 위한 신호증폭부
③ 증폭된 신호를 받아서 주제어장치를 개폐하도록 제어하는 제어부 및 주제어장치의 크게 4가지 부분으로 구성

자동전격방지장치의 주요 구성품은?

보조변압기, 주회로변압기, 제어장치

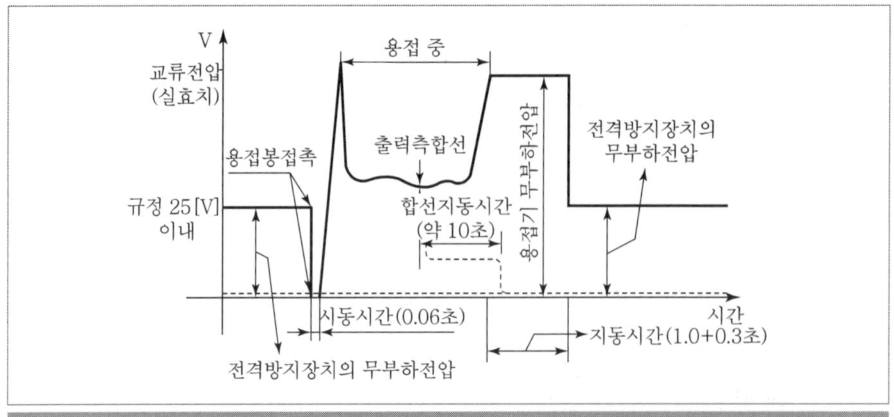

전격방지장치의 동작특성

- 시동시간 : 용접봉이 모재에 접촉하고 나서 주제어장치의 주접점이 폐로되어 용접기 2차측에 순간적인 높은 전압(용접기 2차 무부하전압)을 유지시켜 아크를 발생시키는 데까지 소요되는 시간(0.06초 이내)
- 지동시간 : 시동시간과 반대되는 개념으로 용접봉을 모재로부터 분리시킨 후 주접점이 개로되어 용접기 2차측의 무부하전압이 전격방지장치의 무부하전압(25V 이하)으로 될 때까지의 시간
  [접점(Magnet) 방식 : 1±0.3초, 무접점(SCR, TRIAC)방식 : 1초 이내]
- 시동감도 : 용접봉을 모재에 접촉시켜 아크를 시동시킬 때 전격방지장치가 동작할 수 있는 용접기의 2차측의 최대저항으로 Ω 단위로 표시
  [용접봉과 모재 사이의 접촉저항]
- 정격사용률 $= \dfrac{\text{아크발생시간}}{\text{아크발생시간} + \text{무부하시간}}$
- 허용사용률 $= \dfrac{(\text{정격2차전류})^2}{(\text{실제용접전류})^2} \times \text{정격사용률}$

■ 300A의 용접기를 200A로 사용할 경우의 허용사용률

$= \left(\dfrac{300}{200}\right)^2 \times 50(\text{정격사용률}) = 112\%$

3) 교류아크용접기의 사고방지 대책

(1) 감전사고의 방지대책

① 자동전격방지장치의 사용

② 절연 용접봉 홀더의 사용

③ 적정한 케이블의 사용

용접기 출력측 회로의 배선에는 일반적으로 캡타이어 케이블 및 용접용 케이블이 쓰이지만 출력측 케이블은 일반적으로 기름에 의해 쉽게 손상되므로 클로로프렌 캡타이어 케이블을 사용하는 것이 좋다.
또한 아크 전류의 크기에 따른 굵기의 케이블을 사용하여야 한다.

용접기에 사용하고 있는 용품 중 잘못 사용되고 있는 것은?
① 습윤장소와 2m 이상 고소작업 시에 자동전격방지기를 부착한 후 작업에 임하고 있다.
② 교류 아크용접기 홀더는 절연이 잘 되어 있으며, 2차측 전선은 적정한 1종 캡타이어케이블을 사용하고 있다.
③ 터미널은 케이블 커넥터로 접속한 후 충전부는 절연테이프로 테이핑 처리만 하였다.
④ 홀더는 KS규정의 것만 사용하고 있지만 자동전격 방지기는 한국산업안전보건공단 검정필을 사용한다.

④ 2차측 공통선의 연결
2차측 전로 중 피용접모재와 공통선의 단자를 연결하는 데에는 용접용 케이블이나 캡타이어 케이블을 사용하여야 하며, 이를 사용하지 않고 철근을 연결하여 사용하면 전력손실과 감전위험이 커질 뿐만 아니라 용접부분에 전력이 집중되지 않으므로 용접하기도 어렵게 된다.
⑤ 절연장갑의 사용
⑥ 기타
㉠ 케이블 커넥터 : 커넥터는 충전부가 고무 등의 절연물로 완전히 덮힌 것을 사용하여야 하며, 작업바닥에 물이 고일 우려가 있을 경우에는 방수형으로 되어 있는 것을 사용하여야 한다.
㉡ 용접기 단자와 케이블의 접속 : 접속단자 부분은 충전부분이 노출되어 있는 경우 감전의 위험이 있을 뿐만 아니라 그 사이에 금속 등이 접촉하여 단락사고가 일어나서 용접기를 파손시킬 위험이 뒤따르므로 완전하게 절연하여야 한다.
㉢ 접지 : 용접기 외함 및 피용접모재에는 제3종 접지공사를 실시해야 하는데, 접지선의 공칭단면적은 2.5mm^2 이상의 연동선으로 하면 되지만 수시로 이동해야 하기 때문에 고장시 안전하게 전류를 흘릴 수 있도록 충분한 굵기의 연동선을 사용하는 것이 바람직하다. 접지를 하지 않으면 모재나 정반의 대지전위가 상승해서 감전의 위험이 있다. 또한 접지는 반드시 직접 접지를 하여야 하며 건물의 철골 등에 접지해서는 안 된다.

CheckPoint

교류아크용접기에 대한 안전조치사항 중 거리가 먼 것은?

① 용접기 외함 접지
② 용접 중 절연화 착용
③ 자동전격 방지기 설치
④ 1차측에 과전류 차단기 설치

CheckPoint

교류아크 용접작업시에 감전방지를 위한 안전대책과 가장 관계가 먼 것은?

① 전원 측에 누전차단기 설치
② 용접기의 외함 접지
③ 자동전격 방지장치 부착
④ 절연용 방호구 사용

(2) 기타 재해 방지대책

재해의 구분		보호구
눈	아크에 의한 장애 (가시광선, 적외선, 자외선)	차광보호구(보호안경과 보호면)
피부	화상	가죽제품의 장갑, 앞치마, 각반, 안전화
용접흄 및 가스(CO_2, H_2O)		방진마스크, 방독마스크, 송기마스크

1 – 5 정전작업의 안전

정전전로에서의 전기작업(안전보건규칙 제319조)

① 사업주는 근로자가 노출된 충전부 또는 그 부근에서 작업함으로써 감전될 우려가 있는 경우에는 작업에 들어가기 전에 해당 전로를 차단하여야 한다. 다만, 다음 각 호의 경우에는 그러하지 아니하다.
  1. 생명유지장치, 비상경보설비, 폭발위험장소의 환기설비, 비상조명설비 등의 장치 · 설비의 가동이 중지되어 사고의 위험이 증가되는 경우
  2. 기기의 설계상 또는 작동상 제한으로 전로차단이 불가능한 경우
  3. 감전, 아크 등으로 인한 화상, 화재 · 폭발의 위험이 없는 것으로 확인된 경우

② 제1항의 전로 차단은 다음 각 호의 절차에 따라 시행하여야 한다.
  1. 전기기기 등에 공급되는 모든 전원을 관련 도면, 배선도 등으로 확인할 것
  2. 전원을 차단한 후 각 단로기 등을 개방하고 확인할 것
  3. 차단장치나 단로기 등에 잠금장치 및 꼬리표를 부착할 것
  4. 개로된 전로에서 유도전압 또는 전기에너지가 축적되어 근로자에게 전기위험을 끼칠 수 있는 전기기기 등은 접촉하기 전에 잔류전하를 완전히 방전시킬 것
  5. 검전기를 이용하여 작업 대상 기기가 충전되었는지를 확인할 것
  6. 전기기기 등이 다른 노출 충전부와의 접촉, 유도 또는 예비동력원의 역송전 등으로 전압이 발생할 우려가 있는 경우에는 충분한 용량을 가진 단락 접지기구를 이용하여 접지할 것

정전전로에서의 전기작업(안전보건규칙 제319조)

③ 사업주는 제1항 각 호 외의 부분 본문에 따른 작업 중 또는 작업을 마친 후 전원을 공급하는 경우에는 작업에 종사하는 근로자 또는 그 인근에서 작업하거나 정전된 전기기기 등(고정 설치된 것으로 한정한다)과 접촉할 우려가 있는 근로자에게 감전의 위험이 없도록 다음 각 호의 사항을 준수하여야 한다.

1. 작업기구, 단락 접지기구 등을 제거하고 전기기기 등이 안전하게 통전될 수 있는지를 확인할 것
2. 모든 작업자가 작업이 완료된 전기기기 등에서 떨어져 있는지를 확인할 것
3. 잠금장치와 꼬리표는 설치한 근로자가 직접 철거할 것
4. 모든 이상 유무를 확인한 후 전기기기 등의 전원을 투입할 것

정전작업시 올바른 작업순서?

➡ 개폐기시건장치 ▶ 잔류전하방전 ▶ 전로검진 ▶ 단락접지설치 ▶ 작업

※ 단락접지를 하는 이유

전로가 정전된 경우에도 오통전, 다른 전로와의 접촉(혼촉) 또는 다른 전로에서의 유도작용 및 비상용 발전기의 가동 등으로 정전전로가 갑자기 충전되는 경우가 있으므로 이에 따른 감전위험을 제거하기 위해 작업개소에 근접한 지점에 충분한 용량을 갖는 단락접지기구를 사용하여 정전전로를 단락접지하는 것이 필요하다.(3상3선식 전선로의 보수를 위하여 정전작업시에는 3선을 단락접지)

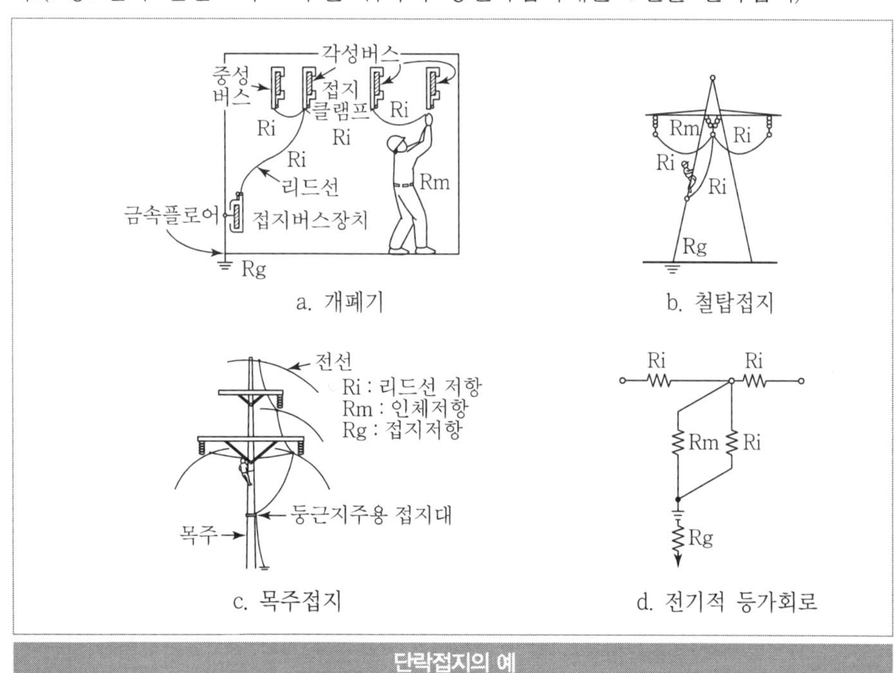

단락접지의 예

1) 오조작 방지(안전보건규칙 제307조)

고압 또는 특별고압 전선로에서 고압 또는 특별고압용이나 단로기, 선로개폐기 등의 개폐기로 부하전류 차단용이 아닌 것 등 부하전류를 차단하기 위한 것이 아닌 개폐기는 오조작에 의하여 부하전류를 차단하여 아크발생에 따른 재해가 발생하지 않도록 다음과 같은 조치를 강구하여야 한다.

(1) 무부하 상태를 표시하는 파일럿 램프 설치(해당 전로가 무부하(無負荷)임을 확인한 후에 조작하도록 주의 표지판 등을 설치. 다만, 그 단로기등에 전로가 무부하로 되지 아니하면 개로·폐로할 수 없도록 하는 연동장치를 설치한 경우에는 제외)

(2) 전선로의 계통을 판별하기 위하여 더블릿 시설

(3) 개폐기에 전선로가 무부하 상태가 아니면 개로할 수가 없도록 인터록 장치 설치

CheckPoint

오조작 방지조치로 부적합한 것은?

절연용 방호구 사용 ➡ 개폐기에 전선로가 무부하 상태가 아니면 개로할 수가 없도록 인터록 장치 설치

2) 정전절차

국제사회안전협회(ISSA)에서 제시하는 정전작업의 5대 안전수칙

첫째 : 작업 전 전원차단 둘째 : 전원투입의 방지

셋째 : 작업장소의 무전압 여부 확인 넷째 : 단락접지

다섯째 : 작업장소의 보호

1-6 활선 및 활선근접작업의 안전

충전전로에서의 전기작업(안전보건규칙 제321조)

① 사업주는 근로자가 충전전로를 취급하거나 그 인근에서 작업하는 경우에는 다음 각 호의 조치를 하여야 한다.

1. 충전전로를 정전시키는 경우에는 제319조에 따른 조치를 할 것
2. 충전전로를 방호, 차폐하거나 절연 등의 조치를 하는 경우에는 근로자의 신체가 전로와 직접 접촉하거나 도전재료, 공구 또는 기기를 통하여 간접 접촉되지 않도록 할 것
3. 충전전로를 취급하는 근로자에게 그 작업에 적합한 절연용 보호구를 착용시킬 것
4. 충전전로에 근접한 장소에서 전기작업을 하는 경우에는 해당 전압에 적합한 절연용 방호구를 설치할 것. 다만, 저압인 경우에는 해당 전기작업자가 절연용 보호구를 착용하되, 충전전로에 접촉할 우려가 없는 경우에는 절연용 방호구를 설치하지 아니할 수 있다.

5. 고압 및 특별고압의 전로에서 전기작업을 하는 근로자에게 활선작업용 기구 및 장치를 사용하도록 할 것
6. 근로자가 절연용 방호구의 설치 · 해체작업을 하는 경우에는 절연용 보호구를 착용하거나 활선작업용 기구 및 장치를 사용하도록 할 것
7. 유자격자가 아닌 근로자가 충전전로 인근의 높은 곳에서 작업할 때에 근로자의 몸 또는 긴 도전성 물체가 방호되지 않은 충전전로에서 대지전압이 50킬로볼트 이하인 경우에는 300센티미터 이내로, 대지전압이 50킬로볼트를 넘는 경우에는 10킬로볼트당 10센티미터씩 더한 거리 이내로 각각 접근할 수 없도록 할 것
8. 유자격자가 충전전로 인근에서 작업하는 경우에는 다음 각 목의 경우를 제외하고는 노출 충전부에 다음 표에 제시된 접근한계거리 이내로 접근하거나 절연 손잡이가 없는 도전체에 접근할 수 없도록 할 것
   가. 근로자가 노출 충전부로부터 절연된 경우 또는 해당 전압에 적합한 절연장갑을 착용한 경우
   나. 노출 충전부가 다른 전위를 갖는 도전체 또는 근로자와 절연된 경우
   다. 근로자가 다른 전위를 갖는 모든 도전체로부터 절연된 경우

충전전로의 선간전압 (단위 : 킬로볼트)	충전전로에 대한 접근 한계거리 (단위 : 센티미터)
0.3 이하	접촉금지
0.3 초과 0.75 이하	30
0.75 초과 2 이하	45
2 초과 15 이하	60
15 초과 37 이하	90
37 초과 88 이하	110
88 초과 121 이하	130
121 초과 145 이하	150
145 초과 169 이하	170
169 초과 242 이하	230
242 초과 362 이하	380
362 초과 550 이하	550
550 초과 800 이하	790

② 사업주는 절연이 되지 않은 충전부나 그 인근에 근로자가 접근하는 것을 막거나 제한할 필요가 있는 경우에는 울타리를 설치하고 근로자가 쉽게 알아볼 수 있도록 하여야 한다. 다만, 전기와 접촉할 위험이 있는 경우에는 도전성이 있는 금속제 울타리를 사용하거나, 제1항의 표에 정한 접근 한계거리 이내에 설치해서는 아니 된다.
③ 사업주는 제2항의 조치가 곤란한 경우에는 근로자를 감전위험에서 보호하기 위하여 사전에 위험을 경고하는 감시인을 배치하여야 한다.

1) 활선작업시의 안전거리

(1) 안전거리

충전부위에 대하여 인체부위가 통전 및 정전유도에 대한 보호조치를 하지 않고서는 이 이내에 접근해서는 안 되는 거리를 말하며 날씨와 눈어림치를 감안하여 충분한 거리를 유지하여야 한다.

(2) 활선작업거리

활선장구를 사용할 경우 활선장구의 충전부 접촉점과 작업원의 손으로 잡은 부분과의 최소 한계거리를 말하며, 작업원은 항상 이 거리 이상을 유지하여야 하며 동시에 충전부와 인체부위와는 안전거리 이상을 유지하여야 한다.

충전부 선로전압[KV]	안전거리[cm]	활선작업거리[cm]
3.3~6.6	20	60
11.4	20	60
22~22.9	30	75
66	75	95
154	160	160
345	350	350

1 -7 전선로에 근접한 전기작업안전

충전전로 인근에서 차량 · 기계장치 작업(안전보건규칙 제322조)

① 사업주는 충전전로 인근에서 차량, 기계장치 등(이하 이 조에서 "차량등"이라 한다)의 작업이 있는 경우에는 차량등을 충전전로의 충전부로부터 300센티미터 이상 이격시켜 유지시키되, 대지전압이 50킬로볼트를 넘는 경우 이격시켜 유지하여야 하는 거리(이하 이 조에서 "이격거리"라 한다)는 10킬로볼트 증가할 때마다 10센티미터씩 증가시켜야 한다. 다만, 차량등의 높이를 낮춘 상태에서 이동하는 경우에는 이격거리를 120센티미터 이상(대지전압이 50킬로볼트를 넘는 경우에는 10킬로볼트 증가할 때마다 이격거리를 10센티미터씩 증가)으로 할 수 있다.

② 제1항에도 불구하고 충전전로의 전압에 적합한 절연용 방호구 등을 설치한 경우에는 이격거리를 절연용 방호구 앞면까지로 할 수 있으며, 차량등의 가공 붐대의 버킷이나 끝부분 등이 충전전로의 전압에 적합하게 절연되어 있고 유자격자가 작업을 수행하는 경우에는 붐대의 절연되지 않은 부분과 충전전로 간의 이격거리는 제321조제1항제8호의 표에 따른 접근 한계거리까지로 할 수 있다.

③ 사업주는 다음 각 호의 경우를 제외하고는 근로자가 차량등의 그 어느 부분과도 접촉하지 않도록 울타리를 설치하거나 감시인 배치 등의 조치를 하여야 한다.

1. 근로자가 해당 전압에 적합한 제323조제1항의 절연용 보호구등을 착용하거나 사용하는 경우
2. 차량등의 절연되지 않은 부분이 제321조제1항의 표에 따른 접근 한계거리 이내로 접근하지 않도록 하는 경우

④ 사업주는 충전전로 인근에서 접지된 차량등이 충전전로와 접촉할 우려가 있을 경우에는 지상의 근로자가 접지점에 접촉하지 않도록 조치하여야 한다.

충전전로에 접근된 장소에서 시설물, 건설, 해체, 점검, 수리 또는 이동식 크레인, 콘크리트 펌프카, 항타기, 항발기 등 작업시 감전 위험방지 조치 중 부적당한 것은?

절연용 보호구 착용 ➡ 절연용 방호구 설치

1) 근접작업시의 이격거리

전로의 전압		이격거리[m]
저압	교류 600V 이하 직류 750V 이하	1
고압	교류 600V 초과 7kV 이하 직류 750V 초과 7kV 이하	1.2
특별고압	7kV 초과	2.0 (60[kV] 이상에서는 10[kV] 단수마다 0.2[m]씩 증가)

2) 가공전선로의 시설기준

(1) 저고압 가공전선의 높이

시설 구분	높이
도로를 횡단하는 경우	지표상 6m 이상(농로 기타 교통이 번잡하지 아니한 도로 및 횡단보도교 제외)
철도 또는 궤도를 횡단하는 경우	궤조면상(軌條面上) 6.5m 이상
횡단보도교의 위에 시설하는 경우	저압 가공전선은 그 노면상 3.5m 이상 고압 가공전선은 그 노면상 3.5m 이상

2 감전사고 시의 응급조치

1) 전격에 의한 인체상해

전격에 의한 인체상해는 통전전류와 시간 그리고 통전경로에 따라 크게는 사망에서부터 넓은 창상 적게는 좁쌀만한 작은 상처자국을 남기게 된다. 또한 감전시 생성된 열에 의해서 피부조직의 손상을 초래하는 경우도 있으며, 피부의 손상은 50℃ 이상에서 세포의 단백질이 변질되고 80℃에 이르면 피부세포가 파괴된다.

- 전류에 의해 생기는 열량 Q는 전류의 세기 I의 제곱과, 도체의 전기저항 R와, 전류를 통한 시간 t에 비례한다.[열량(Q)=0.24 I2Rt]

• 전격현상의 메커니즘
① 심실세동에 의한 혈액 순환기능 상실
② 호흡중추신경 마비에 따른 호흡중기
③ 흉부수축에 의한 질식

상용주파수(60Hz)에 의해 감전되어 사망에 이르는 현상에서 특히 주된 원인이 아닌 것은?
① 심실세동에 의한 혈액순환의 손실
② 뇌의 호흡 중추기능의 정지
③ 흉부 수축에 의한 질식
④ 심실세동에 의한 혈액순환기능 손실과 전격에 의한 추락

(1) 감전사
① 심장 · 호흡의 정지(심장사)
② 뇌사
③ 출혈사

(2) 감전지연사
① 전기화상
② 급성신부전
③ 패혈증
④ 소화기 합병증
⑤ 2차적 출혈
⑥ 암의 발생

(3) 감전에 의한 국소증상
① 피부의 광성변화
② 표피박탈
③ 전문
④ 전류반점
⑤ 감전성 궤양

(4) 감전 휴유증
① 심근경색
② 뇌의 파손 또는 경색(연화)에 의한 운동 및 언어 등의 장애

2) 감전사고시의 응급조치

(1) 개요

감전쇼크에 의하여 호흡이 정지되었을 경우 혈액 중의 산소함유량이 약 1분 이내에 감소하기 시작하여 산소결핍현상이 나타나기 시작한다. 그러므로 단시간 내에 인공호흡 등 응급조치를 실시할 경우 감전사망자의 95% 이상 소생시킬 수 있음(1분 이내 95%, 3분 이내 75%, 4분 이내 50%, 5분 이내이면 25%로 크게 감소)

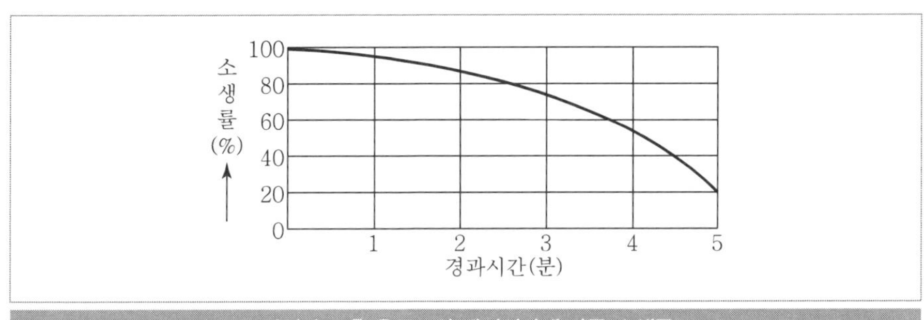

감전사고 후 응급조치 개시시간에 따른 소생률

(2) 응급조치 요령

① 전원을 차단하고 피재자를 위험지역에서 신속히 대피(2차 재해예방)

② 피재자의 상태 확인

㉠ 의식, 호흡, 맥박의 상태확인

㉡ 높은 곳에서 추락한 경우 : 출혈의 상태, 골절의 이상 유무 확인

㉢ 관찰 결과 의식이 없거나 호흡 및 심장이 정지해 있거나 출혈이 심할 경우 관찰을 중지하고 곧 필요한 응급조치

감전사고에 의한 응급조치에서 재해자의 중요한 관찰사항이 아닌 것은?

① 의식의 상태 ② 맥박의 상태

③ 호흡의 상태 ④ 유입점과 유출점의 상태

③ 응급조치

응급조치순서	응급조치 요령
기도확보	• 입속의 이물질 제거 • 호흡이 쉽도록 아래턱을 들어 올리고 머리를 뒤로 젖혀서 기도를 확보
↓	
인공호흡	• 구강대 구강법 • 닐센법과 샤우엘법
↓	
심장마사지	• 인공호흡과 동시에 실시

작업장 내에서 불의의 감전사고가 발생하였을 때 가장 우선적으로 응급조치해야 할 사항 중 잘못된 것은?

① 전격을 받아 실신하였을 때는 즉시 재해자를 병원에 구급조치 해야 한다. (✔)
② 우선적으로 재해자를 접촉되어 있는 충전부로부터 분리시킨다.
③ 제3자는 즉시 가까운 스위치를 개방하여 전류의 흐름을 중단시킨다.
④ 전격에 의해 실신했을 때 그곳에서 즉시 인공호흡을 행하는 것이 급선무이다.

(3) 인공호흡

① 구강대 구강법

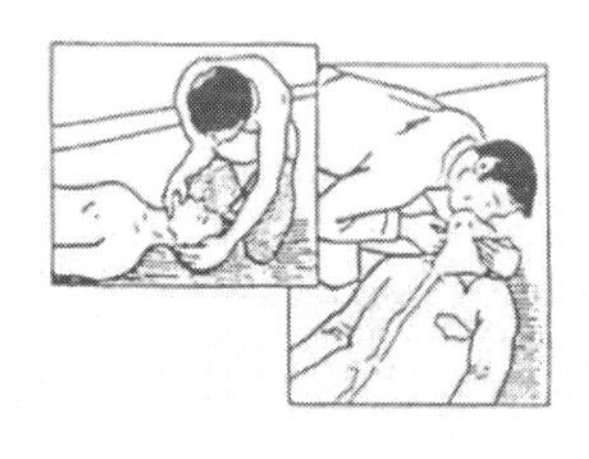

구강대 구강법 처치시 주의사항

- 구강대 구강법은 모든 사람이 쉽게 행할 수 있으므로 환자를 발견하면 그곳에서 곧바로 실시
- 우선 인공호흡을 실시하고 다른 사람은 구급차나 의사를 부른다.
- 추락 등에 의해 출혈이 심한 경우 지혈을 한 후 인공호흡을 실시
- 구급차가 도착할 때까지 환자가 소생하지 않을 때는 구급차로 후송하면서 계속 인공호흡 실시

② 닐센법 및 샤우엘법

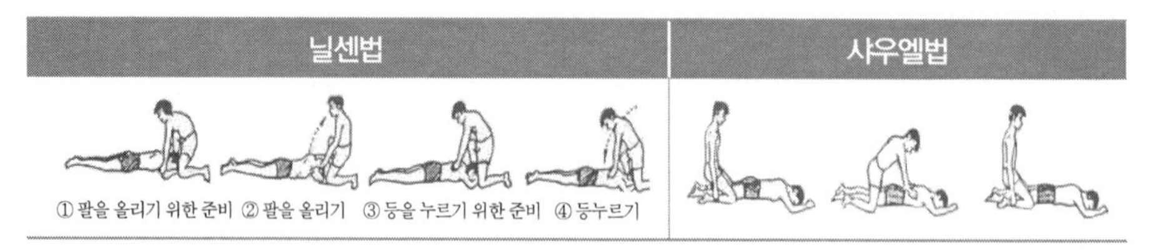

(4) 심장마사지(인공호흡과 동시에 실시)

1인이 실시하는 경우	2인이 실시하는 경우	
		① 심장마사지 15회 정도와 인공호흡 2회를 교대로 연속적으로 실시 ② 심장마사지와 인공호흡을 2명이 분담하여 5 : 1의 비율로 실시

(5) 전기화상 사고시의 응급조치

① 불이 붙은 곳은 물, 소화용 담요 등을 이용하여 소화하거나 급한 경우에는 피재자를 굴리면서 소화한다.

② 상처에 달라붙지 않은 의복은 모두 벗긴다.

③ 화상부위에 세균감염으로부터 보호하기 위하여 화상용 붕대를 감는다.

④ 화상을 사지에만 입었을 경우 통증이 줄어들도록 약 10분간 화상부위를 물에 담그거나 물을 뿌릴 수 있다.

⑤ 상처부위에 파우더, 향유, 기름 등을 발라서는 안 된다.

⑥ 진정, 진통제는 의사의 처방에 의하지 않고는 사용하지 말아야 한다.

⑦ 의식이 있는 환자에게는 물이나 차를 조금씩 먹이되 알코올은 삼가야 하며 구토증 환자에게는 물·차 등의 취식을 금해야 한다.

⑧ 피재자를 담요 등으로 감싸되 상처부위가 닿지 않도록 한다.

(6) 전기분야에서의 화상의 분류

화상의 구분	증상	응급조치
1도	피부가 붉어지는 정도	식용유, 바세린, 아연화연고 등을 엷게 도포하고 냉각한다.
2도	붉어진 피부 위에 물집이 생김	수포가 터지지 않도록 하고 붕산연고를 바른 가제를 붙이고 의사의 치료를 받는다.
3도	표피 및 피하조직까지 장해가 미침	붕산연고나 유류를 바르고 즉시 의사의 치료를 받는다.
4도	탄화된다.	화상부위가 넓고 피부만 아니라 근육, 심줄, 뼈까지 변화가 미치므로 즉시 의사의 치료를 받는다.

CHAPTER 02 PART 04 전기위험방지기술

전격재해 및 방지대책

SECTION 1 전격재해 예방 및 조치

1 안전전압

1) 회로의 정격전압이 일정 수준 이하의 낮은 전압으로 절연파괴 등의 사고시에도 인체에 위험을 주지 않게 되는 전압을 말하며 이 전압 이하를 사용하는 기기들은 제반 안전대책을 강구하지 않아도 됨
2) 안전전압은 주위의 작업환경과 밀접한 관계가 있다. 예를 들면 일반사업장과 농경사업장 또는 목욕탕 등의 수중에서의 안전전압은 각각 다를 수 밖에 없음
3) 일반사업장의 경우 안전전압은 산업안전보건법에서 30[V]로 규정

2 허용접촉전압

1) 허용전압

(1) 접촉전압

대지에 접촉하고 있는 발과 발 이외의 다른 신체부분과의 사이에서 인가되는 전압

(2) 보폭전압

① 사람의 양발 사이에 인가되는 전압
② 접지극을 통하여 대지로 전류가 흘러갈 때 접지극 주위의 지표면에 형성되는 전위분포 때문에 양발 사이에 인가되는 전위차를 말함

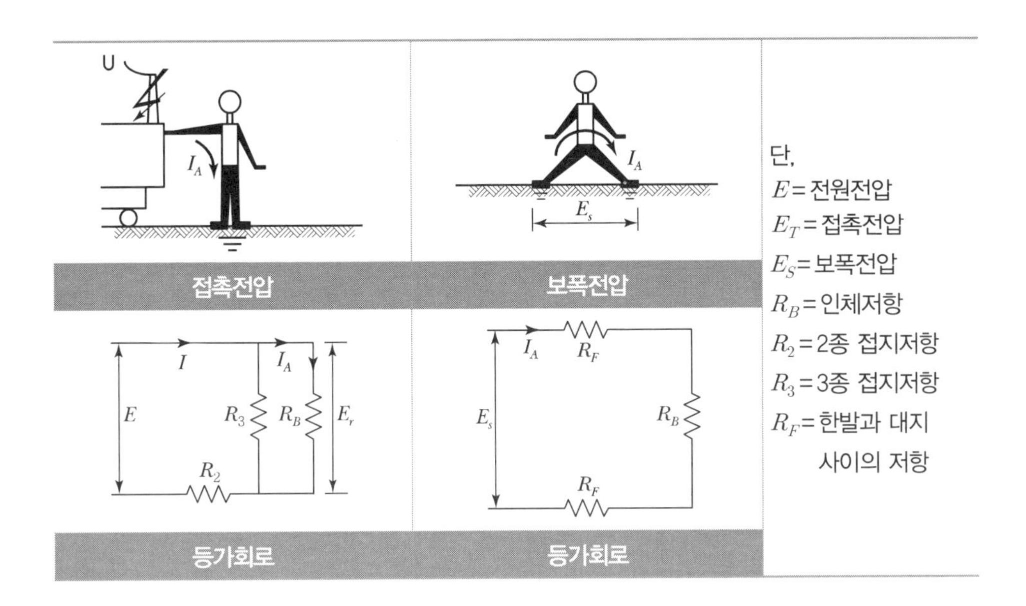

2) 허용접촉전압

종별	접촉상태	허용접촉전압
제1종	• 인체의 대부분이 수중에 있는 상태	2.5[V] 이하
제2종	• 인체가 현저히 젖어 있는 상태 • 금속성의 전기 · 기계장치나 구조물에 인체의 일부가 상시 접촉되어 있는 상태	25[V] 이하
제3종	• 제1종, 제2종 이외의 경우로서 통상의 인체상태에서 접촉전압이 가해지면 위험성이 높은 상태	50[V] 이하
제4종	• 제1종, 제2종 이외의 경우로서 통상의 인체상태에 접촉전압이 가해지더라도 위험성이 낮은 상태 • 접촉전압이 가해질 우려가 없는 경우	제한 없음

3) 허용접촉전압과 허용보폭전압

허용접촉전압	허용보폭전압
$E=\left(R_b+\frac{3\rho_S}{2}\right)\times I_k$	$E=(R_b+6\rho_S)\times I_k$

여기서, $I_k=\frac{0.165}{\sqrt{T}}$[A], R_b=인체저항[Ω], ρ_S=지표상층 저항률[Ω · m]

3 인체의 전기저항

통전전류의 크기는 인체의 전기저항 즉, 임피던스의 값에 의해 결정되며 임피던스는 인체의 각 부위(피부, 혈액 등)의 저항성분과 용량성분이 합성된 값이 되며, 이 값은 여러 인자 특히 습기, 접촉전압, 인가시간, 접촉면적 등에 따라 변화한다.

인체 피부의 전기저항에 영향을 주는 주요인자와 거리가 먼 것은?

① 통전경로
② 접촉면적
③ 전압의 크기
④ 인가시간

1) 인체임피던스의 등가회로

인체의 임피던스는 내부임피던스와 피부임피던스의 합성임피던스로 구성

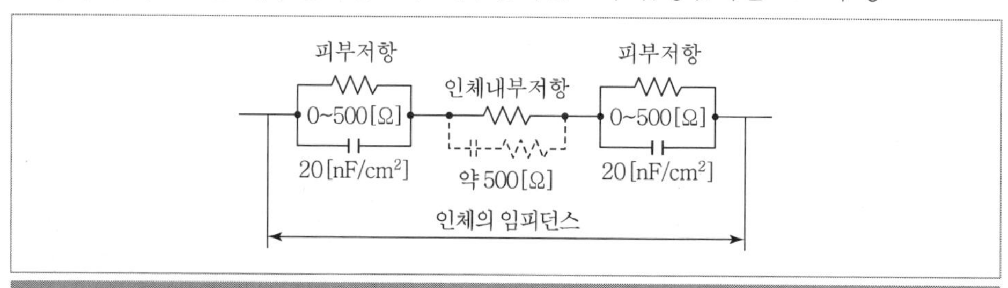

인체임피던스의 등가회로

2) 인체 각부의 저항

인체의 전기저항	저항치[Ω]	비고
피부저항	약 2,500Ω	피부에 땀이 있을 경우 건조시의 1/12~1/20, 물에 젖어 있을 경우 1/25로 저항 감소
내부조직저항	약 300Ω	교류, 직류에 따라 거의 일정하지만 통전시간이 길어지면 인체의 온도상승에 의해 저항치 감소
발과 신발 사이의 저항	약 1,500Ω	
신발과 대지 사이의 저항	약 700Ω	
전체저항	약 5,000Ω	피부가 젖은 정도, 인가전압 등에 의해 크게 변화하며 인가전압이 커짐에 따라 약 500Ω 까지 감소

- 인체 부위별 저항률 : 피부 > 뼈 > 근육 > 혈액 > 내부 조직
- 피전점 : 인체의 전기저항이 약한 부분(턱, 볼, 손등, 정강이 등)

SECTION 2 전격재해의 요인

1 1차적 감전요소

1) 통전전류의 크기

(1) 통전전류가 인체에 미치는 영향은 통전전류의 크기와 통전시간에 의해 결정(통전전류가 클수록 위험하고 감전피해의 위험도에 가장 큰 영향을 미침)

(2) 전류$(I)=\dfrac{\text{전압}(V)}{\text{저항}(R)}$(통전전류는 인가전압에 비례하고 인체저항에 반비례한다)

2) 통전경로

전류의 경로에 따라 그 위험성은 달라지며 전류가 심장 또는 그 주위를 통과하면 심장에 영향을 주어 더욱 위험하게 된다.

통전경로	위험도	통전경로	위험도
왼손 – 가슴	1.5	왼손 – 등	0.7
오른손 – 가슴	1.3	한 손 또는 양손 – 앉아 있는 자리	0.7
왼손 – 한발 또는 양발	1.0	왼손 – 오른손	0.4
양손 – 양발	1.0	오른손 – 등	0.3
오른손 – 한발 또는 양발	0.8	※ 숫자가 클수록 위험도가 높아짐	

3) 통전시간

통전시간이 길수록 위험

4) 전원의 종류

전압이 동일한 경우 교류가 직류보다 위험(∵ 교착성)
통전전류가 크고 장시간 흐르며 신체의 중요부분에 흐를수록 전격에 대한 위험성은 커진다.

2 2차적 감전요소

1) 인체의 조건(인체의 저항)

피부가 젖은 정도, 인가전압 등에 의해 크게 변화하며 인가전압이 커짐에 따라 약 500Ω까지 감소

2) 전압의 크기

전압의 크기가 클수록 위험

3) 계절 등 주위환경

계절, 작업장 등 주위환경에 따라 인체의 저항이 변화하므로 이 또한 전격에 대한 위험도에 영향을 준다.

전격재해의 요인 중 2차적 감전위험 요소에 해당되지 않는 것은?

① 인체의 조건(저항) ② 전압 ③ 주파수 ④ 전류

전격의 위험도에 대한 설명 중 옳지 않은 것은?

① 인체의 통전경로에 따라 위험도가 달라진다.
② 몸이 땀에 젖어 있으면 더 위험하다.
③ 전격시간이 길수록 더 위험하다.
④ 전압은 전격위험을 결정하는 1차적 요인이다.

3 감전사고의 형태

1) 직접접촉

감전사고의 형태	감전회로
충전된 전선로에 인체 등이 접촉되어 인체를 통해 지락전류가 흘러서 감전되는 경우 TRANSFORMER	변압기 13,000V 105V 210V N 지면 접지판 (a) 중성선과 전압선에 접촉되었을 경우 변압기 13,000V 105V 210V N 지면 접지판 (b) 전압선 간에 접촉되었을 경우
전기회로에 인체가 단락회로의 일부를 형성하여 감전되는 경우 TRANSFORMER	(c) 전압선에 접촉되었을 경우

2) 간접접촉

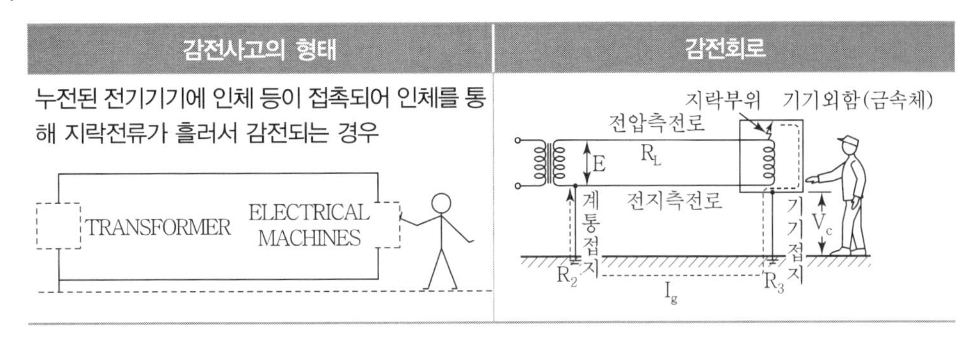

감전사고의 형태	감전회로
누전된 전기기기에 인체 등이 접촉되어 인체를 통해 지락전류가 흘러서 감전되는 경우	

3) 고전압 전선로에서의 감전사고 형태

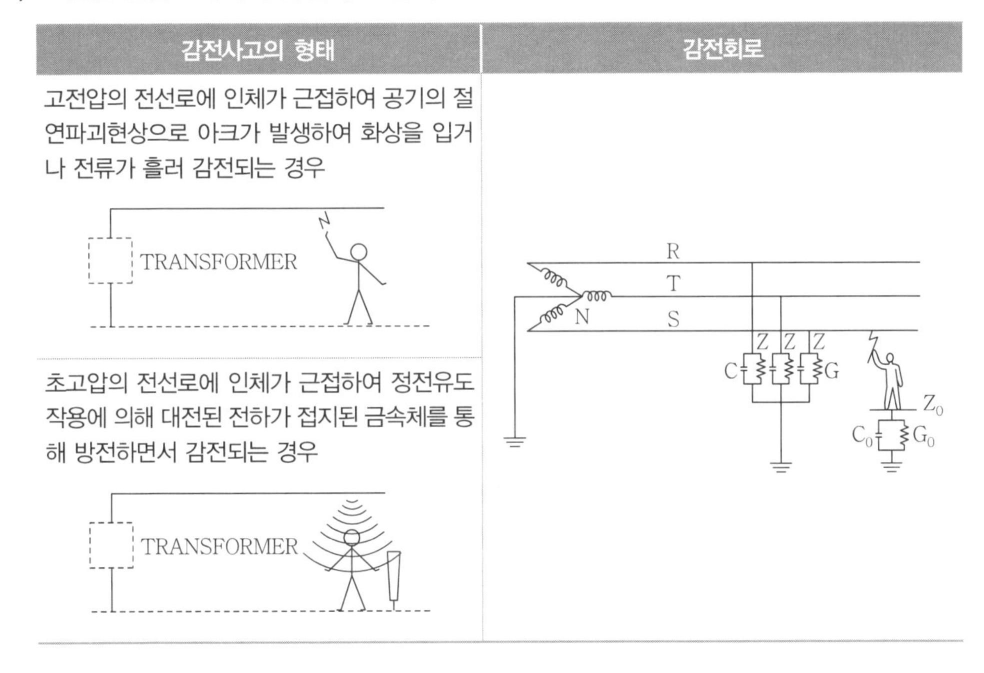

감전사고의 형태	감전회로
고전압의 전선로에 인체가 근접하여 공기의 절연파괴현상으로 아크가 발생하여 화상을 입거나 전류가 흘러 감전되는 경우	
초고압의 전선로에 인체가 근접하여 정전유도 작용에 의해 대전된 전하가 접지된 금속체를 통해 방전하면서 감전되는 경우	

4 전압의 구분

구분	교류(60Hz)	직류
저압	600V 이하인 것	750V 이하인 것
고압	600V를 넘고 7kV 이하인 것	750V를 넘고 7kV 이하인 것
특별고압	7kV를 넘는 것	

SECTION 3 누전차단기 감전예방

누전차단기는 교류 600V 이하의 저압 전로에 있어서 인체의 감전사고 및 누전에 의한 화재를 방지하기 위해 사용

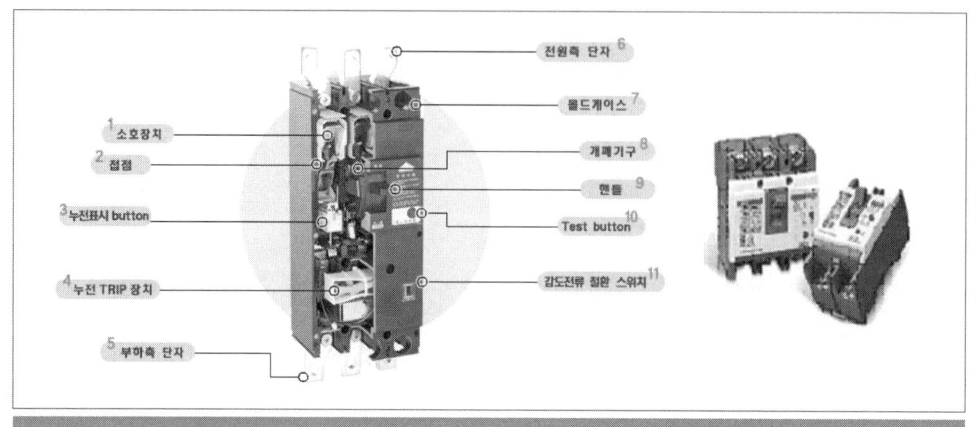

누전차단기의 구조

영상변류기, 누전검출부, 트립코일, 차단장치 및 시험버튼으로 구성되어 정상상태에서는 영상변류기의 유입(I_a)및 유출전류(I_b)가 같기 때문에 차단기가 동작하지 않으나 지락사고시는 영상변류기를 관통하는 유출입전류가 지락사고 전류(I_g)만큼 달라져 검출기가 이 차이를 검출하여 차단기를 차단시키므로 인체가 감전되는 것을 방지

- 누전이 발생하지 않을 경우 : $I_a+I_b=0$
- 누전이 발생할 경우 : $Ia+Ib=Ig$

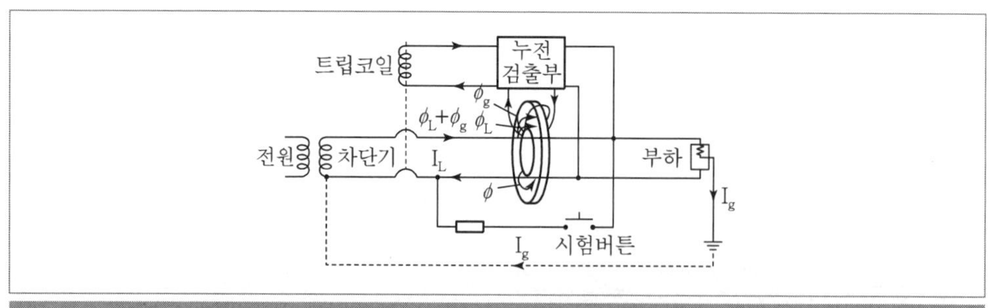

누전차단기의 동작원리(전류동작형)

1 누전차단기의 종류

구분		정격감도전류[mA]	동작시간
고감도형	고속형	5, 10, 15, 30	정격감도전류에서 0.1초 이내
	시연형		정격감도전류에서 0.1초를 초과하고 2초 이내
	반한시형		정격감도전류에서 0.2초를 초과하고 1초 이내 정격감도전류의 1.4배의 전류에서 0.1초를 초과하고 0.5초 이내 정격감도전류의 4.4배에서 0.05초 이내
중감도형	고속형	50, 100, 200	정격감도전류에서 0.1초 이내
	시연형	300, 500, 1,000	정격감도전류에서 0.1초를 초과하고 2초 이내

1) 전기방식 및 극수

(1) 단상 2선식 2극
(2) 단상 3선식 3극
(3) 3상 3선식 3극
(4) 3상 4선식 4극

2) 보호목적

(1) 지락보호 전용
(2) 지락보호 및 과부하보호 겸용
(3) 지락보호, 과부하보호 및 단락보호 겸용

3) 동작시간

(1) 고속형 : 정격감도전류에서 동작시간이 0.1초 이내의 누전차단기
(2) 저속형 : 정격감도전류에서 동작시간이 0.1초를 초과하고 2초 이내의 누전차단기
(3) 반한시형 : 정격감도전류에서 0.2초를 초과하고 1초 이내, 정격감도전류의 1.4배의 전류에서 0.1초를 초과하고 0.5초 이내, 정격감도전류의 4.4배에서 0.05초 이내의 누전차단기(전류치가 증가할수록 빨리 동작)

4) 감도

(1) 고감도형 : 정격감도전류가 30mA 이하인 누전차단기
(2) 중감도형 : 정격감도전류가 30mA를 초과하고 1,000mA 이하인 누전차단기
(3) 저감도형 : 정격감도전류가 1,000mA를 넘고 20A 이하인 누전차단기

5) 전원과 부하와의 접속방법

(1) 단자접속식

(2) 꽂음접속식 : 전원측 또는 부하측의 양쪽 또는 어느 한쪽에 꽂음접속기를 갖춘 누전차단기

6) 감전보호용 누전차단기

감전보호용 누전차단기 : 정격감도전류 30mA 이하, 동작시간 0.03초 이내

2 누전차단기의 점검

1) 검사내용(전기취급자가 행함)

(1) 차단기와 그 접속대상 전동기기의 정격이 적합할 것

(2) 차단기단자의 전로의 접속상태가 확실할 것

(3) 전동기기의 금속제 외함 등 금속부분의 접지 유무

(4) 통전 중에 차단기가 이상음이 발생하지 않을 것

(5) 케이스의 일부가 파손되지 않고 개폐가 가능할 것

2) 측정내용

정격감도전류, 동작시간, 절연저항 측정

3) 보수 및 점검 내용

점검항목	점검내용	비고
먼지	• ELB의 단자부에 먼지가 있는가?	단자부에 먼지가 많으면 상간 절연성능이 저하되어 사고를 유발할 위험성이 있음
절연거리	• 절연이 불완전하게 되기 쉬운 주위상황으로 되어 있지 않은가? • 아크스페이스는 충분한가, 배기공은 막히지 않았는가? • 충전부와 노출 금속부와의 절연은 양호한가?	아크스페이스가 충분하지 못하거나 배기공이 막혀 있으면 대전류 차단시 위험하게 됨
개폐조작	• 개폐조작을 수회 반복하여 개폐에 이상은 없는지 확인한다.	

점검항목	점검내용	비고
단자부 체결상태	• 접속전선, 부스바 등과 단자부와 체결은 확실한가, 느슨해지지는 않았는가?	체결력이 충분하지 못하면 단자부 이상 발열의 원인이 되므로 충분하게 조이도록 함
외관	• 케이스, 커버에 균열, 파손은 없는가?	
이상음	• 통전시 ELB가 이상음을 내지는 않는가?	
과열	• 단자부, 몰드 부품 등에 과열로 인한 냄새나 변색 등은 없는가?	부하의 상태에서 확인(외함은 70℃를 초과하지 않을 것)
절연성능	• 충전부와 대지 간 및 각 상간의 절연저항을 측정한다.	절연저항 5[MΩ] 이상
동작	• 테스트 버턴을 월 1회 정도 눌러 정상적으로 동작하는지 확인한다.	집전의 융착, 검출회로의 고장은 없는지 확인함
성능	• ELB 테스트를 사용하여 정격의 성능을 갖고 있는지 확인한다.	필요에 따라 실시함

3 누전차단기 선정시 주의사항

1) 부착위치에 따른 장단점

구분	회로도	장 점	단 점
간선 부착	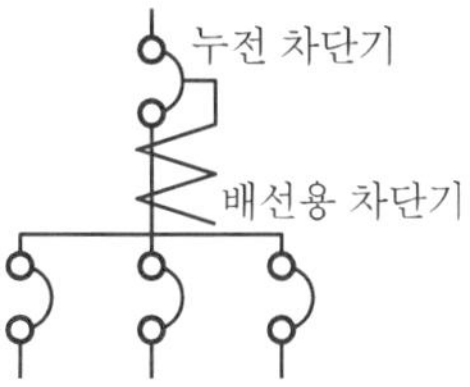 누전 차단기 배선용 차단기	누전차단기 1대의 감시 범위가 넓고 수량이 적어도 됨	① 어느 한 장소에서 지락이 발생하면 전체가 정전 ② 지락장소의 발견에 시간이 걸리며, 정전 시간이 길어짐 ③ 고감도, 고속 동작형을 사용하면 평상시의 누설전류에 의해 오동작 발생
분기 부착	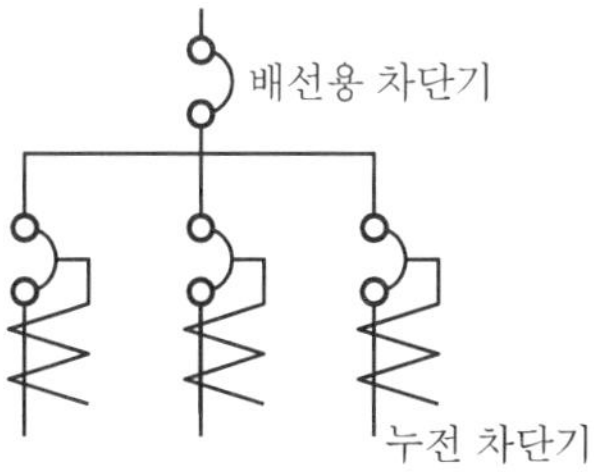 배선용 차단기 누전 차단기	① 지락 발생시 분기 회로의 누전차단기가 동작해도 다른 회로는 그 상태로 운전 가능 ② 지락장소 발견이 용이하고, 복귀가 신속	누전차단기의 수량이 많아짐

2) 사용조건에 따른 선정기준

구분	사용조건	감도전류			동작시간
감전방지	① 감전의 위험이 매우 큰 장소(다습 지역 등) ② 실수로 인하여, 인체가 활선에 접촉시 보호하고자 할 때 ③ 접지선이 절단될 우려가 있을 때 ④ 기기의 접지공사가 곤란할 때 (15mA)	고감도형	15mA 30mA		0.1
감전방지	기기의 접지를 행하는 회로로 누전 시 감전을 방지(이 경우 기기의 접지 저항값은 허용 접촉전압 50V 이하)	중감도형	접지저항 500Ω 이하 250Ω 이하 100Ω 이하	감도전류 100mA 200mA 300mA	0.1
누전화재 보호	지락 사고에 대해 주회로와 분기회로의 지락보호 협조의 경우	주회로 : 중감도 : 시연형	주회로	200mA 500mA	0.3 0.8 1.6
아크지락 보호	누전 화재, 감전방지, 아크 지락에 대해서도 지락보호 협조를 할 경우	분기회로 : 중감도 : 고속형	분기	100mA 200mA 500mA	0.1
			누전 Relay와 조합		

3) 누전차단기 선정시 주의사항

(1) 누전차단기는 전로의 전기방식에 따른 차단기의 극수를 보유해야 하고 그 해당전로의 전압, 전류 및 주파수에 적합하도록 사용

| 전로의 전기방식에 따른 차단기의 극수 |

전로의 전기방식	차단기의 극수	
3상 4선식	4극 또는 4.1극	4.1극, 3.1극, 2.1극은 부하전류를 통하는 극수가 4극, 3극, 2극이고 전용의 접지선을 보유함을 나타냄
3상 3선식	3극 또는 3.1극	
단상 3선식	중성극을 표시한 3극 또는 3.1극	
단상 2선식	2극 또는 2.1극	

(2) 다음의 성능을 가진 누전차단기를 사용할 것

① 부하에 적합한 정격전류를 갖출 것

② 전로에 적합한 차단용량을 갖출 것

③ 당해 전로의 정격전압이 공칭전압의 85~110%(−15%~+10%) 이내일 것
④ 누전차단기와 접속되어 있는 각각의 전동기계 · 기구에 대하여 정격감도전류가 30[mA] 이하이며 동작시간은 0.03초 이내일 것. 다만, 정격전부하전류가 50[A] 이상인 전동기계 · 기구에 설치되는 누전차단기에 오동작을 방지하기 위하여 정격감도전류가 200[mA] 이하인 경우 동작시간은 0.1초 이내일 것
⑤ 정격부동작전류가 정격감도전류의 50% 이상이어야 하고 이들의 전류치가 가능한 한 작을 것
⑥ 절연저항이 5[MΩ] 이상일 것

 Check Point

누전차단기의 선정시 주의사항으로 옳지 않은 것은?
① 동작시간 0.1초 이하의 가능한 한 짧은 시간의 것을 사용하도록 한다.
② 절연저항이 5MΩ 이상이 되어야 한다.
③ 정격부동작 전류가 정격감도전류의 50% 이상이고, 또한 이들의 차가 가능한 한 작은 값을 사용하여야 한다.
④ 휴대용, 이동용 전기기기에 대해 정격 감도 전류가 50mA 이상의 것을 사용하여야 한다.

4) 누전차단기 설치방법

(1) 전동기계 · 기구의 금속제 외함, 금속제 외피 등 금속부분은 누전차단기를 접속한 경우에도 가능한 한 접지할 것
(2) 누전차단기는 분기회로 또는 전동기계 · 기구마다 설치를 원칙으로 할 것. 다만, 평상시 누설전류가 미소한 소용량 부하의 전로에는 분기회로에 일괄하여 설치할 수 있다.
(3) 누전차단기는 배전반 또는 분전반에 설치하는 것을 원칙으로 할 것. 다만, 꽂음접속기형 누전차단기는 콘센트에 연결 또는 부착하여 사용할 수 있다.
(4) 지락보호전용 누전차단기는 반드시 과전류를 차단하는 퓨즈 또는 차단기 등과 조합하여 설치할 것
(5) 누전차단기의 영상변류기에 접지선을 관통하지 않도록 할 것
(6) 누전차단기의 영상변류기에 서로 다른 2회 이상의 배선을 일괄하여 관통하지 않도록 할 것
(7) 서로 다른 누전차단기의 중성선이 누전차단기 부하측에서 공유되지 않도록 할 것
(8) 중성선은 누전차단기 전원측에 접지시키고, 부하측에는 접지되지 않도록 할 것

(9) 누전차단기의 부하측에는 전로의 부하측이 연결되고, 누전차단기의 전원측에 전로의 전원측이 연결되도록 설치할 것
(10) 설치 전에는 반드시 누전차단기를 개로시키고 설치 완료 후에는 누전차단기를 폐로시킨 후 동작 위치로 할 것

5) 누전차단기의 동작 확인

다음의 경우에는 누전차단기용 테스터를 사용하거나 시험용 버튼을 눌러 누전차단기가 확실히 동작함을 확인하여야 한다.
(1) 전동기계·기구를 사용하려는 경우
(2) 누전차단기가 동작한 후 재투입할 경우
(3) 전로에 누전차단기를 설치한 경우

4 누전차단기의 적용범위(안전보건규칙 제304조)

적용 대상	적용 비대상
1) 대지전압이 150볼트를 초과하는 이동형 또는 휴대형 전기기계·기구 2) 물 등 도전성이 높은 액체가 있는 습윤장소에서 사용하는 저압(1.5천볼트 이하 직류전압이나 1천볼트 이하의 교류전압을 말한다)용 전기기계·기구 3) 철판·철골 위 등 도전성이 높은 장소에서 사용하는 이동형 또는 휴대형 전기기계·기구 4) 임시배선의 전로가 설치되는 장소에서 사용하는 이동형 또는 휴대형 전기기계·기구	1) 「전기용품 및 생활용품 안전관리법」이 적용되는 이중절연 또는 이와 같은 수준 이상으로 보호되는 구조로 된 전기기계·기구 2) 절연대 위 등과 같이 감전위험이 없는 장소에서 사용하는 전기기계·기구 3) 비접지방식의 전로

전기설비기술기준상 적용범위 : 금속제 외함을 가지는 사용전압이 60V를 초과하는 저압의 기계·기구로서 사람이 쉽게 접촉할 우려가 있는 곳에 전기를 공급하는 전로에는 전로에 지락이 생긴 경우에 자동적으로 전로를 차단하는 장치를 설치하여야 한다.

누전차단기를 꼭 설치해야 하는 장소에 대한 예이다. 이 중 거리가 가장 먼 것은?
① 철판 위에서 작업하는 110V용 이동식 드릴을 사용시
② 임시배전선로에서 작업하는 110V용 이동식 등을 사용시
③ 단식 3선식(1Φ3W) 선로에서 220V용 드릴을 옥내에서 사용시 (정답)
④ 수증기가 많은 지역에서 110V용 이동식 그라인더를 사용시

5 누전차단기의 설치 환경조건

1) 주위온도(-10~40℃ 범위 내)에 유의할 것
2) 표고 1,000m 이하의 장소로 할 것
3) 비나 이슬에 젖지 않는 장소로 할 것
4) 먼지가 적은 장소로 할 것
5) 이상한 진동 또는 충격을 받지 않는 장소
6) 습도가 적은 장소로 할 것
7) 전원전압의 변동(정격전압의 85~110%사이)에 유의할 것
8) 배선상태를 건전하게 유지할 것
9) 불꽃 또는 아크에 의한 폭발의 위험이 없는 장소(비방폭지역)에 설치할 것

누전차단기의 설치 장소로 알맞지 않은 곳은?

① 주위 온도는 -10~40(℃) 범위 내에 설치
② 표고 1,000(m) 이상의 장소에 설치
③ 상대습도가 45~80(%) 사이의 장소에 설치
④ 전원전압이 정격전압의 85~110(%) 사이에서 사용

SECTION 4 절연용 안전장구

전기작업용(절연용) 안전장구에는 ① 절연용 보호구 ② 절연용 방호구 ③ 표시용구 ④ 검출용구 ⑤ 접지용구 ⑥ 활선장구 등이 있다.

전기의 안전장구가 아닌 것은?

① 활선장구
② 검출용구
③ 접지용구
④ 전선접속용구

1 절연용 보호구

절연용 보호구는 작업자가 전기작업에 임하여 위험으로부터 작업자가 자신을 보호하기 위하여 착용하는 것으로서 그 종류는 다음과 같다.

① 전기안전모(절연모)

② 절연고무장갑(절연장갑)

③ 절연고무장화

④ 절연복(절연상의 및 하의, 어깨받이 등) 및 절연화

⑤ 도전성 작업복 및 작업화 등

활선 작업시 필요한 보호구 중 가장 거리가 먼 것은?

① 내전압 고무장갑
② 어깨받이
③ 대전방지용 구두 (✔)
④ 안전모

1) 전기 안전모(절연모)

머리의 감전사고 및 물체의 낙하에 의한 머리의 상해를 방지하기 위해서 사용

(1) 안전모의 종류

종류(기호)		사용 구분	모체의 재질	비 고
일반 작업용	A	물체의 낙하 및 비래에 의한 위험을 방지 또는 경감시키기 위한 것	합성수지 금속	비내전압성
	AB	물체의 낙하 또는 비래 및 추락에 의한 위험을 방지 또는 경감시키기 위한 것	합성수지	비내전압성
전기 작업용	AE	물체의 낙하 및 비래에 의한 위험을 방지 또는 경감하고, 머리부위 감전에 의한 위험을 방지하기 위한 것	합성수지	내전압성
	ABE	물체의 낙하 또는 비래 및 추락에 의한 위험을 방지 또는 경감하고, 머리부위 감전에 의한 위험을 방지하기 위한 것	합성수지	내전압성

- 내전압성 : 7[kV] 이하의 고압에 견딜 수 있는 것
- 추락 : 높이 2[m] 이상의 고소작업, 굴착작업, 하역작업 등에 있어서의 추락을 의미

2) 절연고무장갑(절연장갑)

7,000[V] 이하 전압의 전기작업시 손이 활선부위에 접촉되어 인체가 감전되는 것을 방지하기 위해 사용(고무장갑의 손상우려시에는 반드시 가죽장갑을 외부에 착용하여야 함)

(1) 절연장갑의 등급에 따른 최대사용전압

등급	최대사용전압		최소내전압시험 (kV, 실효값)
	교류(V, 실효값)	직류(V)	
00	500	750	5
0	1,000	1,500	10
1	7,500	11,250	20
2	17,000	25,500	30
3	26,500	39,750	30
4	36,000	54,000	40

구분		기준
인장강도		1,400N/cm^2 이상(평균값)
신장률		100분의 600 이상(평균값)
영구신장율		100분의 15 이하
경년 변화	인장강도	노화전 100분의 80 이상
	신장률	노화전 100분의 80 이상
	영구신장률	100분의 15 이하
뚫림강도		18N/mm 이상
화염억제시험		55mm 미만으로 화염억제
저온시험		찢김, 깨짐 또는 갈라짐이 없을 것
내열성		이상이 없을 것

3) 절연고무장화(절연장화)

저압 및 고압(7,000[V])의 전기를 취급하는 작업시 전기에 의한 감전으로부터 인체를 보호하기 위해 사용

2 절연용 방호구

절연용 방호구는 위험설비에 시설하여 작업자 및 공중에 대한 안전을 확보하기 위한 용구로서 그 종류는 다음과 같다.

① 방호관 ② 점퍼호스
③ 건축지장용 방호관 ④ 고무블랭킷
⑤ 컷아웃 스위치 커버 ⑥ 애자후드
⑦ 완금커버 등

3 표시용구

표시용구는 설비 또는 작업으로 인한 위험을 경고하고 그 상태를 표시하여 주위를 환기시킴으로써 안전을 확보하기 위한 용구로, 그 종류는 다음과 같다.

① 작업장구획 표시용구 ② 상태표시용구
③ 고정표시용구 ④ 교통보안표시용구
⑤ 완장 등

4 검출용구

검출용구는 정전작업 착수 전 작업하고자 하는 설비(전로)의 정전 여부를 확인하기 위한 용구로서 그 종류는 다음과 같다.

① 저압 및 고압용 검전기
② 특별고압용 검전기
③ 활선접근 경보기 등

5 접지(단락접지)용구

접지용구는 정전작업 착수 전 작업하고자 하는 전로의 정해진 개소에 설치하여 오송전 또는 근접활선의 유도에 의한 충전되는 경우 작업자가 감전되는 것을 방지하기 위한 용구로서 그 종류는 다음과 같다.

① 갑종 접지용구(발 · 변전소용)
② 을종 접지용구(송전선로용)
③ 병종 접지용구(배전선로용)

<table>
<tr><th>종류</th><th>사용 목적 및 범위</th><th>사용시 주의사항</th></tr>
<tr><td>갑종</td><td>① 발 · 변전소 및 개폐소 작업시
② 지중 송전선로의 작업시</td><td rowspan="3">① 접지용구를 설치 또는 철거시 접지도선이 자신이나 타인의 신체는 물론 전선, 기기 등에 접촉하지 않도록 주의
② 접지용구의 취급은 작업책임자의 책임하에 행함
③ 접지용구의 설치 및 철거 순서
– 접지 설치 전에 관계 개폐기의 개방을 확인하고 검전기 등으로 충전 여부 확인
– 접지 설치 순서는 먼저 접지측 금구에 접지선을 접속하고 전선 금구를 기기 또는 전선에 확실하게 부착
– 접지용구의 철거는 설치의 역순으로 실시</td></tr>
<tr><td>을종</td><td>① 가공송전선로에서 작업시
② 지중송전선로와 가공송전선로의 접속점</td></tr>
<tr><td>병종</td><td>① 특고압 및 고압배전선의 정전작업시
② 유도전압에 의한 위험 예상시
③ 수용가 설비의 전원측 접지시</td></tr>
</table>

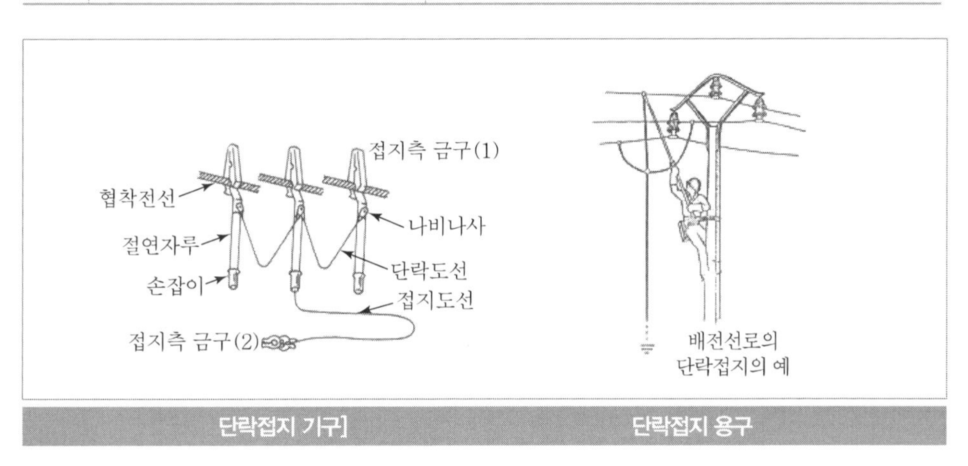

단락접지 기구] 단락접지 용구

6 활선장구

활선장구는 활선작업시 감전의 위험을 방지하고 안전한 작업을 하기 위한 공구 및 장치로서 그 종류는 다음과 같다.

① 활선시메라
② 활선커터
③ 가완목
④ 커트아웃 스위치 조작봉(배선용 후크봉)
⑤ 디스콘스위치 조작봉(D · S조작봉)
⑥ 활선작업대
⑦ 주상작업대
⑧ 점퍼선
⑨ 활선애자 청소기
⑩ 활선작업차
⑪ 염해세제용 펌프
⑫ 활선사다리
⑬ 기타 활선공구 등

1) 활선장구의 사용목적 및 사용시 주의사항

종류	사용목적 및 범위	사용시 주의사항
활선시메라	① 충전 중인 전선의 변경작업시 ② 활선작업으로 애자 등 교환시 ③ 기타 충전 중인 전선 장선시	① 반드시 고압 고무장갑을 착용 ② 사용시 주의하여 손잡이를 돌리고 타 충전부에 접촉되지 않도록 한다. ③ 시메라 로프 및 절연손잡이의 취급은 신중히 하고 오손 및 마모에 주의
컷아웃 스위치 조작봉 (배선용 후크봉)	고압 컷아웃 스위치의 조작봉은 충전 중인 고압 컷아웃 스위치를 개폐시에 섬광에 의한 화상 등의 재해발생 방지	① 조작시 안전허리띠 및 고무장갑을 반드시 사용 ② 정면에서의 조작 금지
점퍼선	고압 이하의 활선작업시 부하전류를 일시적으로 측로로 통과시키기 위해 사용 ① 폐로 중의 유입개폐기를 활선으로 교체시 ② 전선 변경공사를 활선으로 시행할 때	① 점퍼선의 설치 및 철거시 작업자 2명이 상호 신호하면서 신중하게 작업실시 ② 부설 전에 반드시 커넥터의 리드선과의 접속부 확인하고 작업실시 ③ 손잡이가 수직으로 매달리게 부설 ④ 활선작업 중에는 전선이 진동하기 쉬우므로 커넥터 부분의 이완 주의 ⑤ 고압선에 사용시 고압고무장갑 착용 ⑥ 운반시 손상 주의
활선장선기	충전 중에 고저압 전선을 조정하는 작업 등에 사용 ① 충전 중의 전선을 변경하는 경우 ② 애자의 교체를 활선으로 행하는 경우 ③ 기타 충전 중의 전선 등을 조정하는 경우	① 고압선의 경우에는 반드시 ; 고압 고무장갑을 사용할 것 ② 사용할 경우는 핸들을 천천히 돌리고 충전부에 접촉되지 않도록 주의 할 것 ③ 장선기 로프 및 핸들시트는 중요하게 취급하고 오손 · 파손 등에 충분히 주의할 것 ④ 장선기 본체 및 회전바이스 부분의 안전을 충분히 확인 후 사용한다.

CHAPTER 03 전기화재 및 예방대책

SECTION 1 전기화재의 원인

화재의 원인을 일반화재의 경우에는 발화원, 출화의 경과 및 착화물로 분류하여 취급하고 있으나 전기화재의 경우는 발화원과 출화의 경과(발화형태)로 분류하고 있다. 출화의 경과에 의한 전기화재의 원인은 다음과 같다.

- 화재 발생시 조사해야 할 사항(전기 화재의 원인) : 발화원, 착화물, 출화의 경과(발화형태)

CheckPoint

화재 발생시 조사해야 할 사항과 관계없는 것은?

① 발화원
② 착화물
③ 출화의 경과
④ 응고물 ✔

1 단락(합선)

전선의 피복이 벗겨지거나 전선에 압력이 가해지게 되면 두 가닥의 전선이 직접 또는 낮은 저항으로 접촉되는 경우에는 전류가 전선에 연결된 전기기기 쪽보다는 저항이 적은 접촉부분으로 집중적으로 흐르게 되는데 이러한 현상을 단락(Short, 합선)이라고 하며 저압전로에서의 단락전류는 대략 1,000[A] 이상으로 보고 있으며, 단락하는 순간 폭음과 함께 스파크가 발생하고 단락점이 용융됨

발화의 원인(형태)

① 단락점에서 발생한 스파크가 주위의 인화성 가스나 물질에 연소한 경우
② 단락순간의 가열된 전선이 주위의 인화성 물질 또는 가연성 물질에 접촉할 경우
③ 단락점 이외의 전선피복이 연소하는 경우

2 누전(지락)

전선의 피복 또는 전기기기의 절연물이 열화되거나 기계적인 손상 등을 입게 되면 전류가 금속체를 통하여 대지로 새어나가게 되는데 이러한 현상을 누전이라 하며 이로 인하여 주위의 인화성 물질이 발화되는 현상을 누전화재라고 함

발화의 원인

일단 충전부와 대지 사이에 누전경로가 형성되면 그 누설전류로 인하여 열이 발생하여 절연물을 국부적으로 파괴시키게 되므로 누전상태는 점점 더 악화되고 이 누설전류가 장시간 흐르게 되면 이로 인한 발열량이 누적되어 주위의 가연성 물질에 발화하게 됨

• 발화까지 이를 수 있는 누전전류의 최소치 : 300~500[mA]

누전화재의 요인		
누전점	발화점	접지점
전류의 유입점	발화된 장소	접지점의 소재

누전화재의 요인이 아닌 것은?

① 발화점　② 누전점
③ 접지점　④ 접촉점, 혼촉점

3 과전류

전선에 전류가 흐르면 전류의 제곱과 전선의 저항값의 곱(I^2R)에 비례하는 열(I^2RT)이 발생(H=I2RT[J]=0.24I2RT[cal])하며 이때 발생하는 열량과 주위 공간에 빼앗기는 열량이 서로 같은 점에서 전선의 온도는 일정하게 된다. 이 일정하게 되는 온도(최고허용온도)는 전선의 피복을 상하지 않는 범위 이내로 제한되어야 하며 그 때의 전류를 전선의 허용전류라 하며 이 허용전류를 초과하는 전류를 과전류라 함

발화의 원인

허용전류를 초과하여 전류가 계속해서 흐르면 전선이 과열되어 피복이 열화될 우려가 있으며, 과전류가 더욱 심해지면 급격히 과열되어 순식간에 발화(비닐전선의 경우 발화가 급격히 일어날 수 있음)

과전류 단계	인화단계	착화단계	발화단계		순간용 단단계
			발화 후 용단	용단과 동시발화	
전선전류밀도[A/mm^2]	40~43	43~60	60~70	75~120	120

4 스파크(Spark, 전기불꽃)

개폐기로 전기회로를 개폐할 때 또는 퓨즈가 용단될 때 스파크가 발생하는데 특히 회로를 끊을 때 심하다. 직류인 경우는 더욱 심하며 또 아크가 연속되기 쉽다.

발화의 원인

스파크 발생시 가연성 물질 또는 인화성 가스가 있으면 착화, 인화됨

5 접속부 과열

전선과 전선, 전선과 단자 또는 접속편 등의 도체에 있어서 접촉이 불완전한 상태에서 전류가 흐르면 접촉저항에 의해서 접촉부가 발열

발화의 원인

접촉부 발열은 국부적이고 특히 접촉면이 거칠어지면 접촉저항은 더욱 증가되어 적열상태에 이르게 되어 주위의 절연물을 발화

아산화동 현상
동선과 단자의 접속부분에 접촉불량이 있을 때, 이 부분의 동이 산화 및 발열하여 주위의 동을 용해하여 들어가면서 아산화동(Cu_2O)이 증식되어 발열하는 현상 발생부위는 스위치 등 스파크 발생개소, 코일의 층간단락, 반단선 등이다.

6 절연열화 또는 탄화

배선 또는 기구의 절연체는 그 대부분이 유기질로 되어 있는데 일반적으로 유기질은 장시일이 경과하면 열화하여 그 절연저항이 떨어진다 . 또한, 유기질 절연체는 고온상태에서 공기의 유통이 나쁜 곳에서 가열되면 탄화과정을 거쳐 도전성을 띠게 되며 이것에 전압이 걸리면 전류로 인한 발열로 탄화현상이 누진적으로 촉진되어 유기질 자체가 타거나 부근의 가연물에 착화하게 되는데 이 현상을 트래킹(Tracking)현상이라고 함

구분	가네하라 현상	트래킹 현상
개념	누전회로에 발생하는 스파크 등에 의하여 목재 등은 탄화도전로가 생성되어 도전로가 증식, 확대되어 발열량이 증대, 발화하는 현상	전기 제품 등에서 충전 전극 사이의 절연물 표면에 경년변화나 먼지 등 어떤 원인으로 탄화전로가 생성되어 결국은 지락, 단락으로 진전되어 발화하는 현상
발생대상물	유기물질의 전기절연체	전기기계 · 기구
발화여부	저압 누전화재의 발화과정(기구) 발화까지 포함한 의미	전기재료의 절연성능, 열화의 일종 발화 미포함

7 낙뢰

낙뢰는 일종의 정전기로서 구름과 대지 간의 방전현상으로 낙뢰가 생기면 전기회로에 이상전압이 유기되어 절연을 파괴시킬 뿐만 아니라 이때 흐르는 대전류가 화재의 원인

발화의 원인

낙뢰시 발생하는 대전류가 땅에 이르는 사이에 순간적으로 방대한 열을 발생하여 이것이 열을 발생하여 가연물을 발화

8 정전기 스파크

정전기는 물질의 마찰에 의하여 발생되는 것으로서 정전기의 크기 및 구성은 대전서열에 의해 결정되며 대전된 도체 사이에서 방전이 생길 경우 스파크 발생

발화의 원인

정전기 방전시 발생하는 스파크에 의하여 주위에 있던 가연성 가스 및 증기에 인화되는 경우로 다음 조건이 만족되어야 한다.

① 가연성 가스 및 증기가 폭발한계 내에 있을 것
② 정전스파크의 에너지가 가연성 가스 및 증기의 최소착화에너지 이상일 것
③ 방전하기에 충분한 전위가 나타나 있을 것 등

SECTION 2 접지공사

1 접지공사의 종류

접지공사의 종류	기기의 구분	접지저항 값	접지선의 굵기
제1종 접지공사	고압용 또는 특고압용의 것 예 고압변압기, 유입차단기의 외함, 피뢰기 등	10Ω 이하	공칭단면적 $6mm^2$ 이상의 연동선
제2종 접지공사	고압 또는 특고압과 저압을 결합하는 변압기의 중성점. 단, 저압측이 300V 이하로서 중성점에 하기 어려운 경우 저압측의 1단자	$\frac{150}{1선지락전류}$Ω 이하 단, 혼촉시 1초를 초과하고 2초 이내에 자동적으로 고압전로 또는 사용전압이 35kV 이하의 특고압 전로를 차단하는 장치를 설치할 때는 $\frac{300}{1선지락전류}$Ω 이하, 1초 이내에 자동적으로 고압전로 또는 사용전압 35kV 이하의 특고압전로를 차단하는 장치를 설치할 때는 $\frac{600}{1선지락전류}$Ω 이하	공칭단면적 $16mm^2$ 이상의 연동선(고압전로 또는 특고압 가공전선로의 전로와 저압 전로를 변압기에 의하여 결합하는 경우에는 공칭단면적 $6mm^2$ 이상의 연동선)
제3종 접지공사	400V 미만이 저압용의 것 예 전동기, 금속함, 개폐기, 금속전선관, 버스덕트 등의 철대 및 외함	100Ω 이하	공칭단면적 $2.5mm^2$ 이상의 연동선
특별 제3종 접지공사	400V 이상의 저압용의 것	10Ω 이하	공칭단면적 $2.5mm^2$ 이상의 연동선

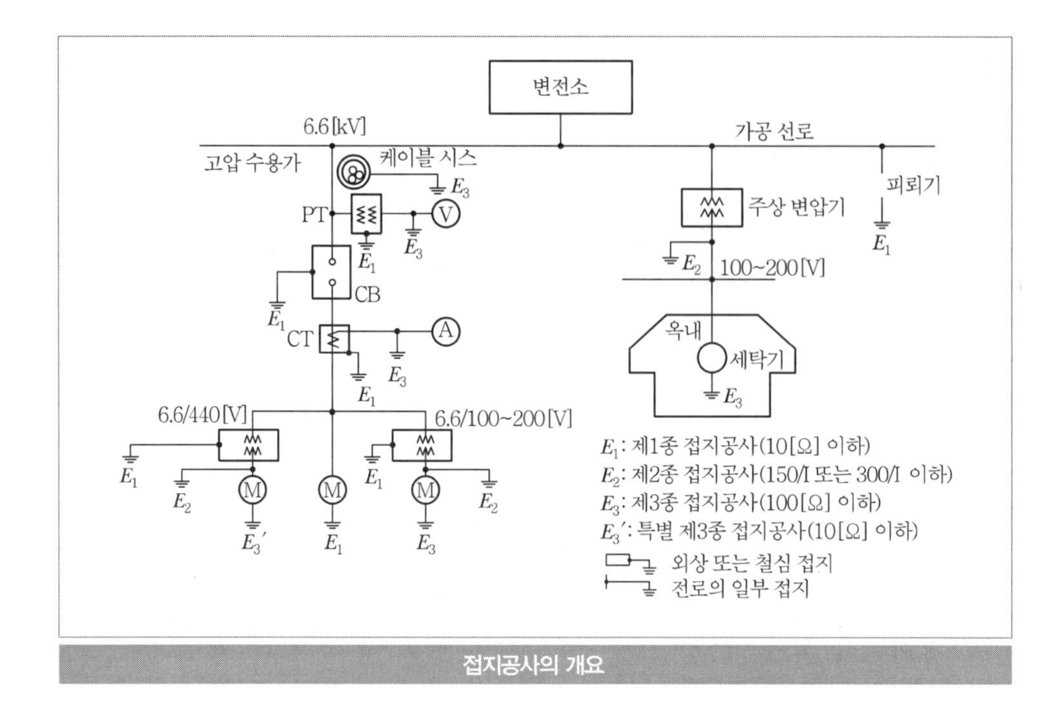

접지공사의 개요

1) 산업안전보건법상에서는 다음의 장소에 보호접지(전기기계 · 기구의 철대 및 외함 접지)를 추가로 하도록 규정(안전보건규칙 제302조)

(1) 전기 기계 · 기구의 금속제 외함, 금속제 외피 및 철대

(2) 고정 설치되거나 고정배선에 접속된 전기기계 · 기구의 노출된 비충전 금속체 중 충전될 우려가 있는 다음 각 목의 어느 하나에 해당하는 비충전 금속체

① 지면이나 접지된 금속체로부터 수직거리 2.4미터, 수평거리 1.5미터 이내인 것

② 물기 또는 습기가 있는 장소에 설치되어 있는 것

③ 금속으로 되어 있는 기기접지용 전선의 피복 · 외장 또는 배선관 등

④ 사용전압이 대지전압 150볼트를 넘는 것

(3) 전기를 사용하지 아니하는 설비 중 다음 각 목의 어느 하나에 해당하는 금속체

① 전동식 양중기의 프레임과 궤도

② 전선이 붙어 있는 비전동식 양중기의 프레임

③ 고압(1.5천볼트 초과 7천볼트 이하의 직류전압 또는 1천볼트 초과 7천볼트 이하의 교류전압을 말한다. 이하 같다) 이상의 전기를 사용하는 전기 기계 · 기구 주변의 금속제 칸막이 · 망 및 이와 유사한 장치

(4) 코드와 플러그를 접속하여 사용하는 전기 기계 · 기구 중 다음 각 목의 어느 하나에 해당하는 노출된 비충전 금속체

① 사용전압이 대지전압 150볼트를 넘는 것
② 냉장고 · 세탁기 · 컴퓨터 및 주변기기 등과 같은 고정형 전기기계 · 기구
③ 고정형 · 이동형 또는 휴대형 전동기계 · 기구
④ 물 또는 도전성(導電性)이 높은 곳에서 사용하는 전기기계 · 기구, 비접지형 콘센트
⑤ 휴대형 손전등

(5) 수중펌프를 금속제 물탱크 등의 내부에 설치하여 사용하는 경우 그 탱크(이 경우 탱크를 수중펌프의 접지선과 접속하여야 한다)

2) 접지 적용 비대상

(1) 안전보건규칙 제302조

① 전기용품안전관리법에 따른 이중절연구조 또는 이와 동등 이상으로 보호되는 전기기계 · 기구
② 절연대 위 등과 같이 감전위험이 없는 장소에서 사용하는 전기기계 · 기구
③ 비접지방식의 전로(그 전기기계 · 기구의 전원측의 전로에 설치한 절연변압기의 2차전압이 300V 이하, 정격용량이 3kVA 이하이고 그 절연변압기의 부하측의 전로가 접지되어 있지 아니한 것)에 접속하여 사용되는 전기기계 · 기구

(2) 전기설비기술기준(판단기준) 제33조

① 사용전압이 직류 300V 또는 교류 대지전압이 150V 이하인 기계기구를 건조한 곳에 시설하는 경우
② 저압용의 기계기구를 그 저압전로에 지기가 생겼을 때에 그 전로를 자동적으로 차단하는 장치를 시설한 저압전로에 접속하여 건조한 곳에 시설하는 경우
③ 저압용의 기계기구를 건조한 목재의 마루 기타 이와 유사한 절연성 물건 위에서 취급하도록 시설하는 경우
④ 저압용이나 고압용의 기계기구, 제32조에 규정하는 특별고압 전선로에 접속하는 배전용 변압기나 이에 접속하는 전선에 시설하는 기계기구 또는 제150조제1항 및 제4항에 규정하는 특별고압 가공전선로의 전로에 시설하는 기계기구를 사람이 쉽게 접촉할 우려가 없도록 목주 기타 이와 유사한 것의 위에 시설하는 경우
⑤ 철대 또는 외함의 주위에 적당한 절연대를 설치하는 경우
⑥ 외함이 없는 계기용 변성기가 고무 · 합성수지 기타의 절연물로 피복한 것일 경우
⑦ 전기용품안전관리법의 적용을 받는 2중 절연의 구조로 되어 있는 기계기구를 시설하는 경우

⑧ 저압용의 기계기구에 전기를 공급하는 전로의 전원측에 절연변압기(2차 전압이 300V 이하이고 정격용량이 3kVA 이하인 것에 한한다)를 시설하고 또한 그 절연변압기 부하측의 전로를 접지하지 아니하는 경우

⑨ 물기 있는 장소 이외의 장소에 시설하는 저압용의 개별 기계기구에 전기를 공급하는 전로에 전기용품안전관리법의 적용을 받는 인체 감전보호용 누전차단기(정격 감도전류가 30mA 이하, 동작시간이 0.03초 이하의 전류 동작형의 것에 한한다)를 시설한 경우

CheckPoint

전기기계, 기구의 누전에 의한 감전 위험을 방지하기 위하여 접지를 해야 하는데, 접지를 하지 않아도 무관한 것은?

① 전기기계, 기구의 금속제 외함
② 크레인 등 이와 유사한 장비의 고정식 궤도 및 프레임
③ 전기기계, 기구의 금속제 외피
④ 비접지식 전로의 전기기기 외함 (✓)

CheckPoint

접지공사를 생략할 수 있는 것은?

① 전동기의 철대 또는 외함의 주위에 절연대를 설치한 것 (✓)
② 440[V] 전동기를 설치한 곳
③ 변압기의 2차측 전로
④ 저압용의 기계기구

1 -1 중성점 접지방식의 종류 및 특징

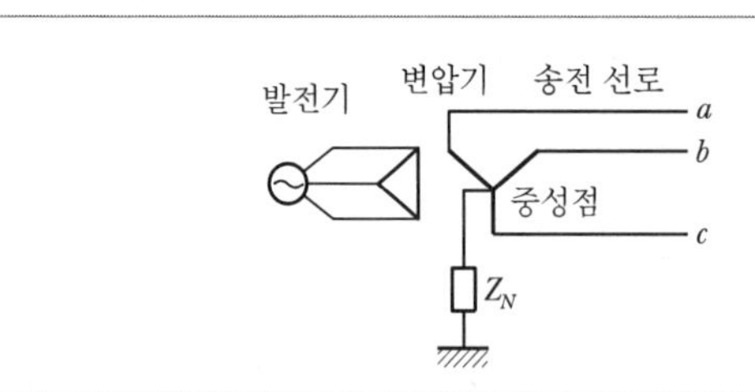

① 비접지방식(Zn=∞)
② 직접접지방식(Zn=0)
③ 저항접지방식(Zn=R) : 고저항접지, 저저항접지
④ 리액터접지(Zn=jXL) : 리액터접지, 소호리액터접지

중성점 접지방식

중성점 접지방식	정의	장점	단점
비접지방식	중성점을 접지하는 않는 방식	1선지락 고장시 계속 송전가능하고 점검수리 V결선하여 송전가능	① 지락사고시 급격한 전압동요가 기기손상을 미칠 우려가 있음 ② 고전압송전선로에는 부적당
직접접지방식	저항이 0에 가까운 도체로 중성점을 접지하는 방식 (주로 초고압용 송전선로에 적합)	① 1선지락 사고시 건전상의 대지전압이 거의 상승하지 않음 ② 선로 전압상승이 적어 정격전압이 낮은 피뢰기 사용가능 ③ 변압기 단절연 가능하고 중량과 가격저하 가능 ④ 지락계전기 동작이 용이(이상전압발생의 우려가 가장 적음)	① 송전계통의 과도안정도가 나쁘고 지락고장시 병렬 통신선에 유도장해 ② 지락전류가 커서 기기에 손상가능하고 차단기의 차단기회가 많아짐
저항접지방식	변압기 중성점으로 접지하는 방식 ① 저저항접지 : R = 30Ω ② 고저항접지 : R = 100–1,000Ω 정도	접지 계전기의 병행2회선 선택이 용이	① 접지저항값이 너무 작으면 고장시 통신선에 유도장해 ② 접지저항이 너무 크면 지락계전기 동작이 힘들어지고건전상의 대전전압이 상승하여 단락사고시 이상전압 발생우려 ③ 선택접지계전기(SGR) 동작이 약간 곤란하여 탭변경, 조작보수 등이 어려움
리액터접지방식 (한류리액터 접지)	저항기 대신 리액터 접지	① 지락전류를 제한하고 과도안정도 향상 ② 소호리액터보다 지락전류가 훨씬 작다.	–
소호리액터접지	중성점을 송전선로의 대지정전용량과 공진하는 리액터를 통하여 접지하는 방식	1선지락 고장시 극히 작은 손실전류가 흐르고 지락아크의 자연소멸로 정전 없이 송전이 가능	선택지락계전기 적용 곤란

2 접지의 목적

1) 접지목적에 따른 종류

접지의 종류	접지목적
계통접지	고압전로와 저압전로 혼촉시 감전이나 화재방지
기기접지	누전되고 있는 기기에 접촉되었을 때의 감전방지
피뢰기접지(낙뢰방지용 접지)	낙뢰로부터 전기기기의 손상방지
정전기방지용 접지	정전기의 축적에 의한 폭발재해방지
지락검출용 접지	누전차단기의 동작을 확실하게 함

접지의 종류	접지목적
등전위 접지	병원에 있어서의 의료기기 사용 시의 안전
잡음대책용 접지	잡음에 의한 전자장치의 파괴나 오동작방지
기능용 접지	전기방식 설비 등의 접지

2) 계통접지 및 보호접지의 목적

접지를 크게 나누면 계통접지와 보호접지로 구분되며 보호접지는 일명 외함접지로 불리기도 한다.

계통접지	보호접지
① 낙뢰 또는 기타 서지(Surge)에 의하여 전선로에 발생될 수 있는 과전압을 억제 ② 정상운전시 발생되는 전력계통의 최대 대지전압을 억제 ③ 지락사고 발생시 사고전류를 원활히 흐르게 하여 과전류 보호장치를 신속정확하게 동작시킴으로써 전기설비의 손상 예방	① 인체에 가해지는 전기 충격을 감소시켜 감전사고 예방 ② 지락사고시 사고전류를 원활히 흐르게 하여 사고전류에 의한 과열, 아크를 억제시킴으로써 화재, 폭발을 방지 ③ 지락사고시 사고전류의 궤환 임피던스를 적게하여 과전류 보호장치를 신속히 동작시킨다.

3 접지공사의 방법(시설기준)

1) 접지선의 굵기

접지선에는 연동선 또는 이것과 동등 이상의 강도 및 굵기의 금속선을 사용하고 굵기(지름)는 아래의 값 이상으로 한다.

접지공사의 종류	접지선의 굵기
제1종 접지공사	공칭단면적 6mm² 이상의 연동선
제2종 접지공사	공칭단면적 16mm² 이상의 연동선(고압전로 또는 특고압 가공전선로의 전로와 저압 전로를 변압기에 의하여 결합하는 경우에는 공칭단면적 6mm² 이상의 연동선)
제3종 접지공사	공칭단면적 2.5mm² 이상의 연동선
특별 제3종 접지공사	공칭단면적 2.5mm² 이상의 연동선

2) 공사 방법

제1종 또는 제2종 접지공사에 사용하는 접지선을 사람이 접촉할 우려가 있는 장소에 시설하는 경우에는 다음과 같이 시공한다.

(1) 접지선은 지하 75[cm] 이상의 깊이에 매설한다.(보폭전압 및 접지저항 감소 목적)

(2) 접지선을 철주 등의 금속체에 따라서 시설할 경우는 접지극은 금속체로부터 1[m] 이상 격리해서 매설한다.

(3) 접지선에는 절연전선 또는 케이블을 사용한다.

(4) 지하 75[cm]부터 지표상 2[m]까지의 부분은 합성수지관 또는 동등 이상의 절연 효력과 강도가 있는 것으로 피복한다.

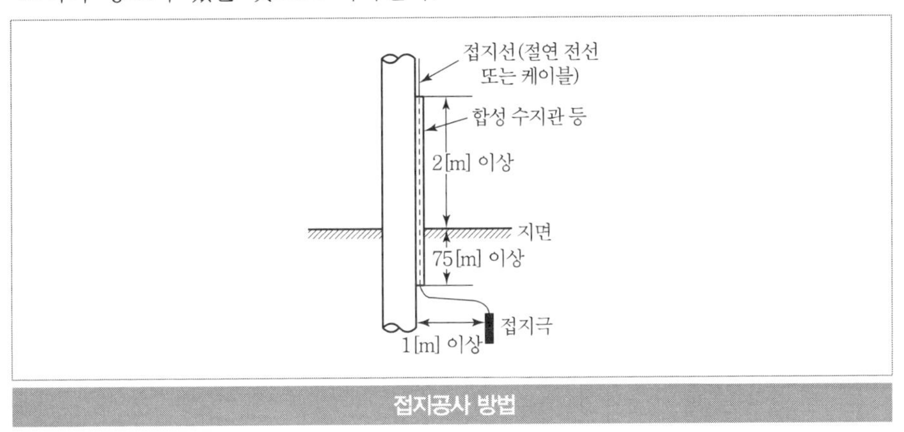

접지공사 방법

3) 접지저항 저감법

물리적 저감법	화학적 저감법
① 접지극의 병렬 접속 ② 접지극의 치수 확대 ③ 접지봉 심타법 ④ 매설지선 및 평판접지극 사용 ⑤ 메시(Mesh)공법 ⑥ 다중접지 시드 ⑦ 보링 공법 등	① 저감제의 종류 • 비반응형 : 염 황산암모니아 분말, 벤토나이트 • 반응형 : 화이트아스론, 티코겔 ② 저감제의 조건 • 저감효과가 크고 연속적일 것 • 접지극의 부석이 안될 것 • 공해가 없을 것 • 경제적이고 공법이 용이할 것

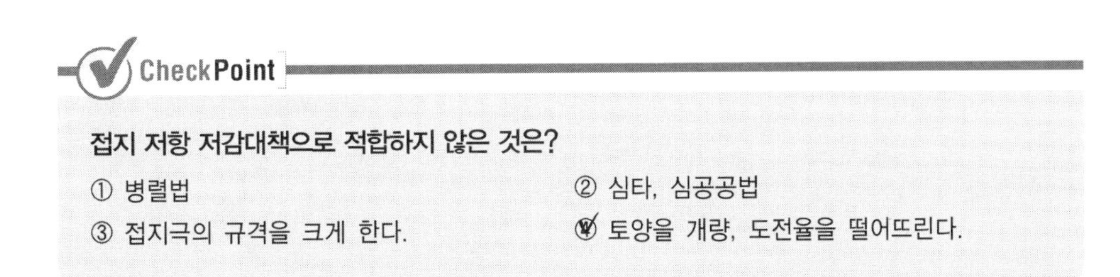
CheckPoint

접지 저항 저감대책으로 적합하지 않은 것은?

① 병렬법 ② 심타, 심공공법

③ 접지극의 규격을 크게 한다. ④ 토양을 개량, 도전율을 떨어뜨린다.

4) 접지저항 구성요소

(1) 접지선 및 접지전극 자체의 도체저항(도체의 저항으로 무시할 만큼 적음)
(2) 접지전극 표면과 접하는 대지(토양)와의 접촉저항
(3) 접지전극 주위의 대지저항(가장 중요 : 대지저항률)

접지저항치를 결정하는 저항이 아닌 것은?

① 접지선, 접지극의 도체저항
② 절연저항 값이 낮도록 시공하여야 접지저항값이 낮아진다.
③ 접지전극의 표면과 접하는 토양 사이의 접촉저항
④ 접지전극 주위의 토양이 나타내는 저항

- 지중에 매설된 금속제 수도관로와 대지 간의 전기저항치가 3Ω 이하일 때는 금속제 수도관을 접지극 대용 가능

SECTION 3 피뢰설비

전기설비 자체에서 발생되는 이상전압이나 외부에서 침입하는 이상전압으로부터 전기설비를 보호하는 설비가 피뢰설비이며 이에는 피뢰기, 가공지선, 서지흡수기, 피뢰침 등이 있다.

■ 피뢰기(Lightning Arrester ; LA)

피뢰기는 피보호기 근방의 선로와 대지 사이에 접속되어 평상시에는 직렬갭에 의해 대지절연되어 있으나 계통에 이상전압이 발생되면 직렬갭이 방전 이상 전압의 파고값을 내려서 기기의 속류를 신속히 차단하고 원상으로 복귀시키는 작용을 한다.

- 전력시스템에서 발생하는 이상전압에 대해 변전설비 자체의 절연을 높게 설계해서 운용하는 것은 경제적으로 불가능하기 때문에 이상전압의 파고값을 낮추어서(절연레벨을 낮게 잡음) 애자나 기기를 보호

- 구성요소 : 직렬갭+특성요소

피뢰기의 동작책무	피뢰기의 성능
① 이상전압의 내습으로 피뢰 단자전압이 어느 일정값 이상이 되면 즉시 방전해서 전압상승을 억제하여 기기를 보호한다. ② 이상전압이 소멸하여 피뢰기 단자전압이 일정값 이하가 되면 즉시 방전을 정지해서 원래의 송전 상태로 돌아가게 한다.	① 제한전압 또는 충격방전개시전압이 충분히 낮고 보호능력이 있을 것 ② 속류차단이 완전히 행해져 동작책무특성이 충분할 것 ③ 뇌전류 방전능력이 클 것 ④ 대전류의 방전, 속류차단의 반복동작에 대하여 장기간 사용에 견딜 수 있을 것 ⑤ 상용주파 방전개시전압은 회로전압보다 충분히 높아서 상용주파방전을 하지 않을 것

- 보호여유도(%) = $\frac{\text{충격절연강도} - \text{제한전압}}{\text{제한전압}} \times 100$
- 피뢰기의 정격전압 : 속류를 차단할 수 있는 최고의 교류전압(통상 실효값으로 나타냄)

피뢰기가 갖추어야 할 이상적인 성능 중 잘못된 것은?

① 제한전압이 낮아야 한다.
② 반복동작이 가능하여야 한다.
③ 뇌전류 방전 능력이 크고 속류 차단이 확실해야 한다.
④ 충격방전개시전압이 높아야 한다.

■ 가공지선(Over Head Earthwire)

송전선에의 뇌격에 대한 차폐용으로서 송전선의 전선 상부에 이것과 평행으로 전선을 따로 가선하여 각 철탑에서 접지시킴

■ 서지 흡수기(Surge Absorber)

급격한 충격 침입파에 대하여 기기를 보호할 목적으로 기기의 단자와 대지 간에 접속되는 보호콘덴서 또는 이와 피뢰기를 조합한 것이다.
보호콘덴서는 충격파의 파두준도를 완화시키고 또한 파미장이 짧은 경우에는 파고치를 저감시킴으로써 기기코일의 층간, 대지절연을 보호하는 데 효과가 있고 또 파미장이 길 때는 피뢰기에 의해서 파고치를 떨어뜨린다.
설치장소는 피보호기기에 되도록 가깝게 하고 리드선이나 접지선은 가능한 짧은 것이 좋다.

■ 피뢰침

피뢰침은 돌침부, 피뢰 도선 및 접지전극으로 된 피뢰설비로서 낙뢰로 인하여 생기는 화재, 파손 또는 인축에 상해를 방지할 목적으로 하는 것을 총칭하며 이 중에는 돌침부를 생략한 용마루 위의 도체, 독립 피뢰침, 독립가공지선, 철망 등으로 피보호물을 덮은 케이지(Cage)를 포함한다.

1 뇌해의 종류

1) 직격뢰

(1) 격심한 상승기류가 있는 곳에서 발생하는 뇌구름은 구름 내부의 거친 소용돌이로 인해 양(+)전하, 음(−)전하가 분리되어 대기의 전리 파괴를 일으키면서 중화되는 하나의 커다란 불꽃방전이다.
(2) 대기 중의 공기는 어느 정도의 절연내력을 가지고 있으나, 인가되는 전압의 크기가 어느 일정값(임계값) 이상이 되면 대기의 절연이 파괴되어 빛과 소리를 내면서 순간적으로 막대한 전류가 흐른다. 이러한 대기 중에서 발생하는 불꽃방전의 자연적 현상을 뇌(雷)라 하며 소리를 천둥, 빛을 번개라고 한다.
(3) 이때 발생되는 번개, 즉 불꽃이 하강되어 지표면의 어느 지점에 흘러드는 현상을 낙뢰 또는 직격뢰라고 함

(4) 충격파

① 충격파를 서지(Surge)라고 부르기도 하는데 이것은 극히 짧은 시간에 파고값에 달하고 또 극히 짧은 시간에 소멸하는 파형을 갖는 것

② 충격파는 보통 파고값과 파두길이(파고값에 달하기까지의 시간)와 파미길이(파미의 부분으로서 파고값의 50[%]로 감쇠할 때까지의 시간)로 나타냄

㉠ 파두길이(T_f) : 파고치에 달할 때까지의 시간

㉡ 파미길이(T_t) : 기준점으로부터 파미의 부분에서 파고치의 50%로 감소할 때까지의 시간

㉢ 표준충격파형 : 1.2×50㎲에서 T_f(파두장)=1.2㎲, T_t(파미장)=50㎲을 나타낸다.

2) 유도뢰

(1) 뇌운이 송전선에 근접하면 정전유도에 의하여 뇌운에 가까운 선로부분에 뇌운과 반대극성의 구속전하가 발생하고 뇌운에서 먼 선로부분에는 이것과 동량이고 극성이 반대인 자유전하가 생긴다.

(2) 자유전하는 애자나 코로나에 의한 누설 때문에 없어지고 선로에는 구속전하만 남는다. 이 뇌운이 대지 또는 타뇌운과의 사이에서 방전하면 선로의 구속전하는 갑자기 자유전하가 되어서 대지 간에 전위차를 만들고 선로를 따라서 좌우 양쪽 진행파가 되어서 전파(유도뢰에 의한 이상전압)

2 피뢰기의 설치장소

1) 피뢰기의 위치선정

(1) 피뢰기의 설치장소와 피보호기기가 떨어져 있으면 침입서지의 반사작용에 의하여 피보호기기의 단자전압은 피뢰기 방전개시 전압보다 높아져서 보호효과가 떨어진다.

(2) 피뢰기의 설치위치는 가능한 한 피보호기기 가까이 설치한다.

(3) 피뢰기의 최대유효이격거리

선로전압[kV]	345	154	66	22	22.9
유효이격거리[m]	85	65	45	20	20

2) 피뢰기의 설치장소

고압 및 특별고압 전로 중 다음의 장소에는 피뢰기를 설치하고 제1종 접지공사(접지저항 10Ω 이하)를 하여야 한다.

(1) 발전소, 변전소 또는 이에 준하는 장소의 가공전선 인입구 및 인출구
(2) 가공전선로가 접속하는 배전용 변압기의 고압측 및 특별고압측
(3) 고압 또는 특별고압의 가공전선로로부터 공급받는 수용장소의 인입구
(4) 가공전선로와 지중전선로가 접속되는 곳

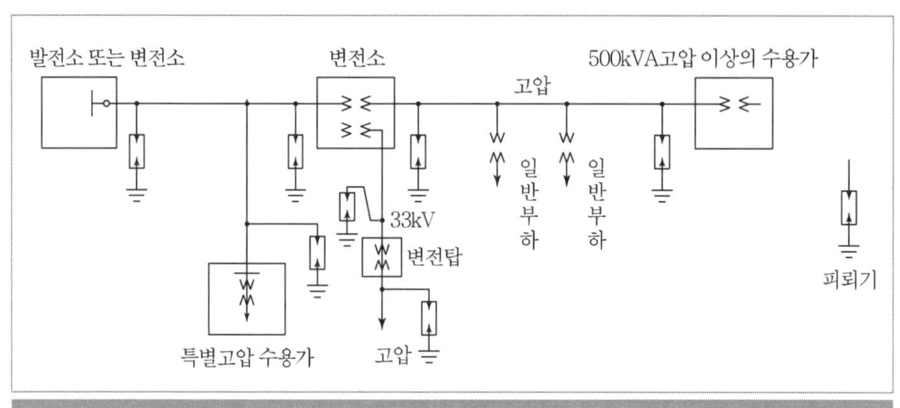

피뢰기의 설치가 의무화되어 있는 장소의 예

뇌해를 받을 우려가 있는 곳에 피뢰기를 시설해야 하는데 시설하지 않아도 보호를 받을 수 있는 곳은?

① 발전소, 변전소의 가공전선 인입구
② 특별고압 가공전선로로부터 공급을 받는 수용 장소의 인입구
③ 습뢰 빈도가 적은 지역으로서 방출 보호통을 장치한 곳
④ 발전소, 변전소의 가공전선 인출구

3 피뢰기의 종류

피뢰기의 종류		특징
피보호기기에 의한 분류	발변전소용	① 주로 발 · 변전소의 전기 설비보호 ② 발전소 또는 변전소 구내에 설치
	선로용	① 송배전선로에 분포, 설치되는 주상변압기, 진상용 전력콘덴서, 기타의 기기, 송배전선로의 절연 및 선로 도중의 비교적 중요도가 낮은 기기 등을 보호 ② 발변전소에 침입하는 충격성 과전압을 저감
동작원리에 의한 분류	저항형	① 직선형 저항과 직렬 갭이 직렬로 된 것 ② 각형피뢰기, 다극피뢰기 등
	변형	① 특성요소가 일정한 임계전압을 가지고 있어서 과전압 방전의 단시간 동안만 방전전류가 흐르고 기압에 의한 속류가 거의 흐르지 않는 성격을 갖는 피뢰기 ② 알루미늄피뢰기, 옥사이드 필름피뢰기, 페레트피뢰기, 종이피뢰기 등
	변저항형	① 특성요소로 탄화규소의 비직선저항을 쓰며 대전류에 대해서는 되도록 적은 제한전압을 주는 성질과 정격전압 이하에서 충분히 적은 속류로 하는 성질이 있음 ② 레지스트밸브, 사이라이트, 오토밸브, 드라이밸브 피뢰기 등
	방출형	① 특성요소는 파이버관으로 되어 있고 방전은 직렬갭을 통하여 파이버관 내부의 상부와 하부전극 간에 행해짐 ② 속류차단은 파이버관의 내부 벽면에서 아크열에 의한 파이버질의 분해로 발생하는 고압가스(주로 수소)의 소호작용에 의함 ③ 기기보호용으로는 방전개시전압이 높기 때문에 부적당하나 제한전압이 낮기 때문에 접지저항을 낮게 하기 어려운 배전선로용에 적합
	산화아연형	소형이며 내오손성과 보수성이 좋다.

4 「피뢰설비」 관련규정 개정분(KS C IEC 62305)(안전보건규칙 제326조)

1) 피뢰설비의 조건 및 설치기준

(1) 피뢰설비의 조건

피뢰설비의 목적은 보호하고자 하는 대상물에 접근하는 뇌격을 확실하게 흡인(빨아들이거나 끌어당김)해서 뇌격전류를 안전하게 대지로 방류하여 건축물 등을 보호하는 데 있으므로 피뢰설비는 가능한 한 다음 조건을 만족하여야 한다.

① 보호대상물에 접근한 뇌격은 반드시 피뢰설비로 막을 것

② 피뢰설비에 뇌격전류가 흘렀을 때 피뢰설비와 보호대상물 사이에 불꽃 플래시오버를 발생시키지 않을 것

③ 피뢰설비로의 낙뢰시에 그 접지점 근방에 있는 사람 및 동물에 장애를 미치지 않을 것
④ 낙뢰시 건축물 안의 전위를 균등화할 것(건축물 안의 각 점의 전위차를 없앨 것)
⑤ 건축물 안의 전자, 통신용 전기회로 및 기기를 낙뢰에 기인하는 2차 재해로부터 보호할 것

(2) 피뢰설비의 설치기준

① 낙뢰의 우려가 있는 건축물 또는 20m 이상의 건축물
② 돌침은 건축물의 맨 윗부분에서 25cm 이상 돌출시켜 설치하고 풍하중에 견딜 수 있는 구조일 것
③ 피뢰설비 재료는 동선의 경우 수뢰부 35mm^2 이상, 인하도선 16mm^2 이상, 접지극 50mm^2 이상의 성능을 갖출 것
④ 인하도선 대용으로 철골조의 철골구조물과 철근콘크리트조의 철근구조체의 전기적 연속성이 보장될 수 있도록 건축물 금속 구조체의 상단부와 하단부 사이의 전기저항이 0.2Ω 이하가 되도록 할 것
⑤ 60m가 넘는 건축물 등에는 지면에서 건축물 높이의 4/5 되는 지점부터 상단부까지 측면에 수뢰부 설치(높이 60m를 넘는 부분 외부의 각 금속부재를 2개소 이상 전기적으로 접속)
⑥ 접지는 환경오염을 일으킬 수 있는 시공방법이나 화학 첨가물 등을 사용하지 아니 할 것
⑦ 급수·급탕·난방·가스 등을 공급하기 위하여 건축물에 설치하는 금속배관 및 금속재 설비는 전위가 균등하게 이루어지도록 전기적으로 접속할 것

2) 피뢰설비의 설치

(1) 외부 뇌보호(피뢰) 시스템(External lightning protection system)

외부 뇌보호(피뢰) 시스템은 수뢰부, 인하도선과 접지시스템으로 구성되며 뇌격이 피보호범위 내로 침입할 확률은 수뢰부 시스템을 적절하게 설계함으로써 상당히 감소된다.

수뢰부 시스템은 다음 요소들의 조합으로 구성된다.

① 돌침(Air terminal)

㉮ 뇌격은 선단이 뾰족한 금속 도체부분에 잘 떨어지므로 건축물 근방에 접근한 뇌격을 흡인하여 선단과 대지 사이에 접속한 도체를 통해서 뇌격전류를 대지로 안전하게 방류하는 방식

㉯ 돌침의 보호각과 보호범위

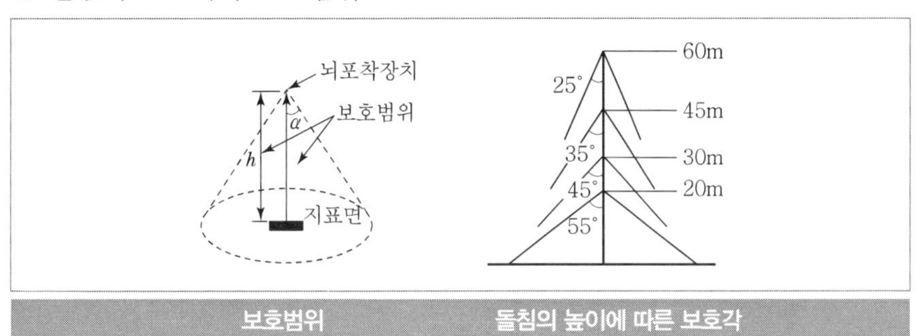

보호범위 돌침의 높이에 따른 보호각

② 수평도체(Catenary wires)

㉮ 보호하고자 하는 건축물의 상부에 수평도체를 가설하고 뇌격을 흡인하게 한 후 인하도선을 통해서 뇌격전류를 대지에 방류하는 방식(예 송전선의 가공지선 등)

㉯ 수평도체의 보호각은 돌침의 보호각과 동일

㉰ 수평도체를 가설하는 방식

건물의 옥상에 약간의 거리를 두고 가설하는 방식과 건축물에 밀착해서 시설하는 방식

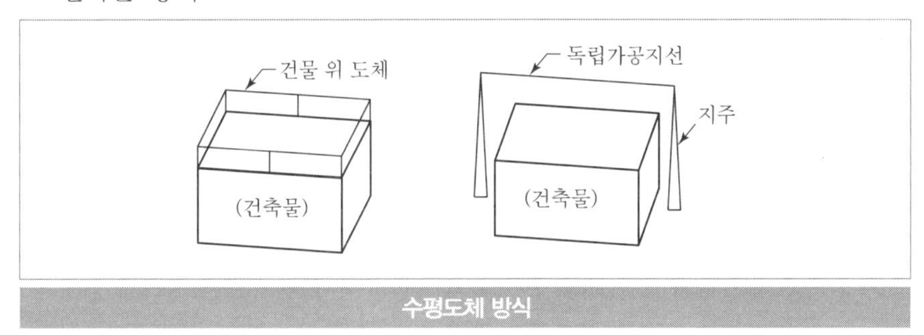

수평도체 방식

③ 메시도체(Mesh conductors)

피보호물 주위를 적당한 간격과 그물눈을 가진 망상도체로 포위하는 방식을 말하며 완전한 피뢰방법에 속함

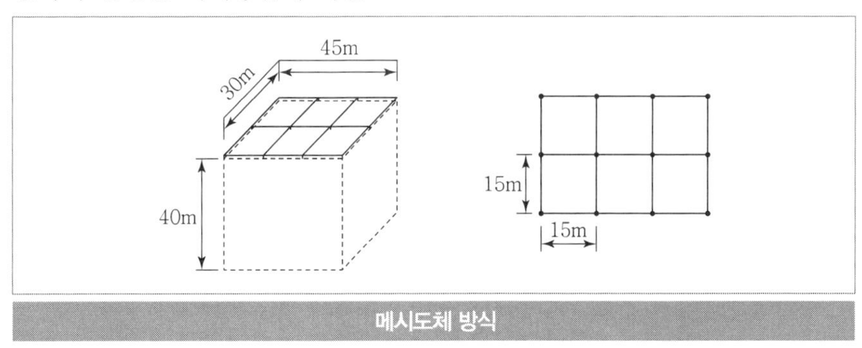

메시도체 방식

(2) 외부 뇌보호(피뢰) 시스템 설계

외부 뇌보호 시스템의 설계에서 수뢰부의 보호범위의 산정 및 수뢰부 시스템의 배치는 가장 중요한 부분이며 수뢰부 시스템 설계시 보호각 방법, 회전구체(Rolling sphere)법, 메시(Mesh)법 등의 방법을 개별 또는 조합하여 사용할 수 있으며 보호레벨에 따른 수뢰부 배치의 요구사항에 적합하여야 한다.

보호 레벨	h(m) \ R(m)	20	30	45	60	메시폭 (m)
		α	α	α	α	
I	20	25	*	*	*	5
II	30	35	25	*	*	10
III	45	45	35	25	*	15
IV	60	55	45	35	25	20

주) * 표시는 회전구체법 및 메시법만 적용

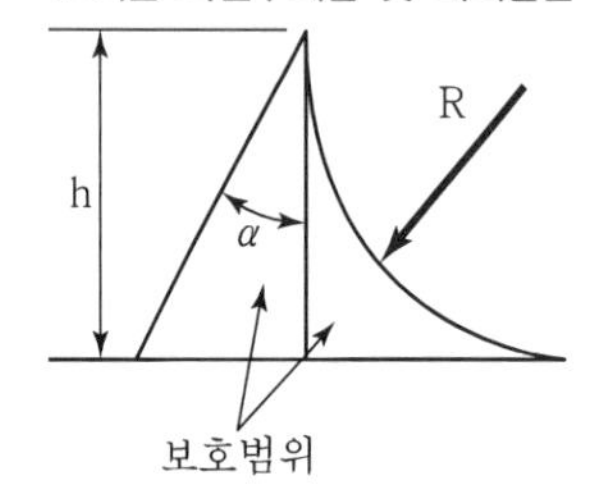

① 수뢰부 시스템 설계방법

㉮ 보호각 방법(Protection Angle Method ; PAM)

보호각의 결정은 보호레벨과 수뢰장치의 높이에 따라 결정되며 수뢰장치의 높이에 대한 보호각은 다음과 같다.

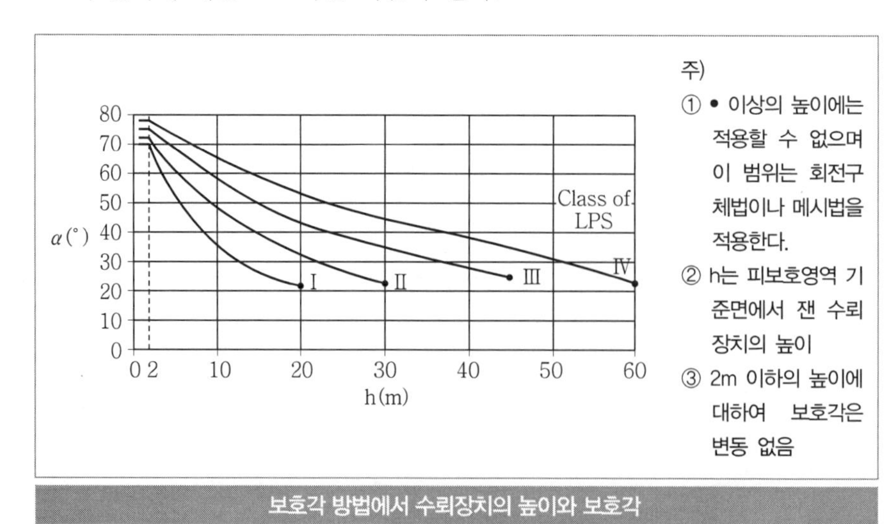

보호각 방법에서 수뢰장치의 높이와 보호각

㉯ 회전구체법(Rolling Sphere Method ; RSM)

회전구체법은 뇌전류 크기에 다른 보호범위를 3차원적으로 해석하여 결정하는 방법

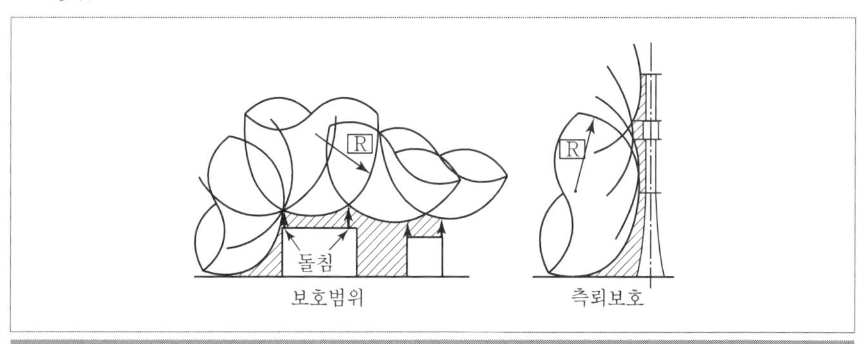

회전구체법

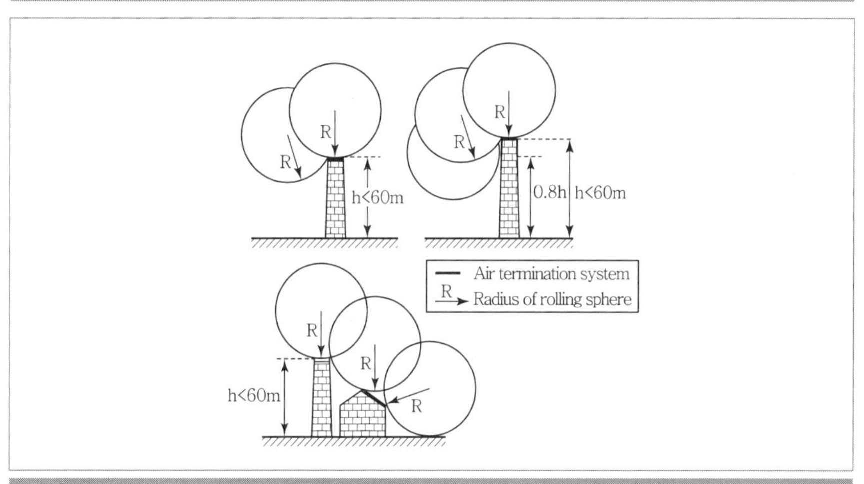

회전구체법 설계 예시

㉰ 메시법(Mesh Method ; MM)

피보호물 주위를 적당한 간격의 망상도체로 포위하는 방법

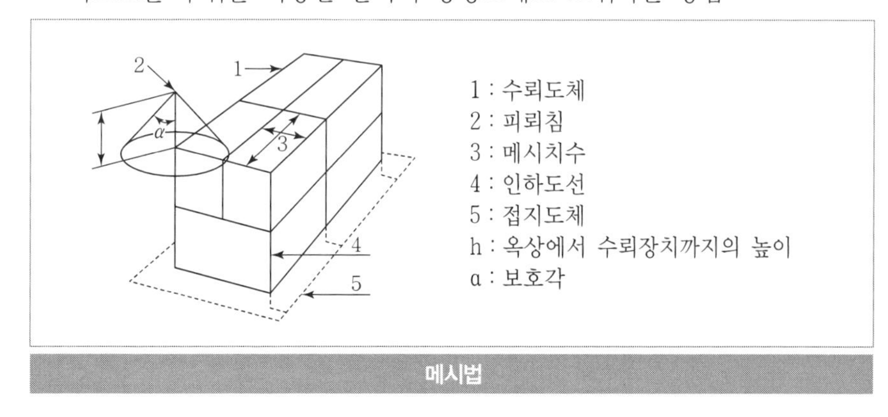

메시법

② 인하도선 시스템

위험한 불꽃방전의 발생확률을 감소시키기 위하여 뇌격점과 대지 사이의 인하도선은 다음과 같이 설치한다.

- 다수의 병렬 전류통로를 형성할 것
- 전류통로의 길이는 최소로 유지할 것

인하도선은 가능한 한 수뢰부 도체에서 직접 연결되도록 배치한다.

㉮ 독립된 뇌보호 시스템인 경우

㉠ 수뢰부가 이격된 복수의 지주(또는 하나의 지주)상의 돌침으로 구성된 경우 각 지주에는 1조 이상의 인하도선이 필요하다. 지주가 금속이나 상호 접속된 철골인 경우에는 인하도선을 추가할 필요가 없다.

㉡ 수뢰부가 이격된 복수의 수평도선(또는 1조의 도선)으로 되어 있는 경우 도체의 각 말단에 1조 이상의 인하도선이 필요하다.

㉢ 수뢰부가 도체망인 경우 각 지지물에 1조 이상의 인하도선이 필요하다.

㉯ 독립되지 않은 뇌보호 시스템인 경우

㉠ 인하도선은 보호범위의 주위에 상호 평균 간격이 아래의 표시된 값 이하가 되도록 배치한다. 어떤 경우도 2조 이상의 인하도선이 필요하다.

> ※ 인하도선은 건축물 둘레에 등간격으로 하는 것이 바람직하다.
> 인하도선은 가능한 건축물의 각 코너에 가깝게 배치한다.

㉡ 인하도선은 지표면 가까이에 수직거리 20m 간격마다 수평 환상도체에 상호 접속하여야 한다.

| 보호레벨에 따른 인하도선의 평균간격 |

보호등급	평균간격(m)
Ⅰ	10
Ⅱ	15
Ⅲ	20
Ⅳ	25

③ 접지시스템

위험한 과전압을 발생시키지 않고 뇌전류를 대지로 방류하기 위해서 접지시스템의 형상과 크기가 중요하다. 그러나 일반적으로 낮은 접지저항을 권장한다. 뇌보호의 관점에서 구조체를 사용한 통합 단일의 접지시스템이 바람직하며, 모든 접지목적 즉, 뇌보호, 저압 전력시스템, 통신시스템에도 적합하다.

㉮ 접지시스템의 목적
　㉠ 뇌전류를 대지로 안전하게 유도한다.
　㉡ 인하도선 간에 등전위 본딩을 한다.
　㉢ 도전성 건물의 전위를 제어한다.

㉯ 접지극 설치
　㉠ 다음 종류의 접지극들이 사용되어야 한다. 1개 또는 복수의 환상 접지극, 수직(또는 경사) 접지극, 방사형 접지극 또는 기초 접지극, 판형 및 소형 그물망(메시)을 사용할 수 있으나 특히 접속부가 부식될 우려가 있으므로 가능하면 피한다. 단독의 긴 접지도체를 설치하는 것보다 여러 조의 도체를 적당히 배치한다.
　㉡ 그러나 깊이가 깊으면 깊을수록 대지저항률이 감소되는 곳과 일반적으로 접지봉을 매설하는 깊이보다 깊은 지하에서 대지저항률이 나타나는 장소는 심타접지극이 효과적이다.

SECTION 4 전기누전화재경보기

전기누전화재경보기는 건축물 내에 들어 있는 금속재에 전류가 흐르게 되면 누설전류를 검지하여 건축물 내에 수용되어 있는 사람들에게 경보를 알려주는 역할을 하는 일종의 경보설비

1 전기누전화재경보기의 구성

1) 누설전류를 검출하는 변류기(ZCT)
2) 누설전류를 증폭하는 증폭기
3) 경보를 발하는 음향장치(수신부)

2 전기누전화재경보기의 설치 및 장소

1) 전기화재경보기의 설치대상물

(1) 계약용량 100[A]를 초과하는 특정대상물[내화구조가 아닌 건축물로서 벽, 바닥 또는 반자(천장)의 전부나 일부를 불연재료 또는 준불연재료가 아닌 재료에 철망을 넣어 만든 것에 한한다.] 다만, 가스시설, 지하구 또는 지하가 중 터널의 경우는 그러하지 아니한다.

(2) 계약전류용량은 동일건축물에 계약종별이 다른 전기가 공급되는 경우에는 그 중 최대계약전류용량을 말한다.

2) 전기화재경보기의 설치기준

(1) 전기화재경보기의 설치방법

① 경계 전로(Electric Circuit)의 정격전류가 60[A]를 초과하는 전로에 있어서는 1급의 전기화재 경보기를, 60[A] 이하의 전로에 있어서는 1급 또는 2급의 전기화재 경보기를 설치하여야 한다. 다만, 정격 전류가 60[A]를 초과하는 경계 전로가 분기되어 각 분기회로의 정격 전류가 60[A] 이하로 되는 경우 당해 분기회로마다 2급 전기화재 경보기를 설치한 경우에는 당해 경계 전로에 1급 전기 화재 경보기를 설치한 것으로 본다.

② 변류기는 소방 대상물의 형태, 인입선의 시설 방법 등에 따라 옥외 인입선의 한 지점, 부하측 또는 제2종 접지선 측에 점검이 쉬운 위치에 설치하여야 한다. 다만, 인입선의 형태 또는 소방 대상물의 구조상 부득이한 경우에는 인접한 옥내에 설치할 수 있다.

③ 변류기를 옥외의 전로에 설치하는 경우에는 옥외형의 것을 설치하여야 한다.

(2) 전기 화재 경보기의 수신기

① 전기 화재 경보기의 수신기는 옥내의 점검에 편리한 장소에 설치하되, 가연성의 증기・먼지 등이 체류할 우려가 있는 장소의 전기 회로에는 당해 부분의 전기회로를 차단할 수 있는 차단기구를 가진 수신기를 설치하여야 한다. 이 경우 차단기구의 부분은 당해 장소 외의 안전한 장소에 설치하여야 한다.

② 전기 누전화재 경보기의 수신기는 다음 각호의 장소 외의 장소에 설치하여야 한다. 다만, 당해 전기 누전화재 경보기에 대하여 방폭, 방습, 방온, 방진 및 정전기차폐 등의 방호 조치를 한 것에 있어서는 그러하지 아니한다.

㉠ 가연성의 증기・먼지・가스 등이나 부식성의 증기・가스 등이 다량으로 체류하는 장소

㉡ 화약류를 제조하거나 저장 또는 취급하는 장소

㉢ 습도가 높은 장소

㉣ 온도의 변화가 급격한 장소

㉤ 대전류 회로・고주파 발생 회로 등에 의한 영향을 받을 우려가 있는 장소

누전 경보기의 수신부를 설치할 수 있는 장소로 알맞은 것은?

▶ 방식효과가 높은 장소

③ 음향 장치는 수위실 등 상시 사람이 근무하는 장소에 설치하여야 하며, 그 음량(Volume)및 음색(Tone Quality)은 다른 기기의 소음 등과 명확히 구별할 수 있는 것으로 하여야 한다.

3 전기누전화재경보기의 작동원리

1) 영상변류기의 구조 및 작동원리

(1) 도너츠상의 환상철심에 검출용 2차 코일을 감은 것

(2) 변류기의 중앙 구멍에는 누전을 검출하려고 하는 전선이 삽입되어 이것은 1차 코일로 쓰이고 누설전류에 따른 전압을 2차 코일에 자기적으로 유기시킨다.

(3) 변류기로는 전선을 관통시켜서 쓰는 관통형과 철심 및 2차 코일이 2개로 나누어지는 분해형이 있으며 분해형의 경우는 가설전로를 설치시 편리하다.

2) 전기누전화재경보기의 작동원리

(1) 단상식

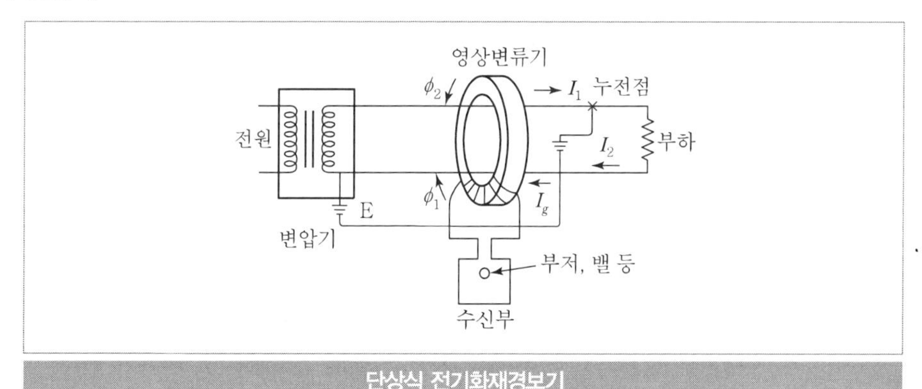

단상식 전기화재경보기

① 누설전류가 없는 경우

회로에 흐르는 왕로전류 I_1과 귀로전류 I_2는 동일하고 왕로전류 I_1에 의한 자속 ϕ_1과 귀로전류 I_2에 의한 자속 ϕ_2는 동일하다. 즉, 왕로전류의 자속 ϕ_1 = 귀로 전류의 자속 ϕ_2이므로 서로 상실되어 유기기전력은 발생하지 않는다.

② 누설전류가 발생하는 경우

전로에 누설전류가 발생되면 누설전류 I_g가 흐르므로 왕로 전류는 $I_1 + I_g$가 되고 귀로전류 I_2는 왕로전류 $I_1 + I_g$보다 작아져서 누설 전류 I_g에 의한 자속이 생성되어 영상 변류기에 유기전압(Induced Voltage)을 유도시킨다. 이 전압을 증폭해서 입력 신호로 하여 릴레이(Relay)를 작동시켜 경보를 발하게 한다. 이때 누설전류 I_g에 의한 자속으로 유기전압의 식은 다음과 같이 얻어진다.

$$E = \frac{E_m}{\sqrt{2}} = \frac{2\pi f}{\sqrt{2}} N\phi_{gm} = 4.44 f N\phi_{gm} [\mathrm{V}]$$

여기서, ϕ_{gm} : 누설전류에 의한 자속의 최대치, N : 2차 권선수
f : 주파수, E : 유기전압(실효치)

(2) 3상식

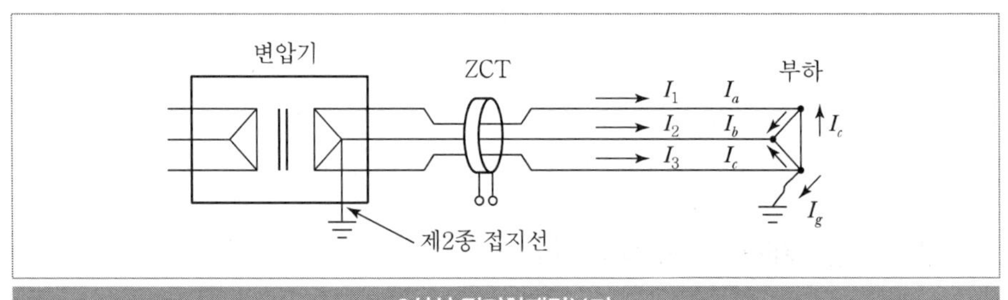

3상식 전기화재경보기

Δ 결선으로 된 부하의 상전류 I_a, I_b, I_c의 방향을 위의 그림과 같이 정한다.

① 누설전류가 없는 경우

$I_1 = I_b - I_a$, $I_2 = I_c - I_b$, $I_3 = I_a - I_c$가 되며

$I_1 + I_2 + I_3 = I_b - I_a + I_c - I_b + I_a - I_c = 0$이 된다.

즉, 변류기 내를 흐르는 전류의 총화는 0이 되어 유기전압이 유도되지 않는다.

② 전로에 누설 전류가 발생하는 경우

전로에 누설 전류가 발생하면 $I_1 = I_b - I_a$, $I_2 = I_c - I_b$, $I_a - I_c + I_g$가 된다.

그러므로 변류기를 관통하여 흐르는 전류 $I_1 + I_2 + I_3 = I_g$가 된다. 이 누설 전류 I_g는 ϕ_g라는 자속을 발생시켜 ϕ_g는 단상의 경우와 같이 영상변류기에 유기전압이 유도되며 이를 증폭(Amplification)하여 경보를 발하게 된다. 이 경우 누설전류(Leakage Current)에 의한 유기전압은 단상식의 경우와 동일하게 유도된다.

$$E = 4.44 f N \phi_{gm} [\mathrm{V}]$$

(3) 오작동원인

① 변류기의 2차측 배선이 단락되어 지락이 되었을 경우

② 변류기의 2차측 배선의 절연상태가 불량인 경우

③ 전기적인 유도가 많을 경우

 CheckPoint

전기누전화재경보기의 오작동원인이 아닌 것은?

▶ 접지선이 2개 이상일 경우 ➡ 접지선을 영상변류기에 관통시키는 경우임

4 전기누전화재경보기의 회로 결선방법

1) 전기누전화재경보기의 회로 결선방법

전기누전화재경보기의 회로 결선방법은 제2종 접지방식과 경계전로 연결방식이 있으며, 검출 누설전류의 설정값은 일반적인 경우에, 경계전로에 시설하는 것은 200[mA], 제2종접지선에 시설하는 것은 500[mA]로 되어 있다.

2) 전기누전화재경보기의 설치 예

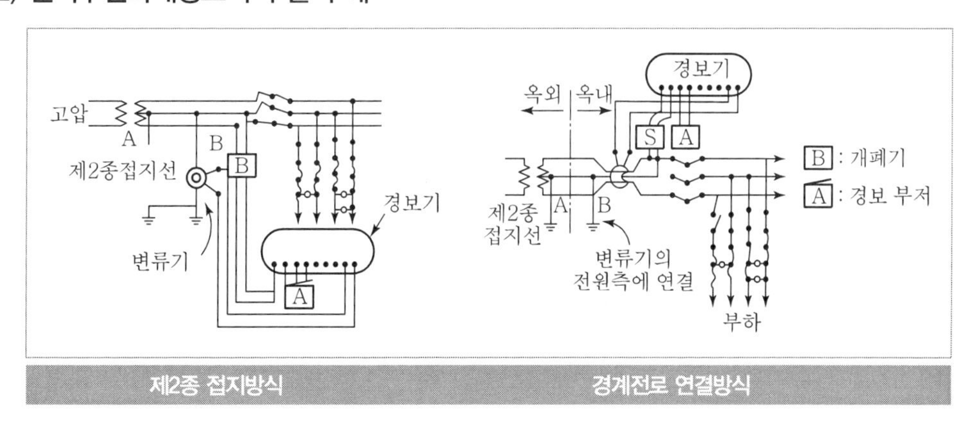

제2종 접지방식　　　경계전로 연결방식

(1) 경계전로 연결방식 즉, 회로에 변류기를 넣는 방식은 자가용 변전설비가 없어서 접지선을 이용할 수 없는 장소 및 분기회로에서 누전을 검출할 경우에 알맞은데, 부하회로의 불평형전류로 동작감도를 크고 예민하게 할 수는 없다.

(2) 제2종 접지방식 즉, 접지선에 설치하는 방식은 자가용 변선설비를 갖춘 경우, 단상 2선식 · 단상 3선식 · 3상 3선식 등의 구별없이 공통의 접지선에 삽입할 수 있으며 전압, 부하전류의 영향을 받지 않는다. 그러나 어느 회선에서 누설되고 있는지를 알 수 없으므로 회선측에 변류기를 넣는 경우도 있다.

(3) 변류기는 될 수 있는 대로 인입점 또는 접지점 부근의 점검에 편리한 곳에 설치하고 경보기 본체도 될 수 있는 대로 그곳에 근접시켜 설치한다.
현행 제품은 규격에 따라 검출 누설 전류치를 최소 200[mA] 이하로부터 최대 1[A]까지 조정할 수 있게 되어 있으며 설치에 있어 경계전로의 부하, 사용전선, 전선길이 등을 생각해서 100~400[mA]의 범위 안에 설정되어 있다.

5 전기누전화재경보기의 시험방법

1) 전류특성시험
2) 전압특성시험
3) 주파수특성시험
4) 온도특성시험
5) 온도상승시험
6) 노화시험
7) 전로개폐시험
8) 과전류시험
9) 차단기구의 개폐 자유시험
10) 개폐시험
11) 단락전류시험
12) 과누전 시험
13) 진동시험
14) 충격시험
15) 방수시험
16) 절연저항시험
17) 절연내력시험
18) 전압강하의 방지

SECTION 5 전기화재 예방대책

1 전기화재 예방대책

1) 전기기기 등의 화재예방 대책

<table>
<tr><th colspan="2">발화원 구분</th><th>화재예방대책</th></tr>
<tr><td colspan="2">전기배선</td><td>① 코드의 연결금지
② 코드의 고정사용 금지
③ 사용전선의 적정 굵기 사용 : 허용전류 이하로 사용</td></tr>
<tr><td colspan="2">옥내배선 등</td><td>① 시설장소에 적합한 공사방법 시행
② 공사방법에 따른 적당한 전선의 종류 및 굵기 설정
③ 부하의 종류, 용량에 따라 분기회로를 설치하고 각 회로마다 개폐기, 자동차단기 등을 시설
④ 전선의 접속시 기계적 강도를 20% 이상 감소시키지 않아야 하며 접속은 접속관 등의 접속기구 또는 납땜을 할 것
⑤ 충전될 우려가 있는 금속제 등은 확실하게 접지할 것
⑥ 누전방지를 위하여
– 절연파괴의 원인 제거(전기 · 기계 · 화학 · 열적 요인 제거)
– 배선피복의 손상 유무, 배선과 조영재의 거리, 접지 등의 정기적인 점검 및 절연저항 측정
– 누전화재경보기 설치</td></tr>
<tr><td colspan="2">배선기구</td><td>배선기구는 정격전압과 정격전류가 있는데 이 범위 내에서 사용하는 것이 바람직하며 전선의 연결 부분이나 접촉부분의 과열방지를 위하여 다음사항을 유의하여 사용
① 개폐기의 전선 조임부분이나 접촉면의 상태
② 콘센트, 플러그의 접촉상태 및 취급방법
③ 퓨즈의 적정용량의 것 사용</td></tr>
<tr><td rowspan="2">전기기기 및 장치</td><td>전기로 및 전기 건조장치 (이동형)</td><td>① 전기로나 건조장치의 발열부 주위에는 가연성 물질을 방치 금지
② 피건조물의 종류에 따라서 설비 내부의 조제, 건조물의 낙하방지, 열원과의 거리를 충분히 띄울 것
③ 설비와 접속부 부근의 배선은 피복의 손상, 과열 상황 등에 주의
④ 전기로 내의 온도가 이상 상승시 자동적으로 전원을 차단하는 장치 시설</td></tr>
<tr><td>전열기 (고정형)</td><td>① 열판의 밑부분에는 차열판이 있는 것을 사용할 것
② 점멸을 확실하게 할 것(표시등 부착)
③ 인조석, 석면, 벽돌 등 단열성 불연재료로 받침대를 만들 것
④ 주위 03~0.5[m] 상방 1.0~1.5[m] 이내에는 가연성 물질 접근 방지
⑤ 배선, 코드의 용량은 충분한 것을 사용하여 과열 방지</td></tr>
</table>

발화원 구분		화재예방대책
전기기기 및 장치	개폐기 등 (아크를 발생하는 시설)	개폐기 계폐시 발생하는 스파크에 의한 발열 등으로 발생하는 화재를 예방하기 위해서는 다음과 같이 하여야 한다. ① 개폐기를 설치할 경우 목재벽이나 천장으로부터 고압용은 1[m] 이상, 특고압은 2[m] 이상 떨어져야 한다. ② 가연성 증기 및 분진 등 위험한 물질이 있는 곳에서는 방폭형 개폐기 사용 ③ 개폐기를 불연성 박스 내에 내장하거나 통형 퓨즈를 사용한다. ④ 접촉부분의 변형이나 산화 또는 나사풀림으로 인한 접촉저항 증가 방지 ⑤ 유입개폐기를 절연유의 열화 정도, 유량에 유의하고 주위에는 내화벽을 설치할 것 CheckPoint **스파크 화재의 방지책이 아닌 것은?** ▶ 배선 코드의 용량은 충분한 것을 사용하여 과열을 방지할 것 ➡ 전열기 화재예방
	전등	전등에 가연성 물질의 접촉 또는 가연성 증기나 분진이 있는 작업장에서 전등의 파손에 의한 필라멘트(최고 2,500℃)의 노출로 화재가 발생될 수 있으므로 다음과 같이 하여야 한다. ① 전구는 그로브 및 금속제 가드를 취부하여 보호할 것 ② 위험물 창고 등에서는 조명설비를 줄이거나 생략(방폭형 설치, 창고 내 스위치 취부 금지) ③ 소켓은 금속제, 도자기제 등을 피하고 합성수지제를 택하여 접속부 노출 금지 ④ 이동형 전구는 캡타이어 코드를 사용하고 연결부분이 없도록 할 것

2) 출화의 경과에 의한 화재예방 대책

구분	예방대책
단락 및 혼촉방지	① 이동전선의 관리 철저 ② 전선 인출부 보강 ③ 규격전선의 사용 ④ 전원스위치를 차단 후 작업할 것
누전방지	① 절연파괴의 원인 제거 **절연불량(파괴)의 주요원인** ㉠ 높은 이상전압 등에 의한 전기적 요인 ㉡ 진동, 충격 등에 의한 기계적 요인 ㉢ 산화 등에 의한 화학적 요인 ㉣ 온동상승에 의한 열적 요인 CheckPoint **절연저항을 저하하는 요인 중 잘못된 것은?** ▶ 취급부주의

<table>
<tr><th>구분</th><th>예방대책</th></tr>
<tr><td>누전방지</td><td>
<table>
<tr><th colspan="8">절연물의 절연계급</th></tr>
<tr><td>종별</td><td>Y</td><td>A</td><td>E</td><td>B</td><td>F</td><td>H</td><td>C</td></tr>
<tr><td>최고허용온도 [℃]</td><td>90</td><td>105</td><td>120</td><td>130</td><td>155</td><td>180</td><td>180 이상</td></tr>
</table>
② 퓨즈나 누전차단기를 설치하여 누전시 전원차단
③ 누전화재경보기 설치 등
</td></tr>
<tr><td>과전류방지</td><td>
① 적정용량의 퓨즈 또는 배선용 차단기의 사용
② 문어발식 배선사용 금지
③ 스위치 등의 접촉부분 점검
④ 고장난 전기기기 또는 누전되는 전기기기의 사용금지
⑤ 동일전선관에 많은 전선 삽입금지
<table>
<tr><th>동일관 내 전선수</th><th>전류감소계소</th><th>동일관 내 전선수</th><th>전류감소계소</th></tr>
<tr><td>3 이하</td><td>0.7</td><td>16～40</td><td>0.43</td></tr>
<tr><td>4</td><td>0.63</td><td>41～60</td><td>0.39</td></tr>
<tr><td>5～6</td><td>0.56</td><td>61 이상</td><td>0.34</td></tr>
<tr><td>7～15</td><td>0.49</td><td></td><td></td></tr>
</table>
</td></tr>
<tr><td>접촉불량 방지</td><td>① 전기공사 시공 및 감독 철저
② 전기설비 점검 철저</td></tr>
<tr><td>안전점검 철저</td><td>설비별 안전점검 철저</td></tr>
</table>

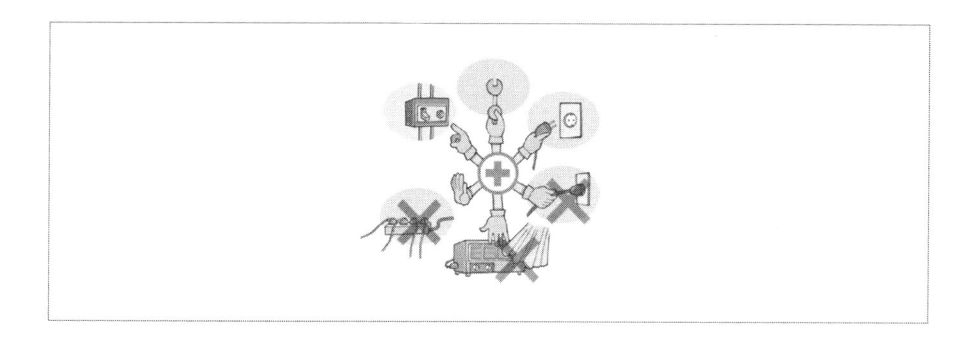

2 국소대책

1) 경보설비의 설치

화재가 발생되면 제일 먼저 화재의 발생 상황을 구내의 모든 사람에게나 소방서에 알려서 피난을 할 수 있도록 하고 화재가 확대되기 전에 자체 소방조직의 대책을 수립하도록 해야 하며 그를 위한 설비들은 아래와 같다.

(1) 자동화재탐지설비
(2) 전기화재경보기
(3) 자동화재경보기
(4) 비상경보설비(비상벨, 자동식 사이렌, 방송설비)

2) 국한대책

(1) 방화시설 설치(방화벽, 방화문 등)
(2) 불연성, 난연성 재료의 사용
(3) 초기화재진압을 위한 대응 및 조치
(4) 위험물질 및 위험물을 격리 조치

3 소화대책

1) 소화설비의 설치 및 활용

화재발생을 일단 알리고 나면 소화작업을 하여야 하며 자체 소화설비를 위한 설비로서는 수동식 소화설비와 자동식 소화설비 등이 있으며 그 종류는 다음과 같다.

(1) 소화기, 간이소화용구(물양동이, 건조사, 소화수, 팽창질석, 진주암, 소화약제에 의한 간이 소화용구)
(2) 옥내·외 소화전 설비
(3) 스프링쿨러 설비
(4) 물분무 소화설비 및 포말 소화설비
(5) 이산화탄소 및 할로겐화합물, 분말 소화설비
(6) 동력소방펌프 설비

전기화재시 소화에 부적합한 소화기는?

산알칼리소화기

2) 초기 신속대응에 의한 진화

(1) 내부 상황을 파악하기 위한 이론교육 및 훈련

(2) 통신수단의 확보대책

3) 기타 대책

(1) 장시간 소화활동할 수 있는 대책수립

(2) 소화수 누설방지 대책

4 피난대책

1) 피난설비 설치

화재가 발생하면 우선 인명대피를 자체 소화작업에 우선하여 실시하여야 하며 인명대피를 위한 확실한 설비는 건축물 설비로서 피난계단(특별피난계단)을 들 수 있으나 소방법 규상에는 피난을 위한 고정설비가 아닌 피난기구들로서 그 종류는 다음과 같다.

(1) 피난기구(미끄럼대, 피난 사다리, 구조대, 완강기, 피난교, 피난밧줄, 기타 피난기구)

(2) 유도등 또는 유도표시

(3) 비상조명등

(4) 방열복, 공기호흡기 등 인명구조 장구

2) 피난시 심리적 불안을 완화하기 위한 대책

(1) 피난자에 대한 위치, 피난 경로를 명확히 하기 위한 위치 표시를 하고 평면 계획상 피난 경로를 단순하게 한다.

(2) 화재시 불안감 등을 제거하기 위하여 필요에 따라 비상 조명등의 조도를 높이는 조치를 취한다.

(3) 심리적 불안감을 해소하기 위하여 피난유도 방송을 한다. 따라서 방송설비가 화재에 의하여 파손되지 않도록 구획 등을 하여 적절한 대책을 강구한다.

3) 상층방향에 대한 피난대책 강구

5 발화원의 관리

1) 전기화재의 발화원

발화원	종류
이동 가능한 전열기	전기풍로, 전기난로, 전기다리미, 전기이불, 소독기, 용접기 등
고정된 전열기	전기항온기, 전기부화기, 오븐, 전기건조기, 전기로 등
전기기기	전지, 영사기, TV, 라디오, 냉장고 등
전기장치	배전용 변압기, 전동기, 발전기, 정류기, 충전기, 유입차단기 등
전등 · 전화 등의 배선	송배전선, 인입선, 실내선, 코드, 배선접촉부 등
배선기구	스위치, 계폐기, 접속기 등
누전에 의하여 발열하기 쉬운 부분	함석판의 이은 곳, 벽에 박은 곳, 고압선에 접촉된 목재 등
정전기 스파크	고무피막기의 스파크, 롤러기의 스파크, 분체마찰에 의한 스파크, 관로 중의 유동액체에 의한 스파크 등
번개	직격뢰, 유도뢰

2) 발화원의 관리

발화원 구분	화재예방대책(관리대책)
변압기	① 변압기는 가능한 독립된 내화구조의 변전실 또는 다른 건물에서 충분히 떨어진 장소에 설치할 것 ② 작업장 내에 설치할 경우 내화구조의 칸막이 벽, 바닥(2시간 내화 정도의 것) 등으로 다른 부분과 방화적인 격리를 할 것 ③ 대용량의 변압기 상호 간의 사이 및 차단기, 배전반 등의 사이에는 콘크리트의 칸막이벽을 설치하여 각각 독립시켜서 손해의 파급을 막을 것 ④ 바닥을 경사지게 하고 또 배유구를 설치하여 사고시 흘러나오는 기름을 신속히 배출하도록 함 ⑤ 옥외 변압기의 경우 변압기 주위에 방유제를 쌓고 또한 자갈 등을 깔아 새어 나온 기름이 잘 흡수되도록 할 것 ⑥ 불연성 절연유를 사용한 변압기나 건식 변압기를 이용하도록 노력할 것
전동기	① 사용장소에 적합한 전동기 사용 – 인화성 가스나 먼지 등이 있는 곳에서는 방폭형, 방진형의 것을 선정하여 사용 ② 전동기 철재 외함 접지 – 정기적으로 접지선의 접속상태 점검 및 접지저항 측정 – 인화 또는 폭발위험이 큰 곳은 2개소 이상 접지 실시 ③ 과열 방지 – 청소실시, 통풍철저, 적정퓨즈 · 과부하 보호장치의 사용, 급유 등에 주의 – 정기적으로 절연저항시험 실시 – 지나친 온도 상승을 빨리 발견하기 위하여 온도계 등 적절한 장치 사용
전열기, 배선 배선기구, 전등 등	1.1)항의 전기기기 등의 화재예방대책과 동일함

PART 05

화학설비 위험방지기술

I N T R O D U C T I O N to I N D U S T R I A L S A F E T Y

위험물 및 유해화학물질 안전

SECTION 1 위험물, 유해화학물질의 종류

1 위험물의 기초화학

1) 물질의 상태와 성질

물질의 상태에는 기체, 액체, 고체의 세 가지가 있고, 그 특징은 다음과 같다.

| 기체, 액체, 고체상태의 일반적 성질 |

성질	기체상태	액체상태	고체상태
압축성	거의 무한	약간	거의 무시
팽창성	거의 무한	약간	거의 무시
모양	그릇의 모양	그릇의 모양 평평한 표면과 고정된 부피	고정
흐름	빠름, 아주 작은 점도	느림, 여러 가지 점도	거의 무시, 높은 점도
구조	완전히 무질서	제한된 부분만 질서	거의 완전히 질서
에너지 함량	가장 큼 (에너지를 제거하면 액체상태로 됨)	중간 크기 (에너지를 제거하면 고체상태, 에너지를 더하면 기체상태가 됨)	가장 적음 (에너지를 가하면 액체나 기체상태로 됨)

물리적 성질은 물질의 조성이나 동일성을 변화시키지 않으면서 나타나고 측정하고 관측할 수 있는 것이며, 화학적 성질은 화학반응에서만 볼 수 있는 것이다. 여기서 화학반응이란 최소한 물질이라도 그 조성과 동일성이 변화하는 과정을 말한다.

2) 물질의 종류

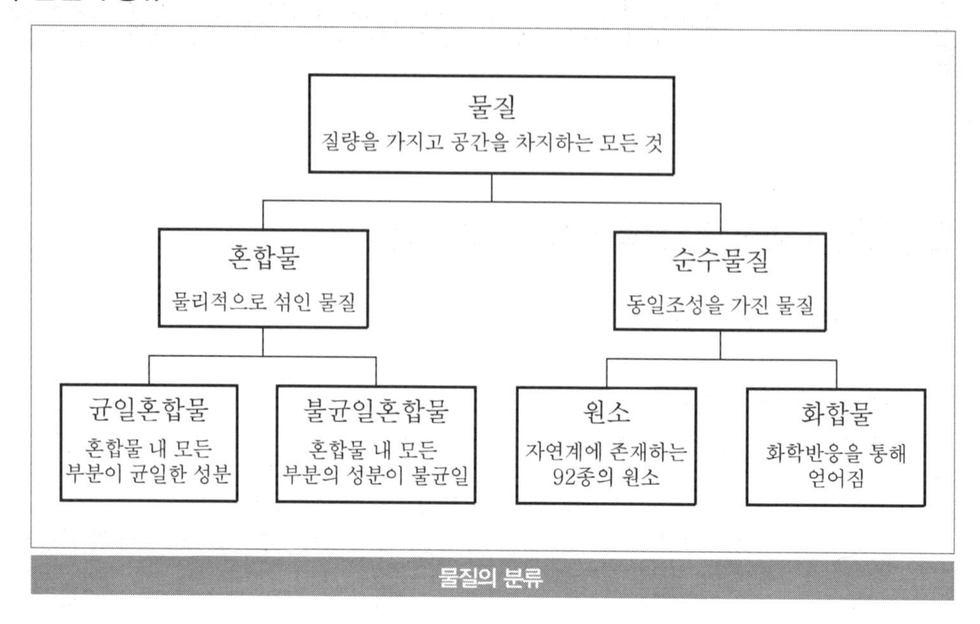

물질의 분류

3) 화학반응 기초

(1) 온도

① 상대온도 : 해면의 평균대기압하에서 물의 끓는점과 어는점을 기준하여 정한 온도

㉠ 섭씨온도(℃) : 물의 어는점(0℃)과 끓는점(100℃)을 100등분하여 기준점으로 정한 온도

㉡ 화씨온도(°F) : 물의 어는점(32°F)과 끓는점(212°F)을 180등분하여 기준점으로 정한 온도

② 절대온도 : 분자운동이 완전 정지하여 운동에너지가 0이 되는 온도

㉠ 켈빈온도(K) : 섭씨의 절대온도(−273℃=0K)

㉡ 랭킨온도(R) : 화씨의 절대온도(−460°F=0R)

[℃, °F, K, R 간의 관계식]

$$℃ = \frac{5}{9}(°F - 32),\ °F = \frac{9}{5}(℃) + 32,\ K = ℃ + 273,\ R = K \times 1.8$$

③ 열손실률

$$Q = K \times \frac{T_1 - T_2}{t}$$

여기서, Q : 열손실률(kcal/m² · hr)
K : 열전달률(kcal/m · hr · ℃)
T_1 : 고온 측(℃), T_2 : 저온 측(℃)
t : 재질 두께(m)

열교환탱크 외부를 두께 0.2m의 석면(K=0.037kcal/m · hr · ℃)으로 보온하였더니 석면의 내면은 40℃, 외면은 20℃이었다. 면적 1m²당 1시간에 손실되는 열량(kcal)은?

➡ $Q = K \times \frac{T_1 - T_2}{t} = 0.037\text{kcal/m} \cdot \text{hr} \cdot ℃ \times \frac{(40-20)℃}{0.2\text{m}} = 3.7\text{kcal/m}^2\text{hr}$

(2) 압력

단위면적에 미치는 힘으로, 그 단위는 kg/cm², lb/in², N/m², Pa 등이 있다.

| 압력의 구분 |

절대압력	• 완전진공을 기준으로 측정한 압력을 말한다. 따라서 완전진공의 절대압력은 0(Zero)이다. 절대압력 = 대기압 + Gauge 압력 = 대기압 − 진공압력 • 가스의 실제 압력으로 진공일 때를 0, 표준대기압을 1.033으로 한다. • 단위는 kg/cm²a(절대압력에는 a를 붙여서 사용)
표준대기압	• 대기권에서 지구의 평균 표면(해수면)까지의 압력 • 760mmHg, 1.033kg/cm²a, 1atm, 14.7lb/in²a(psia)
게이지압력	• 국소대기압을 기준으로 측정한 압력(계기상의 압력) • 단위는 kg/cm², mmHg, bar 등 다양하다.

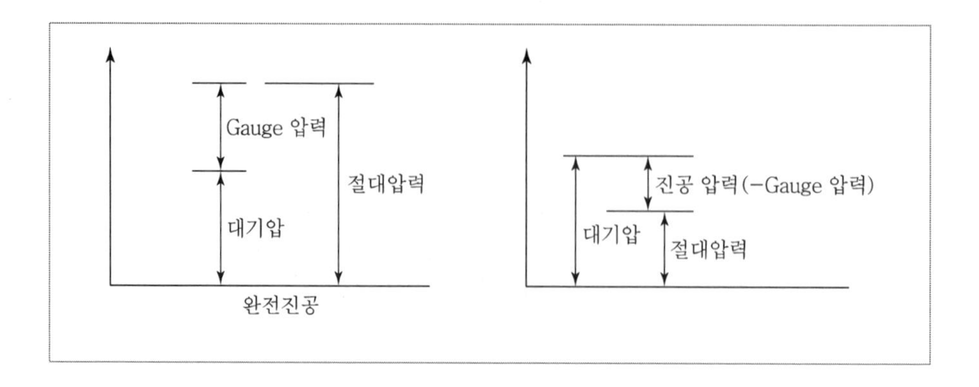

(3) 기체반응 기초법칙

① 보일의 법칙

기체에 대한 부피 대 압력의 법칙. 온도가 일정할 때 기체의 부피는 주어진 압력에 반비례한다.

$$P_1 V_1 = P_2 V_2$$

② 샤를의 법칙

기체에 대한 부피 대 온도의 법칙. 압력이 일정할 때 기체의 부피는 주어진 온도에 비례한다.

$$\frac{V_1}{T_1} = \frac{V_2}{T_2}$$

③ 보일-샤를의 법칙

보일의 법칙과 샤를의 법칙을 수학적으로 합해놓은 연합기체법칙

$$\frac{P_1 V_1}{T_1} = \frac{P_2 V_2}{T_2}$$

여기서, P : 압력, V : 부피, T : 온도

④ 이상기체 상태방정식

기체의 압력은 기체 몰수와 온도의 곱을 부피로 나눈 값에 비례한다는 것을 표현한 식

$$PV = nRT = \frac{W}{M}RT$$

여기서, P : 절대압력(atm), V : 부피(ℓ)
R : 0.082(ℓ · atm/mol · K), T : 절대온도(K)
n : 몰수(mol), M : 분자량, W : 질량(g)

⑤ 단열변화(단열압축, 단열팽챙)

주변계와의 열교환이 없는 상태에서의 온도 변화시 기체의 부피와 압력의 변화

$$\frac{T_2}{T_1} = \left(\frac{V_1}{V_2}\right)^{r-1} = \left(\frac{P_2}{P_1}\right)^{\frac{(r-1)}{r}}$$

용기가 폭발에 의하여 파열될 때는 단열팽창이 일어난다. 단열팽창 시의 열역학적 관계식이 맞는 것은?

➡ $\frac{T_2}{T_1} = \left(\frac{P_2}{P_1}\right)^{\frac{(r-1)}{r}}$

⑥ 부피변화에 따른 열량계산

$$Q = AP(V_2 - V_1)$$

여기서, Q : 열량(kcal), A : 열당량(kcal/kg · m)(=1/427)
P : 압력(kg/cm^2), V : 비체적(m^3/kg)

대기압하(1.03kg/cm²)에서 100℃의 물 1kg이 100℃의 수증기로 변화될 때, 수증기의 체적팽창으로 외부에 할 수 있는 일을 열에너지로 계산하면 어느 정도인가?(단, 100℃의 포화수의 비체적은 0.00104371m³/kg, 건포화증기의 비체적은 1.673000m³이며, 일의 열당량은 1/427 kcal/kg · m이다)

➡ $Q=AP(V_2-V_1)=\frac{1}{427}\times 1.03\times 10^4\times(1.673-0.00104371)=40.33\text{kcal}$

⑦ 액화가스의 부피

액화가스 무게(kg)×가스 정수=액화가스 부피

액화 프로판 320kg을 내용적 50L 용기에 충전할 때 필요한 소요 용기의 수는 약 몇 개인가?(단, 액화 프로판의 가스 정수는 2.35이다)

➡ 320kg×2.35=752L, $\frac{752}{50}\fallingdotseq 15$, 15개

⑧ Flash율 : 엔탈피 변화에 따른 액체의 기화율

$$\text{Flash율}=\frac{e_1-e_2}{\text{기화열/분자량}}$$

여기서, e_1 : 본래 엔탈피, e_2 : 변화된 엔탈피

대기압에서 물의 엔탈피가 1kcal/kg이었던 것이 가압하여 1.45kcal/kg을 나타내었다면 Flash율은?(단, 물의 기화열은 540kcal/mol이라고 가정한다)

➡ 물(H_2O)의 분자량=18, Flash율 $=\frac{(1.45-1)}{540/18}=0.015$

⑨ 액화가스의 기화량 : 액화가스가 대기 중으로 방출될 때의 기화되는 양

$$기화량(kg) = 액화가스\ 질량(kg) \times \frac{비열(kJ/kg)}{증발잠열(kJ/kg)} \times [외기온도(℃) - 비점(℃)]$$

CheckPoint

25℃ 액화프로판가스 용기에 10kg의 LPG가 들어있다. 용기가 파열되어 대기압으로 되었다고 한다. 파열되는 순간 증발되는 프로판의 질량은?(단, LPG의 비열은 2.4kJ/kg이고, 표준비점은 −42.2℃, 증발잠열은 384.2kJ/kg이라고 한다)

➡ $기화량(kg) = 액화가스\ 질량(kg)\frac{비열(kJ/kg)}{증발잠열(kJ/kg)} \times [외기온도(℃) - 비점(℃)]$

$$= 10kg \times \frac{2.4}{384.2} \times [25 - (-42.2)] = 4.2kg$$

⑩ 0℃, 1기압에서 기체 1몰의 부피 : 22.4ℓ

(4) 물의 비등(끓음)

① Leidenfrost Point : 막비등(Film Boiling)에서 핵비등 상태로 급격하게 이행하는 하한점

② Burn−out Point : 가열선(철선, 동선) 등이 타서 끊어지는 점

③ Sub−cooling Boiling Point : 표면비등점

CheckPoint

물의 비등현상 중 막비등(Film Boiling)에서 핵비등 상태로 급격하게 이행하는 하한점은?

➡ Leidenfrost Point

4) 화학식의 종류와 정의

(1) 실험식(조성식) : 화합물을 구성하는 원소들의 가장 간단한 정수비를 표시한 식

(2) 분자식 : 한 개의 분자 중에 들어있는 원자의 종류와 그 수를 원소기호로 표시한 식

(3) 시성식 : 분자의 성질을 표시할 수 있는 라디칼(작용기)을 표시하여 그 결합상태를 표시한 식
(4) 구조식 : 분자 내 원자와의 결합상태를 원자가와 같은 수의 결합선으로 연결하여 나타낸 식

5) 화학반응의 분류

(1) 부가반응

① 둘이나 그 이상의 물질이 화합하여 하나의 화합물을 만드는 반응
② A+Z → AZ
③ 부가반응의 예 : C_2H_4(에틸렌)+Cl_2(염소) → $C_2H_4Cl_2$(2염화에틸렌)

CheckPoint

에틸렌과 염소가 일차적으로 반응시 일반적으로 일어나는 반응은?
부가반응

(2) **분해반응** : 하나의 화합물이 둘 또는 그 이상의 물질로 분해되는 반응

(3) **단일치환반응**

① 하나의 금속이 하나의 화합물 또는 수용액으로부터 다른 금속 또는 수소를 치환하는 반응
② 수소취성 : 수소는 고온, 고압에서 강(Fe_3C) 중의 탄소와 반응하여 메탄을 생성한다.
$Fe_3C+2H_2 \rightarrow CH_4+3Fe$

(4) **이중치환반응** : 두 화합물의 음이온이 서로 교환되어 완전히 다른 화합물을 생성하는 반응

(5) **중화반응** : 이중치환반응의 특별한 유형으로, 산과 염기가 반응하여 물을 생성하고 중화되는 반응

(6) **중합반응(Polymerization)**

① 단량체(Monomer)가 촉매 등에 의해 반응하여 다량체(Polymer)를 만들어내는 반응이다.

② A+A+⋯+A → $-[A]^{-n}$

2 위험물의 정의

위험물은 다양한 관점에서 정의될 수 있으나 화학적 관점에서 정의하면, 일정 조건에서 화학적 반응에 의해 화재 또는 폭발을 일으킬 수 있는 성질을 가지거나, 인간의 건강을 해칠 수 있는 우려가 있는 물질을 말한다.

1) 위험물의 일반적 성질

(1) 상온, 상압 조건에서 산소, 수소 또는 물과의 반응이 잘 된다.
(2) 반응속도가 다른 물질에 비해 빠르며, 반응시 대부분 발열반응으로 그 열량 또한 비교적 크다.
(3) 반응시 가연성 가스 또는 유독성 가스를 발생한다.
(4) 보통 화학적으로 불안정하여 다른 물질과의 결합 또는 스스로의 분해가 잘 된다.

2) 위험물의 특징

(1) 화재 또는 폭발을 일으킬 수 있는 성질이 다른 물질에 비해 매우 크다.
(2) 발화성 또는 인화성이 강하다.
(3) 외부로부터의 충격이나 마찰, 가열 등에 의하여 화학변화를 일으킬 수 있다.
(4) 다른 물질과 격렬하게 반응하거나 공기 중에서 매우 빠르게 산화되어 폭발할 수 있다.
(5) 화학반응시 높은 열을 발생하거나, 폭발 및 폭음을 내는 경우가 대부분이다.

3 「산업안전보건법」 상 위험물 분류(안전보건규칙 별표1)

위험물 종류	물질의 구분
폭발성 물질 및 유기과산화물 (별표1 제1호)	가. 질산에스테르류 나. 니트로 화합물 다. 니트로소 화합물 라. 아조 화합물 마. 디아조 화합물 바. 하이드라진 유도체 사. 유기과산화물 아. 그 밖에 가목부터 사목까지의 물질과 같은 정도의 폭발의 위험이 있는 물질 자. 가목부터 아목까지의 물질을 함유한 물질

물반응성 물질 및 인화성 고체 (별표1 제2호)	가. 리튬 나. 칼륨 · 나트륨 다. 황 라. 황린 마. 황화인 · 적린 바. 셀룰로이드류 사. 알킬알루미늄 · 알킬리튬 아. 마그네슘분말 자. 금속 분말(마그네슘 분말은 제외한다) 차. 알칼리금속(리튬 · 칼륨 및 나트륨은 제외한다) 카. 유기 금속화합물(알킬알루미늄 및 알킬리튬은 제외한다) 타. 금속의 수소화물 파. 금속의 인화물 하. 칼슘 탄화물 · 알루미늄 탄화물 거. 그 밖에 가목부터 하목까지의 물질과 같은 정도의 발화성 또는 인화성이 있는 물질 너. 가목부터 거목까지의 물질을 함유한 물질
산화성 액체 및 산화성 고체 (별표1 제3호)	가. 차아염소산 및 그 염류 나. 아염소산 및 그 염류 다. 염소산 및 그 염류 라. 과염소산 및 그 염류 마. 브롬산 및 그 염류 바. 요오드산 및 그 염류 사. 과산화수소 및 무기 과산화물 아. 질산 및 그 염류 자. 과망간산 및 그 염류 차. 중크롬산 및 그 염류 카. 그 밖에 가목부터 차목까지의 물질과 같은 정도의 산화성이 있는 물질 타. 가목부터 카목까지의 물질을 함유한 물질
인화성 액체 (별표1 제4호)	가. 에틸에테르, 가솔린, 아세트알데히드, 산화프로필렌 그 밖에 인화점이 섭씨 23도 미만이고 초기끓는점이 섭씨 35도 이하인 물질 나. 노르말헥산, 아세톤, 메틸에틸케톤, 메틸알코올, 에틸알코올, 이황화탄소 그 밖에 인화점이 섭씨 23도 미만이고 초기끓는점이 섭씨 35도를 초과하는 물질 다. 크실렌, 아세트산아밀, 등유, 경유, 테레핀유, 이소아밀알코올, 아세트산, 하이드라진 그 밖에 인화점이 섭씨 23도 이상 섭씨 60도 이하인 물질
인화성 가스 (별표1 제5호)	가. 수소 나. 아세틸렌 다. 에틸렌 라. 메탄 마. 에탄 바. 프로판 사. 부탄 아. 영 별표 10에 따른 인화성 가스(인화성 가스란 인화한계 농도의 최저한도가 13퍼센트 이하 또는 최고한도와 최저한도의 차가 12퍼센트 이상인 것으로서 표준압력(101.3kPa)하의 20℃에서 가스 상태인 물질을 말한다)

부식성 물질 (별표1 제6호)	가. 부식성 산류 (1) 농도가 20퍼센트 이상인 염산 · 황산 · 질산 그 밖에 이와 같은 정도 이상의 부식성을 가지는 물질 (2) 농도가 60퍼센트 이상인 인산 · 아세트산 · 불산 그 밖에 이와 같은 정도 이상의 부식성을 가지는 물질 나. 부식성 염기류 농도가 40퍼센트 이상인 수산화나트륨 · 수산화칼륨 그 밖에 이와 같은 정도 이상의 부식성을 가지는 염기류
급성 독성 물질 (별표1 제7호)	가. 쥐에 대한 경구투입실험에 의하여 실험동물의 50퍼센트를 사망시킬 수 있는 물질의 양, 즉 LD50(경구, 쥐)이 킬로그램당 300밀리그램-(체중) 이하인 화학물질 나. 쥐 또는 토끼에 대한 경피흡수실험에 의하여 실험동물의 50퍼센트를 사망시킬 수 있는 물질의 양, 즉 LD50(경피, 토끼 또는 쥐)이 킬로그램당 1,000밀리그램-(체중) 이하인 화학물질 다. 쥐에 대한 4시간동안의 흡입실험에 의하여 실험동물의 50퍼센트를 사망시킬 수 있는 물질의 농도, 즉 가스 LC50(쥐, 4시간 흡입)이 2,500ppm 이하인 화학물질, 증기 LC50(쥐, 4시간 흡입)이 10mg/ℓ 이하인 화학물질, 분진 또는 미스트 1mg/ℓ 이하인 화학물질

1) 독성물질의 표현단위

(1) 고체 및 액체 화합물의 독성 표현단위

① LD(Lethal Dose) : 한 마리 동물의 치사량

② MLD(Minimum Lethal Dose) : 실험동물 한 무리(10마리 이상)에서 한 마리가 죽는 최소의 양

만성중독의 판정에 사용되는 지수가 아닌 것은?

① TLV ② VHI

③ 중독지수 ④ MLD (정답 ✔)

③ LD50 : 실험동물 한 무리(10마리 이상)에서 50%가 죽는 양

④ LD100 : 실험동물 한 무리(10마리 이상) 전부가 죽는 양

(2) 가스 및 증발하는 화합물의 독성 표현단위

① LC(Lethal Concentration) : 한 마리 동물을 치사시키는 농도

② MLC(Minimum Lethal Concentration) : 실험동물 한 무리(10마리 이상)에서 한 마리가 죽는 최소의 농도

③ LC50 : 실험동물 한 무리(10마리 이상)에서 50%가 죽는 농도

④ LC100 : 실험동물 한 무리(10마리 이상) 전부가 죽는 농도

(3) 고독성물질 기준

경구투여 시 LD50이 25mg/kg 이하인 물질

유해인자의 분류기준 중 고독성물질의 경구투여 시 LD50의 기준은?

➡ 25mg/kg

| 독성물질의 정의 기준 |

구분 \ 독성		경구독성 (LD50)	경피독성 (LD50)	흡입독성 (LC50, 4시간)
국제기준		200mg/kg 이하	400mg/kg 이하	2,000mg/m³ 이하
국내	산안법	300mg/kg 이하	1,000mg/kg 이하	2,500ppm 이하
	환경법	200mg/kg 이하	1,000mg/kg 이하	2,500ppm 이하
	고압법	허용농도 5,000ppm 이하		

독성가스에 속하지 않는 것은?

① 암모니아　　② 황화수소

③ 포스겐　　④ 질소 (정답)

(3) 각종 가스의 허용농도

구분	CO	Cl_2	F_2	Br_2
허용농도	50ppm	1ppm	0.1ppm	0.1ppm

다음 가스 중 허용농도가 가장 높은 물질은?

➡ CO(CO : 50ppm < Cl_2 : 1ppm < F_2 : 0.1ppm, Br_2 : 0.1ppm)

| 소방법상 위험물 분류 |

구분	성질	특징
제1류	산화성 고체	상온에서 고체. 반응성이 강하고, 열 · 충격 · 마찰 및 다른 약품과 접촉 시 쉽게 분해되며 많은 산소를 방출하여 가연물의 연소를 돕고 폭발할 수도 있다.
제2류	가연성 고체	상온에서 고체. 산화제와 접촉한 상태에서 마찰과 충격을 받으면 급격히 폭발할 수 있는 가연성 · 이연성 물질이다.
제3류	자연발화성 및 금수성 물질	물과 반응하여 발열반응을 하며 가연성가스를 발생한다. 급격히 발화하는 것으로는 칼륨, 나트륨 등이 있으며 이들은 공기 중에서도 연소되는 가연성 물질이다.
제4류	인화성 액체	상온에서 액체 상태인 가연성 액체보다 낮은 온도에서 액체가 되는 물질로서 대단히 인화하기 쉽고 물보다 가벼우며 물에 잘 녹지 않는다. 인화점, 연소하한계, 착화온도가 낮다. 위험물에서 발생하는 증기는 공기보다 무겁다.
제5류	자기반응성 물질	유기화합물로서 가열 · 충격 · 마찰 등으로 인해 폭발하는 것이 많다. 가연물이면서 산소공급원으로 자기연소성 물질이며, 연소속도가 빠르다. 자연발화를 할 위험이 있다.
제6류	산화성 액체	불연성 물질이지만 산소를 많이 함유하고 있는 강산화제로서 물과 접촉시 발열하고 물보다 무거우며 물에 잘 녹는다. 부식성 및 유독성인 특징이 있다.

소방법의 위험물과 산업안전보건법의 위험물 분류에서 양쪽에 공통으로 포함되지 않는 것은?

✓ 가연성 가스　　② 인화성 액체
③ 산화성 액체　　④ 산화성 고체

4 노출기준

1) 정의

유해 · 위험한 물질이 보통의 건강수준을 가진 사람에게 건강상 나쁜 영향을 미치지 않는 정도의 농도

2) 표시단위

(1) 가스 및 증기 : ppm 또는 mg/m^3

(2) 분진 : mg/m^3(단, 석면은 개/cm^3)

(3) 단위환산 : $mg/l = \dfrac{체적\% \times 분자량}{24.45}$, $mg/m^3 = \dfrac{체적\% \times 분자량}{24.45}$

| 주요 물질의 허용농도 |

물질명	화학식	허용농도
포스겐(Phosgen)	$COCl_2$	0.1ppm
염소(Chlorine)	Cl_2	0.5ppm
황화수소(Hydrogen Sulfide)	H_2S	10ppm
암모니아(Ammonia)	NH_3	25ppm

3) 유독물의 종류와 성상

구분	성상	입자의 크기
흄(Fume)	고체 상태의 물질이 액체화된 다음 증기화되고, 증기화된 물질의 응축 및 산화로 인하여 생기는 고체상의 미립자(금속 또는 중금속 등)	0.01～1μm
스모크(Smoke)	유기물의 불완전 연소에 의해 생긴 작은 입자	0.01～1μm
미스트(Mist)	공기 중에 분산된 액체의 작은 입자(기름, 도료, 액상 화학물질 등)	0.1～100μm
분진(Dust)	공기 중에 분산된 고체의 작은 입자(연마, 파쇄, 폭발 등에 의해 발생됨. 광물, 곡물, 목재 등) 유해성 물질의 물리적 특성에서 입자의 크기가 가장 크다.	0.01～500μm
가스(Gas)	상온 · 상압(25℃, 1atm) 상태에서 기체인 물질	분자상
증기(Vapor)	상온 · 상압(25℃, 1atm) 상태에서 액체로부터 증발되는 기체	분자상

유해성 물질의 물리적인 특성에서 입자의 크기가 가장 큰 것은?

➡ 분진

4) 유해물질의 노출기준

(1) 시간가중평균 노출기준(TWA ; Time Weighted Average)

1일 8시간 작업을 기준으로 하여 유해인자의 측정치에 발생시간을 곱하여 8시간으로 나눈 값

$$\text{TWA 환산값} = \frac{C_1T_1 + C_2T_2 + \cdots\cdots + C_nT_n}{8}$$

여기서, C : 유해요인의 측정치(단위 : ppm 또는 mg/m^3)
T : 유해요인의 발생시간(단위 : 시간)

| 여러 가지 화학물질의 노출기준 |

(고용노동부고시 제2018-62호, 2018.7.30 개정)

유해물질의 명칭		화학식	노출기준			
			TWA		STEL	
국문표기	영문표기		ppm	mg/m^3	ppm	mg/m^3
톨루엔	Toluene	$C_6H_5CH_3$	50	–	150	–
포름알데히드	Formaldehyde	$HCHO$	0.3	–	–	–
포스겐	Phosgene	$COCl_2$	0.1	–	–	–
시안화 수소	Hydrogen cyanide	HCN	–	–	C 4.7	–
벤젠	Benzene	C_6H_6	0.5	–	2.5	–
황화수소	Hydrogen sulfide	H_2S	10	–	15	–
불소	Fluorine	F_2	0.1	–	–	–
황산	Sulfuric acid (Thoracic fraction)	H_2SO_4	–	0.2	–	0.6

톨루엔의 허용기준(8시간) 농도(ppm)는?

➡ 50ppm

(2) 단시간 노출기준(STEL ; Short Time Exposure Limit)

15분간의 시간가중평균 노출값으로서 노출농도가 시간가중평균 노출기준(TWA)을 초과하고 단시간 노출기준(STEL) 이하인 경우에는 1회 노출 지속시간이 15분 미만이어야 하고, 이러한 상태가 1일 4회 이하로 발생하여야 하며, 각 노출의 간격은 60분 이상이어야 함

(3) 최고 노출기준(C ; Ceiling)

근로자가 1일 작업시간동안 잠시라도 노출되어서는 안 되는 기준

(4) 혼합물인 경우의 노출기준(위험도)

① 오염원이 여러 개인 경우, 각각의 물질 간의 유해성이 인체의 서로 다른 부위에 작용한다는 증거가 없는 한 유해작용은 가중되므로, 노출기준은 다음 식에서 산출되는 수치가 1을 초과하지 않아야 한다.

$$\text{위험도 } R = \frac{C_1}{T_1} + \frac{C_2}{T_2} + \cdots\cdots + \frac{C_n}{T_n}$$

여기서, C : 화학물질 각각의 측정치(위험물질에서는 취급 또는 저장량

T : 화학물질 각각의 노출기준(위험물질에서는 규정수량)

- 위험물질의 경우는 규정수량에 대한 취급 또는 저장량을 적용한다.
- 화학설비에서 혼합 위험물의 R값이 1을 초과할 경우 특수화학설비로 분류된다.

산업안전보건법에서 정한 공정안전보고서 제출대상 업종이 아닌 사업장으로서 위험물질의 1일 취급량이 염소 10,000kg, 수소 20,000kg, 프로판 1,000kg, 톨루엔 2,000kg인 경우 공정안전보고서 제출대상 여부를 판단하기 위한 R값은 얼마인가?

| 유해위험물질의 규정수량 |

유해 · 위험물질명	규정수량(kg)
1. 인화성 가스	취급 : 5,000
	저장 : 200,000
2. 인화성 액체	취급 : 5,000
	저장 : 200,000
3. 염소	20,000
4. 수소	50,000

➡ $R = \frac{10,000}{20,000} + \frac{20,000}{50,000} + \frac{1,000}{5,000} + \frac{2,000}{5,000} = 1.5$

② TLV(Threshold Limit Value) : 미국 산업위생전문가회의(ACGIH)에서 채택한 허용농도기준. 근로자가 유해인자에 노출되는 경우 노출기준 이하 수준에서는 거의 모든 근로자에게 건강상 나쁜 영향을 미치지 아니하는 기준

$$\text{혼합물의 노출기준} = \frac{1}{\frac{f_1}{TLV_1} + \frac{f_2}{TLV_2} + \cdots + \frac{f_n}{TLV_n}}$$

여기서, f_x : 화학물질 각각의 측정치(위험물질에서는 취급 또는 저장량)
TLV_x : 화학물질 각각의 노출기준(위험물질에서는 규정수량)

5 유해화학물질의 유해요인

1) 유해물질

인체에 어떤 경로를 통하여 침입하였을 때 생체기관의 활동에 영향을 주어 장애를 일으키거나 해를 주는 물질을 말한다.

2) 유해한 정도의 고려 요인

(1) 유해물질의 농도와 폭로시간 : 농도가 클수록, 근로자의 접촉시간이 길수록 유해한 정도는 커지게 된다.
(2) 유해지수는 K로 표시하며, Hafer의 법칙으로 다음과 같이 나타낸다.

유해지수(K)=유해물질의 농도×노출시간

3) 유해인자의 분류기준

(1) 화학적 인자 (2) 물리적 인자 (3) 생물학적 인자

4) 유해물질 작업장의 관리

(1) 유해물질 취급 작업장의 게시사항(MSDS)(산업안전보건법 제110조, 제114조)

① 제품명
② 물질안전보건자료대상물질을 구성하는 화학물질 중 제104조에 따른 분류기준에 해당하는 화학물질의 명칭 및 함유량

③ 안전 및 보건상의 취급 주의 사항
④ 건강 및 환경에 대한 유해성, 물리적 위험성
⑤ 물리·화학적 특성 등 고용노동부령으로 정하는 사항(시행규칙 제156조의2)
　㉠ 물리·화학적 특성
　㉡ 독성에 관한 정보
　㉢ 폭발·화재 시의 대처방법
　㉣ 응급조치 요령
　㉤ 그 밖에 고용노동부장관이 정하는 사항

(2) 허가 및 관리 대상 유해물질의 제조 또는 취급작업 시 특별안전보건교육 내용(시행규칙 별표 5 관련)

① 취급물질의 성질 및 상태에 관한 사항
② 유해물질이 인체에 미치는 영향
③ 국소배기장치 및 안전설비에 관한 사항
④ 안전작업방법 및 보호구 사용에 관한 사항
⑤ 그 밖에 안전·보건관리에 필요한 사항

5) 분진의 유해성

(1) 천식　(2) 전신중독　(3) 피부, 점막장애
(4) 발암　(5) 진폐

6) 방사선 물질의 유해성

외부 위험 방사능 물질	내부위험 방사능 물질
X선, γ선, 중성자	α선(매우 심각), β선

(1) 투과력 : α선 $<$ β선 $<$ X선 $<$ γ선

① 200~300rem 조사 시 : 탈모, 경도발적 등
② 450~500rem 조사 시 : 사망

(2) 인체 내 미치는 위험도에 영향을 주는 인자

① 반감기가 길수록 위험성이 작다.
② α입자를 방출하는 핵종일수록 위험성이 크다.
③ 방사선의 에너지가 높을수록 위험성이 크다.
④ 체내에 흡수되기 쉽고 잘 배설되지 않는 것일수록 위험성이 크다.

방사성 물질이 체내에 들어갈 경우 신체에 미치는 위험도에 대한 설명 중 옳지 않은 것은?

✅ 반감기가 길수록 위험성이 크다.
② α입자를 방출하는 핵종일수록 위험성이 크다.
③ 방사선의 에너지가 높을수록 위험성이 크다.
④ 체내에 흡수되기 쉽고 잘 배설되지 않는 것일수록 위험성이 크다.

7) 중금속의 유해성

(1) 카드뮴 중독

① 이타이이타이 병 : 일본 도야마현 진쯔강 유역에서 1910년 경 발병 - 폐광에서 흘러나온 카드뮴이 원인
② 허리와 관절에 심한 통증, 골절 등의 증상을 보인다.

(2) 수은 중독

① 미나마타 병 : 1953년 이래 일본 미나마타만 연안에서 발생
② 흡인시 인체의 구내염과 혈뇨, 손떨림 등의 증상을 일으킨다.

(3) 크롬 화합물(Cr 화합물) 중독

① 크롬 정련 공정에서 발생하는 6가 크롬에 의한 중독
② 비중격천공증을 유발한다.

비중격천공증을 일으키는 물질은?

➡ Cr 화합물

SECTION 2 위험물, 유해화학물질의 취급 및 안전수칙

1 위험물의 성질 및 위험성

1) 일반적으로 위험물은 폭발물, 독극물, 인화물, 방사선물질 등 그 종류가 많다.
2) 위험물의 분류

물리적 성질에 따른 분류	가연성 가스, 가연성 액체, 가연성 고체, 가연성 분체
화학적 성질에 따른 분류	폭발성 물질, 산화성 물질, 금수성 물질, 자연발화성 물질

2 위험물의 저장 및 취급방법

1) 가연성 액체(인화성 액체)

(1) 가연성 액체는 액체의 표면에서 계속적으로 가연성 증기를 발산하여 점화원에 의해 인화·폭발의 위험성이 있다.
(2) 가연성 액체의 위험성은 그 물질의 인화점(Flash Point)에 의해 구분되며, 인화점이 비교적 낮은 가연성 액체를 특히 인화성 액체(Flammable Liquid)라고 부른다.
(3) 가연성 액체는 인화점 이하로 유지되도록 가열을 피해야 한다. 또한 액체나 증기의 누출을 방지하고 정전기 및 화기 등의 점화원에 대해서도 항상 관리해야 한다.
(4) 저장 탱크에 액체 가연성 물질이 인입될 때의 유체의 속도는 API 기준으로 1m/s 이하로 하여야 한다.

저장 탱크에 액체 가연성물질이 인입될 때의 유체의 속도는 API 기준으로 몇 m/s 이하로 하여야 하는가?

➡ 1m/s

2) 가연성 고체

(1) 종이, 목재, 석탄 등 일반 가연물 및 연료류의 일부가 이 부류에 속한다.
(2) 가연성 고체에 의한 화재는 발화온도 이하로 냉각하든가, 공기를 차단시키면 연소를 막을 수 있다.

3) 가연성 분체

(1) 가연성 고체가 분체 또는 액적으로 되어, 공기 중에 분산하여 있는 상태에서 착화시키면 분진폭발을 일으킬 위험이 있다. 이와 같은 상태의 가연성 분체를 폭발성 분진이라고 한다. 공기 중에 분산된 분진으로는 석탄, 유황, 나무, 밀, 합성수지, 금속(알루미늄, 마그네슘, 칼슘실리콘 등의 분말) 등이 있다.
(2) 분진폭발이 발생하려면 공기 중에 적당한 농도로 분체가 분산되어 있어야 한다.
(3) 분진폭발의 위험성은 주로 분진의 폭발한계농도, 발화온도, 최소발화에너지, 연소열 그리고 분진폭발의 최고압력, 압력상승속도 및 분진폭발에 필요한 한계산소농도 등에 의해 정의되고, 분진폭발의 한계농도는 분진의 입자크기와 형상에 의해 형상을 받는다.
(4) 가연성 분체 중 금속분말(칼슘실리콘, 알루미늄, 마그네슘 등)은 다른 분진보다 화재발생 가능성이 크고 화재시 화상을 심하게 입는다.

가연성 분체 중 다른 분진보다 화재발생 가능성이 크고 화재시 화상을 심하게 입는 것은?
➡ 칼슘실리콘

4) 폭발성 물질

(1) 폭발성 물질은 가연성 물질인 동시에 산소 함유물질이다.
(2) 자신의 산소를 소비하면서 연소하기 때문에 다른 가연성 물질과 달리 연소속도가 대단히 빠르며, 폭발적이다.
(3) 폭발성 물질은 분해에 의하여 산소가 공급되기 때문에 연소가 격렬하며 그 자체의 분해도 격렬하다.

(4) 니트로셀룰로오스

① 건조한 상태에서는 자연 분해되어 발화할 수 있다.
② 에틸알코올 또는 이소프로필 알코올로서 습면의 상태로 보관한다.

질화면(Nitrocellulose)은 저장 · 취급 중에는 에틸알코올 또는 이소프로필알코올로서 습면의 상태로 되어 있다. 그 이유를 바르게 설명한 것은?

➡ 질화면은 건조상태에서는 자연발열을 일으켜 분해폭발의 위험이 존재하기 때문이다.

5) 산화성 물질

(1) 산화성 물질은 산화성 염류, 무기 과산화물, 산화성 산류, 산화성 액화가스 등으로 구분된다.

(2) 산화성 물질의 분류

산화성 산류	아염소산, 염소산, 과염소산, 브롬산(취소산), 질산, 황산(황과 혼합시 발화 또는 폭발 위험) 등
산화성 액화가스	아산화질소, 염소, 공기, 산소, 불소 등이 있으며, 산화성 가스에는 아산화질소, 공기, 산소, 이산화염소, 오존, 과산화수소 등
산화성 염류 및 무기과산화물	–

(3) 산화성 물질의 특징

① 일반적으로 자신은 불연성이지만 다른 물질을 산화시킬 수 있는 산소를 대량으로 함유하고 있는 강산화제

② 반응성이 풍부하고 가열, 충격, 마찰 등에 의해 분해하여 산소 방출이 용이

③ 가연물과 화합해 급격한 산화 · 환원반응에 따른 과격한 연소 및 폭발이 가능

혼합할 때 위험성(발화 또는 폭발)이 존재하는 것은?

① 황 - 에테르
② 황 - 아세톤
③ 황 - 케톤
④ 황 - 황산 (✔)

산화성 물질이 아닌 것은?

① KNO_3
② NH_4ClO_3
③ $K_2Cr_2O_7$
④ NH_4Cl (✔)

(4) 산화성 물질의 취급

① 가열, 충격, 마찰, 분해를 촉진하는 약품류와의 접촉을 피한다.

② 환기가 잘 되고 차가운 곳에 저장해야 한다.

③ 내용물이 누출되지 않도록 하며, 조해성이 있는 것은 습기를 피해 용기를 밀폐하는 것이 필요하다.

(5) 산화성 물질 연소의 특징

① 분해에 의해 산소가 공급되기 때문에 연소가 과격하고 위험물 자체의 분해도 격렬하다.

② 소화방법으로는 산화제의 분해를 멈추게 하기 위하여 냉각해서 분해온도 이하로 낮추고, 가연물의 연소도 억제하고 동시에 연소를 방지하는 조치를 강구해야 한다.

(6) 알칼리 금속의 과산화물(과산화칼륨, 과산화나트륨 등)은 물과 반응하여 발열하는 성질(공기 중의 수분에 의해서도 서서히 분해한다)이 있으므로 저장 · 취급시 특히 물이나 습기에 접촉되는 것을 방지해야 한다.

산화성 물질의 저장 · 취급에 있어서 고려하여야 할 사항과 가장 거리가 먼 것은?

① 가열 · 충격 · 마찰 등 분해를 일으키는 조건을 주지 말 것

② 분해를 촉진하는 약품류와 접촉을 피할 것

③ 내용물이 누출되지 않도록 할 것

✔④ 습한 곳에 밀폐하여 저장할 것

(7) 알칼리 금속의 과산화물에 의한 화재

소화제로 물을 사용할 수 없기 때문에, 다른 가연성 물질과는 같은 장소에 저장하지 말아야 한다.

(8) 황산(H_2SO_4)의 특성

① 경피독성이 강한 유해물질로 피부에 접촉하면 큰 화상을 입는다.

② 물(H_2O)에 용해 시 다량의 열을 발생한다.

③ 묽은 황산(희황산)은 각종 금속과 반응(부식)하여 수소(H_2)가스를 발생한다.

다량의 황산이 가연물과 혼합되어 화재가 발생하였다. 이 소화작업 중 가장 적절치 못한 방법은?

① 회로 덮어 질식소화한다.
② 마른 모래로 덮어 질식소화한다.
③ 건조분말로 질식소화한다.
④ 물을 뿌려 냉각소화 및 질식소화를 한다.

6) 금수성 물질

(1) 공기 중의 습기를 흡수하거나 수분이 접촉했을 때 발화 또는 발열을 일으킬 위험이 있는 물질

(2) 금수성 물질은 수분과 반응하여 가연성 가스를 발생하여 발화하는 것과 발열하는 것이 있다.

(3) 수분과 반응 시의 반응

가연성 가스 발생	나트륨, 알루미늄 분말, 인화칼슘(Ca_3P_2) 등
발열 및 접촉한 가연물 발화	생석회(CaO), 무수 염화알루미늄(AlCl), 과산화나트륨(Na_2O_2), 수산화나트륨(NaOH), 삼염화인(PCl_3) 등

다음 중 금수성 물질로 분류되는 것은?

① HCl
② NaCl
③ Ca_3P_2
④ $Al(OH)_3$

7) 자연발화성 물질

(1) 외부로부터 어떠한 발화원도 없이 물질이 상온의 공기 중에서 자연발열하여 그 열이 오랜 시간 축적되면서 발화점에 도달하여 결과적으로 발화 연소에 이르는 현상을 일으키는 물질

(2) 자연발열의 원인

① 분해열, 산화열, 흡착열, 중합열, 발효열 등

② 공기 중에서 고온과 다습은 자연발화를 촉진하는 효과를 가지게 된다.
공기 중에서 조해성(스스로 공기 중의 수분을 흡수해 분해)을 가지는 물질 : $CuCl_2$, $Cu(NO_3)$, $Zn(NO_3)_2$ 등

(3) 자연발화성 물질의 분류

유류	식물유와 어유 등
금속분말류	아연, 알루미늄, 철, 마그네슘, 망간 등과 이들의 합금으로 된 분말
광물 및 섬유, 고무	황철광, 원면, 고무 및 석탄가루 등
중합반응으로 발열	액화시안화수소, 스티렌, 비닐아세틸렌 등

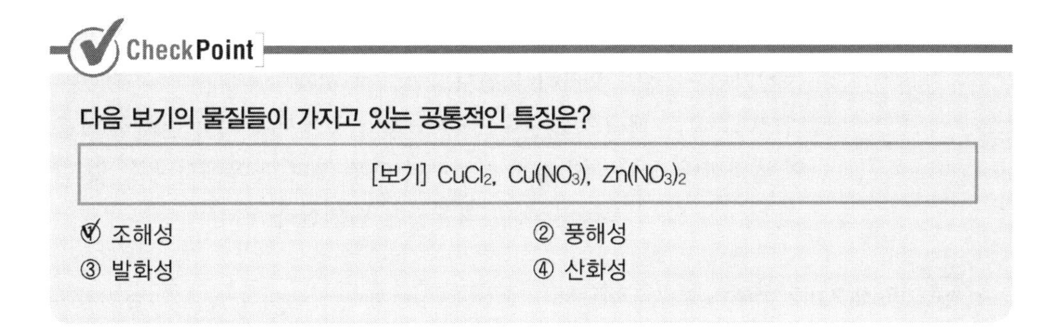
CheckPoint

다음 보기의 물질들이 가지고 있는 공통적인 특징은?

[보기] $CuCl_2$, $Cu(NO_3)$, $Zn(NO_3)_2$

✓ 조해성　　② 풍해성
③ 발화성　　④ 산화성

8) 「위험물안전관리법」상 위험물

(1) 위험물의 정의

① 「위험물안전관리법」상의 위험물은 화재 위험이 큰 것으로서 인화성 또는 발화성 등의 성질을 가진 물품을 말한다.

② 이들 물품은 그 자체가 인화 또는 발화하는 것과, 인화 또는 발화를 촉진하는 것들이 있으며, 이러한 물품들의 일반성질, 화재예방방법 및 소화방법 등의 공통점을 묶어 제1류에서 제6류까지 분류한다.

(2) 위험물의 분류(「위험물안전관리법 시행령」 별표 1)

① 제1류 위험물(산화성 고체)

㉠ 산화성 고체의 정의 : 액체 또는 기체 이외의 고체로서 산화성 또는 충격에 민감한 것

㉡ 제1류 위험물의 종류 : 무기과산화물, 아염소산, 염소산, 과염소산 염류 등

② 제2류 위험물(가연성 고체)

㉠ 가연성 고체의 정의 : 고체로서 화염에 의한 발화의 위험성 또는 인화의 위험성이 있는 것

㉡ 제2류 위험물(가연성 고체)의 종류 : 황화린, 적린, 유황, 철분, 금속분 등

㉢ 제2류 위험물(가연성 고체) 설명

ⓐ 황린은 보통 인 또는 백린이라고도 불리며, 맹독성 물질이다. 자연발화성이 있어서 물속에 보관해야 한다.

ⓑ 황화린은 3황화린(P_4S_3), 5황화린(P_4S_5), 7황화린(P_4S_7)이 있으며, 자연발화성 물질이므로 통풍이 잘되는 냉암소에 보관한다.

ⓒ 적린은 독성이 없고 공기 중에서 자연발화하지 않는다.

ⓓ 황은 황산, 화약, 성냥 등의 제조원료로 사용된다. 황은 산화제, 목탄가루 등과 함께 있으면 약간의 가열, 충격, 마찰에 의해서도 폭발을 일으키므로, 산화제와 격리하여 저장하고, 분말이 비산되지 않도록 주의하고, 정전기의 축적을 방지해야 한다.

ⓔ 마그네슘은 은백색의 경금속으로서, 공기 중에서 습기와 서서히 작용하여 발화한다. 일단 착화하면 발열량이 매우 크며, 고온에서 유황 및 할로겐, 산화제와 접촉하면 매우 격렬하게 발열한다.

CheckPoint

마그네슘의 저장 및 취급에 관한 설명으로 틀린 것은?

① 산화제와 접촉을 피한다.
② 상온의 물에서는 안정하지만, 고온의 물이나 과열 수증기와 접촉하면 격렬히 반응한다.
③ 분진폭발성이 있으므로 누설되지 않도록 포장한다.
④ 고온에서 유황 및 할로겐과 접촉하면 흡열반응을 한다.

③ 제3류 위험물(자연발화성 및 금수성 물질)

자연발화성 물질	고체 또는 액체로서 공기 중에서 발화의 위험성이 있는 것
금수성 물질	고체 또는 액체로서 물과 접촉하여 발화하거나 가연성 가스를 발생할 위험성이 있는 것

자연발화성 물질 및 금수성 물질의 종류 : 알킬리튬, 유기금속화합물, 금속의 인화물 등

CheckPoint

산화성 물질이 아닌 것은?

① 질산 및 그 염류
② 염소산 및 그 염류
③ 과염소산 및 그 염류
④ 유기금속화합물

㉡ 공통적 성질
ⓐ 물과 반응 시에 가연성 가스(수소)를 발생시키는 것이 많다.
ⓑ 생석회는 물과 반응하여 발열만을 한다.
㉢ 저장 및 취급방법
ⓐ 저장용기의 부식을 막으며 수분의 접촉을 방지한다.
ⓑ 용기파손이나 누출에 주의한다.
㉣ 소화방법
ⓐ 소량의 초기화재는 건조사에 의해 질식 소화한다.
ⓑ 금속화재는 소화용 특수분말 소화약제($NaCl$, $NH_4H_2PO_4$ 등)로 소화한다.
㉤ 제3류 위험물(자연발화성 및 금수성 물질) 설명
ⓐ 칼륨은 은백색의 무른 금속으로 상온에서 물과 격렬히 반응하여 수소를 발생시키므로 보호액(석유) 속에 저장한다.

위험물질의 저장 및 취급방법이 잘못된 것은?
① 칼륨 : 알코올 속에 저장한다.
② 피크르산 : 운반시 10~20% 물로 젖게 한다.
③ 황린 : 반드시 저장용기 중에는 물을 넣어 보관한다.
④ 니트로셀룰로오스 : 건조상태에 이르면 즉시 습한 상태로 유지시킨다.

ⓑ 금속나트륨은 화학적 활성이 크고, 물과 심하게 반응하여 수소를 내며 열을 발생시키며, 찬물(냉수)과 반응하기도 쉽다.

찬물(냉수)과 반응하기가 쉬운 물질은?
① 구리분말 ② 석면 ③ 금속나트륨 ④ 철분말

ⓒ 알킬알루미늄은 알킬기(R^-)와 알루미늄의 화합물로서, 물과 접촉하면 폭발적으로 반응하여 에탄가스를 발생한다. 용기는 밀봉하고 질소 등 불활성가스를 봉입한다.
ⓓ 금속리튬은 은백색의 고체로 물과는 심하게 발열반응을 하여 수소 가스를 발생시킨다.

ⓔ 금속마그네슘은 은백색의 경금속으로 분말을 수중에서 끓이면 서서히 반응하여 수소를 발생한다.

ⓕ 금속칼슘은 은백색의 고체로 연성이 있고 물과는 발열반응을 하여 수소 가스를 발생시킨다.

ⓖ CaC_2(탄화칼슘, 카바이드)은 백색 결정체로 자신은 불연성이나 물과 반응하여 아세틸렌을 발생시킨다.

물과 반응하여 아세틸렌을 발생시키는 물질은?

① Zn
② Mg
③ Zn_3P_2
④ CaC_2 (정답 체크)

ⓗ 인화칼슘은 인화석회라고도 하며 적갈색의 고체로 수분(H_2O)과 반응하여 유독성 가스인 포스핀 가스를 발생시킨다.

다음 물질 중 수분(H_2O)과 반응하여 유독성 가스인 포스핀이 발생되는 물질은?

① 금속나트륨
② 알루미늄 분말
③ 인화칼슘 (정답 체크)
④ 수소화리튬

ⓘ 산화칼슘은 생석회라고도 하며 자신은 불연성이지만 물과 반응 시 많은 열을 내기 때문에 다른 가연물을 점화시킬 수 있다.

ⓙ 탄화알루미늄은 흰색 또는 황색 결정체이고, 물과 발열 반응하여 메탄가스를 발생시킨다.

ⓚ 수소화물[LiH, NaH, $Li(AlH_4)$, CaH_2 등]은 융점이 높은 무색결정체로 물과반응하여 쉽게 수소를 발생시킨다.

ⓛ 칼슘실리콘은 외관상 금속 상태이고, 물과 작용하여 수소를 방출하며, 공기 중에서 자연발화의 위험이 있다, 가연성 분체 중 다른 분진보다 화재발생 가능성이 크고 화재시 화상을 심하게 입을 수 있다.

가연성 분체 중 다른 분진보다 화재발생 가능성이 크고 화재시 화상을 심하게 입는 것은?

① 탄닌 ② 황가루 ③ 칼슘실리콘 ④ 폴리에틸렌

물과 반응하여 수소가스를 발생시키지 않는 물질은?

① Mg ② Zn ③ Cu ④ Li

④ 제4류 위험물(인화성 액체)

㉠ 제4류 위험물(인화성 액체) : 액체(제3석유류, 제4석유류 및 동식물유류에 있어서는 1기압과 20℃에서 액상인 것)로서 인화의 위험성이 있는 것

㉡ 제4류 위험물(인화성 액체)의 종류

물질		지정수량
특수인화물		50리터
제1석유류 (인화점 : 21℃미만)	비수용성 액체	200리터
	수용성 액체	400리터
알코올류		400리터
제2석유류 (인화점 : 21℃~70℃)	비수용성 액체	1,000리터
	수용성 액체	2,000리터
제3석유류 (인화점 : 70℃~200℃)	비수용성 액체	2,000리터
	수용성 액체	4,000리터
제4석유류 (인화점 : 200℃ 이상)		6,000리터
동식물유류		10,000리터

⑤ 제5류 위험물(자기반응성 물질)

㉠ 자기반응성 물질 : 고체 또는 액체로서 폭발의 위험성 또는 가열분해의 격렬함을 판단하기 위하여 고시로 정하는 시험에서 고시로 정하는 성질과 상태를 나타내는 것

㉡ 제5류 위험물(자기반응성 물질)의 종류 : 유기과산화물, 질산에스테르류(니트로글리세린, 니트로글리콜 등), 아조화합물, 디아조화합물 등

※ 하이드라진(Hydrazine, N_2H_4)은 「산업안전보건법」 상 폭발성물질로 분류되지만, 「위험물안전관리법」 상의 위험물로는 분류되지 않는다.

다음 중 금수성 물질이 아닌 것은?

① 나트륨 ② 알킬알루미늄
③ 칼륨 ④ 니트로글리세린

㉢ 일반적 성질
ⓐ 가연성으로서 산소를 함유하므로 자기연소가 용이하다.
ⓑ 연소속도가 극히 빨라 폭발적인 연소를 하며 소화가 곤란하다.
ⓒ 가열, 충격, 마찰 또는 접촉에 의해 착화·폭발이 용이하다.

㉣ 저장 및 취급방법
ⓐ 가열, 마찰, 충격을 피한다.
ⓑ 고온체와의 접근을 피한다.
ⓒ 유기용제와의 접촉을 피한다.

물질에 대한 저장방법으로 잘못된 것은?

① 나트륨 - 석유 속에 저장 ② 니트로글리세린 - 유기용제 속에 저장
③ 적린 - 냉암소에 격기 저장 ④ 질산은 용액 - 햇빛을 차단하여 저장

㉤ 소화방법
ⓐ 대량의 주수소화가 가능하다.
ⓑ 자기 산소 함유 물질이므로 질식소화는 효과가 없다.

⑥ 제6류 위험물(산화성 액체)
㉠ 제6류 위험물(산화성 액체) : 액체로서 산화력의 잠재적인 위험성을 판단하기 위하여 고시로 정하는 시험에서 고시로 정하는 성질과 상태를 나타내는 것
㉡ 제6류 위험물(산화성 액체)의 종류 : 과염소산, 질산, 과산화수소(36 중량% 이상인 것) 등

3 가연성 가스취급 시 주의사항

1) 가연성 가스에는 NPT(Normal Temp & Press)에서 기체상태인 가연성 가스(수소, 아세틸렌, 메탄, 프로판 등) 및 가연성 액화가스(LPG, LNG, 액화수소 등)가 있다. 지연성 가스인 산소, 염소, 불소, 산화질소, 이산화질소 등은 가연성 가스(아세틸렌 등)와 공존할 때에는 가스폭발의 위험이 있다.

아세틸렌 압축 시 사용되는 희석제로 적당치 않은 것은?

① 메탄　② 질소　③ 일산화탄소　④ 산소

2) 가연성 가스 및 증기가 공기 또는 산소와 혼합하여 혼합가스의 조성이 어느 농도 범위에 있을 때, 점화원(발화원)에 의해 발화(착화)하면 화염은 순식간에 혼합가스에 전파하여 가스 폭발을 일으킨다.
3) 가연성 가스 중에는 공기의 공급 없이 분해폭발(폭발상한계 100%)을 일으키는 것이 있는데 이러한 물질로는 아세틸렌, 에틸렌, 산화에틸렌 등이 있으며, 고압일수록 분해폭발을 일으키기 쉽다.

다음의 물질 중에서 폭발상한계가 100%인 것은?

➡ 산화에틸렌

(1) 아세틸렌(C_2H_2)의 폭발성

① 화합폭발 : C_2H_2는 Ag(은), Hg(수은), Cu(구리)와 반응하여 폭발성의 금속 아세틸리드를 생성한다.

② 분해폭발 : C_2H_2는 1기압 이상으로 가압하면 분해폭발을 일으킨다.

③ 산화폭발 : C_2H_2는 공기 중에서 산소와 반응하여 연소폭발을 일으킨다.

(2) 아세틸렌(C_2H_2)의 충전

아세틸렌은 가압하면 분해폭발을 하므로 아세톤 등에 침윤시켜 다공성물질이 들어있는 용기에 충전시킨다.

4) 가연성 가스가 고압상태이기 때문에 발생하는 사고형태로는 가스용기의 파열, 고압가스의 분출 및 그에 따른 폭발성 혼합가스의 폭발, 분출가스의 인화에 의한 화재 등을 들 수 있다.

4 유해화학물질 취급시 주의사항

1) 위험물질 등의 제조 등 작업 시의 조치(안전보건규칙 제225조)

사업주는 별표 1의 위험물질(이하 "위험물"이라 한다)을 제조 또는 취급하는 경우에 폭발·화재 및 누출을 방지하기 위한 적절한 방호조치를 하지 아니하고 다음 각 호의 행위를 해서는 아니 된다.

(1) 폭발성 물질, 유기과산화물을 화기나 그 밖에 점화원이 될 우려가 있는 것에 접근시키거나 가열하거나 마찰시키거나 충격을 가하는 행위
(2) 물반응성 물질, 인화성 고체를 각각 그 특성에 따라 화기나 그 밖에 점화원이 될 우려가 있는 것에 접근시키거나 발화를 촉진하는 물질 또는 물에 접촉시키거나 가열하거나 마찰시키거나 충격을 가하는 행위
(3) 산화성 액체·산화성 고체를 분해가 촉진될 우려가 있는 물질에 접촉시키거나 가열하거나 마찰시키거나 충격을 가하는 행위
(4) 인화성 액체를 화기나 그 밖에 점화원이 될 우려가 있는 것에 접근시키거나 주입 또는 가열하거나 증발시키는 행위
(5) 인화성 가스를 화기나 그 밖에 점화원이 될 우려가 있는 것에 접근시키거나 압축·가열 또는 주입하는 행위
(6) 부식성 물질 또는 급성 독성물질을 누출시키는 등으로 인체에 접촉시키는 행위
(7) 위험물을 제조하거나 취급하는 설비가 있는 장소에 인화성 가스 또는 산화성 액체 및 산화성 고체를 방치하는 행위

2) 유해물질에 대한 안전대책

(1) 유해물질의 제조·사용의 중지, 유해성이 적은 물질로의 전환(대치)
(2) 생산공정 및 작업방법의 개선
(3) 유해물질 취급설비의 밀폐화와 자동화(격리)
(4) 유해한 생산공정의 격리와 원격조작의 채용
(5) 국소배기에 의한 오염물질의 확산방지(환기)
(6) 전체환기에 의한 오염물질의 희석배출
(7) 작업행동의 개선에 의한 2차 발진 등의 방지(교육)

유해물 취급상의 안전조치에 해당되지 않는 것은?

✓ 작업숙련자 배치
② 유해물 발생원의 봉쇄
③ 유해물의 위치, 작업공정의 변경
④ 작업공정의 은폐와 작업장의 격리

SECTION 3 NFPA에 의한 위험물 표시 및 위험등급

1 위험 표시

1) 화학물질은 반드시 단독의 성질을 가지는 것만이 아니라, 가연성이면서 유독성인 것도 있다. 따라서 물질의 위험성을 종합적으로 평가하여 근로자에게 이를 정확히 알려주는 것이 매우 중요하다.
2) NFPA(National Fire Protection Association)에서는 위험물의 위험성을 연소위험성(Flammability Hazards), 건강위험성(Health Hazards), 반응위험성(Reactivity Hazards)의 3가지로 구분하고 각각에 대하여 위험이 없는 것은 0, 위험이 가장 큰 것은 4로 하여 5단계로 위험등급을 정하여 표시한다.

2 위험 등급

1) 연소위험성(적색)

2) 건강위험성(청색)

3) 반응위험성(황색)

4) 기타 위험성

₩	금수성 물질(Do not use water)
OX	산화제(Oxdizer)

CheckPoint

다음 그림은 NFPA의 위험성 표시 라벨이다. 황색숫자 3이 나타내는 위험성은?

➡ 반응위험성

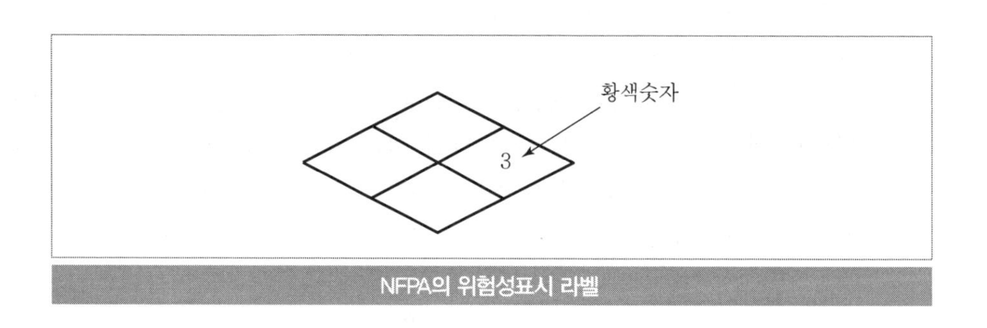

NFPA의 위험성표시 라벨

SECTION 4 화학물질에 대한 정보

1 화학물질 또는 화학물질 제제를 담은 용기 및 포장에의 경고표지 포함사항

1) 명칭 : 해당 화학물질 또는 화학물질을 함유한 제제의 명칭
2) 그림문자 : 화학물질의 분류에 따라 유해·위험의 내용을 나타내는 그림
3) 신호어 : 유해·위험의 심각성 정도에 따라 표시하는 "위험" 또는 "경고" 문구
4) 유해·위험 문구 : 화학물질의 분류에 따라 유해·위험을 알리는 문구
5) 예방조치 문구 : 화학물질에 노출되거나 부적절한 지장·취급 등으로 발생하는 유해·위험을 방지하기 위하여 알리는 주요 유의사항

6) 공급자 정보 : 화학물질 또는 화학물질을 함유한 제제의 제조자 또는 공급자의 이름 및 전화번호 등

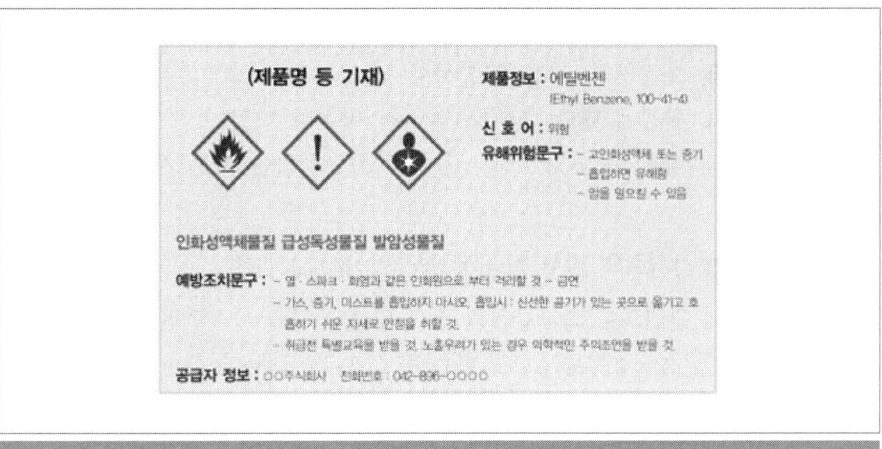

화학물질에 대한 경고표지의 예

유해물질의 안전취급을 위한 각종 사항 중 적당하지 않은 것은?

① 명칭, 성분, 함유량 및 저장, 취급방법 등을 표시한다.
② 유해그림의 바탕색은 빨강으로 하고 제조금지 물질의 경우는 노란색 바탕으로 한다. (✓)
③ 용기 또는 포장의 겉면 중에 잘 보이는 곳에 표시한다.
④ 인체에 미치는 영향, 제조자의 주소 및 성명 등을 기입한다.

2 물질안전보건자료(MSDS)

1) 물질안전보건자료에 포함되어야 할 사항(법 제110조)

화학물질 또는 이를 함유한 혼합물로서 제104조에 따른 분류기준에 해당하는 것(대통령령으로 정하는 것은 제외한다. 이하 "물질안전보건자료대상물질"이라 한다)을 제조하거나 수입하려는 자는 다음 각 호의 사항을 적은 자료(이하 "물질안전보건자료"라 한다)를 고용노동부령으로 정하는 바에 따라 작성하여 고용노동부장관에게 제출하여야 한다. 이 경우 고용노동부장관은 고용노동부령으로 물질안전보건자료의 기재 사항이나 작성 방법을 정할 때 「화학물질관리법」 및 「화학물질의 등록 및 평가 등에 관한 법률」과 관련된 사항에 대해서는 환경부장관과 협의하여야 한다.

① 제품명
② 물질안전보건자료대상물질을 구성하는 화학물질 중 제104조에 따른 분류기준에 해당하는 화학물질의 명칭 및 함유량
③ 안전 및 보건상의 취급 주의 사항
④ 건강 및 환경에 대한 유해성, 물리적 위험성
⑤ 물리·화학적 특성 등 고용노동부령으로 정하는 사항(시행규칙 제156조의2)

2) 물질안전보건자료의 일부 비공개 승인(법 제112조 관련)

영업비밀과 관련되어 화학물질의 명칭 및 함유량을 물질안전보건자료에 적지 아니하려는 자는 고용노동부령으로 정하는 바에 따라 고용노동부장관에게 신청하여 승인을 받아 해당 화학물질의 명칭 및 함유량을 대체할 수 있는 명칭 및 함유량으로 적을 수 있다. 다만, 근로자에게 중대한 건강장해를 초래할 우려가 있는 화학물질로서 「산업재해보상보험법」 제8조 제1항에 따른 산업재해보상보험 및 예방심의위원회의 심의를 거쳐 고용노동부장관이 고시하는 것은 그러하지 아니하다.

사업주가 사용하는 화학물질에 대한 물질안전보건 자료를 작성하여 근로자가 쉽게 볼 수 있는 장소에 게시 또는 비치하여야 하는 사항에 해당되지 않는 것은?
✔ 제조업자의 명칭
② 인체 및 환경에 미치는 영향
③ 안전, 보건상의 취급주의 사항
④ 화학물질의 명칭, 성분 및 함유량

3) MSDS 작성·비치 등의 적용대상 물질

(1) 물리적 위험성 물질 : 폭발성 물질, 인화성 물질, 산화성 물질, 자기반응성 물질 등
(2) 건강 유해성 물질 : 급성 독성 물질, 피부 부식성 또는 자극성 물질 등
(3) 환경유해물질 : 수생 환경 유해성 물질

4) 물질안전보건자료의 작성·제출 제외 대상 화학물질 등(시행령 제86조)

(1) 「건강기능식품에 관한 법률」 제3조 제1호에 따른 건강기능식품
(2) 「농약관리법」 제2조 제1호에 따른 농약
(3) 「마약류 관리에 관한 법률」 제2조 제2호 및 제3호에 따른 마약 및 향정신성의약품

(4) 「비료관리법」 제2조 제1호에 따른 비료
(5) 「사료관리법」 제2조 제1호에 따른 사료
(6) 「생활주변방사선 안전관리법」 제2조 제2호에 따른 원료물질
(7) 「생활화학제품 및 살생물제의 안전관리에 관한 법률」 제3조 제4호 및 제8호에 따른 안전확인대상생활화학제품 및 살생물제품 중 일반소비자의 생활용으로 제공되는 제품
(8) 「식품위생법」 제2조 제1호 및 제2호에 따른 식품 및 식품첨가물
(9) 「약사법」 제2조 제4호 및 제7호에 따른 의약품 및 의약외품
(10) 「원자력안전법」 제2조 제5호에 따른 방사성물질
(11) 「위생용품 관리법」 제2조 제1호에 따른 위생용품
(12) 「의료기기법」 제2조 제1항에 따른 의료기기
(13) 「총포·도검·화약류 등의 안전관리에 관한 법률」 제2조 제3항에 따른 화약류
(14) 「폐기물관리법」 제2조 제1호에 따른 폐기물
(15) 「화장품법」 제2조 제1호에 따른 화장품
(16) 제1호부터 제15호까지의 규정 외의 화학물질 또는 혼합물로서 일반소비자의 생활용으로 제공되는 것(일반소비자의 생활용으로 제공되는 화학물질 또는 혼합물이 사업장 내에서 취급되는 경우를 포함한다)
(17) 고용노동부장관이 정하여 고시하는 연구·개발용 화학물질 또는 화학제품. 이 경우 법 제110조 제1항부터 제3항까지의 규정에 따른 자료의 제출만 제외된다.
(18) 그 밖에 고용노동부장관이 독성·폭발성 등으로 인한 위해의 정도가 적다고 인정하여 고시하는 화학물질

 **CheckPoint**

산업안전보건법상 물질안전보건자료의 작성 · 비치 제외 대상이 아닌 것은?

① 원자력법에 의한 방사성 물질
② 농약관리법에 의한 농약
③ 비료관리법에 의한 비료
④ 관세법에 의해 수입되는 유기용제

5) 화학물질 용기 표면에 표시하여야 할 사항

(1) 화학물질의 명칭
(2) 일차적인 인체 유해성에 대한 그림문자(심벌) 및 신호어
(3) 생산 제품명(화학물질명)과 위해성을 알 수 있는 구성 성분에 관한 정보
(4) 화학물질의 분류에 의한 유해 · 위험 문구

(5) 화재 · 폭발 · 누출사고 등에 대처하기 위한 안전한 사용의 지침
(6) 인체 노출방지 및 개인보호구에 대한 권고사항
(7) 법적인 요구조건
(8) 화학물질 제조자와 공급자에 대한 정보
(9) 화학물질 사용에 대한 만기일자
(10) 기타 화학물질 관리에 필요한 정보

SECTION 5 국소배기장치

1 국소배기장치의 정의

유해물의 그 발생원(source)에 되도록 가까운 장소(part)에서 동력에 의해 흡인배출하는 장치이다. 국소배기장치는 후드(hood), 덕트(duct), 공기청정장치(air cleaner equipment), 팬(fan), 배기덕트(exhaust dust) 및 배기구(air outlet)의 각 부분으로 구성되어 있다.

2 국소배기장치의 구성

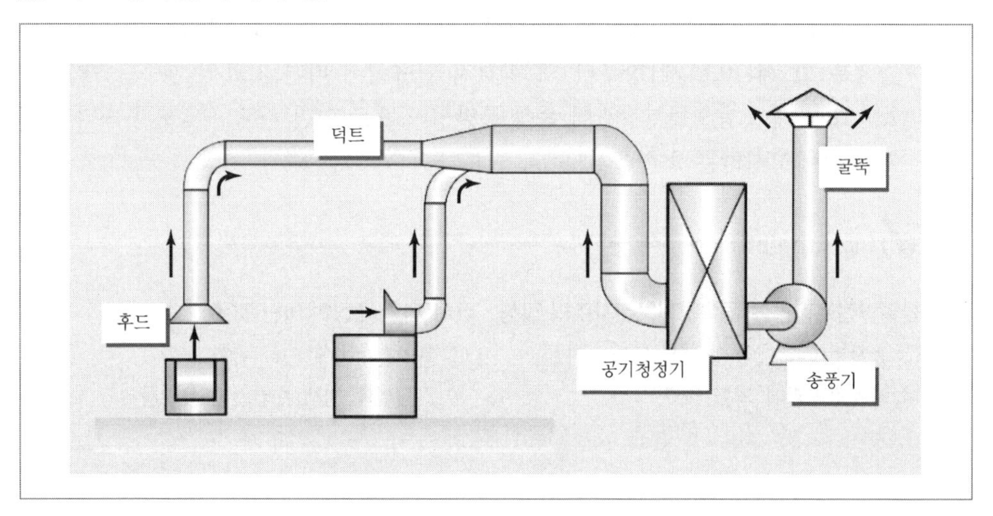

1) 후드(Hood)

(1) 기능

오염물(contaminant)의 발생원을 되도록 포위하도록 설치된 국소배기장치의 입구부이다.

(2) 설치기준(안전보건규칙 제72조 관련)

① 유해물질이 발생하는 곳마다 설치
② 유해인자 발생형태, 비중, 작업방법 등을 고려하여 해당 분진등의 발산원을 제어할 수 있는 구조로 설치할 것
③ 후드 형식은 가능한 포위식 또는 부스식 후드를 설치할 것
④ 외부식 또는 리시버식 후드는 해당 분진
⑤ 후드의 개구면적을 크게 하지 않을 것

CheckPoint

유기용제 사용 사업장의 국소배기장치의 후드 설치상 유의할 점 중 틀린 것은?

① 유기용제 증기의 발산원마다 따로 설치할 것
② 외부식 후드는 유기용제 증기 발산원에서 가장 먼 곳에 설치할 것
③ 작업방법과 증기발생 상황에 따라 당해 유기용제의 증기를 흡인하기에 적당한 형식과 크기로 할 것
④ 가능한 한 국소배기 장치의 덕트길이는 짧게 하고 굴곡부의 수는 적게 한다.

2) 덕트(Duct)

(1) 기능

오염공기를 후드에서 공기 청정장치를 통해 팬까지 반송하는 도관(흡입덕트라고도 한다) 및 팬으로부터 배기구까지 반송하는 도관(배기덕트라고도 한다)

(2) 설치기준(안전보건규칙 제73조 관련)

① 가능하면 길이는 짧게 하고 굴곡부의 수는 적게 할 것
② 접속부의 안쪽은 돌출된 부분이 없도록 할 것
③ 청소구를 설치하는 등 청소하기 쉬운 구조로 할 것
④ 덕트 내부에 오염물질이 쌓이지 않도록 이송속도를 유지할 것
⑤ 연결 부위 등은 외부공기가 들어오지 않도록 할 것

덕트 설치의 예

3) 공기청정기(공기정화장치)

후드 흡입덕트에 수립된 오염공기를 외기에 방출하기 전에 청정하게 하는 장치이다. 이 장치는 분진을 제거하기 위한 제진장치와 가스, 증기를 제거하기 위한 배출가스 처리장치로 대별된다.

4) 배풍기(송풍기)(안전보건규칙 제74조 관련)

국소배기장치에 공기정화장치를 설치하는 경우 정화 후의 공기가 통하는 위치에 배풍기를 설치하여야 한다. 다만, 빨아들여진 물질로 인하여 폭발할 우려가 없고 배풍기의 날개가 부식될 우려가 없는 경우에는 정화 전의 공기가 통하는 위치에 배풍기를 설치할 수 있다.

5) 배기구(안전보건규칙 제75조 관련)

분진등을 배출하기 위하여 설치하는 국소배기장치(공기정화장치가 설치된 이동식 국소배기장치 제외)의 배기구를 직접 외기로 향하도록 개방하여 실외에 설치하는 등 배출되는 분진등이 작업장으로 재유입되지 않는 구조로 하여야 한다.

CHAPTER 02 공정안전

SECTION 1 공정안전 일반

1 공정안전의 개요(공정안전보고서)

1) 정의

공정안전보고서는 사업장의 공정안전관리 추진에 필요한 사항들을 규정한 것이다.

2) 공정안전보고서의 내용(시행령 제44조)

(1) 공정안전자료
(2) 공정위험성평가서
(3) 안전운전계획
(4) 비상조치계획
(5) 그 밖에 공정상의 안전과 관련하여 고용노동부장관이 필요하다고 인정하여 고시하는 사항

3) 공정안전보고서의 제출시기(시행규칙 제51조)

유해·위험설비의 설치·이전 또는 주요 구조부분의 변경공사의 착공일 30일 전까지 공정안전보고서를 2부 작성하여 공단에 제출하여야 한다.

유해·위험설비의 설치·이전시 공정안전보고서의 제출시기로 옳은 것은?

① 공사완료 전까지
② 공사 후 시운전 익일까지
③ 공사의 착공일 30일 전까지 ✔
④ 설비 가동 후 30일 내에

4) 공정안전보고서의 제출대상(시행령 제43조)

법 제44조 제1항 전단에서 "대통령령으로 정하는 유해하거나 위험한 설비"란 다음 각 호의 어느 하나에 해당하는 사업을 하는 사업장의 경우에는 그 보유설비를 말하고, 그 외의 사업을 하는 사업장의 경우에는 별표 13에 따른 유해·위험물질 중 하나

이상의 물질을 같은 표에 따른 규정량 이상 제조·취급·저장하는 설비 및 그 설비의 운영과 관련된 모든 공정설비를 말한다.

(1) 원유 정제처리업
(2) 기타 석유정제물 재처리업
(3) 석유화학계 기초화학물질 제조업 또는 합성수지 및 기타 플라스틱물질 제조업. 다만, 합성수지 및 기타 플라스틱물질 제조업은 별표 13 제1호 또는 제2호에 해당하는 경우로 한정한다.
(4) 질소 화합물, 질소·인산 및 칼리질 화학비료 제조업 중 질소질 비료 제조
(5) 복합비료 및 기타 화학비료 제조업 중 복합비료 제조(단순혼합 또는 배합에 의한 경우는 제외한다)
(6) 화학 살균·살충제 및 농업용 약제 제조업[농약 원제(原劑) 제조만 해당한다]
(7) 화약 및 불꽃제품 제조업

2 중대산업사고(법 제44조 관련)

대통령령으로 정하는 유해하거나 위험한 설비가 있는 경우 그 설비로부터의 위험물질 누출, 화재 및 폭발 등으로 인하여 사업장 내의 근로자에게 즉시 피해를 주거나 사업장 인근 지역에 피해를 줄 수 있는 사고로 정의된다.

3 공정안전 리더십

1) 관리자들은 공정안전문화, 비전, 기댓값, 역할, 책임사항들을 알아야 하며, 다음 사항들을 수행하여야 한다.
   (1) 신임 관리자들과 문화, 비전, 역할, 책임 등을 토론
   (2) 공정안전문화에 대한 공식적인 훈련 프로그램을 신임 및 기존의 관리자에게 제공
   (3) 공정안전문화에 대한 공식적인 훈련프로그램을 주기적으로 개정
2) 관리자는 공정안전에 대한 가치, 우선순위 그리고 관심분야를 자발적으로 표현하는 기회를 찾기 위한 노력을 하여야 한다.
3) 회사의 모든 계층은 공정안전리더십에 대한 책임과 의무를 나누어야 한다.

SECTION 2 공정안전보고서 작성 · 심사 · 확인

1 공정안전 자료(산업안전보건법 시행규칙 제50조의 1)

1) 공정안전자료

(1) 취급 · 저장하고 있거나 취급 · 저장하려는 유해 · 위험물질의 종류 및 수량
(2) 유해 · 위험물질에 대한 물질안전보건자료
(3) 유해 · 위험설비의 목록 및 사양
(4) 유해 · 위험설비의 운전방법을 알 수 있는 공정도면
(5) 각종 건물 · 설비의 배치도
(6) 폭발위험장소 구분도 및 전기단선도
(7) 위험설비의 안전설계 · 제작 및 설치 관련 지침서

CheckPoint

공정안전보고서에 포함하여야 할 공정안전자료의 세부내용이 아닌 것은?
① 유해 · 위험설비의 목록 및 사양
② 폭발위험장소 구분도 및 전기단선도
③ 취급 · 저장하고 있거나 취급 · 저장하고자 하는 유해 · 위험물질의 종류 및 수량
④ 사고발생시 각 부서 · 관련기관과의 비상연락체계

2) 유해 · 위험물질 목록 작성방법

(1) 유해 · 위험물질은 제출대상 설비에서 제조 또는 취급하는 화학물질을 기입
(2) 허용농도에는 시간가중평균농도(TWA)를 기입
(3) 독성치에는 LD50(경구, 쥐), LD50(경피, 쥐 또는 토끼) 또는 LC50(흡입, 4시간, 쥐) 기입
(4) 증기압은 20℃에서 증기압을 기입
(5) 부식성 유무는 O, X로 표시
(6) 이상반응 여부는 물질과 이상반응을 일으키는 물질과 조건을 표시하고, 필요시 별도 작성

| 유해 · 위험물질 목록 작성 표 |

화학물질	CAS No	분자식	폭발한계(%)		허용농도	독성치	인화점(℃)	발화점(℃)	증기압(20℃)	부식성 유무	이상반응 유무	일일 사용량	저장량	비고
			하한	상한										

공정안전자료의 허용농도란에 우선적으로 기입해야 하는 것은?

시간가중평균농도

2 공정위험성평가서 및 잠재위험에 대한 사고예방 · 피해 최소화 대책(시행규칙 제50조의 1)

공정의 특성 등을 고려하여 다음 위험성평가기법 중 한 가지 이상을 선정하여 위험성평가를 실시한 후 그 결과에 따라 작성하여야 하며, 사고예방 · 피해최소화대책의 작성은 위험성평가결과 잠재위험이 있다고 인정되는 경우만 해당한다.

1) 체크리스트(Check List) : 공정 및 설비의 오류, 결함상태, 위험상황 등을 목록화한 형태로 작성하여 경험적으로 비교함으로써 위험성을 파악하는 방법이다. 기존 공장의 분리/이송 시스템, 전기/계측 시스템에 대한 위험성을 평가하는 데는 적절하지 않다.
2) 상대위험순위 결정(Dow and Mond Indices)
3) 작업자 실수 분석(HEA)
4) 사고예상 질문 분석(What−if) : 공정에 잠재하고 있는 위험요소에 의해 야기될 수 있는 사고를 사전에 예상해 질문을 통하여 확인 · 예측하여 공정의 위험성 및 사고의 영향을 최소화하기 위한 대책을 제시하는 방법이다.
5) 위험과 운전 분석(HAZOP) : 공정에 존재하는 위험 요소들과 공정의 효율을 떨어뜨릴 수 있는 운전상의 문제점을 찾아내어 그 원인을 제거하는 방법. 공정변수(Process Parameter)와 가이드 워드(Guide Word)를 사용하여 비정상상태(Deviation)가 일어날 수 있는 원인을 찾고 결과를 예측함과 동시에 대책을 세워나가는 방법이다.
6) 이상위험도 분석(FMECA)
7) 결함수 분석(FTA)
8) 사건수 분석(ETA)

9) 원인결과 분석(CCA)
10) 1)~9)까지의 규정과 같은 수준 이상의 기술적 평가기법
  (1) 안전성 검토법 : 공장의 운전 및 유지 절차가 설계목적과 기준에 부합되는지를 확인하는 것을 그 목적으로 하며, 결과의 형태로 검사보고서를 제공한다.
  (2) 예비위험분석 기법

화학공장의 공정위험평가기법에서 공정변수(process parameter)와 가이드 워드(guide word)를 사용하여 비정상 상태(deviation)가 일어날 수 있는 원인을 찾고 결과를 예측함과 동시에 대책을 세워나가는 방법은?

HAZOP

3 안전운전계획(시행규칙 제50조의 1)

1) 안전운전지침서
2) 설비점검 · 검사 및 보수계획, 유지계획 및 지침서
3) 안전작업허가
4) 도급업체 안전관리계획
5) 근로자 등 교육계획
6) 가동 전 점검지침
7) 변경요소 관리계획
8) 자체감사 및 사고조사계획
9) 그 밖에 안전운전에 필요한 사항

4 비상조치계획(시행규칙 제50조의 1)

1) 비상조치를 위한 장비 · 인력보유현황
2) 사고발생시 각 부서 · 관련기관과의 비상연락체계
3) 사고발생시 비상조치를 위한 조직의 임무 및 수행절차
4) 비상조치계획에 따른 교육계획
5) 주민홍보계획
6) 그 밖에 비상조치 관련사항

공정안전보고서의 내용 중 공정안전자료에 해당되지 않는 것은?

① 유해 · 위험설비의 목록 및 사양
② 안전운전 지침서
③ 각종 건물 · 설비의 배치도
④ 위험설비의 안전설계 · 제작 및 설치관련 지침서

CHAPTER 03

PART 05 화학설비 위험방지기술

폭발방지 및 안전대책

SECTION 1 폭발의 원리 및 특성

1 화재의 종류(한국산업규격 KS B 6259)

구분	A급 화재	B급 화재	C급 화재	D급 화재
명칭	일반 화재	유류 · 가스 화재	전기 화재	금속 화재
가연물	목재, 종이, 섬유, 석탄 등	각종 유류 및 가스	전기기기, 기계, 전선 등	Mg 분말, Al 분말 등
표현색	백색	황색	청색	색표시 없음

CheckPoint

화재의 급수와 종류 및 종류별 표시색상이 잘못 연결된 것은?

✔ A급 - 일반화재 - 적색 ② B급 - 유류화재 - 황색
③ C급 - 전기화재 - 청색 ④ D급 - 금속화재 - 무색

1) 일반 화재(A급 화재)

(1) 목재, 종이 섬유 등의 일반 가열물에 의한 화재
(2) 물 또는 물을 많이 함유한 용액에 의한 냉각소화, 산 · 알칼리, 강화액, 포말 소화기 등이 유효하다.

CheckPoint

소화제(消火濟) 중에서 A급 화재에 가장 효과적인 것은?

➡ 물 또는 물을 많이 함유한 용액

2) 유류 및 가스화재(B급 화재)

(1) 제4류 위험물(특수인화물, 석유류, 에스테르류, 케톤류, 알코올류, 동식물류 등)과 제4류 준위험물(고무풀, 나프탈렌, 송진, 파라핀, 제1종 및 제2종 인화물 등)에 의한 화재, 인화성 액체, 기체 등에 의한 화재이다.

(2) 연소 후에 재가 거의 없는 화재로 가연성 액체 등에 발생한다.

(3) 공기 차단에 의한 질식소화효과를 위해 포말소화기, CO_2 소화기, 분말소화기, 할로겐화물(할론) 소화기 등이 유효하다.

CheckPoint

연소 후에 재가 거의 없는 화재로 가연성 액체 등에 발생하는 화재는?

▶ B급

(4) 유류화재시 발생할 수 있는 화재 현상

① 보일 오버(Boil Over) : 유류탱크 화재시 유면에서부터 열파(Heat Wave)가 서서히 아래쪽으로 전파하여 탱크 저부의 물에 도달했을 때 이 물이 급히 증발하여 대량의 수증기가 되어 상층의 유류를 밀어올려 거대한 화염을 불러 일으키는 동시에 다량의 기름을 탱크 밖으로 불이 붙은 채 방출시키는 현상

② 슬롭 오버(Slop Over) : 위험물 저장탱크 화재시 물 또는 포를 화염이 왕성한 표면에 방사할 때 위험물과 함께 탱크 밖으로 흘러 넘치는 현상

CheckPoint

위험물 저장탱크의 화재시 물 또는 포를 화염이 왕성한 표면에 방사할 때 위험물과 함께 탱크 밖으로 흘러 넘치는 현상을 무엇이라 하는가?

▶ 슬롭 오버(slop over)

3) 전기화재(C급 화재)

(1) 전기를 이용하는 기계・기구 또는 전선 등 전기적 에너지에 의에서 발생하는 화재

(2) 질식, 냉각효과에 의한 소화가 유효하며, 전기적 절연성을 가진 소화기로 소화해야 한다. 유기성 소화기, CO_2 소화기, 분말소화기, 할로겐화물(할론) 소화기 등이 유효하다.

4) 금속화재(D급 화재)

(1) Mg분, Al분 등 공기 중에 비산한 금속분진에 의한 화재

(2) 소화에 물을 사용하면 안 되며, 건조사, 팽창 진주암 등 질식소화가 유효하다.

금속화재는 어떤 종류의 화재에 해당되는가?

➡ D급

2 연소파와 폭굉파

1) 연소파

가연성 가스와 적당한 공기가 미리 혼합되어 폭발범위 내에 있을 경우, 확산의 과정이 생략되기 때문에 화염의 전파 속도가 매우 빠른데, 이러한 혼합 가스에 착화하게 되면 착화원에 국한된 반응영역이 형성되어 혼합가스 중으로 퍼져나간다. 그 진행속도가 0.1~1.0m/s 정도 될 때, 이를 연소파(Combustion Wave)라 한다.

2) 폭굉파

연소파가 일정 거리를 진행한 후 연소 전파 속도가 1,000~3,500m/s 정도에 달할 경우 이를 폭굉현상(Detonation Phenomenon)이라 하며, 이때의 국한된 반응영역을 폭굉파(Detonation Wave)라 한다. 폭굉파의 속도는 음속을 앞지르므로, 진행후면에는 그에 따른 충격파가 있다.

(1) 폭발한계와 폭굉한계

폭굉은 폭발이 발생된 후에 일어나는 것이므로 폭굉한계는 폭발한계 내에 존재한다. 따라서 폭발한계는 폭굉한계보다 농도범위가 넓다.

가연성 기체의 폭발한계와 폭굉한계를 바르게 설명한 것은?

① 폭발한계와 폭굉한계는 농도범위가 같다.

② 폭발한계는 폭굉한계보다 농도범위가 좁다.

③ 폭발한계는 폭굉한계보다 농도범위가 넓다. (✓)

④ 두 한계의 하한계는 같으나 상한계는 폭굉한계가 더 높다.

(2) 폭굉 유도거리

최초의 완만한 연소속도가 격렬한 폭굉으로 변할 때까지의 시간. 다음의 경우 짧아진다.

① 정상 연소속도가 큰 혼합물일 경우
② 점화원의 에너지가 큰 경우
③ 고압일 경우
④ 관 속에 방해물이 있을 경우
⑤ 관경이 작을 경우

3) 폭발위력이 미치는 거리

$$r_2 = r_1 \times \left(\frac{W_2}{W_1}\right)^{1/3}$$

여기서, r_1, r_2 : 폭발점과의 거리
W_1, W_2 : 폭발물의 양

TNT 100kg이 폭발할 때 폭심으로부터 400m 지점의 창유리가 반파된다고 한다. TNT 10kg이 폭발할 때 같은 위력을 가지는 거리는?

➡ $r_2 = r_1 \times \left(\frac{W_2}{W_1}\right)^{1/3} = 400 \times \left(\frac{10}{100}\right)^{1/3} = 185.6\text{m}$

3 폭발의 분류

1) 기상폭발

(1) 혼합가스의 폭발

가연성 가스와 조연성 가스의 혼합가스가 폭발범위 내에 있을 때

(2) 가스의 분해폭발

반응열이 큰 가스분자 분해시 단일성분이라도 점화원에 의해 폭발

(3) 분진폭발

가연성 고체의 미분이나 가연성 액체의 액적(mist)에 의한 폭발

(4) 기상폭발 시 압력상승에 기인하는 피해가 예측되는 경우 검토사항

① 가연성 혼합기(가연성 가스+산소공급원)의 형성상황

② 압력상승 시의 취약부 파괴상황

③ 개구부가 있는 공간 내의 화염전파와 압력상승상황

CheckPoint

기상폭발 피해예측의 주요 문제점 중 압력상승에 기인하는 피해가 예측되는 경우에 검토를 요하는 사항으로 거리가 가장 먼 것은?

① 가연성 혼합기의 형성 상황

② 압력 상승시의 취약부 파괴

③ 물질의 이동, 확산 유해물질의 발생 (✓)

④ 개구부가 있는 공간 내의 화염전파와 압력상승

2) 액상폭발(응상폭발)

(1) 혼합위험성에 의한 폭발 : 산화성 물질과 환원성 물질 혼합 시 폭발

혼합위험의 영향인자 : 온도, 압력, 농도

CheckPoint

혼합위험의 영향인자가 아닌 것은?

① 온도 ② 압력

③ 농도 ④ 물질량 (✓)

(2) 폭발성 화합물의 폭발

반응성 물질의 분자 내의 연소에 의한 폭발과 흡열화합물의 분해 반응에 의한 폭발

(3) 증기폭발

물, 유기액체 또는 액화가스 등의 과열 시 급속하게 증발된 증기에 의한 폭발

3) 분진폭발(KOSHA GUIDE)

(1) 정의 : 가연성 고체의 미분이나 가연성 액체의 액적에 의한 폭발

(2) 입자의 크기 : 75μm 이하의 고체입자가 공기 중에 부유하여 폭발분위기 형성

(3) 분진폭발의 순서 : 퇴적분진 → 비산 → 분산 → 발화원 → 전면폭발 → 2차 폭발

다음 중 분진폭발순서를 올바르게 배열한 것은?

➡ 퇴적분진 → 비산 → 분산 → 발화원 → 전면폭발 → 2차폭발

(4) 분진폭발의 특성

① 가스폭발보다 발생에너지가 크다.
② 폭발압력과 연소속도는 가스폭발보다 작다.
③ 불완전연소로 인한 가스중독의 위험성은 크다.
④ 화염의 파급속도보다 압력의 파급속도가 크다.
⑤ 가스폭발에 비하여 불완전 연소가 많이 발생한다.
⑥ 주위 분진에 의해 2차, 3차 폭발로 파급될 수 있다.

(5) 분진폭발에 영향을 주는 인자

① 분진의 입경이 작을수록 폭발하기 쉽다.
② 일반적으로 부유분진이 퇴적분진에 비해 발화온도가 높다.
③ 연소열이 큰 분진일 수록 저농도에서 폭발하고 폭발위력도 크다.
④ 분진의 비표면적이 클수록 폭발성이 높아진다.

(6) 분진폭발 시험장치 : 하트만(Hartmann)식 시험장치

(7) 분진폭발을 방지하기 위한 불활성 분진폭발 첨가물 : 탄산칼슘, 모래, 석분, 질석가루 등

다음 중 분진폭발 시험장치로 널리 사용되고 있는 방식은?

➡ 하트만(Hartmann)식

4) 폭발형태 분류

(1) 미스트 폭발

① 가연성 액체가 무상상태로 공기 중에 누출되어 부유상태로 공기와의 혼합물이 되어 폭발성 혼합물을 형성하여 폭발이 일어나는 것

② 미스트와 공기와의 혼합물에 발화원이 가해지면 액적이 증기화하고 이것이 공기와 균일하게 혼합되어 가연성 혼합기를 형성하여 인화 폭발하게 된다.

(2) 증기폭발

① 급격한 상변화에 의한 폭발(Explosion by rapid phase transition)

② 용융금속이나 슬러그(Slug) 같은 고온의 물질이 물 속에 투입되었을 때, 액상에서 기상으로의 급격한 상변화에 의해 폭발이 일어나게 된다.

③ 저온액화가스(LPG, LNG)가 사고로 인해 탱크 밖으로 누출되었을 때에도 조건에 따라서는 급격한 기화에 수반되는 증기폭발을 일으킨다.

④ 폭발의 과정에 착화를 필요로 하지 않으므로 화염의 발생은 없으나 증기폭발에 의해 공기 중에 기화한 가스가 가연성인 경우에는 증기폭발에 이어서 가스폭발이 발생할 위험이 있다.

(3) 증기운 폭발(UVCE ; Unconfined Vapor Cloud Explosion)

① 증기운 : 저온 액화가스의 저장탱크나 고압의 가연성 액체용기가 파괴되어 다량의 가연성 증기가 폐쇄공간이 아닌 대기중으로 급격히 방출되어 공기 중에 분산 확산되어 있는 상태

② 가연성 증기운에 착화원이 주어지면 폭발하여 Fire Ball을 형성하는데 이를 증기운 폭발이라고 한다.

③ 증기운 크기가 증가하면 점화 확률이 높아진다.

증기운 폭발에 대한 설명으로 옳은 것은?

① 폭발효율은 BLEVE보다 크다.
② 증기운의 크기가 증가하면 점화 확률이 높아진다. (✓)
③ 증기운 폭발의 방지대책으로 가장 좋은 방법은 점화 방지용 안전장치의 설치이다.
④ 증기와 공기의 난류 혼합, 방출점으로부터 먼 지점에서 증기운의 점화는 폭발의 충격을 감소시킨다.

(4) 비등액팽창 증기폭발(BLEVE ; Boiling Liquid Expanding Vapor Explosion)(KOSHA GUIDE)

① 비점이 낮은 액체 저장탱크 주위에 화재가 발생했을 때 저장탱크 내부의 비등 현상으로 인한 압력 상승으로 탱크가 파열되어 그 내용물이 증발, 팽창하면서 발생되는 폭발현상

BLEVE

② BLEVE 방지 대책

㉠ 열의 침투 억제 : 보온조치 열의 침투속도를 느리게 한다.(액의 이송시간 확보)

㉡ 탱크의 과열방지 : 물분무 설치 냉각조치(살수장치)

㉢ 탱크로 화염의 접근 금지 : 방액재 내부 경사조정. 화염차단 최대한 지연

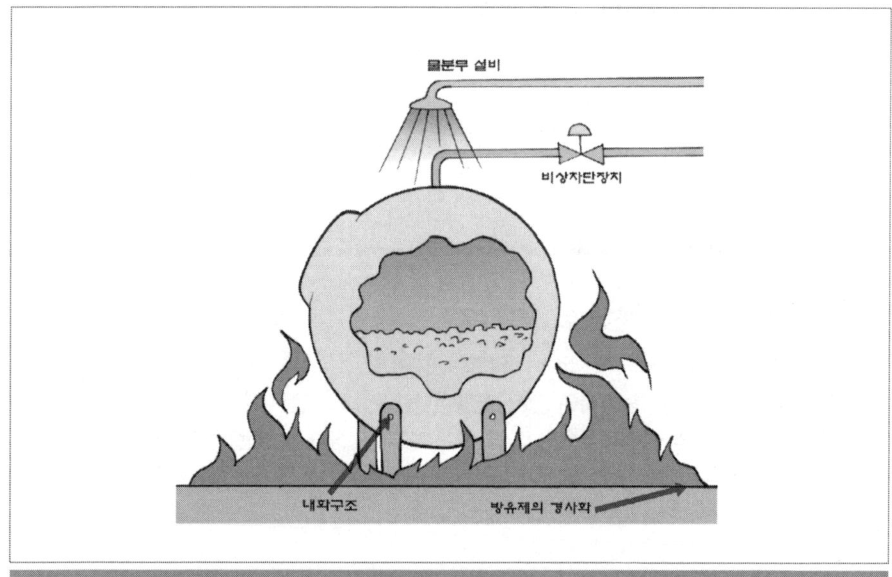

BLEVE 방지대책

가연성 고압가스 충전장소에서 화재를 방지하기 위한 설비는?

➡ 살수장치

4 가스폭발의 원리

1) 용어의 정의

(1) 폭발한계(Explosion Limit)

가스 등의 폭발현상이 일어날 수 있는 농도 범위. 농도가 지나치게 낮거나 지나치게 높아도 폭발은 일어나지 않는다.

(2) 폭발하한계(Lower Explosive Limit ; LEL)

가스 등이 공기 중에서 점화원에 의해 착화되어 화염이 전파되는 최소 농도

(3) 폭발상한계(Upper Explosive Limit ; UEL)

가스 등이 공기 중에서 점화원에 의해 착화되어 화염이 전파되는 최대 농도

연소(폭발)범위의 정의

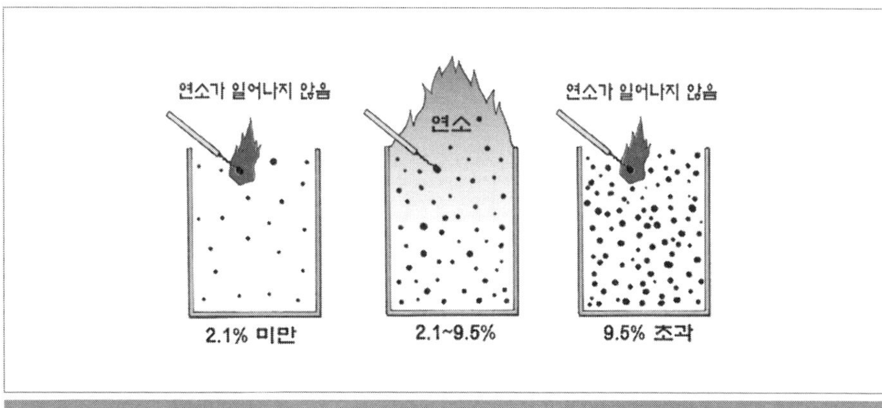

프로판 가스의 연소범위를 통한 폭발범위의 이해

2) 폭발압력(KOSHA GUIDE)

(1) 폭발압력과 가스농도 및 온도와의 관계

① 가스농도 및 온도와의 관계 : 폭발압력은 초기압력, 가스농도, 온도변화에 비례

$$P_m = P_1 \times \frac{n_2}{n_1} \times \frac{T_2}{T_1}$$

② 폭발압력과 가연성 가스 농도와의 관계

㉠ 가연성 가스의 농도가 너무 희박하거나 진하여도 폭발압력은 낮아진다.

㉡ 폭발압력은 양론농도보다 약간 높은 농도에서 최대폭발압력이 된다.

㉢ 최대폭발압력의 크기는 공기보다 산소의 농도가 큰 혼합기체에서 더 높아진다.

㉣ 가연성 가스의 농도가 클수록 폭발압력은 비례하여 높아진다.

CheckPoint

폭발압력과 가연성 가스의 농도와의 관계에 대해 설명한 것 중 옳은 것은?

① 가연성 가스의 농도가 너무 희박하거나 진하여도 폭발압력은 높아진다.
② 폭발압력은 양론농도보다 약간 높은 농도에서 최대폭발압력이 된다.
③ 최대폭발압력의 크기는 공기와의 혼합기체에서보다 산소의 농도가 큰 혼합기체에서 더 낮아진다.
④ 가연성 가스의 농도와 폭발압력은 반비례 관계이다.

(2) 밀폐된 용기 내에서 최대폭발압력에 영향을 주는 요인

① 가연성 가스의 초기온도 : 온도 증가에 따라 최대폭발압력(P_m)은 감소

② 가연성 가스의 초기압력 : 압력 증가에 따라 최대폭발압력(P_m)은 증가

③ 가연성 가스의 농도 : 농도 증가에 따라 최대폭발압력(P_m)은 증가

④ 발화원의 강도 : 발화원의 강도가 클 수록 최대폭발압력(P_m)은 증가

⑤ 용기의 형태 : 용기가 작을 수록 최대폭발압력(P_m)은 증가

⑥ 가연성 가스의 유량 : 유량이 클 수록 최대폭발압력(P_m)은 증가

가연성 가스가 밀폐된 용기에서 폭발할 때 최대폭발압력에 영향을 주는 인자가 아닌 것은?

① 가연성 가스의 초기압력　　② 가연성 가스의 초기온도
③ 가연성 가스의 유속　　④ 가연성 가스의 농도

(3) 최대폭발압력 상승속도

① 최초압력이 증가하면 최대폭발압력 상승속도 증가
② 발화원의 강도가 클 수록 최대폭발압력 상승속도는 크게 증가
③ 난류현상이 있을 때 최대폭발압력 상승속도는 크게 증가

3) 최소발화에너지(Minimum Ignition Energy ; MIE)(KOSHA GUIDE)

(1) 정의 : 물질을 발화시키는 데 필요한 최저 에너지

(2) 최소발화에너지에 영향을 주는 인자

① 가연성 물질의 조성
② 발화 압력 : 압력에 반비례(압력이 클수록 최소발화에너지는 감소한다)
③ 혼입물 : 불활성 물질이 증가하면 최소발화에너지는 증가

CheckPoint

최소발화에너지와 압력과의 관계는?

➡ 압력이 클수록 최소발화에너지는 감소한다.

(3) 최소발화에너지의 특징

① 일반적으로 분진의 최소발화에너지는 가연성 가스보다 큰 에너지 준위를 가진다.
② 온도의 변화에 따라 최소발화에너지는 변한다.
③ 유속이 커지면 발화에너지는 커진다.
④ 화학양론농도 보다도 조금 높은 농도일 때에 최소값이 된다.

대기압상의 공기 · 아세틸렌 혼합가스의 최소발화에너지(MIE)에 관한 설명으로 옳은 것은?

① 압력이 클수록 MIE는 증가한다.
② 불활성 물질의 증가는 MIE를 감소시킨다.
③ 대기압 상의 공기 · 아세틸렌 혼합가스의 경우는 약 9%에서 최대값을 나타낸다.
④ 일반적으로 화학양론농도보다도 조금 높은 농도일 때에 최소값이 된다.

(4) 전기(정전기)로서의 최소발화에너지

$$E = \frac{1}{2}CV^2(\mathrm{mJ})$$

여기서, E : 방전에너지, C : 전기용량, V : 불꽃전압

폭발성 혼합가스를 발화시키는 데 필요한 에너지 값을 구하는 식은?

➡ $E = \frac{1}{2}CV^2$

5 폭발등급

1) 안전간격

내측의 가스점화 시 외측의 폭발성 혼합가스까지 화염이 전달되지 않는 한계의 틈이다. 8ℓ의 둥근 용기 안에 폭발성 혼합가스를 채우고 점화시켜 발생된 화염이 용기 외부의 폭발성 혼합가스에 전달되는가의 여부를 측정하였을 때 화염을 전달시킬 수 없는 한계의 틈 사이를 말한다. 안전간격이 작은 가스일수록 폭발 위험이 크다.

가스폭발 한계 측정시 화염 방향이 상향일 때 가장 넓은 값을 나타낸다.

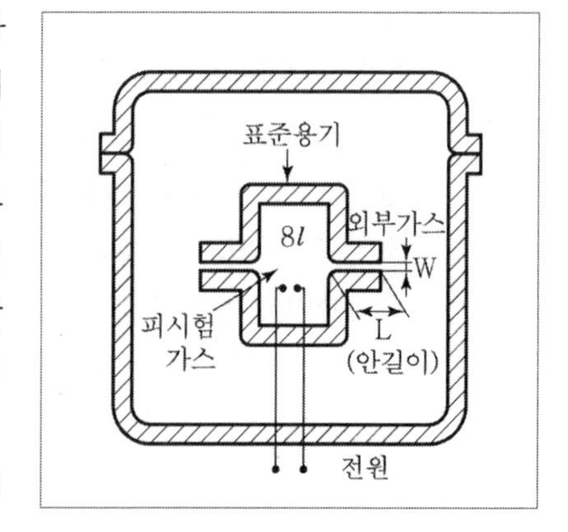

안전간격의 설명으로 옳은 것은?

① 가스점화시 내측의 폭발성 혼합가스까지 화염이 전달되는 한계의 틈이다.
② 가스점화시 내측의 폭발성 혼합가스까지 화염이 전달되지 않는 한계의 틈이다.
③ 가스점화시 외측의 폭발성 혼합가스까지 화염이 전달되는 한계의 틈이다.
④ 가스점화시 외측의 폭발성 혼합가스까지 화염이 전달되지 않는 한계의 틈이다.

2) 폭발등급

안전간격 값에 따라 폭발성 가스를 분류하여 등급을 정한 것

3) 폭발등급에 따른 안전간격과 해당물질

폭발등급	안전간격(mm)	해당물질
1등급	0.6 이상	메탄, 에탄, 프로판, n－부탄, 가솔린, 일산화탄소, 암모니아, 아세톤, 벤젠, 에틸에테르
2등급	0.6~0.4	에틸렌, 석탄가스, 이소프렌, 산화에틸렌
3등급	0.4 이하	수소, 아세틸렌, 이황화탄소, 수성가스

4) 발화도와 해당물질

발화도	발화점의 범위(℃)	해당물질
G1	450 초과	아세톤, 암모니아, 톨루엔, 프로판, 메탄올, 메탄, 벤젠, 석탄가스, 수소 등
G2	300 초과 450 이하	아세틸렌, 에탄올, 부탄, 에틸렌, 에틸렌옥사이드 등
G3	200 초과 300 이하	가솔린, 핵산 등
G4	135 초과 200 이하	아세트알데히드, 에틸에테르 등
G5	100 초과 135 이하	이황화탄소 등

아세톤을 가연성 액체의 폭발성 분류 표에서 발화도 등급을 나타내면?

➡ G1

SECTION 2 폭발방지대책

1 폭발방지대책

1) 예방대책

(1) 폭발을 일으킬 수 있는 위험성 물질과 발화원의 특성을 알고 그에 따른 폭발이 일어나지 않도록 관리

① 인화성 액체의 증기, 인화성 가스 또는 인화성 고체에 의한 폭발·화재 예방－폭발범위 이하로 농도를 관리하기 위한 방법(안전보건규칙 제232조 관련)

㉠ 통풍

㉡ 환기

㉢ 분진제거

인화성물질의 증기, 가연성 가스 또는 가연성 분진의 존재에 의한 화재 및 폭발의 예방을 위한 조치와 관계가 먼 것은?

① 통풍 ② 세척
③ 환기 ④ 제진

(2) 공정에 대하여 폭발 가능성을 충분히 검토하여 예방할 수 있도록 설계단계부터 페일세이프(Fail Safe) 원칙을 적용

2) 국한대책

폭발의 피해를 최소화하기 위한 대책(안전장치, 방폭설비 설치 등)

3) 폭발방호(Explosion Protection)

(1) 폭발봉쇄

(2) 폭발억제

(3) 폭발방산

(4) 대기방출

다음 중 폭발방호(Explosion Protection)대책과 관계가 가장 적은 것은?

✔ 불활성화(Inserting)
② 폭발억제(Explosion Suppression)
③ 폭발방산(Explosion Vending)
④ 폭발봉쇄(Containment)

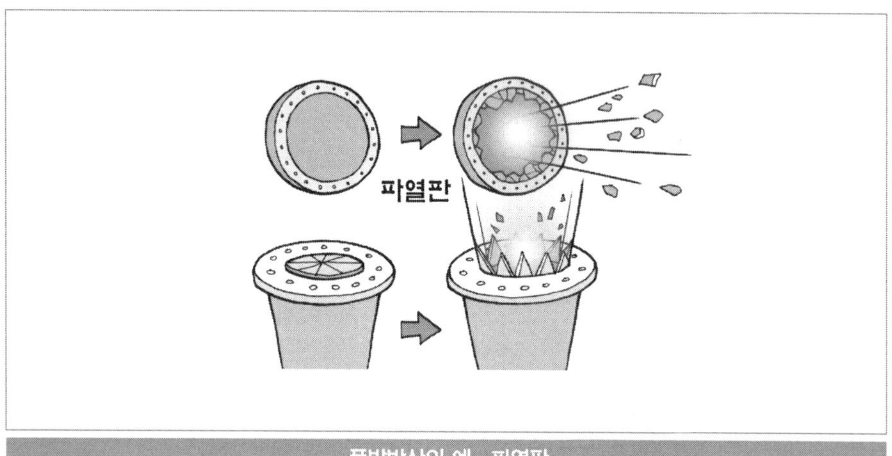

폭발방산의 예－파열판

4) 분진폭발의 방지(KOSHA GUIDE)

(1) 분진 생성 방지 : 보관, 작업장소의 통풍에 의한 분진 제거
(2) 발화원 제거 : 불꽃, 전기적 점화원(전원, 정전기 등) 제거
(3) 불활성물질 첨가 : 시멘트분, 석회, 모래, 질석 등 돌가루
(4) 2차 폭발방지

분진폭발을 방지하기 위하여 첨가하는 불활성 분진폭발 첨가물이 아닌 것은?

① 탄산칼슘
② 모래
③ 석분
✔ 마그네슘

5) 방폭설비

(1) 방폭구조의 종류(KOSHA GUIDE)

방폭구조(Ex) 종류	구조의 원리	대상기기
내압방폭 (d)	전폐구조로 용기내부에서 폭발성 가스 및 증기가 폭발하였을 때 용기가 그 압력에 견디며 또한 접합면, 개구부 등을 통해서 외부의 폭발성 가스에 인화될 우려가 없는 구조	• 아크가 생길 수 있는 모든 전기기기 • 표면온도가 높이 올라갈 수 있는 모든 전기기구
압력방폭 (p)	용기내부에 보호기체(신선한 공기 또는 불연성 기체)를 압입하여 내부압력을 유지함으로써 폭발성 가스 또는 증기가 침입하는 것을 방지하는 구조	• 아크가 생길 수 있는 모든 전기기기
유입방폭 (o)	전기기기의 불꽃, 아크 또는 고온이 발생하는 부분을 기름 속에 넣어 기름면 위에 존재하는 폭발성 가스 또는 증기에 인화될 우려가 없도록 한 구조	• 아크가 생길 수 있는 모든 전기기기
안전증방폭 (e)	정상운전 중에 폭발성 가스 또는 증기에 점화원이 될 전기불꽃, 아크 또는 고온이 되어서는 안될 부분에 이런 것의 발생을 방지하기 위하여 기계적, 전기적 구조상 또는 온도상승에 대해서 특히 안전도를 증가시킨 구조	• 안전증 변압기 전체 • 안전증 접속단자 장치 • 안전증 측정계기
본질안전방폭 (i)	정상시 및 사고시(단선, 단락, 지락 등)에 발생하는 전기불꽃, 아크 또는 고온에 의하여 폭발성 가스 또는 증기에 점화되지 않는 것이 점화시험, 기타에 의하여 확인된 구조	이론적으로는 모든 전기기기를 본질안전 방폭화를 할 수 있으나 동력을 직접 사용하는 기기는 실제적으로 사용 불가능 • 신호기 • 전화기 • 계측기
특수방폭 (s)	상기 이외의 방폭구조로서 폭발성 가스 또는 증기에 점화 또는 위험분위기로 인화를 방지할 수 있는 것이 시험, 기타에 의하여 확인된 구조	폭발성 가스에 점화하지 않는 기기의 회로, 계측제어, 통신관계 등 미전력 회로를 가진 기기

다음 중 본질안전 방폭구조에 사용되는 약어는?

➡ i

(2) 방폭구조의 선정

① 가스폭발 위험장소

폭발위험장소 분류	방폭구조의 전기기계 · 기구
0종 장소 (위험분위기가 지속적으로 장기간 존재하는 장소)	• 본질안전방폭구조(ia) • 그 밖에 관련 공인 인증기관이 0종장소에서 사용이 가능한 방폭구조로 인증한 방폭구조
1종 장소 (정상 상태에서 위험 분위기가 존재하기 쉬운 장소)	• 내압방폭구조(d) • 압력방폭구조(p) • 충전방폭구조(q) • 유입방폭구조(o) • 안전증방폭구조(e) • 본질안전방폭구조(ia, ib) • 몰드방폭구조(m) • 그 밖에 관련 공인 인증기관이 1종장소에서 사용이 가능한 방폭구조로 인증한 방폭구조
2종 장소 (이상상태 하에서 위험 분위기가 단기간 동안 존재할 수 있는 장소)	• 0종장소 및 1종장소에 사용 가능한 방폭구조 • 비점화방폭구조(n) • 그 밖에 2종장소에서 사용하도록 특별히 고안된 비방폭형 구조

② 분진폭발 위험장소

폭발위험장소 분류	방폭구조의 전기기계 · 기구
20종 장소	• 밀폐방진방폭구조(DIP A20 또는 B20) • 그 밖에 관련 공인 인증기관이 20종장소에서 사용이 가능한 방폭구조로 인증한 방폭구조
21종 장소	• 밀폐방진방폭구조(DIP A20 또는 A21, DIP B20 또는 B21) • 밀폐방진방폭구조(SDP) • 그 밖에 관련 공인 인증기관이 21종장소에서 사용이 가능한 방폭구조로 인증한 방폭구조
22종 장소	• 20종장소 및 21종장소에 사용 가능한 방폭구조 • 일반방진방폭구조(DIP A22 또는 B22) • 그 밖에 22종장소에서 사용하도록 특별히 고안된 비방폭형 구조

(3) 방폭구조의 구비조건(KOSHA GUIDE)

① 시건장치를 할 것

② 대상기기에 접지단자를 설치할 것

③ 퓨즈를 사용할 것

④ 도선의 인입방식을 정확히 채택할 것

방폭 구조체에 반드시 설치하여야 할 것은?

➡ 접지단자를 설치

(4) 지하작업장 등의 폭발위험 방지(안전보건규칙 제296조 관련)

① 가스의 농도를 측정하는 사람을 지명하고 다음 각 목의 경우에 그로 하여금 해당 가스의 농도를 측정하도록 할 것

㉠ 매일 작업을 시작하기 전

㉡ 가스의 누출이 의심되는 경우

㉢ 가스가 발생하거나 정체할 위험이 있는 장소가 있는 경우

㉣ 장시간 작업을 계속하는 경우(이 경우 4시간마다 가스 농도를 측정하도록 하여야 한다)

② 가스의 농도가 인화하한계 값의 25퍼센트 이상으로 밝혀진 경우에는 즉시 근로자를 안전한 장소에 대피시키고 화기나 그 밖에 점화원이 될 우려가 있는 기계·기구 등의 사용을 중지하며 통풍·환기 등을 할 것

가연성 가스가 발생할 우려가 있는 장소에서 작업을 할 때 폭발 또는 화재를 방지하기 위한 조치사항 중 가스의 농도를 측정하는 방법으로 적절하지 않은 것은?

① 매일 작업을 시작하기 전에 측정한다.

② 가스에 대한 이상이 발견되었을 때 측정한다.

③ 장시간 작업할 때에는 매 8시간마다 측정한다.

④ 가스가 발생하거나 정체할 위험이 있는 장소에 대하여 측정한다.

2 폭발하한계 및 폭발상한계의 계산(KOSHA GUIDE)

1) 폭발하한계 계산

$$\mathrm{LEL_{mix}} = \frac{1}{\sum_{n=1}^{n} \frac{y_i}{\mathrm{LEL_i}}}$$

여기서, $\mathrm{LEL_{mix}}$: 가스 등 혼합물의 폭발하한계(vol%)
$\mathrm{LEL_i}$: 가스 등의 성분 중 i 성분의 폭발하한계(vol%)
y_i : 가스 등의 성분 중 i 성분의 mol 분율
n : 가스 등의 성분의 수

2) 폭발상한계 계산

$$\mathrm{UEL_{mix}} = \frac{1}{\sum_{n=1}^{n} \frac{y_i}{\mathrm{UEL_i}}}$$

여기서, $\mathrm{UEL_{mix}}$: 가스 등 혼합물의 폭발상한계(vol%)
$\mathrm{UEL_i}$: 가스 등의 성분 중 i 성분의 폭발상한계(vol%)

3) 폭발(연소)한계에 영향을 주는 요인(KOSHA GUIDE)

(1) 온도

기준이 되는 25℃에서 100℃씩 증가할 때마다 폭발(연소) 하한계는 값의 8%가 감소하며, 폭발(연소)상한은 8% 증가한다.

폭발(연소)하한계 : $L_t = L_{25℃} - (0.8\,L_{25℃} \times 10^{-3})(T-25)$

폭발(연소)상한계 : $U_t = U_{25℃} + (0.8\,U_{25℃} \times 10^{-3})(T-25)$

(2) 압력

폭발(연소)하한계에는 영향이 경미하나 폭발(연소)상한계에는 크게 영향을 준다. 보통의 경우 가스압력이 높아질수록 폭발(연소)범위는 넓어진다.

(3) 산소

폭발(연소)하한계는 공기나 산소 중에서 변함이 없으나 폭발(연소)상한계는 산소농도 증가에 따라 비례하여 상승하게 된다.

(4) 화염의 진행 방향

가연성 기체의 폭발한계에 영향을 미치는 인자가 아닌 것은?

① 압력
② 온도
③ 고유저항 (정답)
④ 화염진행방향

폭발범위에 영향을 미치는 요소에 대한 설명으로 가장 거리가 먼 것은?

① 폭발하한계는 온도 증가에 따라 감소한다.
② 폭발상한계는 온도 증가에 따라 증가한다.
③ 폭발하한계는 압력 증가에 따라 감소한다. (정답)
④ 폭발상한계는 압력 증가에 따라 증가한다.

4) 혼합가스의 폭발범위

(1) 르샤틀리에(Le Chatelier) 법칙(KOSHA GUIDE)

$$L = \frac{100}{\frac{V_1}{L_1} + \frac{V_2}{L_2} + \cdots\cdots + \frac{V_n}{L_n}} \text{(순수한 혼합가스일 경우)}$$

또는

$$L = \frac{V_1 + V_2 + \cdots + V_n}{\frac{V_1}{L_1} + \frac{V_2}{L_2} + \cdots + \frac{V_n}{L_n}} \text{(혼합가스가 공기와 섞여 있을 경우)}$$

여기서, L : 혼합가스의 폭발한계(%) – 폭발상한, 폭발하한 모두 적용 가능
$L_1, L_2, L_3, \cdots, L_n$: 각 성분가스의 폭발한계(%) – 폭발상한계, 폭발하한계
$V_1, V_2, V_3, \cdots, V_n$: 전체 혼합가스 중 각 성분가스의 비율(%) – 부피비

프로판 및 메탄의 폭발하한계는 각각 2.5, 5.0[vol.%]이다. 프로판과 메탄이 3 : 1의 체적비로 있는 혼합가스의 폭발하한계는 몇 [vol.%]인가?(단, 모든 상태는 상온상압상태이다)

▶ 프로판 75 vol.%, 메탄 25 vol.%, $L=\dfrac{100}{\dfrac{V_1}{L_1}+\dfrac{V_2}{L_2}}=\dfrac{100}{\dfrac{75}{2.5}+\dfrac{25}{5}}=2.9(\text{vol\%})$

(2) 실험데이터가 없어서 연소한계를 추정하는 경우에는 다음 식을 이용한다.
(Jones 식)(KOSHA GUIDE)

$$\text{LFL}=0.55\text{C}_{\text{st}},\ \text{UFL}=3.50\text{C}_{\text{st}}$$

여기서, C_{st} : 완전연소가 일어나기 위한 연료, 공기의 혼합기체 중 연료의 부피(%)

$$\text{C}_{\text{st}}=\frac{\text{연료의 몰수}}{\text{연료의 몰수}+\text{공기의 몰수}}\times 100(\text{단일성분일 경우})$$

$$\text{C}_{\text{st}}=\frac{1}{\dfrac{\text{V}_1}{\text{C}_{\text{st1}}}+\dfrac{\text{V}_2}{\text{C}_{\text{st2}}}+\dfrac{\text{V}_3}{\text{C}_{\text{st3}}}+\cdots+\dfrac{\text{V}_\text{n}}{\text{C}_{\text{stn}}}}\times 100(\text{혼합가스일 경우})$$

5) 위험도

(1) 폭발하한계 값과 폭발상한계 값의 차이를 폭발하한계 값으로 나눈 것
(2) 기체의 폭발 위험수준을 나타낸다.
(3) 일반적으로 위험도 값이 큰 가스는 폭발상한계 값과 폭발하한계 값의 차이가 크며, 위험도가 클수록 공기 중에서 폭발 위험이 크다.

$$H=\frac{U-L}{L}$$

여기서, H : 위험도
L : 폭발하한계 값(%)
U : 폭발상한계 값(%)

다음 표에 있는 가스들은 위험도가 높은 가스들이다. 위험도 순으로 나열한 것은?

구분	폭발하한선	폭발상한선	위험도
수소	4.0Vol%	75.0Vol%	17.8
산화에틸렌	3.0Vol%	80.0Vol%	25.7
이황화탄소	1.25Vol%	44.0Vol%	34.2
아세틸렌	2.5Vol%	81Vol%	31.4

➡ 이황화탄소 – 아세틸렌 – 산화에틸렌 – 수소

6) Brugess – Wheeler의 법칙

포화탄화수소계의 가스에서는 폭발하한계의 농도 X(vol%)와 그의 연소열(kcal/mol) Q의 곱은 일정

$$X \cdot \frac{Q}{100} \fallingdotseq 11(\text{일정})$$

연소열이 635.4kcal/mol인 포화탄산수소 가스의 하한계 계산치는?

➡ $X \cdot \frac{Q}{100} \fallingdotseq 11(\text{일정})$, $X = \frac{11}{Q} \times 100 = \frac{11}{635.4} \times 100 = 1.73\%$

PART 06

건설안전기술

INTRODUCTION to INDUSTRIAL SAFETY

CHAPTER 01 건설공사 안전개요

SECTION 1 지반의 안정성

1 건설공사 재해분석

1) 개요

(1) 건설공사는 아파트, 빌딩, 주택 등 건축구조물 공사와 터널, 교량, 댐 등 토목구조물을 시공하는 것으로 대부분의 공사가 옥외공사이며 고소작업, 동시 복합적인 작업의 형태로 이루어지므로 산업재해가 지속적으로 발생하고 있다.

(2) 또한 최근에는 구조물이 고층화, 대형화, 복잡화됨에 따라 새로운 유형의 산업재해가 발생하고 있으므로 사전에 충분한 유해위험요인에 대한 평가 및 대책이 이루어져야 한다.

2) 재해발생 형태

(1) 추락 : 작업발판, 비계, 개구부 등 단부에서 떨어짐
(2) 전도 : 사다리, 말비계, 건설기계 등의 전도로 인한 재해
(3) 협착 : 건설 장비(차량) 작업 중 근로자와 장비의 충돌 · 협착으로 인한 재해
(4) 낙하 · 비래 : 건설용 자재, 공구, 콘크리트 비산물 등의 낙하 · 비래
(5) 붕괴(무너짐) : 거푸집동바리, 비계, 토사의 붕괴 또는 무너짐에 의한 재해

(6) 감전 : 가공전로 접촉, 전기기계 · 기구의 누전에 의한 감전

(7) 화재(폭발) : 용접작업 중 불티비산 등에 의한 화재 · 폭발
(8) 기타 : 산소결핍에 의한 질식, 유해물질에 의한 중독, 뇌심혈관계 질환 등

2 지반의 조사

1) 정의

지반조사란 지질 및 지층에 관한 조사를 실시하여 토층분포상태, 지하수위, 투수계수, 지반의 지지력을 확인하여 구조물의 설계 · 시공에 필요한 자료를 구하는 것이다.

2) 지반조사의 종류

(1) 지하탐사법

① 터파보기(Test Pit) : 굴착 깊이=1.5~3m, 삽으로 지반의 구멍을 거리간격 5~10m로 실제 굴착, 얕고 경미한 건물에 이용
② 탐사간(짚어보기) : ∅9mm의 철봉을 지중에 관입하여 지반의 단단한 상태를 판단
③ 물리적 탐사 : 탄성파, 음파, 전기저항 등을 이용하여 지반의 구성층 판단

(2) Sounding 시험(원위치 시험)

로드(Rod) 선단에 콘, 샘플러, 저항날개 등의 저항체를 지중에 삽입하여 관입, 회전, 인발하여 저항력에 의해 흙의 성질을 판단하는 원위치 시험법

① 표준관입시험(Standard Penetration Test)
현 위치에서 직접 흙(주로 사질지반)의 다짐상태를 판단하는 시험으로 무게 63.5kg의 추를 76cm 높이에서 자유낙하시켜 샘플러를 30cm 관입시키는 데 필요한 타격 횟수 N을 구하는 시험, N치가 클수록 토질이 밀실

N값	모래지반 상대밀도	N값	점토지반 점착력
0~4	몹시 느슨	0~2	아주 연약
4~10	느슨	2~4	연약
10~30	보통	4~8	보통
30~50	조밀	8~15	강한 점착력
50 이상	대단히 조밀	15~30	매우 강한 점착력
		30 이상	견고(경질)

② 콘관입시험(Cone Penetration Test)
로드 선단에 부착된 Cone(콘)을 지중 관입하여 지반 경연정도로 지반상태를 판단, 주로 연약한 점성토 지반에 적용

③ 베인시험(Vane Test)
회전 Rod가 부착된 Vane(구형)을 지중에 관입하고 회전시켜 흙의 전단강도, 흙 Moment를 측정하는 시험으로 깊이 10m 미만의 연약한 점토질 지반의 시험에 주로 적용

④ 스웨덴식 사운딩시험(Swedish Sounding Test)
로드 선단에 Screw Point를 부착하여 침하와 회전시켰을 때의 관입량을 측정하는 시험으로 거의 모든 토질에 적용가능하며 굴착 깊이 H=30m까지 가능

표준관입시험에서 N값이 50 이상일 때 모래의 상대밀도는 어떤 상태인가?
▶ 대단히 조밀하다.

토질시험 중 연약한 점질토 지반의 점착력을 판별하기 위하여 실시하는 현장시험은?
▶ 베인테스트(Vane Test)

(3) 보링(Boring)

보링이란 굴착용 기계를 이용하여 지반을 천공하여 토사를 채취하고 지반의 토층 분포, 층상, 구성 상태를 판단하는 것이다

① 오거보링(Auger Boring)
② 수세식 보링(Wash Boring)
③ 충격식 보링(Percussion Boring)
④ 회전식 보링(Rotary Boring)

(4) Sampling(시료채취)

샘플링이란 흙이 가지고 있는 물리적 · 역학적 특성을 규명하기 위해 시료를 채취하는 것으로 교란정도에 따라 교란시료채취와 불교란시료 채취로 나눌 수 있다.

① 불교란시료 : 토질이 자연상태로 흩어지지 않게 채취
② 교란시료 : 토질이 흐트러진 상태로 채취

3 토질시험방법

1) 정의

토질시험이란 흙의 물리적 성질과 역학적 성질을 알기 위하여 주로 실내에서 행하는 시험으로 크게 물리적 시험과 역학적 시험으로 나눌 수 있다.

2) 물리적 시험

(1) 비중시험 : 흙입자의 비중 측정

(2) 함수량시험 : 흙에 포함되어 있는 수분의 양을 측정

(3) 입도시험 : 흙입자의 혼합상태를 파악

(4) 액성 · 소성 · 수축 한계시험 : 함수비 변화에 따른 흙의 공학적 성질을 측정

※ 아터버그한계(Atterberg Limits) : 흙의 성질을 나타내기 위한 지수를 일컫는다. 흙은 함수비에 따라서 고체, 반고체, 소성, 액체 등의 네 가지 상태로 존재한다. 각 상태마다 흙의 연경도와 거동이 달라지며 따라서 공학적 특성도 마찬가지로 다르게 된다. 각각의 상태 사이의 경계는 흙의 거동 변화에 수축한계(W_s), 소성한계(W_p), 액성한계(W_L)로 구분한다.

① 소성지수(I_p) : 흙이 소성상태로 존재할 수 있는 함수비의 범위
($I_p = W_L - W_P$)

② 수축지수(I_s) : 흙이 반고체상태로 존재할 수 있는 함수비의 범위
($I_s = W_p - W_s$)

③ 액성지수(I_L) : 흙이 자연상태에서 함유하고 있는 함수비의 정도
(W_n : 자연함수비)

$$I_L = \frac{W_n - W_p}{W_L - W_p} = \frac{W_n - W_p}{I_p}$$

여기서, W_s : 수축한계, W_p : 소성한계, W_L : 액성한계

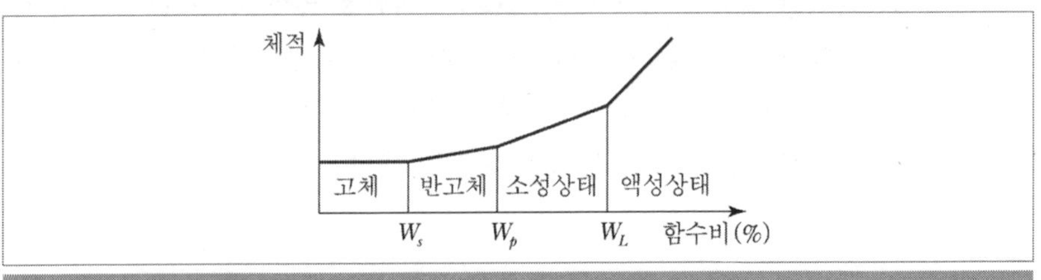

아터버그 한계

흙의 액성한계 W_L = 48%, 소성한계 W_p = 26%일 때 소성지수 I_p는?

➡ 소성지수 $I_p = W_L - W_P$이므로 48 − 26=22%

흙의 연경도에서 소성상태와 액성상태 사이의 한계를 무엇이라 하는가?

➡ 액성한계

(5) 밀도시험 : 지반의 다짐도 판정

3) 역학적 시험

(1) 투수시험 : 지하수위, 투수계수 측정
(2) 압밀시험 : 점성토의 침하량 및 침하속도 계산
(3) 전단시험 : 직접전단시험, 간접전단시험, 흙의 전단저항 측정
(4) 표준관입시험 : 흙의 지내력 판단, 사질토 적용
(5) 다짐시험 : 공학적 목적으로 흙의 성질을 개선하는 방법(흙의 단위중량, 전단강도 증가)
(6) 지반 지지력(지내력)시험 : 평판재하시험, 말뚝박기시험, 말뚝재하시험

CheckPoint

흙에 관한 전단시험의 종류가 아닌 것은?

① 직접전단시험 ② 일축압축시험 ③ 삼축압축시엄 ✔ CBR시험

4 토공계획

1) 토공사 사전조사

계획 및 설계 시 충분한 지반조사와 지하매설물 및 인접 구조물에 대한 사전조사를 실시하여 안전성을 확보

2) 사전 조사해야 할 사항

(1) 토질 및 지반조사

① 주변에 기 절토된 경사면의 실태조사

② 토질구성(표토, 토질, 암질) 및 토질구조(지층의 경사, 지층, 파쇄대의 분포)
③ 사운딩(Sounding) : 표준관입시험, 콘관입시험, 베인테스트
④ 시추(Boring) : 오거, 수세식, 회전식, 충격식 보링, N치 및 K치
⑤ 물리적 탐사(Geophysical Exploration)

(2) 지하 매설물 조사

① 매설물의 종류 : Gas관, 상수도관, 통신, 전력케이블 등
② 매설깊이
③ 지지방법 등에 대한 조사

(3) 기존 구조물 인접작업 시

① 기존 구조물의 기초상태 조사
② 지질조건 및 구조 형태 등에 대한 조사

3) 시공계획

(1) 시공기면

시공지반의 계획고를 말하며 F.L로 표시한다.

(2) 시공기면 결정 시 고려사항

① 토공량이 최소가 되도록 하며 절토량과 성토량을 균형시킬 것
② 유용토는 가까운 곳에 토취장, 토사장을 두고 운반거리를 짧게 할 것
③ 연약지반, 산사태, 낙석 위험지역은 가능한 한 피할 것
④ 암석 굴착은 적게 할 것
⑤ 비탈면 등은 흙의 안정을 고려할 것
⑥ 용지보상이나 지상물 보상이 최소가 되도록 할 것

5 지반의 이상현상 및 안전대책

1) 히빙(Heaving)

(1) 정의

히빙이란 연약한 점토지반을 굴착할 때 흙막이벽 배면 흙의 중량이 굴착저면 이하의 흙보다 중량이 클 경우 굴착저면 이하의 지지력보다 크게 되어 흙막이 배면에 있는 흙이 안으로 밀려들어 굴착저면이 솟아오르는 현상

(2) 지반조건

연약한 점토지반, 굴착저면 하부의 피압수

(3) 피해

① 흙막이의 전면적 파괴

② 흙막이 주변 지반침하로 인한 지하매설물 파괴

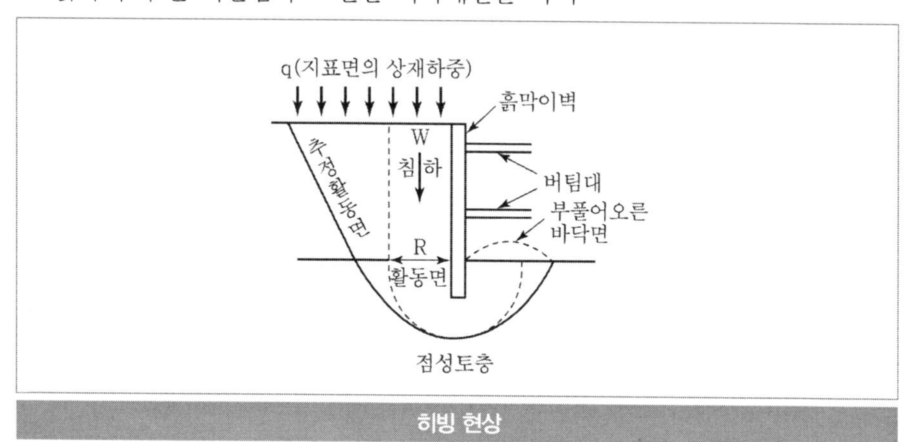

히빙 현상

(4) 안전대책

① 흙막이벽의 근입장 깊이를 경질지반까지 연장

② 굴착주변의 상재하중을 제거

③ 시멘트, 약액주입공법 등으로 Grouting 실시

④ Well Point, Deep Well 공법으로 지하수위 저하

⑤ 굴착방식을 개선(Island Cut, Caisson 공법 등)

히빙현상이 잘 발생하는 토질지반은?

① 연약한 점토지반 ② 연약한 사질토지반

③ 견고한 점토지반 ④ 견고한 사질토지반

히빙에 대한 대책으로 올바르지 않은 것은?

① 굴착배면의 상재하중 등 토압을 경감시킨다.

② 시트파일 등의 근입심도를 검토한다.

③ 굴착저면에 토사 등 인공중력을 감소시킨다.

④ 굴착주변을 웰 포인트 공법과 병행한다.

2) 보일링(Boiling)

(1) 정의

투수성이 좋은 사질토 지반을 굴착할 때 흙막이벽 배면의 지하수위가 굴착저면보다 높을 때 굴착저면 위로 모래와 지하수가 솟아오르는 현상

(2) 지반조건

투수성이 좋은 사질지반, 굴착저면 하부의 피압수

(3) 피해

① 흙막이의 전면적 파괴
② 흙막이 주변 지반침하로 인한 지하매설물 파괴
③ 굴착저면의 지지력 감소

(4) 안전대책

① 흙막이벽의 근입장 깊이를 경질지반까지 연장
② 차수성이 높은 흙막이 설치(지하연속벽, Sheet Pile 등)
③ 시멘트, 약액주입공법 등으로 Grouting 실시
④ Well Point, Deep Well 공법으로 지하수위 저하
⑤ 굴착토를 즉시 원상태로 매립

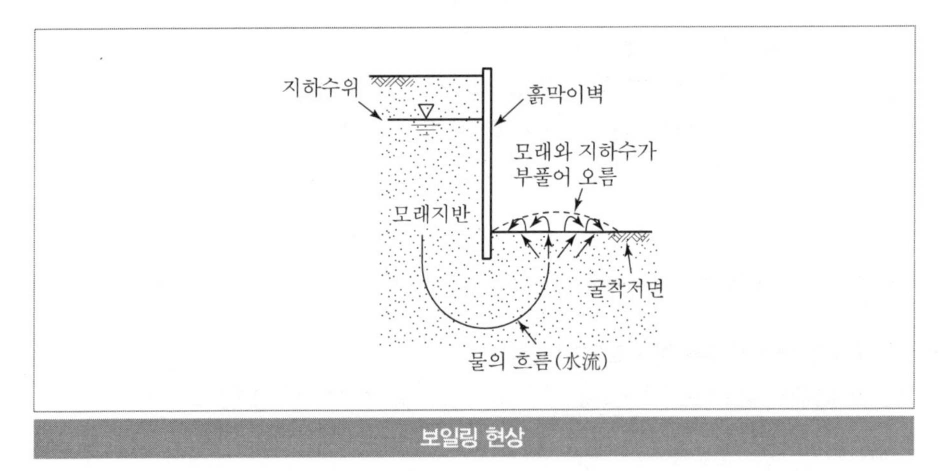

보일링 현상

보일링 현상이 잘 발생하는 토질지반은?

▶ 투수성이 좋은 사질토 지반

지반의 보일링 현상의 직접적인 원인은 어느 것인가?

✔ 굴착부와 배면부의 지하수위의 수두차　② 굴착부와 배면부의 흙의 중량차

③ 굴착부와 배면부의 흙의 함수비차　④ 굴착부와 배면부의 흙의 토압차

3) 연약지반의 개량공법

(1) 연약지반의 정의

① 연약지반이란 점토나 실트와 같은 미세한 입자의 흙이나 간극이 큰 유기질토 또는 이탄토, 느슨한 모래 등으로 이루어진 토층으로 구성

② 지하수위가 높고 제체 및 구조물의 안정과 침하문제를 발생시키는 지반

(2) 점성토 연약지반 개량공법

① 치환공법 : 연약지반을 양질의 흙으로 치환하는 공법으로 굴착, 활동, 폭파 치환

② 재하공법(압밀공법)

㉠ 프리로딩공법(Pre-Loading) : 사전에 성토를 미리하여 흙의 전단강도를 증가

㉡ 압성토공법(Surcharge) : 측방에 압성토하여 압밀에 의해 강도증가

㉢ 사면선단 재하공법 : 성토한 비탈면 옆부분을 덧붙임하여 비탈면 끝의 전단 강도를 증가

③ 탈수공법 : 연약지반에 모래말뚝, 페이퍼드레인, 팩을 설치하여 물을 배제시켜 압밀을 촉진하는 것으로 샌드드레인, 페이퍼드레인, 팩드레인공법

④ 배수공법 : 중력배수(집수정, Deep Well), 강제배수(Well Point, 진공 Deep Well)

⑤ 고결공법 : 생석회 말뚝공법, 동결공법, 소결공법

연약지반 처리공법 중 재하공법에 속하지 않는 것은?

① 여성토(Pre-Loading) 공법
② 서차지(Sur-Charge) 공법
③ 사면선단재하공법
④ 폭파치환 공법 (정답)

연약한 점토지반의 개량공법으로 적당치 않은 것은?

① 샌드드레인공법
② 프리로딩공법
③ 페이퍼드레인공법
④ 바이브로플로테이션공법 (정답)

(3) 사질토 연약지반 개량공법

① 진동다짐공법(Vibro Floatation) : 봉상진동기를 이용, 진동과 물다짐을 병용
② 동다짐(압밀)공법 : 무거운 추를 자유낙하시켜 지반충격으로 다짐효과
③ 약액주입공법 : 지반 내 화학약액(LW, Bentonite, Hydro)을 주입하여 지반고결
④ 폭파다짐공법 : 인공지진을 발생시켜 모래지반을 다짐
⑤ 전기충격공법 : 지반 속에서 고압방전을 일으켜 발생하는 충격력으로 지반 다짐
⑥ 모래다짐말뚝공법 : 충격, 진동 타입에 의해 모래를 압입시켜 모래 말뚝을 형성하여 다짐에 의한 지지력을 향상

다음의 연약지반 개량공법 중에서 사질토 지반을 강화하는 공법은 어느 것인가?

▶ 다짐말뚝공법

다음 중 연약지반 처리공법이 아닌 것은?

① 폭파치환공법
② 샌드드레인공법
③ 우물통공법 (정답)
④ 모래다짐말뚝공법

SECTION 2 공정계획 및 안전성 심사

1 안전관리 계획

1) 안전관리계획 작성 내용

(1) 입지 및 환경조건 : 주변교통, 부지상황, 매설물 등의 현황
(2) 안전관리 중점 목표 : 착공에서 준공까지 각 단계의 중점목표를 결정
(3) 공정, 공종별 위험요소 판단 : 공정, 공종별 유해위험요소를 판단하여 대책수립
(4) 안전관리조직 : 원활한 안전활동, 안전관리의 확립을 위해 필요한 조직
(5) 안전행사계획 : 일일, 주간, 월간계획
(6) 긴급연락망 : 긴급사태 발생시 연락할 경찰서, 소방서, 발주처, 병원 등의 연락처 게시

Check Point

공사현장 안전관리계획 작성 시 고려사항과 거리가 먼 것은?

① 입지 및 환경조건
② 안전관리 중점 목표
③ 공정, 공종별 위험요소 판단
④ 공사 성과의 분석 및 개선방법 (✔)

2 건설재해 예방대책

1) 안전을 고려한 설계
2) 무리가 없는 공정계획
3) 안전관리 체제 확립
4) 작업지시 단계에서 안전사항 철저 지시
5) 작업원의 안전의식 강화
6) 안전보호구 착용
7) 작업자 이외 출입금지
8) 악천후 시 작업중지
9) 고소작업 시 방호조치
10) 건설기계의 충돌·협착 방지
11) 거푸집동바리 및 비계 등 가설구조물의 붕괴·무너짐 방지
12) 낙하·비래에 의한 위험방지
13) 전기기계·기구의 감전예방 조치

3 건설공사의 안전관리

1) 지반굴착 시 위험방지

(1) 사전 지반조사 항목(안전보건규칙 제38조)

① 형상·지질 및 지층의 상태

② 균열 · 함수(含水) · 용수 및 동결의 유무 또는 상태
③ 매설물 등의 유무 또는 상태
④ 지반의 지하수위 상태

지반굴착 시 미리 주변지반에 대해 조사해야 할 사항이 아닌 것은?
① 형상, 지질 및 지층의 상태
② 균열, 함수, 용수의 유무 및 동결의 유무 또는 상태
③ 매설물 등의 유무 또는 상태
④ 흙막이 지보공 상태

(2) 굴착면의 기울기 기준(안전보건규칙 제338조)

구분	지반의 종류	기울기
보통흙	습지	1 : 1~1 : 1.5
	건지	1 : 0.5~1 : 1
암반	풍화암	1 : 0.8
	연암	1 : 0.5
	경암	1 : 0.3

※ 굴착면의 기울기 기준에 관한 문제는 거의 매회 출제되므로 기울기 기준은 반드시 암기

2) 발파 작업 시 위험방지

(1) 발파의 작업기준(안전보건규칙 제348조)

① 얼어붙은 다이나마이트는 화기에 접근시키거나 그 밖의 고열물에 직접 접촉시키는 등 위험한 방법으로 융해되지 않도록 할 것
② 화약 또는 폭약을 장전하는 경우에는 그 부근에서 화기의 사용 또는 흡연을 하지 않도록 할 것
③ 장전구는 마찰 · 충격 · 정전기 등에 의한 폭발이 발생할 위험이 없는 안전한 것을 사용할 것
④ 발파공의 충진재료는 점토 · 모래 등 발화성 또는 인화성의 위험이 없는 재료를 사용할 것
⑤ 전화 후 장전된 화약류가 폭발하지 아니한 경우 또는 장전된 화약류의 폭발 여부를 확인하기 곤란한 경우에는 다음 각 목의 사항을 따를 것

㉠ 전기뇌관에 의한 경우에는 발파모선을 점화기에서 떼어 그 끝을 단락시켜 놓는 등 재점화되지 않도록 조치하고 그때부터 5분 이상 경과한 후가 아니면 화약류의 장전장소에 접근시키지 않도록 할 것

㉡ 전기뇌관 외의 것에 의한 경우에는 점화한 때부터 15분 이상 경과한 후가 아니면 화약류의 장전장소에 접근시키지 않도록 할 것

⑥ 전기뇌관에 의한 발파의 경우에는 점화하기 전에 화약류를 장전한 장소로부터 30m 이상 떨어진 안전한 장소에서 전선에 대하여 저항측정 및 도통시험을 할 것

⑦ 발파모선은 적당한 치수 및 용량의 절연된 도전선을 사용하여야 한다.

⑧ 점화는 충분한 용량을 갖는 발파기를 사용하고 규정된 스위치를 반드시 사용하여야 한다.

⑨ 발파 후 즉시 발파모선을 발파기로부터 분리하고 그 단부를 절연시킨 후 재점화가 되지 않도록 하여야 한다.

Check Point

다음 중 발파공의 충전재료로 부적당한 것은?

① 점토 ② 모래
③ 비발화성 물질 ④ 인화성 물질 (정답)

다음 중 터널공사의 전기발파작업에 대한 설명 중 옳지 않은 것은?

① 점화는 충분한 허용량을 갖는 발파기를 사용한다.
② 발파 후 즉시 발파모선을 발파기로부터 분리하고 그 단부를 절연시킨다.
③ 전선의 도통시험은 화약장전 장소로부터 최소 30m 이상 떨어진 장소에서 행한다.
④ 발파모선은 고무 등으로 절연된 전선 20m 이상의 것을 사용한다. (정답)

(2) 발파 후 안전조치

① 전기발파 직후 발파모선을 점화기(발파기)로 부터 떼어내어 재점화되지 않도록 하고 5분 이상 경과한 후에 발파장소에 접근

② 도화선 발파직후 15분 이상 경과한 후에 발파장소에 접근

③ 터널에서 발파 후의 유독가스 및 낙석의 붕괴위험성을 확인 후 발파장소에 접근

④ 발파 시 사용된 전선, 도화선, 기타 기구, 기재 등은 확실히 회수

⑤ 불발화약류가 있을 때는 물을 유입시키거나 기타 안전한 방법으로 화약류를 회수

⑥ 불발화약류의 회수가 불가능할 경우에는 불발공에 평행되게 구멍을 뚫고 발파를 하는데 불발공과 새로 뚫는 구멍의 위치와의 거리는 기계 뚫기는 60cm 이상, 인력으로 뚫을 때는 30cm 이상

⑦ 발파 후 처리에 있어 불발화약류가 섞일 우려가 있으므로 이를 확인

(3) 발파허용 진동치

구분	문화재	주택 · 아파트	상가	철골 콘크리트 빌딩 및 상가
건물기초에서의 허용진동치(cm/sec)	0.2	0.5	1.0	1.0~4.0

3) 충전전로에서의 감전 위험방지

(1) 전압의 구분

① 저압 : 750V 이하 직류전압 또는 600V 이하의 교류전압

② 고압 : 750V 초과 7,000V 이하의 직류전압 또는 600V 초과 7,000V 이하의 교류전압

③ 특별고압 : 7,000V를 초과하는 직 · 교류전압

(2) 충전전로에서의 전기작업(안전보건규칙 제321조)

① 충전전로를 정전시키는 경우에는 제319조에 따른 조치를 할 것

② 충전전로를 방호, 차폐 또는 절연 등의 조치를 하는 경우에는 근로자의 신체가 전로와 직접 접촉하거나 도전재료, 공구 또는 기기를 통하여 간접 접촉되지 않도록 할 것

③ 충전전로를 취급하는 근로자에게 절연용 보호구를 착용시킬 것

④ 충전전로에 근접하는 장소에서 전기작업을 하는 경우에는 해당 전압에 적합한 절연용 방호구를 설치할 것. 다만, 저압인 경우에는 해당 전기작업자가 절연용 보호구를 착용하되, 충전전로에 접촉할 우려가 없는 경우에는 절연용 방호구를 설치하지 아니할 수 있다.

⑤ 고압 및 특별고압의 전로에서 전기작업을 하는 근로자에게 활선작업용 기구 및 장치를 사용하도록 할 것

⑥ 근로자가 절연용 방호구의 설치·해체작업을 하는 경우에는 절연용 보호구를 착용하거나 활선작업용 기구 및 장치를 사용하도록 할 것

⑦ 유자격자가 아닌 근로자가 충전전로 인근의 높은 곳에서 작업할 때에 근로자의 몸 또는 긴 도전성 물체가 방호되지 않은 충전전로에서 대지전압이 50kV 이하인 경우에는 300cm이내로, 대지전압이 50kV를 넘는 경우에는 10kV당 10cm씩 더한 거리 이내로 각각 접근할 수 없도록 할 것

⑧ 유자격자가 충전전로 인근에서 작업하는 경우에는 다음 각 목의 경우를 제외하고는 노출 충전부에 다음 표에 제시된 접근한계거리 이내로 접근하거나 절연 손잡이가 없는 도전체의 접근할 수 없도록 할 것

㉠ 근로자가 노출 충전부로부터 절연된 경우 또는 해당 전압에 적합한 절연장갑을 착용한 경우
㉡ 노출 충전부가 다른 전위를 갖는 도전체 또는 근로자와 절연된 경우
㉢ 근로자가 다른 전위를 갖는 모든 도전체로부터 절연된 경우

충전전로의 선간전압(단위 : kV)	충전전로에 대한 접근 한계거리(단위 : cm)
0.3 이하	접촉금지
0.3 초과 0.75 이하	30
0.75 초과 2 이하	45
2 초과 15 이하	60
15 초과 37 이하	90
37 초과 88 이하	110
88 초과 121 이하	130
121 초과 145 이하	150
145 초과 169 이하	170
169 초과 242 이하	230
242 초과 362 이하	380
362 초과 550 이하	550
550 초과 800 이하	790

4) 잠함 내 굴착작업 위험방지

(1) 잠함 또는 우물통의 급격한 침하로 인한 위험방지(안전보건규칙 제376조)

① 침하관계도에 따라 굴착방법 및 재하량 등을 정할 것
② 바닥으로부터 천장 또는 보까지의 높이는 1.8m 이상으로 할 것

 CheckPoint

잠함 또는 우물통의 내부에서 굴착작업을 할 때 급격한 침하로 인한 위험방지를 위해 준수하여야 할 사항은?

➡ 바닥으로부터 천장 또는 보까지의 높이가 1.8m 이상으로 할 것

(2) 잠함 등 내부에서의 작업(안전보건규칙 제377조)

① 산소 결핍 우려가 있는 경우에는 산소의 농도를 측정하는 사람을 지명하여 측정하도록 할 것
② 근로자가 안전하게 오르내리기 위한 설비를 설치할 것

③ 굴착 깊이가 20m를 초과하는 경우에는 해당 작업장소와 외부와의 연락을 위한 통신설비 등을 설치할 것
④ 산소농도 측정결과 산소의 결핍이 인정되거나 굴착 깊이가 20m를 초과하는 경우에는 송기를 위한 설비를 설치하여 필요한 양의 공기를 공급

(3) 잠함 등 내부에서 굴착작업의 금지(안전보건규칙 제378조)

① 승강설비, 통신설비, 송기설비에 고장이 있는 경우
② 잠함 등의 내부에 많은 양의 물 등이 스며들 우려가 있는 경우

SECTION 3 건설업 산업안전보건관리비

1 건설업 산업안전보건관리비의 계상 및 사용

1) 정의(고용노동부고시)

(1) 건설업 산업안전보건관리비 : 건설사업장과 건설업체 본사 안전전담부서에서 산업재해의 예방을 위하여 법령에 규정된 사항의 이행에 필요한 비용
(2) 안전관리비 대상액이란 「예정가격 작성준칙」(기획재정부 계약예규)과 「지방자치단체 원가계산 및 예정가격 작성요령」(행정안전부 예규)의 공사원가계산서 구성항목 중 직접재료비, 간접재료비와 직접노무비를 합한 금액(발주자가 재료를 제공할 경우에는 해당 비용을 포함한 금액)

2) 적용범위

(1) 총공사금액 2천만원 이상인 공사에 적용
(2) 「전기공사업법」 제2조에 따른 전기공사(고압 또는 특별고압작업) 및 「정보통신공사업법」제2조에 따른 정보통신공사(지하맨홀, 관로 또는 통신주 작업)로서 단가계약에 의하여 행하는 공사에 대하여는 총계약금액을 기준으로 이를 적용

3) 계상기준

(1) 대상액이 5억원 미만 또는 50억원 이상일 경우 : 대상액×계상기준표의 비율(%)
(2) 대상액이 5억원 이상 50억원 미만일 경우 : 대상액×계상기준표의 비율(X)+기초액(C)
(3) 대상액이 구분되어 있지 않은 경우 : 도급계약 또는 자체사업계획상의 총공사금액의 70%를 대상액으로 하여 안전관리비를 계상

(4) 발주자가 재료를 제공하거나 물품이 완제품의 형태로 제작 또는 납품되어 설치되는 경우 : ① 해당 재료비 또는 완제품의 가액을 대상액에 포함시킬 경우의 안전관리비는 ② 해당 재료비 또는 완제품의 가액을 포함시키지 않은 대상액을 기준으로 계상한 안전관리비의 1.2배를 초과할 수 없다. 즉, ①과 ②를 비교하여 적은 값으로 계상

| 공사종류 및 규모별 안전관리비 계상기준표 |

대 상 액 / 공사종류	대상액 5억원 미만	대상액 5억원 이상 50억원 미만		대상액 50억원 이상	영 별표5에 따른 보건관리자 선임 대상 건설공사
		비율(X)	기초액(C)		
일반건설공사(갑)	2.93%	1.86%	5,349,000원	1.97%	2.15%
일반건설공사(을)	3.09%	1.99%	5,499,000원	2.10%	2.29%
중건설공사	3.43%	2.35%	5,400,000원	2.44%	2.66%
철도·궤도신설공사	2.45%	1.57%	4,411,000원	1.66%	1.81%
특수및기타건설공사	1.85%	1.20%	3,250,000원	1.27%	1.38%

대상액이 50억원 이상일 때 계상기준에 맞지 않는 것은?

① 일반 건설공사(갑) : 1.97%
② 일반 건설공사(을) : 2.10%
③ 중건설공사 : 2.44%
④ 철도, 궤도신설공사 : 2.45%

2 건설업 산업안전보건관리비의 사용기준

1) 사용기준

(1) 안전관리자 · 보건관리자의 임금 등

① 안전관리 또는 보건관리 업무만을 전담하는 안전관리자 또는 보건관리자의 임금과 출장비 전액

② 안전관리 또는 보건관리 업무를 전담하지 않는 안전관리자 또는 보건관리자의 임금과 출장비의 각각 2분의 1에 해당하는 비용

③ 안전관리자를 선임한 건설공사 현장에서 산업재해 예방 업무만을 수행하는 작업지휘자, 유도자, 신호자 등의 임금 전액

④ 작업을 직접 지휘 · 감독하는 직 · 조 · 반장 등 관리감독자의 직위에 있는 자가 법령에서 정하는 업무를 수행하는 경우에 지급하는 업무수당

(2) 안전시설비 등

① 산업재해 예방을 위한 안전난간, 추락방호망, 안전대 부착설비, 방호장치 등 안전시설의 구입 · 임대 및 설치를 위해 소요되는 비용
② 스마트안전장비 지원사업 및 스마트 안전장비 구입 · 임대 비용
③ 용접 작업 등 화재 위험작업 시 사용하는 소화기의 구입 · 임대비용

(3) 보호구 등

① 보호구의 구입 · 수리 · 관리 등에 소요되는 비용
② 안전관리자 등의 업무용 피복, 기기 등을 구입하기 위한 비용
③ 안전관리자 및 보건관리자가 안전보건 점검 등을 목적으로 건설공사 현장에서 사용하는 차량의 유류비 · 수리비 · 보험료

(4) 안전보건진단비 등

① 유해위험방지계획서의 작성 등에 소요되는 비용
② 안전보건진단에 소요되는 비용
③ 작업환경 측정에 소요되는 비용
④ 그 밖에 산업재해예방을 위해 법에서 지정한 전문기관 등에서 실시하는 진단, 검사, 지도 등에 소요되는 비용

(5) 안전보건교육비 등

① 의무교육이나 이에 준하여 실시하는 교육을 위해 건설공사 현장의 교육 장소 설치 · 운영 등에 소요되는 비용
② 안전보건교육 대상자 등에게 구조 및 응급처치에 관한 교육을 실시하기 위해 소요되는 비용
③ 안전보건관리책임자, 안전관리자, 보건관리자가 업무수행을 위해 필요한 정보를 취득하기 위한 목적으로 도서, 정기간행물을 구입하는 데 소요되는 비용
④ 건설공사 현장에서 안전기원제 등 산업재해 예방을 기원하는 행사를 개최하기 위해 소요되는 비용
⑤ 건설공사 현장의 유해 · 위험요인을 제보하거나 개선방안을 제안한 근로자를 격려하기 위해 지급하는 비용

(6) 근로자 건강장해예방비 등

① 각종 근로자의 건강장해 예방에 필요한 비용
② 중대재해 목격으로 발생한 정신질환을 치료하기 위해 소요되는 비용
③ 감염병의 확산 방지를 위한 마스크, 손소독제, 체온계 구입비용 및 감염병병원체 검사를 위해 소요되는 비용

④ 휴게시설을 갖춘 경우 온도, 조명 설치 · 관리기준을 준수하기 위해 소요되는 비용
⑤ 건설공사 현장에서 근로자 심폐소생을 위해 사용되는 자동심장충격기(AED) 구입에 소요되는 비용

(7) 건설재해예방전문지도기관의 지도에 대한 대가로 자기공사자가 지급하는 비용

(8) 「중대재해 처벌 등에 관한 법률 시행령」 제4조제2호나목에 해당하는 건설사업자가 아닌 자가 운영하는 사업에서 안전보건 업무를 총괄 · 관리하는 3명 이상으로 구성된 본사 전담조직에 소속된 근로자의 임금 및 업무수행 출장비 전액

(9) 법 제36조에 따른 위험성평가 또는 「중대재해 처벌 등에 관한 법률 시행령」 제4조제3호에 따라 유해 · 위험요인 개선을 위해 필요하다고 판단하여 산업안전보건위원회 또는 노사협의체에서 사용하기로 결정한 사항을 이행하기 위한 비용

2) 사용불가 사항

(1) 「(계약예규)예정가격작성기준」 제19조제3항 중 각 호(단, 제14호는 제외한다)에 해당되는 비용
(2) 다른 법령에서 의무사항으로 규정한 사항을 이행하는 데 필요한 비용
(3) 근로자 재해예방 외의 목적이 있는 시설 · 장비나 물건 등을 사용하기 위해 소요되는 비용
(4) 환경관리, 민원 또는 수방대비 등 다른 목적이 포함된 경우

3) 재해예방전문지도기관의 지도를 받아 안전관리비를 사용해야 하는 사업

(1) 공사금액 1억원 이상 120억원(토목공사는 150억원) 미만인 공사를 행하는 자는 산업안전보건관리비를 사용하고자 하는 경우에는 미리 그 사용방법 · 재해예방조치 등에 관하여 재해예방전문지도기관의 기술지도를 받아야 한다.

(2) 기술지도에서 제외되는 공사

① 공사기간이 3개월 미만인 공사
② 육지와 연결되지 아니한 섬지역(제주특별자치도는 제외)에서 이루어지는 공사
③ 안전관리자 자격을 가진 자를 선임하여 안전관리자의 직무만을 전담하도록 하는 공사
④ 유해 · 위험방지계획서를 제출하여야 하는 공사

Check Point

재해예방전문 지도기관의 기술지도 대상 제외 사업장이 아닌 것은?

✅ 공사기간이 6월 미만인 건설공사
② 전국 도서지방(제주도 제외)에서 행하는 공사
③ 유해 · 위험방지 계획서 제출 대상공사
④ 유자격 전담 안전관리자를 선임한 공사

SECTION 4 사전안전성 검토(유해 · 위험방지계획서)

1 위험성평가

1) 개요

(1) 정의

위험성평가란 사업주가 스스로 건설현장의 유해 · 위험요인을 파악하고 해당 유해 · 위험요인의 위험성 수준을 결정하여, 위험성을 낮추기 위한 적절한 조치를 마련하고 실행하는 과정

(2) **관련법령**(「산업안전보건법」 제36조)

① 사업주는 건설물, 기계 · 기구 · 설비, 원재료, 가스, 증기, 분진, 근로자의 작업 행동 또는 그 밖의 업무로 인한 유해 · 위험 요인을 찾아내어 부상 및 질병으로 이어질 수 있는 위험성의 크기가 허용 가능한 범위인지를 평가하여야 하고, 그 결과에 따라 이 법과 이 법에 따른 명령에 따른 조치를 하여야 하며, 근로자에 대한 위험 또는 건강장해를 방지하기 위하여 필요한 경우에는 추가적인 조치를 하여야 한다.

② 사업주는 제1항에 따른 평가 시 고용노동부장관이 정하여 고시하는 바에 따라 해당 작업장의 근로자를 참여시켜야 한다.

2) 실시주체

(1) 사업주는 스스로 사업장의 유해 · 위험요인을 파악하고 이를 평가하여 관리 개선하는 등 위험성평가를 실시하여야 한다.

(2) 법 제63조에 따른 작업의 일부 또는 전부를 도급에 의하여 행하는 사업의 경우는

도급을 준 도급인(이하 "도급사업주"라 한다)과 도급을 받은 수급인(이하 "수급사업주"라 한다)은 각각 제1항에 따른 위험성평가를 실시하여야 한다.

(3) 제2항에 따른 도급사업주는 수급사업주가 실시한 위험성평가 결과를 검토하여 도급사업주가 개선할 사항이 있는 경우 이를 개선하여야 한다.

3) 근로자 참여

사업주는 위험성평가를 실시할 때, 법 제36조제2항에 따라 다음 각 호에 해당하는 경우 해당 작업에 종사하는 근로자를 참여시켜야 한다.

(1) 유해 · 위험요인의 위험성 수준을 판단하는 기준을 마련하고, 유해 · 위험요인별로 허용 가능한 위험성 수준을 정하거나 변경하는 경우
(2) 해당 사업장의 유해 · 위험요인을 파악하는 경우
(3) 유해 · 위험요인의 위험성이 허용 가능한 수준인지 여부를 결정하는 경우
(4) 위험성 감소대책을 수립하여 실행하는 경우
(5) 위험성 감소대책 실행 여부를 확인하는 경우

4) 실시 절차

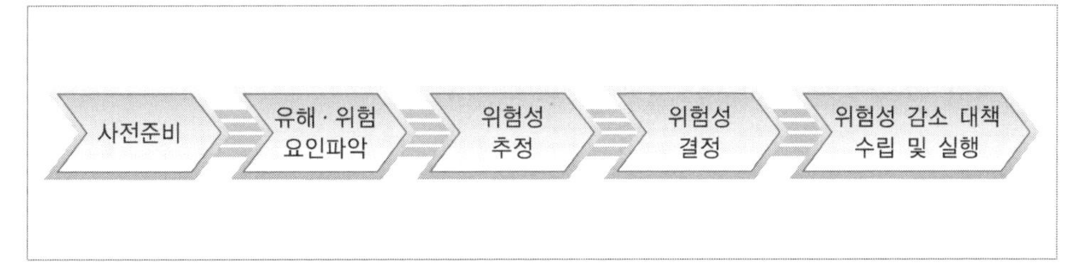

① 사전준비 : 사업주는 위험성평가를 효과적으로 실시하기 위하여 최초 위험성평가 시 평가 목적, 방법, 담당자, 시기, 절차 등이 포함된 위험성평가 실시규정을 작성하고, 지속적으로 관리

② 유해위험요인 파악 : 사업주는 순회점검, 제안, 설문조사 · 인터뷰 등 청취조사, 물질안전보건자료, 작업환경측정 · 특수건강진단 결과 등 자료에 의한 방법들로 사업장 내 유해 · 위험요인 파악

③ 위험성 결정 : 사업주는 파악된 유해 · 위험요인이 근로자에게 노출되었을 때의 허용 가능한 위험성 수준인지 판단

④ 위험성 감소대책 수립 및 실행 : 사업주는 허용 가능한 위험성이 아니라고 판단한 경우에는 위험성의 수준, 영향을 받는 근로자 수 및 개선대책 순서(제거 – 공학적 대책 – 관리적 대책 – 보호구)를 고려하여 위험성 감소를 위한 대책 수립 · 실행

2 유해 · 위험방지계획서 제출대상 건설공사

1) 목적

건설공사 시공 중에 나타날 수 있는 추락, 낙하, 감전 등 재해위험에 대해 공사 착공 전에 설계도, 안전조치계획 등을 검토하여 유해 · 위험요소에 대한 안전 보건상의 조치를 강구하여 근로자의 안전 · 보건을 확보하기 위함

2) 제출대상 공사(산업안전보건법 시행규칙 제120조 제2항)

(1) 지상높이가 31m 이상인 건축물 또는 인공구조물, 연면적 30,000m² 이상인 건축물 또는 연면적 5,000m² 이상의 문화 및 집회시설(전시장 및 동물원 · 식물원은 제외한다), 판매시설, 운수시설(고속철도의 역사 및 집배송시설은 제외한다), 종교시설, 의료시설 중 종합병원, 숙박시설 중 관광숙박시설, 지하도상가 또는 냉동 · 냉장창고시설의 건설 · 개조 또는 해체(이하 "건설 등"이라 한다)
(2) 연면적 5,000m² 이상의 냉동 · 냉장창고시설의 설비공사 및 단열공사
(3) 최대지간 길이가 50m 이상인 교량건설 등 공사
(4) 터널건설 등의 공사
(5) 다목적 댐, 발전용 댐 및 저수용량 2천만톤 이상의 용수전용 댐, 지방상수도 전용댐 건설 등의 공사
(6) 깊이가 10m 이상인 굴착공사

유해 · 위험방지계획서 제출대상 사업 규모에 해당되지 않는 것은?

① 터널건설 공사
② 깊이가 15미터인 굴착공사
③ 지상높이가 25미터인 건축물 건설 공사
④ 최대지간길이가 55미터인 교량건설공사

교량건설 공사의 경우 유해 · 위험방지계획서를 제출해야 하는 기준은?

➡ 최대지간 길이가 50m 이상인 교량건설공사

3) 작성 및 제출

(1) 제출시기

유해 · 위험방지계획서 작성 대상공사를 착공하려고 하는 사업주는 일정한 자격을 갖춘 자의 의견을 들은 후 동 계획서를 작성하여 공사착공 전일까지 한국산업안전보건공단 관할 지역본부 및 지사에 2부를 제출

유해 · 위험방지계획서 제출기준일이 맞는 것은?
▶ 당해 공사착공 전일까지

(2) 검토의견 자격 요건

① 건설안전분야 산업안전지도사
② 건설안전기술사 또는 토목 · 건축분야 기술사
③ 건설안전산업기사 이상으로서 건설안전관련 실무경력 7년(기사는 5년) 이상

3 유해 · 위험방지계획서의 확인사항

1) 확인시기(산업안전보건법 시행규칙 제124조)

(1) 건설공사 중 6개월 이내마다 공단의 확인을 받아야 함
(2) 자체심사 및 확인업체의 사업주는 해당 공사 준공 시까지 6개월 이내마다 자체확인을 실시

2) 확인사항

(1) 유해 · 위험방지계획서의 내용과 실제공사 내용과의 부합 여부
(2) 유해 · 위험방지계획서 변경내용의 적정성
(3) 추가적인 유해 · 위험요인의 존재 여부

4 제출 시 첨부서류

1) 공사 개요 및 안전보건관리계획

(1) 공사 개요서(별지 제45호서식)
(2) 공사현장의 주변 현황 및 주변과의 관계를 나타내는 도면(매설물 현황을 포함한다)

(3) 건설물, 사용 기계설비 등의 배치를 나타내는 도면
(4) 전체 공정표
(5) 산업안전보건관리비 사용계획(별지 제46호서식)
(6) 안전관리 조직표
(7) 재해 발생 위험 시 연락 및 대피방법

유해 · 위험방지계획서 제출 시 첨부서류가 아닌 것은?
① 공사현장의 주변상황 및 주변과의 관계를 나타내는 도면
② 공사개요서
③ 전체공정표
④ 작업인부의 배치를 나타내는 도면 및 서류

2) 작업공사 종류별 유해 · 위험방지계획

(1) 제120조 제2항 제1호에 따른 건축물, 인공구조물 건설 등의 공사

작업공사 종류	주요 작성대상	첨부서류
1. 가설공사 2. 구조물공사 3. 마감공사 4. 기계 설비공사 5. 해체공사	가. 비계 조립 및 해체 작업(외부비계 및 높이 3미터 이상 내부비계만 해당한다) 나. 높이 4미터를 초과하는 거푸집동바리[동바리가 없는 공법(무지주공법으로 데크플레이트, 호리빔 등)과 옹벽 등 벽체를 포함한다] 조립 및 해체작업 또는 비탈면 슬라브의 거푸집동바리 조립 및 해체 작업 다. 작업발판 일체형 거푸집 조립 및 해체 작업 라. 철골 및 PC(Precast Concrete) 조립 작업 마. 양중기 설치 · 연장 · 해체 작업 및 천공 · 항타 작업 바. 밀폐공간내 작업 사. 해체 작업 아. 우레탄폼 등 단열재 작업[(취급장소와 인접한 장소에서 이루어지는 화기(火器) 작업을 포함한다] 자. 같은 장소(출입구를 공동으로 이용하는 장소를 말한다)에서 둘 이상의 공정이 동시에 진행되는 작업	1. 해당 작업공사 종류별 작업개요 및 재해예방 계획 2. 위험물질의 종류별 사용량과 저장 · 보관 및 사용 시의 안전작업계획 (비고) 1. 바목의 작업에 대한 유해 · 위험방지계획에는 질식 · 화재 및 폭발 예방 계획이 포함되어야 한다. 2. 각 목의 작업과정에서 통풍이나 환기가 충분하지 않거나 가연성 물질이 있는 건축물 내부나 설비 내부에서 단열재 취급 · 용접 · 용단 등과 같은 화기작업이 포함되어 있는 경우에는 세부계획이 포함되어야 한다.

대상 공사	작업 공사 종류	주요 작성대상	첨부 서류
제120조 제2항 제1호에 따른 건축물, 인공 구조물 건설등의 공사	1. 가설공사 2. 구조물공사 3. 마감공사 4. 기계 설비공사 5. 해체공사	가. 비계 조립 및 해체 작업(외부비계 및 높이 3미터 이상 내부비계만 해당한다) 나. 높이 4미터를 초과하는 거푸집동바리[동바리가 없는 공법(무지주공법으로 데크플레이트, 호리빔 등)과 옹벽 등 벽체를 포함한다] 조립 및 해체작업 또는 비탈면 슬라브의 거푸집동바리 조립 및 해체 작업 다. 작업발판 일체형 거푸집 조립 및 해체 작업 라. 철골 및 PC(Precast Concrete) 조립 작업 마. 양중기 설치 · 연장 · 해체 작업 및 천공 · 항타 작업 바. 밀폐공간내 작업 사. 해체 작업 아. 우레탄폼 등 단열재 작업[(취급장소와 인접한 장소에서 이루어지는 화기(火器) 작업을 포함한다] 자. 같은 장소(출입구를 공동으로 이용하는 장소를 말한다)에서 둘 이상의 공정이 동시에 진행되는 작업	1. 해당 작업공사 종류별 작업개요 및 재해예방 계획 2. 위험물질의 종류별 사용량과 저장 · 보관 및 사용 시의 안전작업계획 [비고] 1. 바목의 작업에 대한 유해 · 위험방지계획에는 질식 · 화재 및 폭발 예방 계획이 포함되어야 한다. 2. 각 목의 작업과정에서 통풍이나 환기가 충분하지 않거나 가연성 물질이 있는 건축물 내부나 설비 내부에서 단열재 취급 · 용접 · 용단 등과 같은 화기작업이 포함되어 있는 경우에는 세부계획이 포함되어야 한다.
제120조 제2항 제2호에 따른 냉동 · 냉장창고 시설의 설비공사 및 단열공사	1. 가설공사 2. 단열공사 3. 기계 설비공사	가. 밀폐공간내 작업 나. 우레탄폼 등 단열재 작업(취급장소와 인접한 곳에서 이루어지는 화기 작업을 포함한다) 다. 설비 작업 라. 같은 장소(출입구를 공동으로 이용하는 장소를 말한다)에서 둘 이상의 공정이 동시에 진행되는 작업	1. 해당 작업공사 종류별 작업개요 및 재해예방 계획 2. 위험물질의 종류별 사용량과 저장 · 보관 및 사용 시의 안전작업계획 [비고] 1. 가목의 작업에 대한 유해 · 위험방지계획에는 질식 · 화재 및 폭발 예방계획이 포함되어야 한다. 2. 각 목의 작업과정에서 통풍이나 환기가 충분하지 않거나 가연성 물질이 있는 건축물 내부나 설비 내부에서 단열재 취급 · 용접 · 용단 등과 같은 화기작업이 포함되어 있는 경우에는 세부계획이 포함되어야 한다.

대상 공사	작업 공사 종류	주요 작성대상	첨부 서류
제120조 제2항 제3호에 따른 교량 건설등의 공사	1. 가설공사 2. 하부공 공사 3. 상부공 공사	가. 하부공 작업 1) 작업발판 일체형 거푸집 조립 및 해체 작업 2) 양중기 설치 · 연장 · 해체 작업 및 천공 · 항타 작업 3) 교대 · 교각 기초 및 벽체 철근조립 작업 4) 해상 · 하상 굴착 및 기초 작업 나. 상부공 작업 가) 상부공 가설작업 [압출공법(ILM), 캔틸레버공법(FCM), 동바리설치공법(FSM), 이동지보공법(MSS), 프리캐스트 세그먼트 가설공법(PSM) 등을 포함한다] 나) 양중기 설치 · 연장 · 해체 작업 다) 상부슬라브 거푸집 동바리 조립 및 해체 (특수작업대를 포함한다) 작업	1. 해당 작업공사 종류별 작업개요 및 재해예방 계획 2. 위험물질의 종류별 사용량과 저장 · 보관 및 사용 시의 안전작업 계획
제120조 제2항 제4호에 따른 터널 건설등의 공사	1. 가설공사 2. 굴착 및 발파 공사 3. 구조물공사	가. 터널굴진공법(NATM) 1) 굴진(갱구부, 본선, 수직갱, 수직구 등을 말한다) 및 막장내 붕괴 · 낙석 방지 계획 2) 화약 취급 및 발파 작업 3) 환기 작업 4) 작업대(굴진, 방수, 철근, 콘크리트 타설을 포함한다) 사용 작업 나. 기타 터널공법[(TBM)공법, 쉴드(Shield)공법, 추진(Front Jacking)공법, 침매공법 등을 포함한다] 1) 환기 작업 2) 막장내 기계 · 설비 유지 · 보수 작업	1. 해당 작업공사 종류별 작업개요 및 재해예방 계획 2. 위험물질의 종류별 사용량과 저장 · 보관 및 사용 시의 안전작업 계획 [비고] 1. 나목의 작업에 대한 유해 · 위험 방지계획에는 굴진(갱구부, 본선, 수직갱, 수직구 등을 말한다) 및 막장 내 붕괴 · 낙석 방지 계획이 포함되어야 한다.

대상 공사	작업 공사 종류	주요 작성대상	첨부 서류
제120조 제2항 제5호에 따른 댐 건설등의 공사	1. 가설공사 2. 굴착 및 발파 공사 3. 댐 축조공사	가. 굴착 및 발파 작업 나. 댐 축조[가(假)체절 작업을 포함한다] 작업 1) 기초처리 작업 2) 둑 비탈면 처리 작업 3) 본체 축조 관련 장비 작업(흙쌓기 및 다짐만 해당한다) 4) 작업발판 일체형 거푸집 조립 및 해체 작업(콘크리트 댐만 해당한다)	1. 해당 작업공사 종류별 작업개요 및 재해예방 계획 2. 위험물질의 종류별 사용량과 저장 · 보관 및 사용 시의 안전작업 계획
제120조 제2항 제6호에 따른 굴착공사	1. 가설공사 2. 굴착 및 발파 공사 3. 흙막이 지보공(支保工) 공사	가. 흙막이 가시설 조립 및 해체 작업(복공작업을 포함한다) 나. 굴착 및 발파 작업 다. 양중기 설치 · 연장 · 해체 작업 및 천공 · 항타 작업	1. 해당 작업공사 종류별 작업개요 및 재해예방 계획 2. 위험물질의 종류별 사용량과 저장 · 보관 및 사용 시의 안전작업 계획

[비고] 작업 공사 종류란의 공사에서 이루어지는 작업으로서 주요 작성대상란에 포함되지 않은 작업에 대해서도 유해 · 위험방지계획를 작성하고, 첨부서류란의 해당 서류를 첨부하여야 한다.

(2) 제120조 제2항 제2호에 따른 냉동·냉장창고시설의 설비공사 및 단열공사

작업공사 종류	주요 작성대상	첨부서류
1. 가설공사 2. 단열공사 3. 기계 설비공사	가. 밀폐공간내 작업 나. 우레탄폼 등 단열재 작업(취급장소와 인접한 곳에서 이루어지는 화기 작업을 포함한다) 다. 설비 작업 라. 같은 장소(출입구를 공동으로 이용하는 장소를 말한다)에서 둘 이상의 공정이 동시에 진행되는 작업	1. 해당 작업공사 종류별 작업개요 및 재해예방 계획 2. 위험물질의 종류별 사용량과 저장 · 보관 및 사용 시의 안전작업계획 (비고) 1. 가목의 작업에 대한 유해 · 위험방지계획에는 질식 · 화재 및 폭발 예방계획이 포함되어야 한다. 2. 각 목의 작업과정에서 통풍이나 환기가 충분하지 않거나 가연성 물질이 있는 건축물 내부나 설비 내부에서 단열재 취급 · 용접 · 용단 등과 같은 화기작업이 포함되어 있는 경우에는 세부계획이 포함되어야 한다.

(3) 제120조 제2항 제3호에 따른 교량 건설 등의 공사

작업공사 종류	주요 작성대상	첨부서류
1. 가설공사 2. 하부공 공사 3. 상부공 공사	가. 하부공 작업 1) 작업발판 일체형 거푸집 조립 및 해체 작업 2) 양중기 설치 · 연장 · 해체 작업 및 천공 · 항타 작업 3) 교대 · 교각 기초 및 벽체 철근조립 작업 4) 해상 · 하상 굴착 및 기초 작업 나. 상부공 작업 가) 상부공 가설작업[압출공법(ILM), 캔틸레버공법(FCM), 동바리설치공법(FSM), 이동지보공법(MSS), 프리캐스트 세그먼트 가설공법(PSM) 등을 포함한다] 나) 양중기 설치 · 연장 · 해체 작업 다) 상부슬라브 거푸집동바리 조립 및 해체(특수작업대를 포함한다) 작업	1. 해당 작업공사 종류별 작업개요 및 재해예방 계획 2. 위험물질의 종류별 사용량과 저장 · 보관 및 사용 시의 안전작업계획

(4) 제120조 제2항 제4호에 따른 터널 건설 등의 공사

작업공사 종류	주요 작성대상	첨부서류
1. 가설공사 2. 굴착 및 발파 공사 3. 구조물공사	가. 터널굴진공법(NATM) 1) 굴진(갱구부, 본선, 수직갱, 수직구 등을 말한다) 및 막장내 붕괴 · 낙석방지 계획 2) 화약 취급 및 발파 작업 3) 환기 작업 4) 작업대(굴진, 방수, 철근, 콘크리트 타설을 포함한다) 사용 작업 나. 기타 터널공법[(TBM)공법, 쉴드(Shield)공법,추진(Front Jacking)공법, 침매공법 등을 포함한다] 1) 환기 작업 2) 막장내 기계 · 설비 유지 · 보수 작업	1. 해당 작업공사 종류별 작업개요 및 재해예방 계획 2. 위험물질의 종류별 사용량과 저장 · 보관 및 사용 시의 안전작업계획 (비고) 1. 나목의 작업에 대한 유해 · 위험방지계획에는 굴진(갱구부, 본선, 수직갱, 수직구 등을 말한다) 및 막장 내 붕괴 · 낙석 방지 계획이 포함되어야 한다.

(5) 제120조 제2항 제5호에 따른 댐 건설 등의 공사

작업공사 종류	주요 작성대상	첨부서류
1. 가설공사 2. 굴착 및 발파 공사 3. 댐 축조공사	가. 굴착 및 발파 작업 나. 댐 축조[가(假)체절 작업을 포함한다] 작업 1) 기초처리 작업 2) 둑 비탈면 처리 작업 3) 본체 축조 관련 장비 작업(흙쌓기 및 다짐만 해당한다) 4) 작업발판 일체형 거푸집 조립 및 해체 작업(콘크리트 댐만 해당한다)	1. 해당 작업공사 종류별 작업개요 및 재해예방 계획 2. 위험물질의 종류별 사용량과 저장 · 보관 및 사용 시의 안전작업계획

(6) 제120조 제2항 제6호에 따른 굴착공사

작업공사 종류	주요 작성대상	첨부서류
1. 가설공사 2. 굴착 및 발파 공사 3. 흙막이 지보공(支保工) 공사	가. 흙막이 가시설 조립 및 해체 작업(복공작업을 포함한다) 나. 굴착 및 발파 작업 다. 양중기 설치 · 연장 · 해체 작업 및 천공 · 항타 작업	1. 해당 작업공사 종류별 작업개요 및 재해예방 계획 2. 위험물질의 종류별 사용량과 저장 · 보관 및 사용 시의 안전작업계획

[비고] 작업 공사 종류란의 공사에서 이루어지는 작업으로서 주요 작성대상란에 포함되지 않은 작업에 대해서도 유해 · 위험방지계획을 작성하고, 첨부서류란의 해당 서류를 첨부하여야 한다.

CHAPTER 02 건설공구 및 장비

SECTION 1 건설공구

1 석재가공 공구

1) 석재가공

석재가공이란 채취된 원석의 규격화 가공을 비롯하여 이를 판재로 할석하는 작업 그리고 표면가공까지를 포함한 것을 말한다.

2) 석재가공 순서

(1) 혹두기 : 쇠메로 치거나 손잡이 있는 날메로 거칠게 가공하는 단계
(2) 정다듬 : 섬세하게 튀어나온 부분을 정으로 가공하는 단계
(3) 도드락다듬 : 정다듬하고 난 약간 거친면을 고기 다지듯이 도드락 망치로 두드리는 것
(4) 잔다듬 : 정다듬한 면을 양날망치로 쪼아 표면을 더욱 평탄하게 다듬는 것
(5) 물갈기 : 잔다듬한 면을 숫돌 등으로 간 다음, 광택을 내는 것

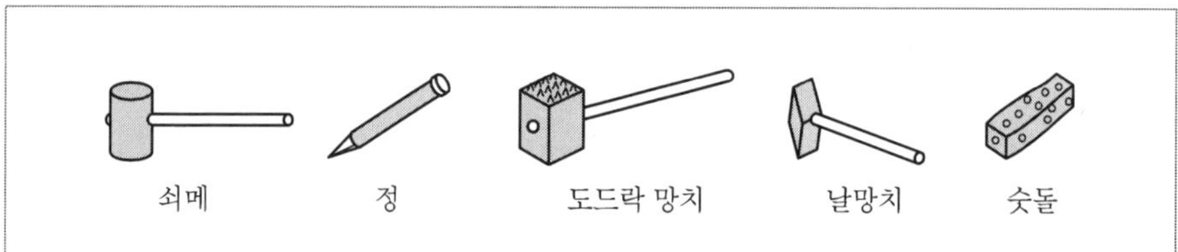

다듬순서 : 혹두기(쇠메나 망치) – 정다듬(정) – 도드락다듬(도드락망치) – 잔다듬(날망치(양날망치)) – 물갈기

3) 수공구의 종류

(1) 원석할석기
(2) 다이아몬드 원형 절단기
(3) 전동톱
(4) 망치
(5) 정
(6) 양날망치
(7) 도드락망치

2 철근가공 공구 등

1) 철선작두 : 철선을 필요로 하는 길이나 크기로 사용하기 위해 철선을 끊는 기구
2) 철선가위 : 철선을 필요한 치수로 절단하는 것으로 철선을 자르는 기구
3) 철근절단기 : 철근을 필요한 치수로 절단하는 기계로 핸드형, 이동형 등이 있다.

핸드형 철근절단기 이동형 철근절단기 철근밴딩기

4) 철근굽히기 : 철근을 필요한 치수 또는 형태로 굽힐 때 사용하는 기계

SECTION 2 건설장비

1 굴삭장비

1) 파워쇼벨(Power Shovel)

(1) 개요

파워쇼벨은 쇼벨계 굴삭기의 기본 장치로서 버킷의 작동이 삽을 사용하는 방법과 같이 굴삭한다.

(2) 특성

① 굴삭기가 위치한 지면보다 높은 곳을 굴삭하는 데 적합
② 비교적 단단한 토질의 굴삭도 가능하며 적재, 석산 작업에 편리
③ 크기는 버킷과 디퍼의 크기에 따라 결정한다.

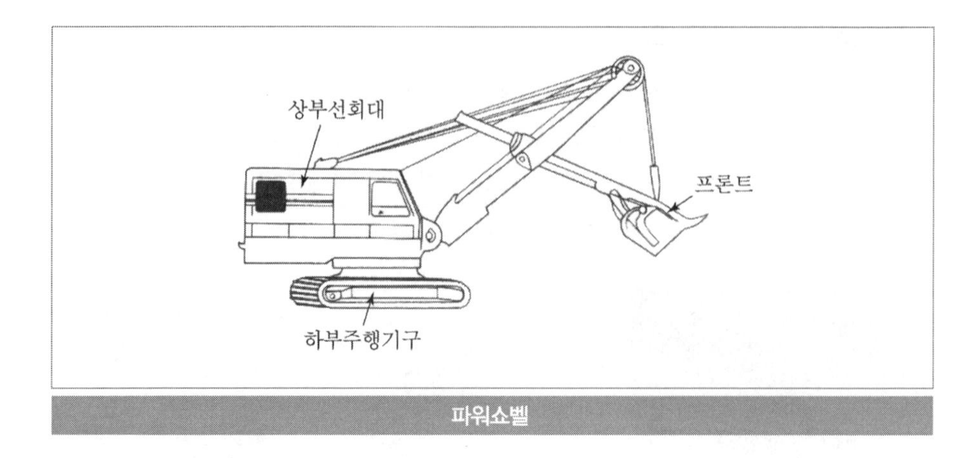

파워쇼벨

2) 드래그 쇼벨(Drag Shovel)(백호 : Back Hoe)

(1) 개요

굴삭기가 위치한 지면보다 낮은 곳을 굴삭하는 데 적합하고 단단한 토질의 굴삭이 가능하다. Trench, Ditch, 배관작업 등에 편리하다. 사면절취, 끝손질, 배관작업 등에 편리하다.

(2) 특성

① 동력 전달이 유압 배관으로 되어 있어 구조가 간단하고 정비가 쉽다.
② 비교적 경량, 이동과 운반이 편리하고, 협소한 장소에서 선취와 작업이 가능
③ 우선 조작이 부드럽고 사이클 타임이 짧아서 작업능률이 좋음
④ 주행 또는 굴삭기에 충격을 받아도 흡수가 되어서 과부하로 인한 기계의 손상이 최소화

기계가 위치한 지면보다 낮은 장소를 굴착하는 데 적합하고 비교적 굳은 지반의 토질에서도 사용 가능한 장비는?

➡ 백호(Back hoe)

3) 드래그라인(Drag Line)

(1) 개요

와이어로프에 의하여 고정된 버킷을 지면에 따라 끌어당기면서 굴삭하는 방식으로서 높은 붐을 이용하므로 작업 반경이 크고 지반이 불량하여 기계 자체가 들어갈 수 없는 장소에서 굴삭작업이 가능하나 단단하게 다져진 토질에는 적합하지 않다.

(2) 특성

① 굴삭기가 위치한 지면보다 낮은 장소를 굴삭하는 데 사용
② 작업 반경이 커서 넓은 지역의 굴삭작업에 용이
③ 정확한 굴삭작업을 기대할 수는 없지만 수중굴삭 및 모래 채취 등에 많이 이용

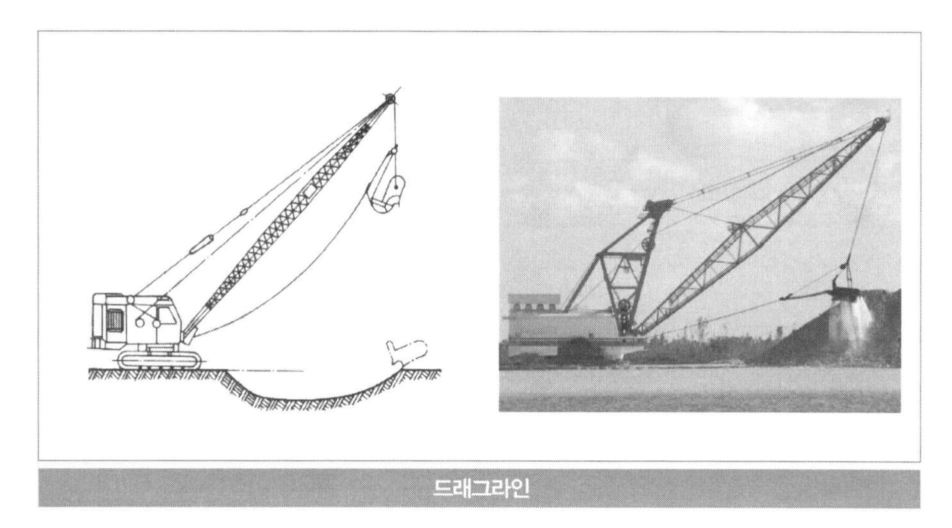

드래그라인

4) 클램셸(Clamshell)

(1) 개요

굴삭기가 위치한 지면보다 낮은 곳을 굴삭하는 데 적합하고 좁은 장소의 깊은 굴삭에 효과적이다. 정확한 굴삭과 단단한 지반작업은 어렵지만 수중굴삭, 교량기초, 건축물 지하실 공사 등에 쓰인다. 그래브 버킷(Grab Bucket)은 양개식의 구조로서 와이어로프를 달아서 조작한다.

(2) 특성

① 기계 위치와 굴삭 지반의 높이 등에 관계없이 고저에 대하여 작업이 가능
② 정확한 굴삭이 불가능

③ 능력은 크레인의 기울기 각도의 한계각 중량의 75%가 일반적인 한계
④ 사이클 타임이 길어 작업능률이 떨어짐

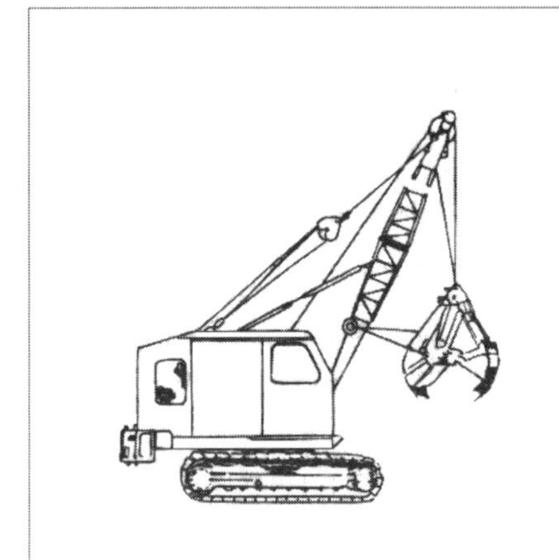

클램셸

 **Check Point**

건설기계 중에서 굴착기계가 아닌 것은?

① 드래그 라인 ② 파워쇼벨
③ 클램셸 ④ 소일콤팩터

수중굴착 및 구조물의 기초바닥, 잠함 등과 같은 협소하고 깊은 범위의 굴착과 호퍼작업에 가장 적합한 건설장비는?

① 클램셸(Clam Shell) ② 파워쇼벨(Power Shovel)
③ 불도저(Bulldozer) ④ 항타기(Pile Driver)

굴착과 싣기를 동시에 할 수 있는 토공기계가 아닌 것은?

① 트랙터 셔블(Tractor Shovel) ② 백호(Backhoe)
③ 파워 셔블(Power Shovel) ④ 모터 그레이더(Motor Grader)

2 운반장비

1) 스크레이퍼

(1) 개요

대량 토공작업을 위한 기계로서 굴삭, 싣기, 운반, 부설(敷設) 등 4가지 작업을 일관하여 연속작업을 할 수 있을 뿐만 아니라 대단위 대량 운반이 용이하고 운반 속도가 빠르며 비교적 운반 거리가 장거리에도 적합하다. 따라서 댐, 도로 등 대단위 공사에 적합하다.

(2) 분류

① 자주식 : Motor Scraper

② 피견인식 : Towed Scraper(트랙터 또는 불도저에 의하여 견인)

자주식 모터 스크레이퍼　　　피견인식 스크레이퍼

(3) 용도

굴착(Digging), 싣기(Loading), 운반(Hauling), 하역(Dumping)

굴착, 싣기, 운반, 흙깔기 등의 작업을 하나의 기계로서 연속적으로 행할 수 있으며 비행장과 같이 대규모 정지작업에 적합한 차량계 건설기계는?

① 항타기(Pile Driver)　② 로더(Loader)
③ 불도저(Buldozer)　④ 스크레이퍼(Scraper)

3 다짐장비

1) 롤러(Roller)

(1) 개요

다짐기계는 공극이 있는 토사나 쇄석 등에 진동이나 충격 등으로 힘을 가하여 지지력을 높이기 위한 기계로 도로의 기초나 구조물의 기초 다짐에 사용한다.

(2) 분류

① 탠덤 롤러(Tandem Roller)

2축 탠덤 롤러는 앞쪽에 단일 큰 직경 구동 롤과 뒤쪽에 단일 틸러 롤을 가지고 있다. 3축 탠덤 롤러는 앞쪽에 단일 큰 직경 구동 롤과 뒤쪽에 2개의 작은 직경 틸러 롤을 가지고 있으며 두꺼운 흙을 다지는 데 적합하나 단단한 각재를 다지는 데는 부적당하다.

2축 탠덤 롤러　　3축 탠덤 롤러

② 머캐덤 롤러(Macadam Roller)

앞쪽 1개의 조향륜과 뒤쪽 2개의 구동을 가진 자주식이며 아스팔트 포장의 초기 다짐, 함수량이 적은 토사를 얇게 다질 때 유효하다.

머캐덤 롤러

③ 타이어 롤러(Tire Roller)

전륜에 3~5개 후륜에 4~6개의 고무 타이어를 달고 자중(15~25톤)으로 자주식 또는 피견인식으로 주행하며 Rockfill Dam, 도로, 비행장 등 대규모의 토공에 적합하다.

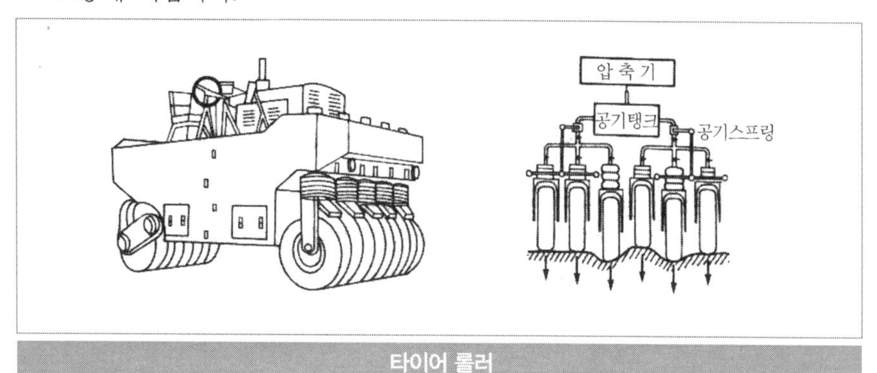

타이어 롤러

④ 진동 롤러(Vibration Roller)

자기 추진 진동 롤러는 도로 경사지 기초와 모서리의 건설에 사용하는 진흙, 바위, 부서진 돌 알맹이 등의 다지기 또는 안정된 흙, 자갈, 흙 시멘트와 아스팔트 콘크리트 등의 다지기에 가장 효과적이고 경제적으로 사용할 수 있다.

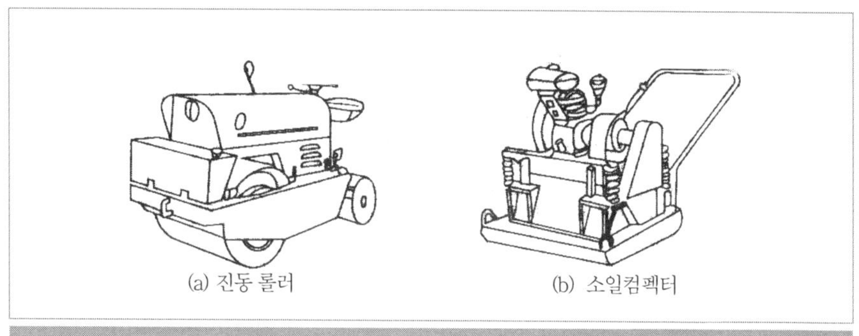

(a) 진동 롤러　　(b) 소일컴펙터

진동 롤러

⑤ 탬핑 롤러(Tamping Roller)

롤러 드럼의 표면에 양의 발굽과 같은 형의 돌기물이 붙어 있어 Sheep Foot Roller라고도 하며 흙속의 과잉 수압은 돌기물의 바깥쪽에 압축, 제거되어 성토 다짐질에 좋다. 종류로는 자주식과 피견인식이 있으며 탬핑 롤러에는 Sheep Foot Roller, Grid Roller가 있다.

탬핑 롤러

철륜 표면에 다수의 돌기를 붙여 접지면적을 작게 하여 접지압을 증가시킨 롤러로서 깊은 다짐이나 고함수비 지반의 다짐에 이용되는 롤러는?

① 탬덤롤러　　② 로드롤러
③ 타이어롤러　　④ 탬핑 롤러

SECTION 3 안전수칙

1 차량계 건설기계의 안전수칙

1) 차량계 건설기계의 종류(안전보건규칙 제196조)

(1) 정의

차량계 건설기계란 동력원을 사용하여 특정되지 아니한 장소로 스스로 이동할 수 있는 건설기계

(2) 종류

① 도저형 건설기계(불도저, 스트레이트도저, 틸트도저, 앵글도저, 버킷도저 등)
② 모터그레이더
③ 로더(포크 등 부착물 종류에 따른 용도 변경 형식을 포함한다)
④ 스크레이퍼

⑤ 크레인형 굴착기계(크램쉘, 드래그라인 등)
⑥ 굴삭기(브레이커, 크러셔, 드릴 등 부착물 종류에 따른 용도 변경형식을 포함한다.)
⑦ 항타기 및 항발기
⑧ 천공용 건설기계(어스드릴, 어스오거, 크롤러드릴, 점보드릴 등)
⑨ 지반압밀침하용 건설기계(샌드드레인머신, 페이퍼드레인머신, 팩드레인머신 등)
⑩ 지반다짐용 건설기계(타이어롤러, 매커덤롤러, 탠덤롤러 등)
⑪ 준설용 건설기계(버킷준설선, 그래브준설선, 펌프준설선 등)
⑫ 콘크리트 펌프카
⑬ 덤프트럭
⑭ 콘크리트 믹서 트럭
⑮ 도로포장용 건설기계(아스팔트 살포기, 콘크리트 살포기, 아스팔트 피니셔, 콘크리트 피니셔 등)
⑯ 제1호부터 제15호까지와 유사한 구조 또는 기능을 갖는 건설기계로서 건설작업에 사용하는 것

CheckPoint

차량계 건설기계에 포함되지 않는 것은?

① 불도저 ② 스크레이퍼
③ 항타기 ④ 타워크레인

2) 차량계 건설기계의 작업계획서 내용(안전보건규칙 별표 4)

(1) 사용하는 차량계 건설기계의 종류 및 성능
(2) 차량계 건설기계의 운행경로
(3) 차량계 건설기계에 의한 작업방법

CheckPoint

차량계 건설기계의 작업계획서에 포함되어야 할 사항으로 적합하지 않은 것은?

① 차량계 건설기계의 운행경로 ② 차량계 건설기계의 종류 및 성능
③ 차량계 건설기계의 작업방법 ④ 차량계 건설기계의 작업장소의 지형

3) 차량계 건설기계의 안전수칙

(1) 미리 작업장소의 지형 및 지반상태 등에 적합한 제한속도를 정하고(최고속도가 10km/h 이하인 것을 제외) 운전자로 하여금 이를 준수하도록 하여야 한다.

(2) 차량계 건설기계가 넘어지거나 굴러 떨어짐으로써 근로자가 위험해질 우려가 있는 경우에는 유도하는 사람을 배치하고 지반의 부동침하방지, 갓길의 붕괴방지 및 도로 폭의 유지 등 필요한 조치를 하여야 한다.

(3) 운전 중인 당해 차량계 건설기계에 접촉되어 근로자에게 위험을 미칠 우려가 있는 장소에 근로자를 출입시켜서는 아니 된다.

(4) 유도자를 배치한 경우에는 일정한 신호방법을 정하여 신호하도록 하여야 하며, 차량계 건설기계의 운전자는 그 신호에 따라야 한다.

(5) 운전자가 운전위치를 이탈하는 경우에는 당해 운전자로 하여금 버킷·디퍼 등 작업장치를 지면에 내려두고 원동기를 정지시키고 브레이크를 거는 등 이탈을 방지하기 위한 조치를 하여야 한다.

(6) 차량계 건설기계가 넘어지거나 붕괴될 위험 또는 붐(Boom)·암 등 작업장치가 파괴될 위험을 방지하기 위하여 당해 기계에 대한 구조 및 사용상의 안전도 및 최대사용하중을 준수하여야 한다.

(7) 차량계 건설기계의 붐·암 등을 올리고 그 밑에서 수리·점검작업 등을 하는 경우에는 붐·암 등이 갑자기 내려옴으로써 발생하는 위험을 방지하기 위하여 해당 작업에 종사하는 근로자로에게 안전지지대 또는 안전블록 등을 사용하도록 하여야 한다.

CheckPoint

미리 작업장소의 지형 및 지반상태 등에 적합한 제한속도를 정하지 않아도 되는 차량계 건설기계의 속도 기준은?

▶ 최고속도가 10km/h 이하

4) 헤드가드

(1) 헤드가드 구비 작업장소

암석이 떨어질 우려가 있는 등 위험한 장소

(2) 헤드가드를 갖추어야 하는 차량계 건설기계(안전보건규칙 제198조)

① 불도저

② 트랙터
③ 굴착기
④ 로더
⑤ 스크레이퍼
⑥ 덤프트럭
⑦ 모터그레이더
⑧ 롤러

위험이 발생할 수 있는 장소에서 헤드가드를 갖추어야 하는 장비가 아닌 것은?

① 불도저
② 쇼벨
③ 트랙터
④ 리프트

2 항타기 · 항발기의 안전수칙

1) 무너짐 등의 방지준수사항(안전보건규칙 제209조)

(1) 연약한 지반에 설치하는 경우에는 아웃트리거 · 받침 등 지지구조물의 침하를 방지하기 위하여 깔판 · 깔목 등을 사용할 것

(2) 시설 또는 가설물 등에 설치하는 경우에는 그 내력을 확인하고 내력이 부족하면 그 내력을 보강할 것

(3) 아웃트리거 · 받침 등 지지구조물이 미끄러질 우려가 있는 경우에는 말뚝 또는 쐐기 등을 사용하여 해당 지지구조물을 고정시킬 것

(4) 궤도 또는 차로 이동하는 항타기 또는 항발기에 대해서는 불시에 이동하는 것을 방지하기 위하여 레일 클램프(Rail Clamp) 및 쐐기 등으로 고정시킬 것

(5) 상단 부분은 버팀대 · 버팀줄로 고정하여 안정시키고, 그 하단 부분은 견고한 버팀 · 말뚝 또는 철골 등으로 고정시킬 것

차량계 건설기계의 사용에 의한 위험의 방지를 위한 사항에 대한 설명으로 옳지 않은 것은?

① 암석의 낙하 등에 의한 위험이 예상될 때 차량용 건설기계인 불도저, 로더, 트랙터 등에 견고한 헤드가드를 갖추어야 한다.
② 차량계 건설기계로 작업시 넘어짐 또는 굴러 떨어짐 등에 의한 근로자의 위험을 방지하기 위한 노견의 붕괴방지, 지반침하방지 조치를 해야 한다.
③ 차량계 건설기계의 붐, 암 등을 올리고 그 밑에서 수리 · 점검작업을 할 때 안전지지대 또는 안전블록을 사용해야 한다.
④ 항타기 및 항발기 사용시 버팀대만으로 상단부분을 안정시키는 때에는 2개 이상으로 하고 그 하단 부분을 고정시켜야 한다.

2) 권상용 와이어로프의 준수사항

(1) 사용금지조건(안전보건규칙 제210조)

① 이음매가 있는 것
② 와이어로프의 한 꼬임(스트랜드)에서 끊어진 소선(素線, 필러(pillar)선은 제외한다)의 수가 10% 이상(비자전로프의 경우에는 끊어진 소선의 수가 와이어로프 호칭지름의 6배 길이 이내에서 4개 이상이거나 호칭지름 30배 길이 이내에서 8개 이상)인 것
③ 지름의 감소가 공칭지름의 7%를 초과하는 것
④ 꼬인 것
⑤ 심하게 변형되거나 부식된 것
⑥ 열과 전기충격에 의해 손상된 것

(2) 안전계수 조건(안전보건규칙 제211조)

와이어로프의 안전계수가 5 이상이 아니면 이를 사용해서는 아니 된다.

(3) 사용 시 준수사항(안전보건규칙 제212조)

① 권상용 와이어로프는 추 또는 해머가 최저의 위치에 있을 때 또는 널말뚝을 빼내기 시작할 때를 기준으로 권상장치의 드럼에 적어도 2회 감기고 남을 수 있는 충분한 길이일 것
② 권상용 와이어로프는 권상장치의 드럼에 클램프 · 클립 등을 사용하여 견고하게 고정할 것
③ 권상용 와이어로프에서 추 · 해머 등과의 연결은 클램프 · 클립 등을 사용하여 견고하게 할 것

④ 제2호 및 제3호의 클램프 · 클립 등은 한국산업표준 제품이거나 한국산업표준이 없는 제품의 경우에는 이에 준하는 규격을 갖춘 제품을 사용할 것

Check Point

권상용 와이어로프는 추 또는 해머가 최저의 위치에 있는 경우 또는 널말뚝을 빼어내기 시작한 경우를 기준으로 하여 권상장치의 드럼에 최소한 몇 회 감기고 남을 수 있는 길이어야 하는가?

➡ 2회

(4) 도르래의 부착 등(안전보건규칙 제216조)

① 사업주는 항타기나 항발기에 도르래나 도르래 뭉치를 부착하는 경우에는 부착부가 받는 하중에 의하여 파괴될 우려가 없는 브라켓 · 샤클 및 와이어로프 등으로 견고하게 부착하여야 한다.

② 사업주는 항타기 또는 항발기의 권상장치의 드럼축과 권상장치로부터 첫번째 도르래의 축과의 거리를 권상장치의 드럼폭의 15배 이상으로 하여야 한다.

③ 제2항의 도르래는 권상장치의 드럼의 중심을 지나야 하며 축과 수직면상에 있어야 한다.

④ 항타기나 항발기의 구조상 권상용 와이어로프가 꼬일 우려가 없는 경우에는 제2항과 제3항을 적용하지 아니한다.

Check Point

항타기 또는 항발기의 권상장치의 드럼축과 권상장치로부터 첫 번째 도르래의 축과의 거리는 권상장치의 드럼폭의 최소 몇 배 이상으로 하여야 하는가?

➡ 15배

(5) 조립 시 점검사항(안전보건규칙 제207조)

① 본체 연결부의 풀림 또는 손상의 유무

② 권상용 와이어로프 · 드럼 및 도르래의 부착상태의 이상 유무

③ 권상장치의 브레이크 및 쐐기장치 기능의 이상 유무

④ 권상기의 설치상태의 이상 유무

⑤ 리더(Leader)의 버팀 방법 및 고정상태의 이상 유무

⑥ 본체 · 부속장치 및 부속품의 강도가 적합한지 여부

⑦ 본체 · 부속장치 및 부속품에 심한 손상 · 마모 · 변형 또는 부식이 있는지 여부

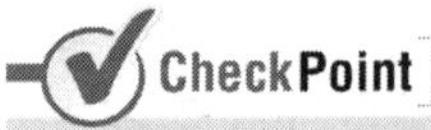

항타기 및 항발기에 대한 설명으로 잘못된 것은?

① 무너짐 방지를 위해 시설 또는 가설물 등에 설치하는 때에는 그 내력을 확인하고 내력이 부족한 때에는 그 내력을 보강해야 한다.

② 와이어로프의 한 꼬임에서 끊어진 소선(필러선을 제외한다)의 수가 10% 이상인 것은 권상용 와이어로프로 사용을 금한다.

③ 지름 감소가 호칭 지름의 7%를 초과하는 것은 권상용 와이어로프로 사용을 금한다.

④ 권상용 와이어로프의 안전계수가 4 이상이 아니면 이를 사용하여서는 안 된다.

항타기 또는 항발기를 조립하는 때에 점검하여야 할 기준사항이 아닌 것은?

① 과부하방지장치의 이상유무

② 권상장치의 브레이크 및 쐐기장치 기능의 이상유무

③ 본체 연결부의 풀림 또는 손상유무

④ 버팀방법 및 고정상태의 이상유무

참고문헌

1. 김동원 「기계공작법」 (청문각, 1998)
2. 서남섭 「표준 공작기계」 (동명사, 1993)
3. 강성두 「산업기계설비기술사」 (예문사, 2008)
4. 강성두 「기계제작기술사」 (예문사, 2008)
5. 박은수 「비파괴검사개론」 (골드, 2005)
6. 원상백 「소성가공학」 (형설출판사, 1996)
7. 김두현 외 「최신전기안전공학」 (신광문화사, 2008)
8. 김두현 외 「정전기안전」 (동화기술, 2001)
9. 송길영 「최신송배전공학」 (동일출판사, 2007)
10. 한경보 「최신 건설안전기술사」 (예문사, 2007)
11. 이호행 「건설안전공학 특론」 (서초수도건축토목학원, 2005)
12. 한국산업안전보건공단 「거푸집동바리 안전작업 매뉴얼」 (대한인쇄사, 2009)
13. 한국산업안전보건공단 「만화로 보는 산업안전 · 보건기준에 관한 규칙」 (안전신문사, 2005)
14. 유철진 「화공안전공학」 (경록, 1999)
15. DANIEL A. CROWL 외 「화공안전공학」 (대영사, 1997)
16. 조성철 「소방기계시설론」 (신광문화사, 2008)
17. 현성호 외 「위험물질론」 (동화기술, 2008)
18. Charles H. Corwin 「기초일반화학」 (탐구당, 2000)
19. 김병석 「산업안전관리」 (형설출판사, 2005)
20. 이진식 「산업안전관리공학론」 (형설출판사, 1996)
21. 김병석 · 성호경 · 남재수 「산업안전보건 현장실무」 (형설출판사, 2000)
22. 정국삼 「산업안전공학개론」 (동화기술, 1985)
23. 김병석 「산업안전교육론」 (형설출판사, 1999)
24. 기도형 「(산업안전보건관리자를 위한)인간공학」 (한경사, 2006)
25. 박경수 「인간공학, 작업경제학」 (영지문화사, 2006)
26. 양성환 「인간공학」 (형설출판사, 2006)
27. 정병용 · 이동경 「(현대)인간공학」 (민영사, 2005)
28. 김병석 · 나승훈 「시스템안전공학」 (형설출판사, 2006)
29. 갈원모 외 「시스템안전공학」 (태성, 2000)

저자소개

▶ 저자

김병진(金柄鎮)

| 약력 |

- 전남대학교 법과대학 졸업
- 숭실대학교 노사관계대학원 졸업
- 서울대학교 공기업최고경영자 과정 수료
- 1995년 국무총리실 안전관리자문위원회 전문위원(국무총리 표창 수상 : 안전관리공로)
- 국립부경대학교/서울과학기술대학교/을지대학교 겸임교수 역임
- 기업체/지자체/공단교육원에서 산업안전보건법령 등 다수 강의
- 한국산업안전보건공단 31년 근무(안전경영정책연구실장/전북지도원장/경영기획실장/교육문화국장/경기서부지도원장/대전 · 중부 · 부산지역본부장 등 역임)

| 저술활동 및 방송출연 |

- 산업안전보건법 이론 및 해설(지구문화사)
- 산업안전보건법요론(도서출판 건설도서)
- 산업안전보건법 개론(노문사)
- 산업안전보건법령집(예문사)
- 안전을 넘어 행복으로(예문사)
- 대전방송/KNN/부산MBC/전주MBC/TBN 등 출연

장호면

| 약력 |

- 공학박사
- 건축시공/토목시공/건설안전기술사
- 세명대학교 안전보건학과 교수

강성화(姜聲花)

| 약력 |

- 서울시립대학교 경영대학원 졸업
- (주)아발론교육 원장
- (주)세이프허브 이사

| 저술활동 |

- 행복산책(한솜)
- 내일 엄마가 죽는다면(봄름)
- 지금 당신이 글을 써야 하는 이유(봄름)

산업안전개론

발행일 | 2016. 2. 20 초판발행
2018. 7. 5 개정 1판1쇄
2020. 4. 10 개정 2판1쇄
2023. 11. 30 개정 3판1쇄

저 자 | 김병진 · 장호면 · 강성화
발행인 | 정용수
발행처 | 예문사
주 소 | 경기도 파주시 직지길 460(출판도시) 도서출판 예문사
T E L | 031) 955-0550
F A X | 031) 955-0660
등록번호 | 11-76호

정가 : 25,000원

ISBN 978-89-274-5238-6 13530